煤矿专业基础知识读本

下册

主　编　唐其武　冯明伟
副主编　韩治华　陈光海
主　审　李慧民　吴再生

重庆大学出版社

图书在版编目(CIP)数据

煤矿专业基础知识读本.下/唐其武,冯明伟主编.—重庆:重庆大学出版社,2012.7
ISBN 978-7-5624-6663-5

Ⅰ.①煤… Ⅱ.①唐…②冯… Ⅲ.①煤矿—矿业工程—基本知识 Ⅳ.①TD

中国版本图书馆 CIP 数据核字(2012)第158514号

煤矿专业基础知识读本
下册
主　编　唐其武　冯明伟
副主编　韩治华　陈光海
主　审　李慧民　吴再生
策划编辑:曾显跃
责任编辑:文　鹏　　版式设计:曾显跃
责任校对:邹　忌　　责任印制:赵　晟
*
重庆大学出版社出版发行
出版人:邓晓益
社址:重庆市沙坪坝区大学城西路21号
邮编:401331
电话:(023) 88617183　88617185(中小学)
传真:(023) 88617186　88617166
网址:http://www.cqup.com.cn
邮箱:fxk@cqup.com.cn (营销中心)
全国新华书店经销
重庆科情印务有限公司印刷
*
开本:787×1092　1/16　印张:22.75　字数:568千
2012年7月第1版　2012年7月第1次印刷
印数:1—6 000
ISBN 978-7-5624-6663-5　定价:49.00元

编写委员会

前言

我国是世界煤炭资源蕴藏最丰富的国家之一。全国绝大多数省市区都有不同数量的煤炭资源分布，据国土资源部门最新统计，截至2009年末，已探明含煤面积为392 600 km^2，1 000 m埋深以内煤炭资源量为18 440亿t，煤层气350万亿m^3。2 000 m埋深以内保有煤炭资源量为45 521亿t，煤炭储量居世界第三位，煤种齐全、分布面积广。煤炭是我国的主要能源，我国是世界最大的煤炭生产国和消费国。新中国成立60余年来，煤炭在我国一次能源消费结构中的比重一直占70%以上，预计到2050年仍将不低于50%。

我国是世界上最早利用、开采煤炭资源的国家，已有6 800多年的煤炭开采历史。新中国成立后，我国煤炭工业在党和政府安全生产方针的指引下，对落后的采煤方法和生产工艺进行全面改造，用科技推动煤炭行业发展，煤炭生产技术水平和生产能力得到大幅度提升，煤炭工业面貌焕然一新。特别是改革开放30多年来，我国煤炭工业取得举世瞩目的成就，建设了一批高产高效现代化本质安全型矿井，煤矿采煤、掘进、提升、运输、洗选加工等环节的机械化、自动化、集约化程度迅速提高，采煤工作面平均单产和掘进工作面平均单进连创多项新的纪录，矿井生产能力不断提高，煤炭产量不断增长，煤炭工业的科技水平不断提升，产品深加工利用程度越来越高，安全生产达到历史最好水平。2010年，我国煤炭产量达32.4亿t，百万吨死亡率降到0.5以下。进入新时期，国家对煤炭工业提出了更高的要求，煤炭工业要加快现代化建设步伐，依靠科技进步，不断推进高产高效矿井建设，加强管理，充实内涵、改进技术，提高经济效益，实现安全健康发展。作为煤矿工作者，特别是煤矿安全监管人员，要熟悉煤矿安全生产的自然规律，全面掌握煤炭生产技术，适应煤炭工业现代化、机械化、电气化、信息化和安全发展的要求。

本书由重庆煤矿安全监察局、重庆市煤炭工业管理局和重庆工程职业技术学院共同组织编写，主要内容包括矿山测量、煤矿地质、巷道施工、煤炭开采、矿井通风、矿井灾害及其防治、矿山电气、矿井提升运输、矿井瓦斯抽采、矿井安全监控、矿山救护共11个篇目。本书在编写时突出了科学性、系统性、实用性和新颖性等特点，侧重反映了南方矿井生产实际和发展方向，表述简明、内容全面，便于教学和自学。本书主要作为煤矿安全监管人员培训教材，也可作为高等职业院校、本科院校煤矿安全生产相关专业的教学用书。

本书由唐其武、冯明伟担任主编，韩治华、陈光海担任副主编，李慧民、吴再生担任主审。第一篇由冯大福、罗强编写；第二篇由李北平、徐智彬编写；第三篇由李开学、周华龙编写；第四篇由陈雄、冯廷灿编写；第五篇由喻晓峰、刘其志编写；第六篇由冯明伟、肖丹、何荣军编写；第七篇由范其恒编写；第八篇由韩治华编写；第九篇由骆大勇编写；第十篇由陈光海、韩晋川编写；第十一篇由田卫东、桑鹏程编写。全书由冯明伟统稿。由于时间仓促，加之编写人员理论水平和实践经验有限，书中难免存有错谬，恳望专家、读者指正。

编　者

2012年4月

目录

第5篇　矿井通风

第6篇　矿井灾害防治

第 7 篇　矿山电气

第8篇　矿井提升运输

第9篇　矿井瓦斯抽采

第10篇　矿井安全监控

第 11 篇　矿山救护

第5篇 矿井通风

矿井通风的基本任务是向井下各工作场所连续不断地供给适宜的新鲜空气，把有毒有害气体和矿尘稀释到安全浓度以下并排出矿井之外；通过连续供风为矿井提供适宜的气候条件，创造良好的生产环境，保障职工身体健康和生命安全，维持机械设备正常运转，提高劳动生产效率。

第 1 章 矿井有害气体与气候条件

1.1 矿井有害气体

1.1.1 矿井空气主要成分及工业卫生标准

(1)矿井空气主要成分

矿内空气与地面空气不同。地面空气是由 O_2、N_2、CO_2、水蒸气和微量的灰尘与微生物组成的混合物。地面空气组分见表 5.1.1。

表 5.1.1 地面空气组成成分

气体成分	按体积计/%	按质量计/%	备 注
氧气(O_2)	20.96	23.32	惰性稀有气体氦、氖、氩、氪、氙等计在氮气中
氮气(N_2)	79.0	76.71	
二氧化碳(CO_2)	0.04	0.06	

地面空气进入井下后,其成分和性质就发生了变化,如氧含量减少,混入各种有害气体及矿尘,空气的温度、湿度和压力发生变化等。

矿内空气与地面空气相比,虽然在成分上发生一些变化,但其主要成分仍然为氧气、氮气和二氧化碳。

(2)矿井空气主要成分工业卫生标准

矿井空气的主要成分中,由于氧气和二氧化碳对人员身体健康和安全生产影响很大,所以《规程》第一百条对其浓度标准作了明确规定:采掘工作面的进风流中,氧气浓度不低于20%,二氧化碳浓度不超过0.5%。

1.1.2　矿井主要有害气体

(1)矿井空气中主要有害气体

在煤矿生产过程中，经常遇到的有害气体有甲烷、一氧化碳、二氧化硫、硫化氢和氨等，这些气体总称为瓦斯。

1)甲烷(CH_4)

甲烷是一种无色、无味、无臭的气体，它的相对密度为0.554，比空气轻，易积聚于巷道上部。甲烷能燃烧和爆炸，当矿内空气中的甲烷浓度超过50%时，能使人因缺氧而窒息死亡。

2)一氧化碳(CO)

一氧化碳是无色、无味、无臭的气体，相对密度为0.97，微溶于水，能燃烧。当空气中一氧化碳体积浓度达到13% ~75%时，遇火源有爆炸性。

一氧化碳的中毒程度与中毒浓度、中毒时间、呼吸频率和深度及人的体质有关。与中毒浓度和中毒时间的关系见表5.1.2。

表5.1.2　一氧化碳的中毒程度与浓度的关系

一氧化碳浓度(体积)/%	主要症状
0.016	数小时后有头痛、心跳、耳鸣等轻微中毒症状
0.048	1 h可引起轻微中毒症状
0.128	0.5 ~1 h引起意识迟钝、丧失行动能力等严重中毒症状
0.40	短时间失去知觉、抽筋、假死。30 min内即可死亡

除上述症状外，一氧化碳中毒最显著的特征是嘴唇呈绯红色，两颊有斑点。

矿井中一氧化碳的主要来源有：爆破工作；矿井火灾；瓦斯及煤尘爆炸等。据统计，在煤矿发生的瓦斯爆炸、煤尘爆炸及火灾事故中，70% ~75%的死亡人员都是因一氧化碳中毒所致。

3)硫化氢(H_2S)

硫化氢是无色、微甜、略带臭鸡蛋味的气体，相对密度为1.19，易溶于水。在常温常压下，一个体积的水可溶解2.5个体积的硫化氢，故它可能存在于旧巷的积水中。硫化氢能燃烧，当空气中硫化氢浓度达到4.3% ~45.5%时，具有爆炸性。

硫化氢有剧毒。它不但能使人体血液缺氧中毒，同时对眼睛及呼吸道的黏膜具有强烈的刺激作用，能引起鼻炎、气管炎和肺水肿。硫化氢在空气中浓度达到0.000 1%时，可嗅到臭味，但当浓度较高时(0.005% ~0.01%)，因人的嗅觉神经中毒麻痹，臭味“减弱”或“消失”，反而嗅不到。硫化氢的中毒程度与浓度的关系表5.1.3。

表5.1.3　硫化氢的中毒程度与浓度的关系

硫化氢浓度(体积)/%	主要症状
0.000 1	有强烈臭鸡蛋味
0.01	流唾液和清鼻涕，瞳孔放大，呼吸困难
0.05	0.5 ~1 h严重中毒，失去知觉、抽筋、瞳孔变大，甚至死亡
0.1	短时间内死亡

矿井中硫化氢的主要来源有:坑木等有机物腐烂;含硫矿物的水化;从老空区和旧巷积水中放出。有些矿区的煤层中也有硫化氢涌出。

4)二氧化硫(SO_2)

二氧化硫是无色、有强烈硫黄气味及酸味的气体,相对密度为2.22,易溶于水。当空气中二氧化硫浓度达到0.000 5%时,即可嗅到刺激气味。它是井下有害气体中密度最大的一种气体,常常积聚在井下巷道的底部。

二氧化硫有剧毒。空气中二氧化硫遇水后生成硫酸,对眼睛有刺激作用。此外,也能对呼吸道的黏膜产生强烈的刺激作用,引起喉炎和肺水肿。二氧化硫的中毒程度与浓度的关系见表5.1.4。

表5.1.4　二氧化硫的中毒程度与浓度的关系

二氧化硫浓度(体积)/%	主要症状
0.000 5	嗅到刺激性气味
0.002	头痛、眼睛红肿、流泪、喉痛
0.05	引起急性支气管炎和肺水肿,短时间内有生命危险

矿井中二氧化硫主要来源有:含硫矿物的氧化与燃烧;在含硫矿物中爆破;从含硫煤体中涌出。

5)二氧化氮(NO_2)

二氧化氮是一种红褐色气体,有强烈的刺激性气味,相对密度为1.59,易溶于水。

二氧化氮是井下毒性最强的有害气体。它遇水后生成硝酸,对眼睛、呼吸道黏膜和肺部组织有强烈的刺激及腐蚀作用,严重时可引起肺水肿。

二氧化氮的中毒有潜伏期,容易被人忽视。中毒初期仅是眼睛和喉咙有轻微的刺激症状,常不被注意,有的在严重中毒时尚无明显感觉,还可坚持工作,经过6 h甚至更长时间后才出现中毒征兆。主要特征是手指尖及皮肤出现黄色斑点,头发发黄,吐黄色痰液,发生肺水肿,引起呕吐甚至死亡。二氧化氮的中毒程度与浓度的关系见表5.1.5。

表5.1.5　二氧化氮的中毒程度与浓度的关系

二氧化氮浓度(体积)/%	主要症状
0.004	2~4 h内不致显著中毒,6 h后出现中毒症状,咳嗽
0.006	短时间内喉咙感到刺激、咳嗽,胸痛
0.01	强烈刺激呼吸器官,严重咳嗽,呕吐、腹泻,神经麻木
0.025	短时间即可致死

矿井中二氧化氮的主要来源是爆破工作。炸药爆破时会产生一系列氮氧化物,如一氧化氮(遇空气即转化为二氧化氮)、二氧化氮等是炮烟的主要成分。在爆破工作中,一定要加强通风,防止炮烟熏人事故。

6)二氧化碳(CO_2)

二氧化碳为无色、微有酸味的气体,相对密度为1.52。

二氧化碳能刺激人的中枢神经,使呼吸加快。它虽是空气中的成分之一,但超过浓度可使人昏迷。二氧化碳浓度与中毒程度见表 5.1.6。

表 5.1.6　空气中二氧化碳浓度对人体的影响

二氧化碳浓度(体积)/%	人体主要症状
1	呼吸加深,急促
3	呼吸急促,心跳加快,头痛,很快疲劳
5	呼吸困难,头痛,恶心,耳鸣
10	头痛,头昏,呼吸困难,昏迷
10 ~ 20	呼吸停顿,失去知觉,时间稍长会死亡
20 ~ 25	短时间中毒死亡

矿井中二氧化碳的主要来源有:煤和有机物的氧化;人员呼吸;井下爆破;井下火灾;瓦斯、煤尘爆炸等。有时也能从煤岩中大量涌出,甚至与煤或岩石一起突然喷出,给安全生产造成重大影响。

7)氨气(NH_3)

氨气是一种无色、有浓烈臭味的气体,相对密度为 0.6,易溶于水。当空气中的氨气浓度达到 30% 时,遇火有爆炸性。

氨气有剧毒。它对皮肤和呼吸道黏膜有刺激作用,可引起喉头水肿,严重时失去知觉,以致死亡。

氨气主要是在矿井发生火灾或爆炸事故时产生。

8)氢气(H_2)

氢气无色、无味、无毒,相对密度为 0.07,是井下最轻的有害气体。氢气能燃烧,其点燃温度比瓦斯低 100 ~ 200 ℃。当空气中氢气浓度达到 4% ~ 74% 时,具有爆炸危险。

井下氢气的主要来源是蓄电池充电。此外,矿井发生火灾和爆炸事故中也会产生氢气。

(2)矿井空气中有害气体的安全浓度标准

为了防止有害气体对人体和安全生产造成危害,《规程》中对其安全浓度(允许浓度)标准作了明确规定,有害气体的浓度不超过表 5.1.7 中的规定。

表 5.1.7　矿井空气中有害气体最高允许浓度

有害气体名称	符　号	最高允许浓度/%
一氧化碳	CO	0.002 4
氧化氮(换算成二氧化氮)	NO_2	0.000 25
二氧化硫	SO_2	0.000 5
硫化氢	H_2S	0.000 66
氨	NH_3	0.004

1.2 矿井气候条件及其测定

矿井气候是指矿井空气的温度、湿度和风速等参数的综合作用状态。这三个参数的不同组合,便构成了不同的矿井气候条件。矿井气候条件直接影响着井下作业人员的身体健康和劳动生产效率。

1.2.1 矿井内气候条件

(1)矿内空气的温度

空气的温度是影响矿内气候条件的主要因素。气温过高,影响人体散热,破坏身体热平衡,使人感到不适;气温过低,人体散热过多,容易引起感冒。人体最适宜的空气温度一般认为为15~20 ℃。

(2)矿内空气的湿度

空气的湿度是指空气中所含的水蒸气量,即空气的潮湿程度。空气的潮湿程度一般用"相对湿度"来表示。相对湿度是每立方米空气中含有的水蒸气量和同一温度下饱和水蒸气量之比。

通常所说的湿度指的都是相对湿度,它反映的是空气中所含水蒸气量接近饱和的程度。一般认为相对湿度为50%~60%时,人体最为适宜。

(3)井巷中的风速

在矿井井巷中,风流在单位时间内所流经的距离,称之为井巷中的风速(简称风速)。

井巷中的风速大小直接影响人体的散热效果,同时也影响着矿井安全生产。井巷中的风速应符合《规程》规定。

气候条件是空气温度、湿度和风速三者的综合结果,因此,气候条件的优劣,不能从单独测定某个因素的值来评定,而必须测定其综合结果。目前一般采用卡他计来测定矿井气候条件。

1.2.2 矿井内气候条件测定

(1)温度测定

《规程》规定:生产矿井采掘工作面空气温度不得超过26 ℃,机电设备硐室的空气温度不得超过30 ℃;当空气温度超过规定时,必须缩短超温地点工作人员的工作时间,并给予高温保健待遇。采掘工作面的空气温度超过30 ℃、机电设备硐室的空气温度超过34 ℃时,必须停止工作。

矿内空气温度的测定可用温度计直接测得。测温仪器可使用最小分度0.5 ℃并经校正的温度计。

(2)湿度测定

1)影响矿内空气湿度的因素

①季节性影响。冬季地面空气温度低,在进风路线上,因温度升高,空气饱和能力会加大,所以会沿途吸收井巷中的水分,使进风井巷显得干燥;夏季则相反,沿途井巷显得潮湿。

②井下水影响。井下有淋水，相对湿度就大。实践证明，井巷内有淋水，能使矿井空气湿度增至90%～95%。

2）矿井空气湿度的测定

矿井空气相对湿度一般用手摇湿度计、风扇湿度计测定。

（3）风速测定

1）风速测定相关规定

风速既是影响气候条件的主要因素之一，也是测定井下巷道风量的基础。单位时间内通过井巷断面的空气体积叫做风量，它等于井巷的断面积与通过井巷的平均风速的乘积。因此，测量风量时必然测定风速。风速和风量测定是矿井通风测定技术中的重要组成部分，也是矿井通风管理中的基础性工作。

《规程》规定：矿井必须建立测风制度，每10天进行一次全面测风。对采掘工作面和其他用风地点，应根据实际需要随时测风，每次测风结果应记录并明确写在测风地点的记录牌上。矿井应根据测风结果采取措施，进行风量调节。

2）测风仪器

要测量井巷中的风速，一般采用风表（风速计）。目前我国使用的风表有机械翼式风表、电子翼式风表、热球式风表和超声波旋涡风速传感器等。

3）井巷中风速测定

①测风点的设置。井下测风要在测风站内进行，为了准确、全面地测定风速、风量，每个矿井都必须建立完善的测风制度和分布合理的固定测风站。对测风站的要求如下：

a. 应在矿井的总进风、总回风，各水平、各翼的总进风、总回风，各采区和各用风地点的进、回风巷中设置测风站，但要避免重复设置；

b. 测风站应设在平直的巷道中，其前后各10 m范围内不得有风流分叉、断面变化、障碍物和拐弯等局部阻力；

c. 若测风站位于巷道断面不规整处，其四壁应用其他材料衬壁呈固定形状断面，长度不得小于4 m；

d. 采煤工作面不设固定的测风站，但必须随工作面的推进选择支护完好、前后无局部阻力物的断面上测风；

e. 测风站内应悬挂测风记录板（牌），记录板上写明测风站的断面积、平均风速、风量、空气温度、大气压力、瓦斯和二氧化碳浓度、测定日期以及测定人等项目。

②测风方法。为了测得平均风速，可采用线路法或定点法。线路法是风表按一定的线路均匀移动，如图5.1.1所示；定点法是将巷道断面分为若干格，风表在每一个格内停留相等的时间进行测定，如图5.1.2所示，根据断面大小，常用的有9点法、12点法等。

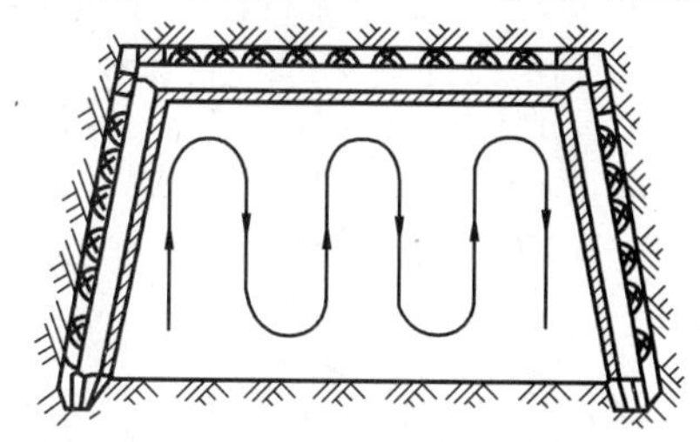

图5.1.1　线路法测风

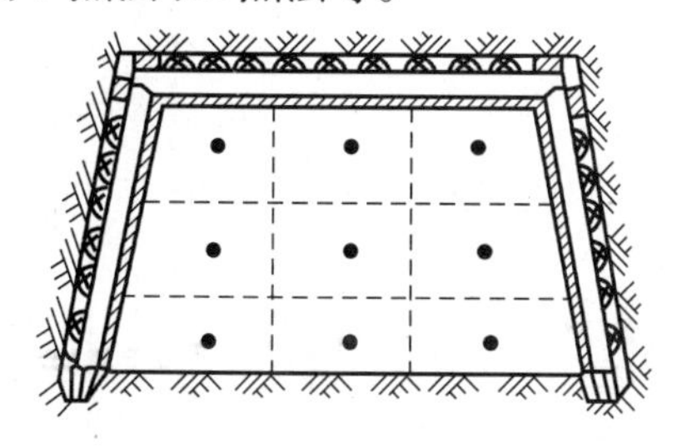

图5.1.2　定点法测风

测风时,根据测风员的站立姿势不同又分为迎面法和侧身法两种。

迎面法是测风员面向风流,将手臂伸向前方测风。由于测风断面位于人体前方,且人体阻挡了风流,使风表的读数值偏小,为了消除人体的影响,需将测得的风速乘以 1.14 的校正系数,才能得到实际风速。

侧身法是测风员背向巷道壁站立,手持风表将手臂向风流垂直方向伸直,然后在巷道断面内作均匀移动。由于测风员立于测风断面内,减少了通风面积,从而增大了风速,测量结果较实际风速偏大,故需对测得的风速进行校正。校正系数 K 由式(5.1.1)计算:

$$K = \frac{S - 0.4}{S} \tag{5.1.1}$$

式中 S——测风站的断面积,m^2;

0.4——测风员阻挡风流的面积,m^2。

第 2 章 矿井通风阻力

2.1 矿井通风阻力产生原因

2.1.1 摩擦阻力

井下风流沿井巷或管道流动时，由于空气的黏性从而受到井巷壁面的限制，造成空气分子之间相互摩擦（内摩擦）以及空气与井巷或管道周壁间的摩擦而产生阻力，这称为摩擦阻力。

(1)摩擦阻力计算

空气在井巷中的流动和水在管道中的流动很相似，所以，可以把流体力学计算水流沿程阻力的达西公式应用于矿井通风中，作为计算井巷摩擦阻力的理论基础。井下巷道的风流大多属于完全紊流状态，矿井通风工程上的紊流摩擦阻力计算公式为：

$$h_{摩} = \alpha \frac{LU}{S^3} Q^2 \qquad (5.2.1)$$

式中 α——井巷的摩擦阻力系数，kg/m^3 或 Ns^2/m^4；

L——巷道长度，m；

U——巷道周长，m；

S——巷道断面积，m^2；

Q——通风巷道的风量，m^3。

(2)摩擦阻力系数与摩擦风阻

1)摩擦阻力系数 α

在应用式(5.2.1)计算矿井通风紊流摩擦阻力时，关键在于如何确定摩擦阻力系数 α 值。由于摩擦阻力系数 α 值取决于空气密度和实验系数 λ 值，而矿井空气密度一般变化不大，因此 α 值主要取决于 λ 值，即决定于井巷的粗糙程度，也就是取决于井下巷道的支护形式。不同的井巷采用不同的支护形式，α 值也不同。

确定 α 值方法有查表和实测两种方法：

①查表确定 α 值。在进行新矿井通风设计时,需要计算完全紊流状态下井巷的摩擦阻力,即按照所设计的井巷长度、周长、净断面、支护形式和通过的风量,按摩擦阻力系数表(见表5.2.1)选定该井巷的摩擦阻力系数 α 值,然后用式(5.2.1)来计算该井巷的摩擦阻力。

表5.2.1　井巷摩擦阻力系数 $\alpha\times10^4$ 经验值表

巷道类别	支护方式			
	不支护	砌碹	金属棚	锚喷
水平巷道	58.8~147.0	29.9~49.0	107.8~431.2	50.0~103.0
倾斜巷道				81.0~121.0
立井(眼)		无装备35.3~39.2 有装备343~490		

注:巷道断面小者取大值

②实测确定 α 值。在生产矿井中,常常需要掌握各个巷道的实际摩擦阻力系数 α 值,目的是为降低矿井通风阻力、合理调节矿井风量而提供原始的第一手资料。所以,实测摩擦阻力系数 α 值有一定的现实指导意义。

2)摩擦风阻

对于已经确定的井巷,巷道的长度 L、周长 U、断面 S 以及巷道的支护形式(摩擦阻力系数 α)都是确定的,故把式(5.2.1)中的 α,L,U,S 用一个参数 $R_{摩}$ 来表示,得到:

$$R_{摩}=\frac{\alpha LU}{S^3}\tag{5.2.2}$$

$R_{摩}$ 称为摩擦风阻。其单位是 kg/m^7 或 Ns^2/m^8。显然,$R_{摩}$ 是空气密度、巷道的粗糙程度、断面积、断面周长、井巷长度等参数的函数。当这些参数确定时,摩擦风阻 $R_{摩}$ 值是固定不变的。所以,可将 $R_{摩}$ 看作反映井巷几何特征的参数,它反映的是井巷通风的难易程度。

将式(5.2.2)代入式(5.2.1)得到:

$$h_{摩}=R_{摩}Q^2\tag{5.2.3}$$

式(5.2.3)就是完全紊流时摩擦阻力定律,它说明当摩擦风阻一定时,摩擦阻力与风量的平方成正比。

2.1.2　局部阻力

在风流运动过程中,由于井巷边壁条件的变化,风流在局部地区受到局部阻力物(如巷道断面突然变化,风流分叉与交汇,断面堵塞等)的影响和破坏,引起风流流速大小、方向和分布的突然变化,导致风流本身产生很强的冲击,形成极为紊乱的涡流,造成风流能量损失。这种均匀稳定风流经过某些局部地点所造成的附加的能量损失,叫做局部阻力。

(1)局部阻力的成因分析

井下巷道千变万化,产生局部阻力的地点很多,有巷道断面的突然扩大与缩小(如采区车场、井口、调节风窗、风桥、风硐等),巷道的各种拐弯(如各类车场、大巷、采区巷道、工作面巷道等),各类巷道的交叉、交汇(如井底车场、中部车场)等。在分析产生局部阻力原因时,常将局部阻力分为突变类型和渐变类型(如图5.2.1所示)两种。图中(a)、(c)、(e)、(g)属于突变类型,(b)、(d)、(f)、(h)属于渐变类型。

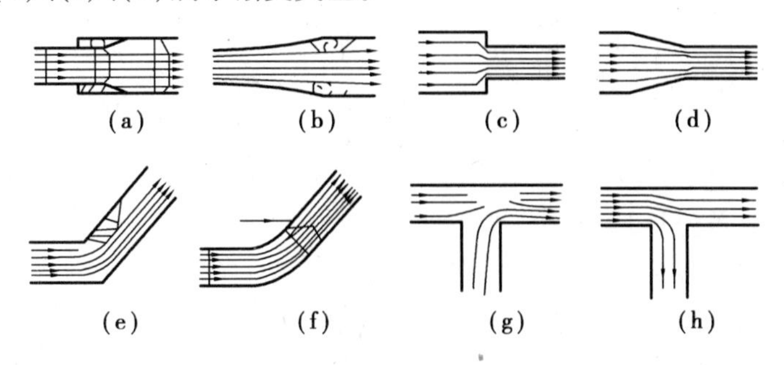

图5.2.1　巷道的突变与渐变类型

(2)局部阻力计算

实验证明,不论井巷局部地点的断面、形状和拐弯如何变化,也不管局部阻力是突变类型还是渐变类型,所产生的局部阻力的大小都和局部地点的前面或后面断面上的速压成正比。通用局部阻力计算公式为:

$$h_{局} = \xi \frac{\rho}{2S^2} Q^2 \tag{5.2.4}$$

需要说明的是,在查表确定局部阻力系数 ξ 值时,一定要和局部阻力物的断面 S、风量 Q、风速 v 相对应。

(3)局部阻力系数与局部风阻

1)局部阻力系数

由于产生局部阻力的过程非常复杂,故确定局部阻力系数 ξ 也是非常复杂的。大量实验研究表明,紊流局部阻力系数 ξ 主要取决于局部阻力物的形状,而边壁的粗糙程度为次要因素,但在粗糙程度较大的支架巷道中也需要考虑。所以系数 ξ 一般由实验求得,也可以通过查局部阻力系数表得到,见表5.2.2。

表5.2.2　部分巷道局部阻力系数 ξ 经验值表(光滑管道)

V_1	V_1, D, $R=0.1D$	V_1	b, V_1, b	b, V_1, b	b, R_2, R_1, V_1, b
0.6	0.1	0.2	有导风板的0.2 无导风板的1.4	0.75,当 $R_1=1/3b$ 0.52,当 $R_1=2/3b$	0.6,当 $R_1=1/3b$ $R_2=3/2b$ 0.3,$R_1=2/3b$ $R_2=17/10b$
S_1, S_3, V_1, V_3, S_2, V_2	V_1, V_3, V_2	V_1, V_2, V_2	V_3, V_1, V_2	V_3, V_1, V_3	V
3.6 当 $S_2=S_2$, $V_2=V_3$ 时	2.0 当风速为 V_2 时	1.0 当 $V_1=V_3$ 时	1.5 当风速为 V_2 时	1.5 当风速为 V_2 时	1.0 当风速为 V 时

2)局部风阻

同摩擦阻力一样,当产生局部阻力的区段形成后,ξ,S,ρ 都可视为确定值,故将式(5.2.4)中的 ξ,S,ρ 用一个常量来表示,即

$$R_{局} = \xi \frac{\rho}{2S^2} \tag{5.2.5}$$

$R_{局}$ 称为局部风阻,其单位是 kg/m^2 或 NS^2/m^8。

将式(5.2.5)代入式(5.2.4)得到局部阻力定律:

$$h_{局} = R_{局} Q^2 \tag{5.2.6}$$

式(5.2.6)为完全紊流状态下的局部阻力定律,$R_{局}$ 与 $R_{摩}$ 一样,也可看作局部阻力物的一个特征参数,它反映的是风流通过局部阻力物时通风的难易程度。$R_{局}$ 一定时,$h_{局}$ 与 Q 的平方成正比。

在一般情况下,由于井巷内的风流速压较小,所产生的局部阻力也较小,井下所有的局部阻力之和只占矿井总阻力的10%~20%。故在通风设计中,一般只对摩擦阻力进行计算,对局部阻力不作详细计算,而按经验估算。

2.2 矿井通风压力及阻力测定

2.2.1 概念

(1)空气的静压

地球表面的大气层中,空气分子在不断地作无序的热无能运动,因此有散布到整个空间的趋势;但又由于地球的引力作用,使空气不能脱离地球的重力场。因此在地球表面随高度分布的规律是分子热运动和重力作用两者协调的结果。

作无秩序热运动的空气分子不断地撞击器壁所呈现的压力(压强)称为静压,其数值表示单位体积空气所具有的对外作功的机械能量,所以也称为静压能,简称压能,用符号 P 表示。单位是帕(Pa),$1\ Pa = 1\ N/m^2$。

(2)空气的重力位能

在地球重力场中,物体离地心愈远,其重力位能愈大。从地面上把一质量为 M(kg)的物体提高 Z(m),就要对物体克服重力做功 MgZ(Nm),物体因而获得了 MgZ(Nm)的重力位能,简称位能。

(3)势能和势压

某点空气的压能(静压)与位能之和,被称为势能或势压,还有把位能称作位压。

(4)风流的能量与压力

1)动能与动压

当空气流动时,除了位能和静压能外,还有空气定向运动的动能,其所转化显现的压力叫动压或速压。

2)风流中某点的能量

风流中某点总能量包括机械能和内能,内能是风流中以热的形式存在的一种能量。流动

中的每立方米空气所具有的机械能为压能、动能和位能之和。

(5)全压、势压及总压力

在矿井通风中为使用方便,通常把井巷风流中某断面(或某点)的静压与动压之和称为全压;将静压与位压之和称为势压;将静压、动压和位压之和称为总压力。

由流体力学可知,井巷风流中两断面存在能量差,即总压力差是空气流动的根本原因,风流总是从总压力大的断面向总压力小的断面流动,而不取决于单一的静压、动压或位压的大小。

2.2.2　矿井通风压力测定

(1)测定压力的仪器仪表

1)测定绝对静压的仪器

矿井通风中测定空气绝对静压的仪器有水银气压计、普通空盒气压计和精密气压计。

2)测定绝对静压差的仪器

测定绝对静压差的仪器一般为压差计。

3)测定压力差和相对压力的仪器

在井巷中或风筒中测定风流两点的压力差或一点的相对压力时,需使用各种测压管和各类压差计。

矿井通风中常用皮托管作为测压管,其构造如图5.2.2所示。

压差计是度量压力或相对压力的仪器。在矿井通风中测定较大的压差(几十到几千Pa)时,常用U形管水柱计;测值较小或要求测定精度较高时,则用各种倾斜压差计或补偿式微压计。

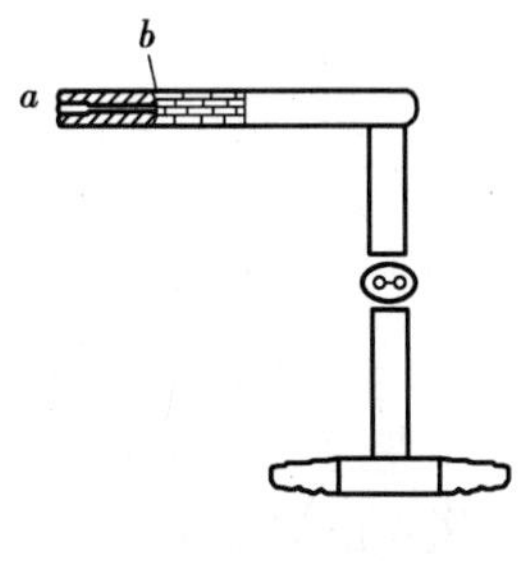

图5.2.2　皮托管

(2)压力测定

1)绝对压力——大气压力测定

实验室使用水银气压计测定大气压力,在矿井井下使用空盒气压计测定大气压力。在实验室、煤矿井下测量大气压力多用数字式气压计。

2)静压、相对全压、动压测定

对于这些参数,一般使用皮托管和压差计测量。

2.2.3　通风阻力测定

矿井通风阻力测定工作是通风技术管理的重要内容之一,其目的在于检查通风阻力的分布是否合理,某些巷道或区段的阻力是否过大,为改善矿井通风系统、减少通风阻力、降低矿井通风机的电耗以及均压防灭火提供依据。此外,通过阻力测量,还可求出矿井各类巷道的风阻值和摩擦阻力系数值,以备通风技术管理和通风计算时使用。

《规程》规定:新井投产前应进行一次矿井通风阻力测定,以后每三年至少进行一次。在矿井转入新水平生产或改变一翼通风系统后,都必须重新进行矿井通风阻力的测定。

通风阻力的测量方法常用的有两种,一为压差计测量法,二为气压计测量法。

通风阻力测定的基本内容及要求包括以下几个方面:

①测算井巷风阻:井巷风阻是反映井巷通风特性的重要参数,很多通风问题都和这个参数有关。只要测定出各条井巷的通风阻力和该巷通过的风量,就可以计算出它们的风阻值;

②测算摩擦阻力系数:断面形状和支护方式不同的井巷,其摩擦阻力系数也不同,只要测出各井巷的阻力、长度、净断面积和通过的风量,即可计算出摩擦阻力系数;

③测算通风阻力的分布情况:为了掌握全矿井通风系统的阻力分布情况,应沿着通风阻力大的路线测定各段通风阻力,了解整个风路上通风阻力分布情况。也可分成若干小段,同时测定,这样既可以减少测定阻力的误差,还可以节约时间。

(1)通风阻力测定的方法

1)选择测定方法

首先要根据测定的目的,选择通风阻力测定方法。一般来说,测量范围大时,气压计法和压差计法均可选用。范围小时选用压差计法。对于摩擦阻力系数和局部阻力系数的测定,只能用压差计法。

2)选择测量路线和测点

选择测量路线前应对井下通风系统的现实情况做详细的调查研究,并参看全矿通风系统图,根据不同的测量目的选择测量路线。若为全矿井阻力测定,则首先选择风路最长、风量最大的干线为主要测量路线,然后再决定其他若干条次要路线,以及那些必须测量的局部阻力区段;若为局部区段的阻力测定,则根据需要仅在该区段内选择测量路线。

选择路线后,按下列原则布置测点:

①在风路的分叉或汇合地点必须布置测点。如果在分风点或合风点流出去的风流中布置测点时,测点距分风点或合风点的距离不得小于巷道宽度 B 的8倍;如果在流入分风点或合风点的风流中布置测点时,测点距分风点或合风点的距离一般可为巷道宽度 B 的3倍。如图5.2.3所示。

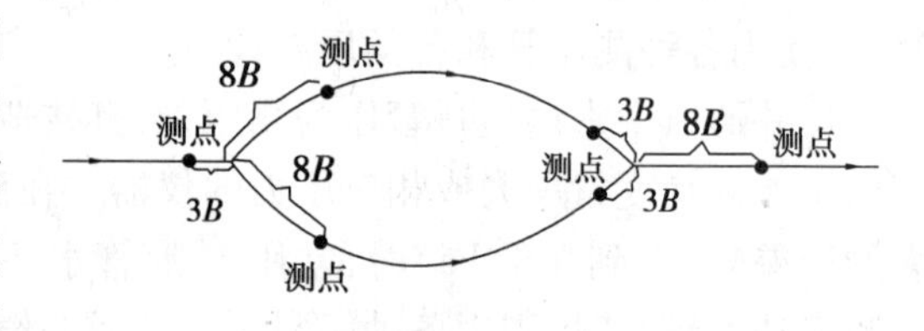

图5.2.3　测点布置

②在并联风路中,可只沿一条路线测量风压(因为并联风路中各分支的风压相等),其他各风路只布置测风点测出风量,以便根据相同的风压来计算各分支巷道的风阻。

③如巷道很长且漏风较大时,测点的间距宜尽量缩短,以便逐步追查漏风情况。

④安设皮托管或静压管时,在测点之前至少有3 m长的巷道支架良好,没有空顶、空帮、凹凸不平或堆积物等情况。

⑤在局部阻力特别大的地方,应在前后设置两个测点进行测量。但若时间紧急,局部阻力的测量可以留待以后进行,以免影响整个测量工作。

⑥测点应按顺序编号并标注明显。为了减少正式测量时的工作量,可提前将测点间距、巷道断面积测出。

待测量路线和测点位置选好后,要用不同颜色绘成测量路线示意图,并将测点位置、间距、标高和编号注入图中。

3)压差计法测量通风阻力步骤

①安设皮托管(或静压管)。

②铺设胶皮管。

③连接胶皮管。

④读数。

⑤记录。

4)气压计法测量通风阻力步骤

用气压计测量通风阻力,最核心的问题就是如何测定测点的空气静压。气压计测量通风阻力的方法有逐点测定法和双测点同时测定法。

①逐点测定法:将一台气压计留在基点作为校正大气压变化使用,另一台作为测压仪器从基点开始测量每一测点的压力。如果在测量时间内大气压和通风状况没有变化,那么两测点的绝对压力差就是气压计在两测点的仪器读数差值。

②双测点同时测定法:用两台气压计(Ⅰ,Ⅱ号)同时放在1号测点定基点,然后将Ⅰ号仪器留在1号测点,将Ⅱ号仪器带到2号测点,约定时间同时读取两台仪器的读数后,再把Ⅰ号仪器移到3号测点,Ⅱ号仪器留在2号测点不动,再同时读数。如此循环前进,直到测定完毕。此法因为两个测点的静压值是同时读取的,所以不需要进行大气压变化的校正,但是测定时比较麻烦。

用气压计法测定通风阻力主要以逐点测定法为主。

5)矿井通风综合参数检测仪测量通风阻力

目前在煤矿井下测定通风阻力使用最多的是矿井通风综合参数检测仪,使用步骤是:

①将两台仪器同放于基点处,将电源开关拨至"通"位置,等待15~20 min后,按"总清"键,记录基点绝对压力值。

②按"差压"键,并将记忆开关拨于"记忆"位置,再将仪器的时间校准。

③将一台仪器留于基点处测量基点的大气压力变化情况,并每逢5的倍数每隔5 min记录一次。

④另一台仪器沿着测量路线逐点测定各测点的压力,测定时将仪器平放于测点底板上,每个测点读数3次,也是逢5的倍数每隔5 min记录一次。

⑤测定时先测测点的相对压力,然后测巷道断面平均风速和断面尺寸,最后测温度与湿度,分别记录于表中。如此逐点进行,直到将测点测完为止。

6)注意事项

①由于矿井的通风状态是变化的,井下大气压的变化有时滞后于地面大气压的变化,同一时间内的变化幅度也与地面不同,所以校正用的气压计最好放在井底车场附近。

②用矿井通风综合参数检测仪测定平均风速和湿度时,由于受井下环境的影响较大,所以测得的结果往往误差较大,故在实际测定通风阻力时,一般用机械风表和湿度计测量测点的巷道断面平均风速和湿度。

③测定最好选在天气晴朗、气压变化较小和通风状况比较稳定的时间内进行。

(2)数据处理及可靠性检查

1)测定数据的处理

资料计算与整理,是通风阻力测定中比较重要的一项工作。测定数据的处理虽然较为繁琐,但要求细致、认真,稍有疏忽就会前功尽弃,甚至导致错误的结论,所以必须给予重视。

数据处理内容主要包括平均风速计算、空气密度计算、井巷风量计算、井巷相对静压和动压计算、井巷之间的通风阻力计算、全矿井通风阻力计算、各井巷风阻和摩擦阻力系数计算以及矿井压能图的绘制等。

2)测定结果可靠性检查

测点资料汇总以后,应对全系统或个别地段测定结果进行检查校验。

因为仪表精度、测定技巧的熟练程度等因素的影响,测定时总会发生这样或那样的误差。如果误差在允许范围以内,那么测定结果可以直接应用;如果误差较大,应该查明原因进行重新测量。系统全面地分析各种误差的原因往往比较困难,也没有必要,但是根据通风阻力测定的目的和要求,在测定中有目的地进行一些校验测定,则是完全必要的。

2.3 降低通风阻力的措施

降低矿井通风阻力是一项非常庞大的系统工程,要综合考虑诸多方面因素。首先要保证通风系统运行安全可靠,矿井主要通风机要在经济、合理、高效区运转,及时调节矿井总风量,尽量避免通风机风量过剩和不足;通风网络要合理、简单、稳定;通风方法和通风方式要适应降阻的要求(如抽出式通风要比压入式的通风阻力大,中央并列式通风路线要长);减少局部风量调节(主要是增阻调节法)的地点和数量,使调节后的总风阻接近不加调节风窗时的风阻,调节幅度要小、质量要高。降低矿井通风阻力的重点在于降低最大阻力路线上的公共段通风阻力。由于矿井通风系统的总阻力等于该系统最大阻力路线上各分支的摩擦阻力和局部阻力之和,因此在降阻之前首先要确定通风系统的最大阻力路线,通过阻力测定了解最大阻力路线上的阻力分布状况,找出阻力较大的分支,对其实施降阻措施。

2.3.1 降低摩擦阻力的措施

摩擦阻力是矿井通风阻力的主要部分,因此,降低井巷摩擦阻力是通风技术管理的重要工作。由式(5.2.1)可知,降低摩擦阻力的措施有:

(1)减少摩擦阻力系数 α

矿井通风设计时,应尽量选用 α 值小的支护方式,如锚喷、砌碹、锚杆、锚锁、钢带等,尤其是服务年限长的主要井巷,一定要选用摩擦阻力较小的支护方式,如砌碹巷道的 α 值仅有支架巷道的30% ~40%。施工时一定要保证施工质量,应尽量采用光面爆破技术,尽可能使井巷壁面平整光滑,使井巷壁面的凹凸度不大于50 mm。对于支架巷道,要注意支护质量,支架不仅要整齐一致,有时还要刹帮背顶,并且要注意支护密度,及时修复被破坏的支架,失修率不大于7%。在不设支架的巷道,一定注意把顶板、两帮和底板修整好,以减少摩擦阻力。

(2)合理分配井巷风量

因为摩擦阻力与风量的平方成正比,因此在通风设计和技术管理过程中,不能随意增大风量。各用风地点的风量在保证安全生产要求的条件下,应尽量减少。掘进初期用局部通风机通风时,要对风量加以控制;及时调节主通风机的工况,减少矿井富裕总风量;避免巷道内风量过于集中,要尽可能使矿井的总进风早分开、总回风晚汇合。

(3)保证井巷通风断面

因为摩擦阻力与通风断面积的3次方成反比,所以扩大井巷断面能大大降低通风阻力。当井巷通过的风量一定时,井巷断面扩大33%,通风阻力可减少一半,故常用于主要通风路线上高阻力段的减阻措施中。当受到技术和经济条件的限制,不能任意扩大井巷断面时,可以采用双巷并联通风的方法。在日常通风管理工作中,要经常修整巷道,减少巷道堵塞物,使巷道清洁、完整、畅通,保持巷道有足够断面。

(4)减少巷道长度

因为巷道的摩擦阻力和巷道长度成正比,所以在矿井通风设计和通风系统管理时,在满足开拓开采的条件下,要尽量缩短风路长度,及时封闭废弃的旧巷和甩掉那些经过采空区且通风路线很长的巷道,及时对生产矿井通风系统进行改造,选择合理的通风方式。

(5)选用周长较小的井巷断面

在井巷断面相同的条件下,圆形断面的周长最小,拱形次之,矩形和梯形的周长较大。因此,在矿井通风设计时,一般要求立井井筒采用圆形断面,斜井、石门、大巷等主要井巷采用拱型断面,次要巷道及采区内服务年限不长的巷道可以考虑矩形和梯形断面。

2.3.2　降低局部阻力的措施

产生局部阻力的直接原因是由于局部阻力地点巷道断面的变化,引起了井巷风流速度的大小、方向、分布的变化。因此,降低局部阻力就是要改善局部阻力物断面的变化形态,减少风流流经局部阻力物时产生的剧烈冲击和巨大涡流,减少风流能量损失,主要措施如下:

①最大限度减少局部阻力地点的数量。井下尽量少使用直径很小的铁风桥,减少调节风窗的数量;应尽量避免井巷断面的突然扩大或突然缩小,断面比值要小。

②当连接不同断面的巷道时,要把连接的边缘做成斜线或圆弧型。

③巷道拐弯时,转角越小越好。拐弯的内侧应做成斜线型和圆弧型,要尽量避免出现直角弯。巷道尽可能避免突然分叉和突然汇合,在分叉和汇合处的内侧也要做成斜线或圆弧型。

④减少局部阻力地点的风流速度及巷道的粗糙程度。

⑤在风筒或通风机的入风口安装集风器,在出风口安装扩散器。

⑥减少井巷正面阻力物,及时清理巷道中的堆积物,采掘工作面所用材料要按需使用,不能集中堆放在井下巷道中。巷道管理要做到无杂物、无淤泥、无片帮,保证有效通风断面。在可能的条件下尽量不使成串的矿车长时间停留在主要通风巷道内,以免阻挡风流,使通风状况恶化。

第 3 章
矿井通风动力

3.1 自然风压的计算及其利用

3.1.1 自然风压的形成及特性

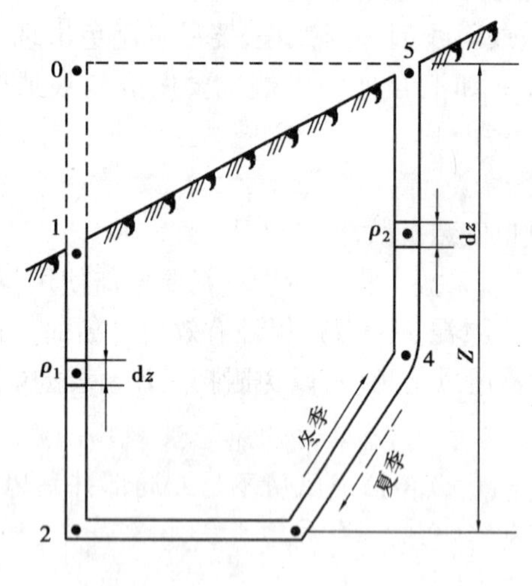

图 5.3.1 简化矿井通风系统

如图 5.3.1 所示为一个没有通风机工作的矿井。

风流从气温较低的井筒进入矿井，从气温较高的井筒流出。不仅如此，在正在开凿的立井井筒中，冬季风流会沿井筒中心一带进入井下，而沿井壁流出井外；夏季风流方向正好相反。这是由于空气温度与井筒围岩温度存在差异，空气与围岩进行热交换，造成进风井筒与回风井筒、井筒中心一带与井壁附近空气存在温度差，气温低处的空气密度比气温高处的空气密度大，使得不同地方的相同高度空气柱质量不等，从而使风流发生流动，形成了自然通风现象。我们把这个空气柱的质量差称为自然风压 $H_{自}$。

$$H_{自} = (\rho_{均进} - \rho_{均回})gz \tag{5.3.1}$$

式中 z——矿井最高点到最低点间的距离，m；

g——重力加速度，m/s^2；

ρ_1, ρ_2——0-1-2 和 5-4-3 井巷中 dz 段空气密度，kg/m^3。

如果求得的 $H_{自}$ 为正值，说明风流方向与假设方向一致，从 0-1-2 井筒进入，由 3-4-5 井筒流出。

自然风压具有如下几种性质：

①形成矿井自然风压的主要原因是矿井进、出风井两侧的空气柱质量差。不论有无机械

通风，只要矿井进、出风井两侧存在空气柱质量差，就一定存在自然风压。

②矿井自然风压的大小和方向，取决于矿井进、出风两侧空气柱质量差的大小和方向。这个质量差，又受进、出风井两侧的空气柱的密度和高度影响，而空气柱的密度取决于大气压力、空气温度和湿度。由于自然风压受上述因素的影响，所以自然风压的大小和方向会随季节变化，甚至昼夜之间也可能发生变化，单独用自然风压通风是不可靠的。因此《规程》规定：每一个生产矿井必须采用机械通风。

③矿井自然风压与井深成正比，与空气柱的密度成正比，因而与矿井空气大气压力成正比，与温度成反比。地面气温对自然风压的影响比较显著。地面气温与矿区地形、开拓方式、井深以及是否机械通风有关。一般来说，由于矿井出风侧气温常年变化不大，而浅井进风侧气温受地面气温变化影响较大，深井进风流气温受地面气温变化的影响较小。所以矿井进、出风井井口的标高差越大，矿井越浅，矿井自然风压受地面气温变化的影响也越大，一年之内不但大小会变化，甚至方向也会发生变化。反之，深井自然风压一年之内大小虽有变化，但一般没有方向上的变化。

④主要通风机工作对自然风压的大小和方向也有一定的影响。因为矿井主通风机的工作决定了矿井风流的主要流向，风流长期与围岩进行热交换，在进风井周围形成了冷却带。此时即使风机停转或通风系统改变，进、回风井筒之间仍然会存在气温差，从而仍在一段时间之内有自然风压起作用，有时甚至会干扰主要通风机的正常工作。这在建井时期表现尤为明显，需要引起注意。

3.1.2　自然风压的控制和利用

自然通风作用在矿井中普遍存在，它在一定程度上会影响矿井主要通风机的工况。要想很好地利用自然通风来改善矿井通风状况和降低矿井通风阻力，就必须根据自然风压的产生原因及影响因素，采取有效措施对自然风压进行控制和利用。

(1) 对自然风压的控制

在深井中，自然风压一般常年帮助主要通风机通风，只是在季节改变时其大小会发生变化，可能影响矿井风量。但在某些深度不大的矿井中，夏季自然风压可能阻碍主要通风机的通风，甚至会使小风压风机通风的矿井局部地点风流反向。这在矿井通风管理工作中应予重视，尤其在山区多井筒通风的高瓦斯矿井中应特别注意，以免造成风量不足或局部井巷风流反向而酿成事故。为防止自然风压对矿井通风的不利影响，应对矿井自然通风情况作充分的调查研究和实际测量工作，掌握通风系统及各水平自然风压的变化规律，这是采取有效措施控制自然风压的基础。在掌握矿井自然风压特性的基础上，可根据情况采取安装高风压风机的方法来对自然风压加以控制，也可适时调整主要通风机的工况点，使其既能满足矿井通风需要，又可节约电能。

(2) 设计和建立合理的矿井通风系统

由于矿区地形、开拓方式和矿井深度的不同，地面气温变化对自然风压的影响程度也不同。在山区和丘陵地带，应尽可能利用进出风井口的标高差，将进风井布置在较低处，出风井布置在较高处。如果采用平硐开拓，有条件时应将平硐作为进风井，并将井口尽量迎向常年风向，或者在平硐口外设置适当的导风墙，在出风平硐口设置挡风墙。进出风井口标高差较小时，可在出风井口修筑风塔，风塔高度以不低于 10 m 为宜，以增加自然风压。

(3)人工调节进、出风侧的气温差

在条件允许时,可在进风井巷内设置水幕或借井巷淋水冷却空气,以增加空气密度,同时可起到净化风流的作用。在出风井底处可利用地面锅炉余热等措施来提高回风流气温,减小回风井空气密度。

(4)降低井巷风阻

其措施包括:尽量缩短通风路线或采用平行巷道通风;当各采区距离地表较近时,可用分区式通风;各井巷应有足够的通风断面,且应保持井巷内无杂物堆积,防止漏风。

(5)消灭独井通风

在建井时期可能会出现独井通风现象,此时可根据条件用风幛将井筒隔成一侧进风另一侧出风;或用风筒导风,使较冷的空气由井筒进入,较热的空气从导风筒排出。也可利用钻孔构成通风回路,形成自然风压。

(6)注意自然风压在非常时期对矿井通风的作用

在制定《矿井灾害预防和处理计划》时,要考虑万一主要通风机因故停转,如何采取措施利用自然风压进行通风以及此时自然风压对通风系统可能造成的不利影响,以制订预防措施,防患于未然。

3.2 矿井主要通风机及其附属装置

矿井通风动力中,自然风压较小,且不稳定,不能保证矿井通风的要求。因此,《规程》规定,每一个矿井都必须采用机械通风。我国煤矿已普遍使用机械通风。在全国国有煤矿中,主要通风机的平均电能消耗量占全矿电能消耗的比重较大。据统计,国有煤矿主要通风机平均电耗占矿井电耗的20%~30%,个别矿井通风设备的耗电量可达50%。因此,合理选择和使用主要通风机,不但能使矿井安全得到根本的保证,同时对改善井下的工作条件、提高煤矿的主要技术经济指标也有重要作用。

3.2.1 矿用主要通风机类型与构造

矿用通风机按照其服务范围和所起的作用分为主要通风机、辅助通风机和局部通风机三种。主要通风机担负整个矿井或矿井的一翼或一个较大区域通风的通风任务,辅助通风机用来帮助矿井主要通风机对一翼或一个较大区域克服通风阻力。增加风量的通风机,称为主要通风机的辅助通风机;供井下某一局部地点通风使用的通风机,称为局部通风机,一般服务于井巷掘进通风。

矿用通风机按照构造和工作原理不同,又可分为离心式通风机和轴流式通风机。

(1)离心式通风机

图5.3.2是离心式通风机的构造及其在矿井通风井口作抽出式通风的示意图。

离心式通风机主要由工作轮、蜗壳体、主轴和电动机等部件构成。工作轮由呈双曲线型的前盘、呈板状的后盘和夹在两者之间、固定在机轴上的轮毂以及安装在轮毂上的一定数量的机翼形叶片构成。风流沿叶片间的流道流动。在流道出口处,叶片相对速度 W_2 的方向与圆周速度 u_2 的反方向之间的夹角称为叶片出口构造角,以 β_2 表示。离心式风机根据叶片出

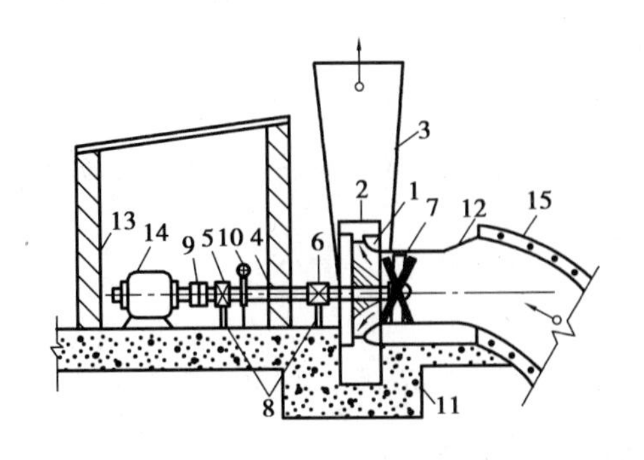

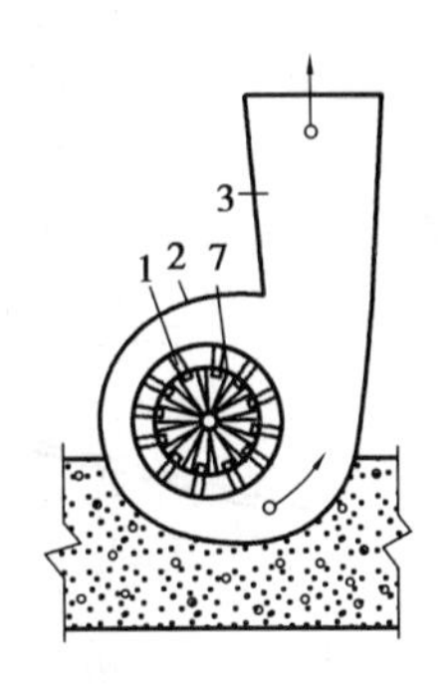

图5.3.2　离心式通风机的构造

1—工作轮;2—蜗壳体;3—扩散器;4—主轴;5—止推轴承;

6—径向轴承;7—前导器;8—机架;9—联轴器;10—制动器;

11—机座;12—吸风口;13—通风机房;14—电动机;15—风硐

口处构造角 β_2 的不同可分为前倾式($\beta_2>90°$)、径向式($\beta_2=90°$)、后倾式($\beta_2<90°$)三种,如图5.3.3所示。β_2 不同,风机的性能亦不相同。矿用离心式通风机多为后倾式,因后倾叶片的通风机在风量变化时风压变化较小,且效率较高。

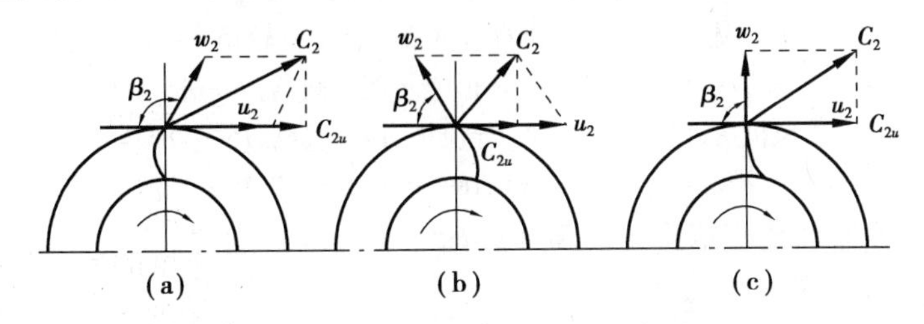

图5.3.3　工作轮叶片的构造角度

w_2—工作轮出风口叶片的切线速度;u_2—工作轮圆周速度

空气进入风机的吸风口,有单侧吸入和双侧吸入两种方式。其他条件相同时,双吸风口风机的动轮宽度和风量是单吸风口风机的2倍。在吸风口与工作轮之间装有前导器,使进入叶轮的气流发生预旋绕,以达到调节风压的目的。

当电动机传动装置带动工作轮在机壳中旋转时,叶片流道间的空气随叶片的旋转而旋转,获得离心力,经叶端被抛出工作轮而流到螺旋状机壳里。在机壳内,空气流速逐渐减小,压力升高,然后经扩散器排出。与此同时,在叶片的入口即叶根处形成较低的压力(低于吸风口的压力),于是,吸风口处的空气便在此压差的作用下自叶根流入,从叶端流出,如此源源不断形成连续流动。

现在我国生产的离心式通风机较多,适用煤矿作主要通风机的型号有:4-72-11,G4-73-11,K4-73-01等。

型号参数的含义以K4-73-01№32型为例说明如下:

K——矿用;

4——效率最高点压力系数的10倍,取整数;

73——效率最高点比转速,取整数;

0——通风机进风口为双面吸入;

1——第一次设计;

№32——通风机机号,为叶轮直径,dm。

(2)轴流式通风机

轴流式通风机主要由进风口、工作轮、整流器、主体风筒、扩散器和传动轴等部件组成,如图 5.3.4 所示。

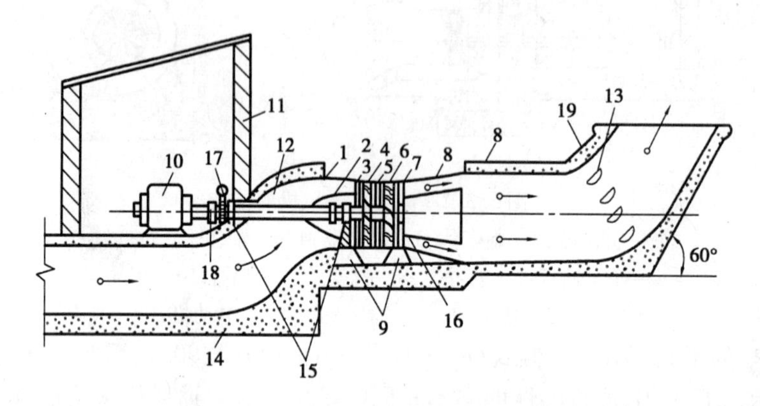

图 5.3.4 轴流式通风机的构造

1—集风器;2—流线体;3—前导器;4—第一级工作轮;5—中间整流器;
6—第二级工作轮;7—后整流器;8—环形或水泥扩散器;9—机架;10—电动机;
11—通风机房;12—风硐;13—导流板;14—基础;15—径向轴承;
16—止推轴承;17—制动器;18—齿轮联轴节;19—扩散塔

进风口是由集风器和疏流罩构成的断面逐渐缩小的环行通道,能使进入工作轮的风流均匀,以减少阻力、提高效率。

工作轮是由固定在轴上的轮毂和以一定角度安装在其上的叶片构成。工作轮有一级和二级两种。二级工作轮产生的风压是一级的 2 倍。轮毂上安装有一定数量的叶片。叶片的形状为中空梯形,横断面为翼形;沿高度方向可做成扭曲形,以期消除或减小径向流动。工作轮的作用是增加空气的全压。

整流器(导叶)安装在每一级工作轮之后,为固定轮。其作用是整直由工作轮流出的旋转气流,减少动能和涡流损失。

环行扩散器是使从整流器流出的环状气流逐渐扩张并过渡到全断面。随着断面的扩大,空气的一部分动压转换为静压。

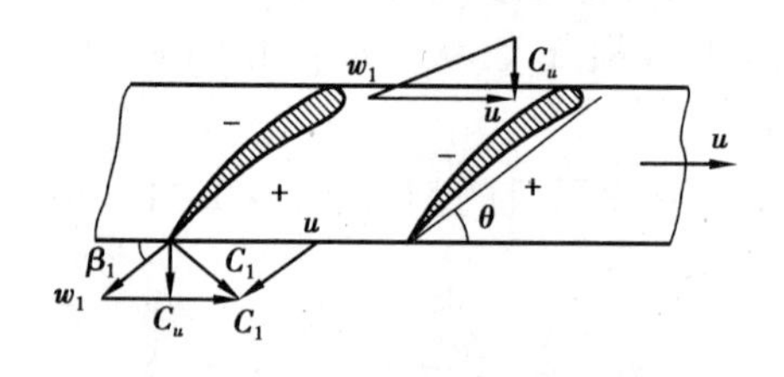

图 5.3.5 轴流式通风机叶片的构造

在轴流式风机中,风流流动的特点是:当动轮转动时,气流沿等半径的圆柱面旋转绕流而出。

用与机轴同心、半径为 R 的圆柱面来切割动轮叶片,并将此切割面展开成一平面,就得到了由翼剖面排列而成的翼栅,轴流式通风机叶片构造如图 5.3.5 所示。

在叶片迎风侧作一外切线,称为弦线。弦线与工作轮旋转方向(u)的夹角称为叶片安装角,以 θ 表示。θ 角是可调的。因为通风机的风压、风量的大小与 θ 角有关,所以工作时可根据所需要的风量、风压调节 θ 的角度。在一级通风机中,θ 角的调节范围是 10° ~40°,二级通风机的调节范围是 15° ~45°,可按相邻角度差 5°

或2.5°调节,但每个工作轮上的 θ 角必须严格保持一致。

当工作轮旋转时,翼栅即以圆周速度 u 移动。处于叶片迎面的气体受挤压,静压增加;与此同时,叶片背面的气体静压降低。翼栅受到压差作用,但受到轴承的限制,不能沿轴向运动,于是叶片迎面的高压气流向叶道出口流动。翼背的低压区"吸引"叶道入口侧气体流入,形成穿过翼栅的连续气体。

为减少能量损失和提高通风机的工作效率,还设有集风器和流线体。集风器是在通风机入风口处呈喇叭状圆筒的机壳,以引导气流均匀平滑地流入工作轮;流线体是位于第一级工作轮前方的呈流线型的半球状罩体,安装在工作轮的轮毂上,用以避免气流与轮毂冲击。

目前我国生产的轴流式通风机中,适用于煤矿作主要通风机的型号有:2K60,GAF,2K56,KZS 等。

型号参数的含义以 2K60-1-№24 型为例说明如下:

2——两级叶轮;

K——矿用;

60——轮毂比的100倍;

1——结构设计序号;

№24——叶轮直径,dm。

(3)对旋式通风机

对旋式局部通风机也是一种轴流式通风机,和传统轴流式通风机相比较,具有高效率、高风压、大风量、性能好、高效区宽、噪声低、运行方式多、安装检修方便等优点。现在我国已经研制成功新一代高效节能矿用防爆对旋式通风机,如图5.3.6所示为BDK65型轴流式通风机。

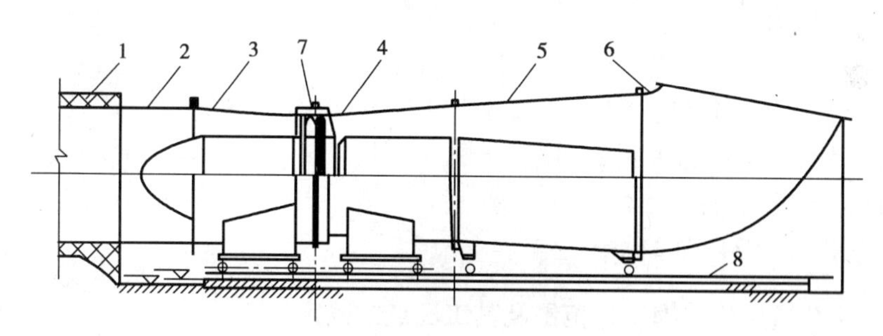

图5.3.6　BDK65型对旋式通风机

1—风道;2—连接风筒;3——级通风机;4—二级通风机;

5—扩散筒;6—扩散塔;7—稳流环;8—钢轨

对旋式通风机由集流器、一级通风机、二级通风机、扩散筒和扩散塔组成。风机采用对旋式结构,一、二级叶轮相对安装,旋转方向相反;叶片采用机翼形扭曲叶片,叶面也互为反向,省去了一般轴流式通风机的中、后导叶,减少了压力损失,提高了风机效率。每一级叶轮均采用悬臂结构,各安装在隔爆型电动机上,形成两台独立的通风机,既没有传统的长轴传动,也没有联轴器,结构简单,还可提高效率。隔爆型电动机安装在主风筒内密闭罩中。密闭罩具有一定的耐压性,可使电动机与通风机流道中含瓦斯的气体隔绝,同时起一定的散热作用。密闭罩有三根导管,既起支撑作用,又可使主风筒与大气相通,使新鲜空气流入密闭罩中。罩内空气可保持正压状态,使得电动机始终处于瓦斯浓度小于1%的条件下工作,符合安全防爆要求。在主风筒中设置有稳流环,使得通风机性能曲线中无驼峰区,无喘振,在任何阻力情况下均可稳定运行。通风机噪音较低,绝大多数型号在无消声装置的情况下,噪声均可低于90 dB(A)。通风机叶轮叶片安装角可以调整,一般分为45°,40°,35°,30°及25°五个角度。一、二级叶轮叶片安装角度可以一致,也可不同,又可调节为在小于或等于45°范围内任意角度运行。可以单级运行,也可以双级运行,因此可调范围极广,尤其在矿井投产初期可只运行一级。通风机和扩散器均安装在带轮的平板车上,下设轨道,安装维修很方便。可以反转反风,在各种情况下的反风率均为70%以上;不需要反风道及通风机的基础,也可不要主通风机房,只需要建造电控值班室。电动机轴承和电动机定子有测温装置,可遥测和报警。电动机轴承还配备了不停机注油和排油管装置。

对旋式风机的工作原理是:工作时两级工作轮分别由两个等容量、等转速、旋转方向相反的电动机驱动,当气流通过集流器进入第一个工作轮获得能量后,再经第二级工作轮升压排出。两级工作轮互为导叶,第一级后形成的旋转速度,由第二级反向旋转消除并形成单一的轴向流动。两个工作轮所产生的理论全压为通风机理论全压的1/2,不仅使通过两级工作轮的气流平稳,有利于提高通风机的全压效率,而且使前后级工作轮的负载分配比较合理,不会造成各级电动机出现超功、过载现象。

目前,对旋式通风机有数十个系列。作为煤矿主要通风机使用的有BD或BDK系列高效节能矿用防爆对旋式主要通风机,最高静压效率可达85%,噪声不大于85 dB(A)。局部通风机主要有FDC-1№6/30型、FSD-2×18.5型、DSF-6.3/60型、DSFA-5型、BDJ60系列、2BKJ-6.0/3.0型、KDF型等。

型号参数的含义以BDK65A-8-№24型为例说明如下:

B——防爆型;

D——对旋结构;

K——矿用;

65——轮毂比的100倍;

A——叶片数目配比为A种;

8——配用8极电机;

№24——机号为24,即24 dm。

3.2.2 主要通风机合理工作范围及其工况点的确定

(1)通风机的工作参数

反映通风机工作特性的基本参数有4个,即通风机的风量$Q_{通}$、压力$H_{通}$、功率$P_{通}$和效率η。

1)通风机的风量$Q_{通}$

$Q_{通}$表示单位时间内通过通风机的风量,单位为m^3/s。当通风机为抽出式工作状态时,通风机的风量等于回风道总排风量与井口漏入风量之和;当通风机为压入式工作状态时,通风机的风量等于进风道的总进风量与井口漏出风量之和。所以通风机的风量要用风表或皮托管与压差计在风硐或通风机扩散器处实测。

2)通风机的风压$H_{通}$

通风机的风压有通风机全压$H_{通全}$、静压$H_{通静}$和动压$h_{通动}$之分。通风机的全压表示单位体积的空气通过通风机后所获得的能量,单位为 $N \cdot m/m^3$ 或 Pa,其值为通风机出口断面与入口断面上的总能量之差。因为出口断面与入口断面高差较小,其位压差可忽略不计,所以通风机的全压为通风机出口断面与入口断面上的绝对全压之差,即

$$H_{通全} = P_{全出} - P_{全入} \tag{5.3.2}$$

式中　$P_{全出}$——通风机出口断面上的全压,Pa;

$P_{全入}$——通风机入口断面上的全压,Pa。

通风机的全压包括通风机的静压与动压两个部分,即

$$H_{通全} = H_{通静} + h_{通动} \tag{5.3.3}$$

由于通风机的动压是用来克服风流自扩散器出口断面进到地表大气(抽出式)或风硐(压入式)的局部阻力,所以扩散器出口断面的动压等于通风机的动压,即

$$h_{扩动} = h_{通动} \tag{5.3.4}$$

式中　$h_{扩动}$——扩散器出口断面的动压,Pa。

3)通风机的功率 P

通风机的输入功率 $P_{通入}$ 表示通风机轴从电动机得到的功率,单位为 kW,通风机的输入功率可用下式计算:

$$P_{通入} = \frac{\sqrt{3}UI\cos\varphi}{1\ 000}\eta_{电}\ \eta_{传} \tag{5.3.5}$$

式中　U——线电压,V;

I——线电流,A;

$\cos\varphi$——功率因数;

$\eta_{电}$—电动机效率,%;

$\eta_{传}$—传动效率,%。

通风机的输出功率 $P_{通出}$ 也叫有效功率,是指单位时间内通风机对通过风量为 Q 的空气所做的功,即

$$P_{输出} = \frac{H_{通}\ Q}{1\ 000} \tag{5.3.6}$$

因为通风机的风压有全压与静压之分,所以式(5.3.6)中当 $H_{通}$ 为全压时,即为全压输出功率 $N_{通全出}$;当 $H_{通}$ 为静压时,即为静压输出功率 $N_{通静出}$。

4)通风机的效率 η

通风机的效率是指通风机输出功率与输入功率之比。因为通风机的输出功率有全压输出功率与静压输出功率之分,所以通风机的效率分全压效率 $\eta_{通全}$ 与静压效率 $\eta_{通静}$,即

$$\eta_{通全} = \frac{P_{通全出}}{P_{通入}} = \frac{H_{通全}Q}{1\ 000P_{通入}} \tag{5.3.7}$$

$$\eta_{通静} = \frac{P_{通静出}}{P_{通入}} = \frac{H_{通静}Q}{1\ 000P_{通入}} \tag{5.3.8}$$

很显然,通风机的效率越高,说明通风机的内部阻力损失越小,性能也越好。

(2)通风机的个体特性及合理工作范围

1)个体特性曲线

通风机的风量、风压、功率和效率这四个基本参数可以反映出通风机的工作特性。每一

台通风机,在额定转速的条件下,对应于一定的风量,就有一定的风压、功率和效率,风量如果变动,其他三者也随之改变。表示通风机的风压、功率和效率随风量变化而变化的关系曲线,称为通风机的个体特性曲线。这些个体特性曲线不能用理论计算方法来绘制,必须通过实测来绘制。

①风压特性曲线。图 5.3.7 为离心式通风机的静压特性曲线。图 5.3.8 为轴流式通风机的全压、静压特性曲线以及全压效率与静压效率曲线。在煤矿中因主通风机多采用抽出式通风,因此要绘制静压特性曲线;当采用压入式通风时,则绘制全压特性曲线。

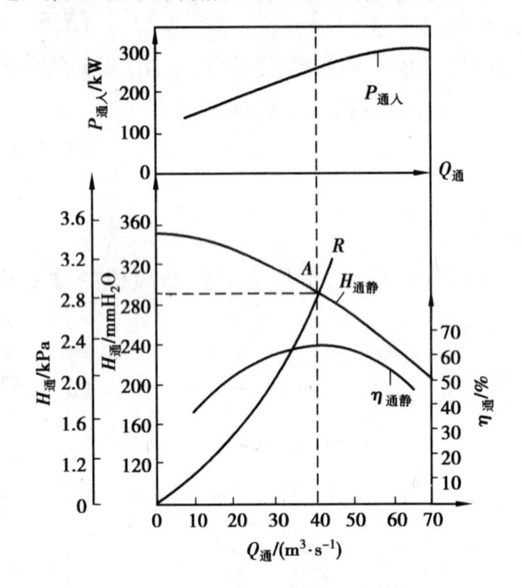

图 5.3.7　离心式通风机个体特性曲线

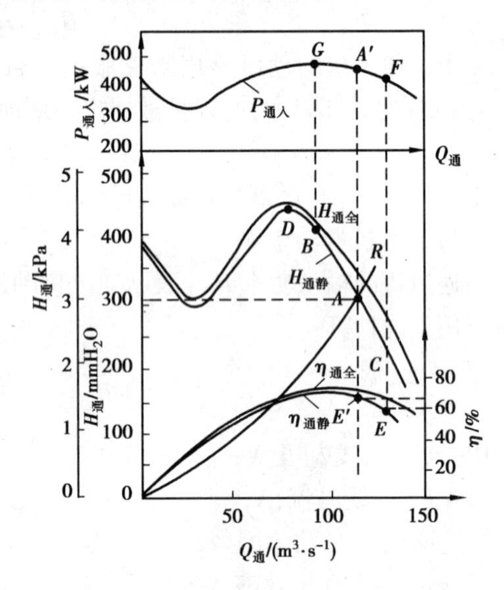

图 5.3.8　轴流式通风机个体特性曲线

从图 5.3.7 与图 5.3.8 可看出,离心式与轴流式通风机的风压特性曲线各有其特点:轴流式风机的风压特性曲线一般都有马鞍形驼峰存在,而且同一台通风机的驼峰区随叶片安装角度的增大而增大。驼峰点 D 以右的特性曲线单调下降,是稳定工作段;点 D 以左是不稳定工作段,风机在该段工作,有时会引起风机的风量、风压和电动机功率的急剧波动,甚至机体发生震动,发出不正常的噪音,产生所谓喘振(或飞动)现象,严重时会破坏风机。通常,离心式风机的风压特性曲线驼峰不明显,且随叶片后倾角度的增大逐渐变小。离心式通风机的风压曲线工作段较轴流式平缓,当管网风阻作相同量的变化时,其风量变化比轴流式风机要大。

②功率曲线。图 5.3.7 和图 5.3.8 中 $P_{通入}$为通风机的输入功率曲线。从两个图可看出:当风量 Q 增加时,离心式通风机功率也随之增大,只有在接近风流完全短路时,功率才略有下降。因此,为了避免因启动负荷过大而烧毁电动机,离心式风机在启动时应先将风硐中的闸门全部关闭,然后待通风机达到正常工作转速后再逐渐打开。当供风量超过需风量过多时,矿井常常利用闸门加阻来减少工作风量,以节省电能。

轴流式通风机的叶片安装角不太大时,在稳定工作段内,即在 B 点的右下侧,功率随着风量 Q 增加而减小,所以轴流式风机应在风阻最小时启动,以减少启动负荷。故轴流式风机启动时应先全敞开或半敞开闸门,待运转稳定后再逐渐关闭闸门至其合适位置,以防止启动时电流过大,引起电动机过负荷。

③效率曲线。如图 5.3.7 和图 5.3.8 所示,η 为通风机的效率曲线。当风量逐渐增加时,

效率也逐渐增大，当增大到最大值后便逐渐下降。因为轴流式通风机叶片的安装角是可调控的，因此叶片的每个安装角 θ 都相应地有一条风压曲线和功率曲线。为了使图清晰，轴流式通风机的效率一般用等效率曲线来表示，如图5.3.9所示。

等效率曲线是把各条风压曲线上的效率相同的点连接起来绘制成的。等效率曲线的绘制方法如图5.3.10所示。轴流式通风机两个不同的叶片安装角 θ_1 与 θ_2 的风压特性曲线分别为1与2，效率曲线分别为3与4。自各个效率值（如0.2，0.4，0.6，0.8）画水平虚线，分别和3，4曲线相交，可得4对效率相等的交点；从这4对交点作垂直虚线分别与相应的个体风压曲线1，2相交，又在曲线1与2上得出4对效率相等的交点，然后把相等效率的交点连接起来，即得出图中4条等效率曲线：$\eta=0.2, 0.4, 0.6, 0.8$。

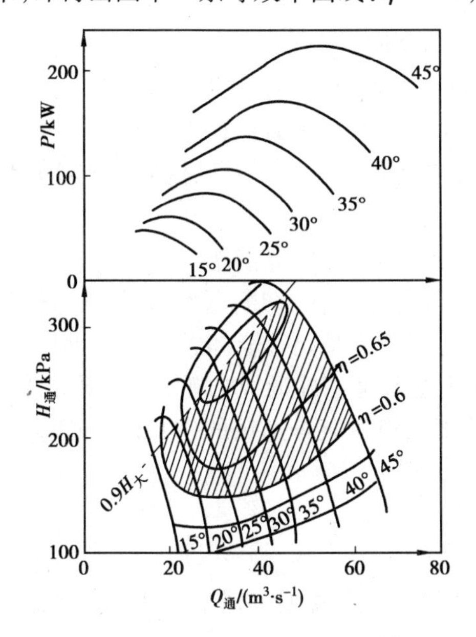

图5.3.9　轴流式通风机合理工作范围

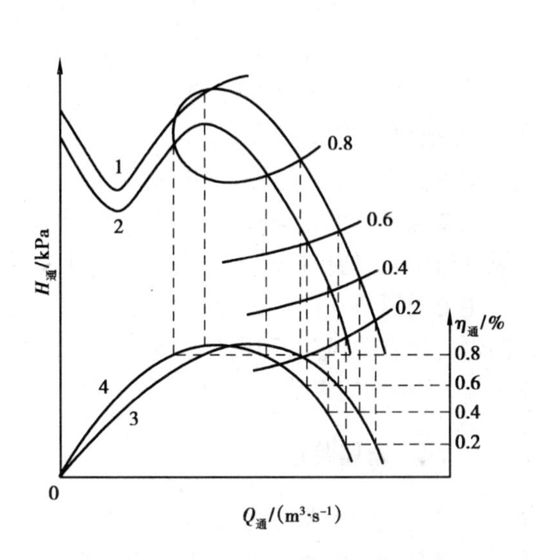

图5.3.10　等效率曲线的绘制

2）通风机的工况点及合理工作范围

当以同样的比例把矿井总风阻曲线绘制于通风机个体特性曲线图中时，风阻曲线与风压曲线交于 A 点，此点就是通风机的工况点，如图5.3.7，图5.3.8所示。所谓工况点，即是风机在某一特定转速和工作风阻条件下的工作参数，如 Q, H, P, η 等，一般是指 H 和 Q 两参数。

为了使通风机安全、经济地运转，它在整个服务期内的工况点必须在合理的范围之内。试验证明，如果轴流式通风机的工作点位于风压曲线"驼峰"的左侧时（D 点左侧），通风机的运转就可能产生不稳定状况，即工作点发生跳动，风量忽大忽小，声音极不正常。为了防止矿井风阻偶尔增加而使工况点进入不稳定区，因此限定通风机的实际工作风压不应大于最高风压的0.9倍，即工作点应在 B 点以下。从经济角度出发，主通风机的运转效率不应低于0.6，即工作点应在 C 点以上。BC 段就是通风机合理的工作范围，如图5.3.8所示。

轴流式通风机的合理工作范围如图5.3.9所示，其合理工作范围为图中阴影部分。上限为最高风压的0.9倍，下限为 $\eta=0.6$ 的等效曲线。

分析主通风机工况点的合理与否，应使用实测的风机装置特性曲线，厂方提供的曲线可能与实际不符，会得出错误的结论。

3.2.3 主要通风机的安装与安全管理

为了保证通风机安全可靠的运转,《规程》中规定:

①主要通风机必须安装在地面;装有通风机的井口必须封闭严密,其外部漏风率在无提升设备时不得超过5%,有提升设备时不得超过15%。

②必须保证主要通风机连续运转。

③必须安装两套同等能力的主要通风机装置,其中一套作备用,备用通风机必须能在10 min内开动。在建井期间可安装1套通风机和1部备用电动机。生产矿井现有的两套不同能力的主要通风机,在满足生产要求时,可继续使用。

④严禁采用局部通风机或局部通风机群作为主要通风机使用。

⑤装有主要通风机的出风井口应安装防爆门,防爆门每6个月检查维修一次。

⑥新安装的主要通风机投入使用前,必须进行1次通风机性能测定和试运转工作,以后每5年至少进行一次性能测定。主要通风机至少每月检查一次。改变通风机转速或叶片角度时,必须经矿技术负责人批准。

⑦主要通风机因检修、停电或其他原因停止运转时,必须制订停风措施。

主要通风机停止运转时,受停风影响的地点必须立即停止工作、切断电源,工作人员撤到进风巷道中,由值班矿长迅速决定全矿井是否停止生产、工作人员是否全部撤出。

主要通风机在停止运转期间,对由一台主要通风机担负全矿井通风的矿井,必须打开井口防爆门和有关风门,利用自然风压通风;对由多台主要通风机联合通风的矿井,必须正确控制风流,防止风流紊乱。

3.2.4 附属装置

矿井使用的主要通风机,除了主机之外尚有一些附属装置。主要通风机和附属装置总称为通风机装置。附属装置有风硐、扩散器、防爆门和反风装置等。

(1)风硐

风硐是连接通风机和风井的一段巷道,如图5.3.11所示。

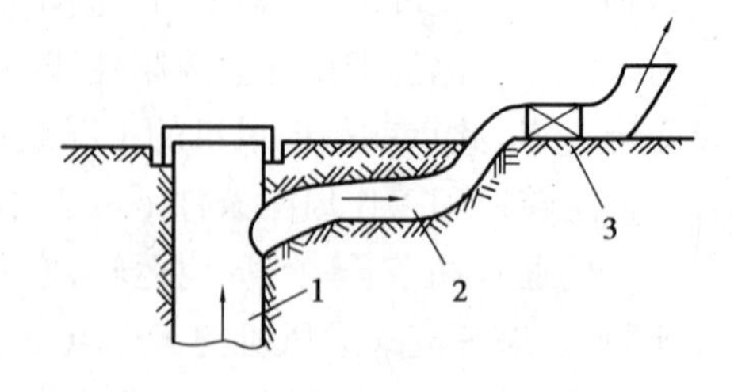

图5.3.11 风硐

1—出风井;2—风硐;3—通风机

因为通过风硐的风量很大,风硐内外压力差也较大,而且其服务年限长,所以风硐多用混凝土、砖石等材料建筑,对设计和施工的质量要求较高。

良好的风硐应满足以下要求:

①应有足够大的断面,风速不宜超过15 m/s。

②风硐的风阻不应大于0.019 6 Ns^2/m^8,阻力不应大于100~200 Pa。风硐不宜过长,与井筒连接处要平缓;转弯部分要呈圆弧形;内壁要光滑,并保持无堆积物;拐弯处应安设导流叶片,以减少阻力。

③风硐及闸门等装置的结构要严密,以防止漏风。

④风硐内应安设测量风速和风流压力的装置,风硐和主通风机相连的一段长度不应小于10~12D(D为通风机工作轮的直径)。

⑤风硐与倾角大于30°的斜井或立井的连接口距风井1~2 m处应安设保护栅栏,以防止

检查人员和工具等坠落到井筒中;在距主要通风机入风口1~2 m处也应安设保护栅栏,以防止风硐中的脏、杂物被吸入通风机。

⑥风硐直线部分要有流水坡度,以防积水。

(2)防爆门(防爆井盖)

在装有主要通风机的出风井口,必须安装防爆设施,在斜井口设防爆门,在立井口设防爆井盖。其作用是:当井下一旦发生瓦斯或煤尘爆炸时,受高压气浪的冲击作用,该设施自动打开,以保护主通风机免受损坏;在正常情况下它是密闭的,以防止风流短路。

图5.3.12所示为不提升通风立井井口的钟形防爆门,井盖1用钢板焊接而成,在其四周用四条钢丝绳绕过滑轮3,用挂有配重的平衡锤4牵住防爆门,其下端放入井口圈2的凹槽中,凹槽内盛油密封(不结冰地区可用水封),槽深必须与负压相适应。井口壁四周还应装设一定数量的压脚5,在反风时用以压住井盖,防止其掀起造成风流短路。装有提升设备的井筒设井盖门,一般为铁木结构。与门框接合处要加严密的胶皮垫层。

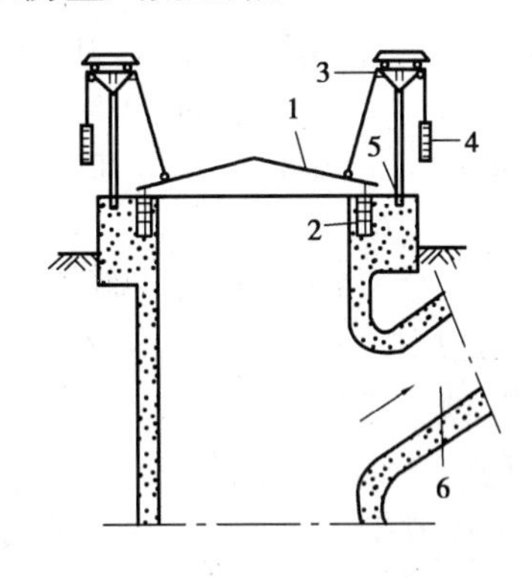

图5.3.12 立井防爆盖示意图
1—防爆门;2—井口圈;3—滑轮;
4—平衡锤;5—压脚;6—风硐

防爆门应布置在出风井轴线上,其面积不得小于出风井口的断面积。从出风井与风硐的交叉点到防爆门的距离应比从该交叉点到主要通风机吸风口的距离至少短10 m。防爆门必须有足够的强度,并有防腐和防抛出的措施。为了防止漏风,防爆门应该封闭严密。如果采用液体作密封时,在冬季应选用不燃的不冻液,且要求以当地出现的十年一遇的最低温度时不冻为准。槽中应经常保持足够的液量,槽的深度必须使其内盛装的液体的压力大于防爆门内外的空气压力差。

防爆门(井盖)应设计合理,结构严密、维护良好、动作可靠。

(3)反风装置

当矿井在进风井口附近、井筒或井底车场及其附近的进风巷中发生火灾、瓦斯和煤尘爆炸时,为了防止事故蔓延,缩小灾情,以便进行灾害处理和救护工作,有时需要改变矿井的风流方向。《规程》规定:生产矿井主要通风机必须装有反风设施,并能在10 min内改变巷道中的风流方向;当风流方向改变后,主要通风机的供给风量不应小于正常供风量的60%。每季度应至少检查一次反风设施,每年应进行一次反风演习;当矿井通风系统有较大变化时,应进行一次反风演习。

反风装置的类型随通风机的类型和结构不同而异。目前主要的反风方法有:设专用反风道;风机反转;利用备用风机作反风道;调节叶片安装角。

1)设专用反风道

图5.3.13为轴流式风机作抽出式通风时利用反风道反风的示意图。反风时,新鲜风流由风门1经反风门7进入风硐2,由风机3排出,然后反风门5进入反风绕道6,再返回风硐送入井下。正常通风时,风门1,7,5均处于水平位置,井下污浊风流经风硐直接进入主通风机,然后经扩散器4排到大气中。

图5.3.14为离心式风机作抽出式通风时利用专用反风道反风示意图。通风机正常工作时,反风门1和2处于实线位置。反风时将反风门1提起,把反风门2放下,地表空气自活门

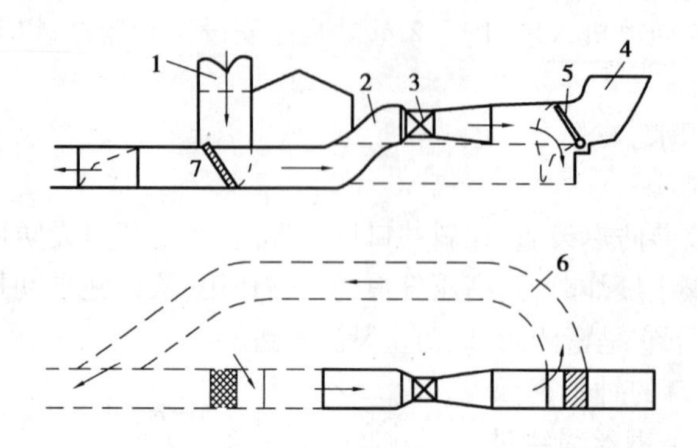

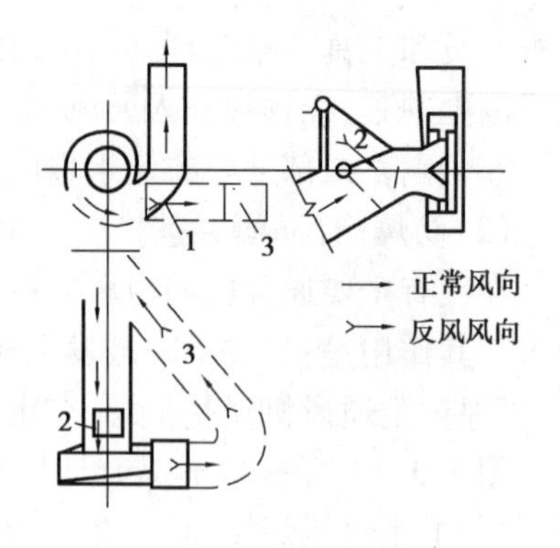

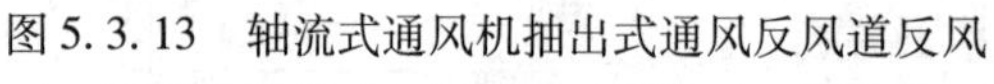

图 5.3.13　轴流式通风机抽出式通风反风道反风

1—反风进风门;2—风硐;3—风机;4—扩散器;

5—反风导向门;6—反风绕道;7—反风导向门

图 5.3.14　离心式通风机的反风装置

2 进入通风机,再从活门 1 进入旁侧反风道 3,进入风井流入井下,达到反风的目的。

2)轴流式风机反转

调换电动机电源的任意两相接线,使电动机改变转向,从而改变通风机动轮的旋转方向,使井下风流反向。此种方法基建费用小,反风方便。但是一些老型号的轴流式通风机反风后风量达不到要求。一些新型轴流式通风机将后导叶设计成可调节角度的,反风时,将后导叶同时扭一角度,反风后的风量即能满足要求。

3)利用备用风机的风道反风

如图 5.3.15 所示,当两台轴流式风机并联布置时,工作通风机(正转)可利用另一台风机的风道作为“反风道”进行反风。图中Ⅱ号风机正常通风时,分风门 4、入风门 6、7 和反风门 9 处于实线位置。反风时风机停转。将分风门 4、反风门 9Ⅰ、9Ⅱ拉到虚线位置,然后开启入门 6Ⅱ、7Ⅱ,压紧入风门 6Ⅰ、7Ⅰ,再启动Ⅱ号风机,便可实现反风。

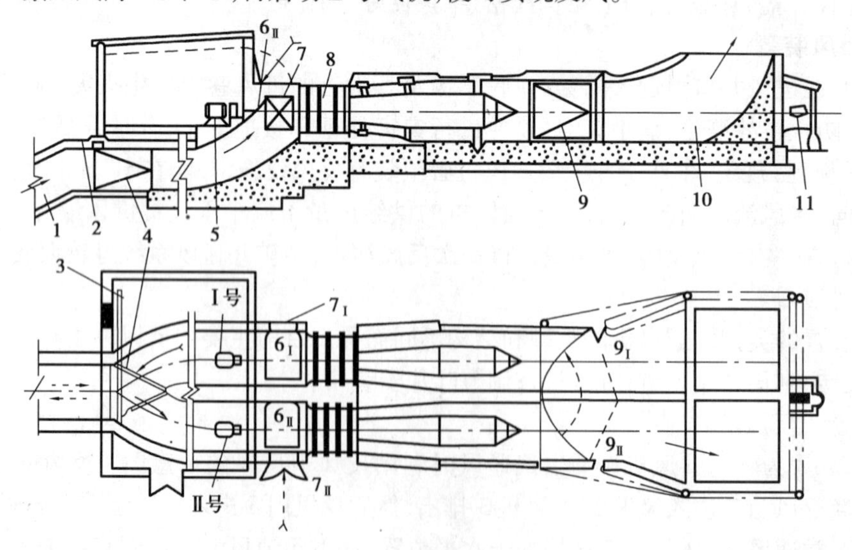

图 5.3.15　利用备用风机的风道反风

1—风硐;2—静压管;3—绞车;4—分风门;5—电动机;6—反风入风顶盖门;

7—反风入风侧门;8—主通风机;9—反风门;10—扩散器;11—绞车

4）调节通风机叶片安装角

对于有动叶可以同时整体偏转装置的轴流式通风机，只要把所有叶片同时偏转一定角度（大约120°），不必改变动轮转向就可以实现矿井风流反向。GAF型轴流式通风机有两种方法调整叶片安装角，一是运行中采用液压调节，常在电厂的通风机调节中采用。二是采用机械式调节，如图5.3.16。

当通风机停转后，从机壳外以手轮调节杆伸入叶轮毂，手轮转动，使蜗杆2、蜗轮4转动，而蜗轮转动则使与其相连的小齿轮7、大伞齿轮6、小伞齿轮5跟随转动，从而达到改变叶轮1安装角的目的。反风时，叶轮旋转方向不变，只需将叶轮转到图中虚线位置即可。

（4）扩散器

在通风机出口处外接的具有一定长度、断面逐渐扩大的风道，称为扩散器。其作用是降低出口速压以提高通风机的静压。

小型离心式通风机的扩散器由金属板焊接而成，扩散器的敞角a不宜过大，一般为8°~10°，以防脱流。出口断面与入口断面之比为3~4。扩散器四面张角的大小应视风流从叶片出口的绝对速度方向而定。

大型离心式通风机和大、中型的轴流式风机的外接扩散器，一般用砖或混凝土砌筑。轴流式通风机的扩散器由环形扩散器与水泥扩散器组成。环形扩散器由圆锥形内筒和外筒构成，外圆锥体的敞角一般为7°~12°，内圆锥体的敞角一般为3°~4°。水泥扩散器为一段向上弯曲的风道，它与水平线所成的夹角为60°，其高为叶轮直径的2倍，长为叶轮直径的2.8倍，出风口为长方形断面（长为叶轮直径的2.1倍，宽为叶轮直径的1.4倍）。扩散器的拐弯处为双曲线形，并安设一组导流叶片，以降低阻力。

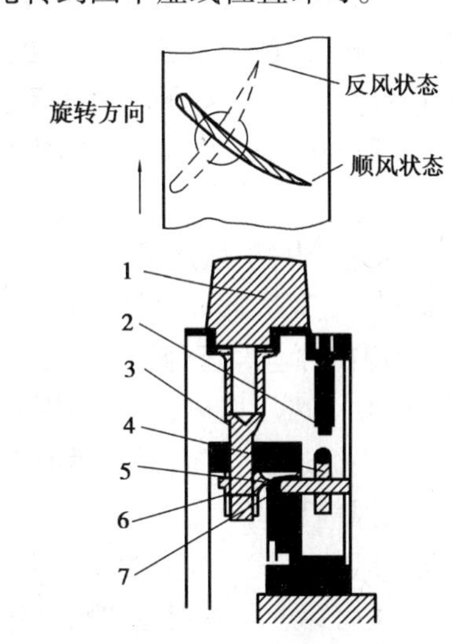

图5.3.16　GAF型风机机械式叶轮调节系统

1—动叶；2—蜗杆；3—叶柄；4—蜗轮；
5—小伞齿轮；6—大伞齿轮；7—小齿轮

3.3　局部通风

3.3.1　局部通风方式

掘进通风是指为开掘中的井巷而进行的通风，亦称局部通风。掘进通风的目的是冲淡并排出井巷掘进时产生的有害气体和矿尘，并为之提供良好的气候条件。

井巷施工时的通风方法有：扩散通风、自然通风，利用引射器通风、矿井全风压通风，局部通风机通风和综合通风。

（1）扩散通风

扩散通风如图5.3.17所示。它不需任何通风设备，是靠新鲜风流的紊流扩散作用，使新鲜空气与掘进头空气掺混，逐渐把污浊空气排出，从而达到通风目的。

《规程》第127条规定:“掘进巷道必须采用矿井全风压通风或局部通风机通风”。第132条又规定:“井下机电设备硐室应当设在进风风流中;该硐室采用扩散通风的,其深度不得超过6 m,入口宽度不小于1.5 m,并且无瓦斯涌出。”对于刚开始掘进的巷道,在最初6 m以内也常采用扩散通风。

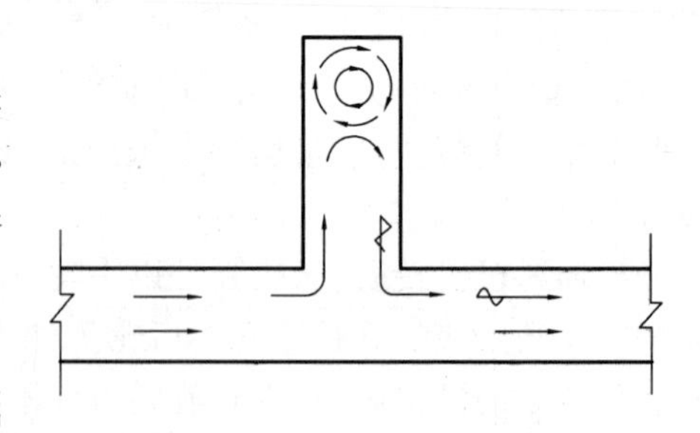

图5.3.17 扩散通风

(2)引射器通风

引射器通风用于有严重煤与瓦斯突出的煤巷掘进时,有较高的安全性。在掘进巷道附近有高压水源或压气管路,且工作面所需风量不大的短距离掘进巷道中,适合用引射器通风。因引射器风量小、风压低、效率也较低,故一直没得到广泛应用。

在井巷施工中,扩散通风、自然通风和引射器通风只能在特定条件下应用,常用的通风方法是利用矿井全风区通风、局部通风机通风与综合通风。

(3)利用矿井全风压通风

所谓矿井全风压通风,就是利用矿井主通风机所产生的风压,借助某种导风设施,将新鲜风流引入独头掘进工作面,再将污浊空气排除。常用的导风设施有风筒、风幛等。

1)利用风筒导风

风筒导风的布置方式如图5.3.18所示。在掘进巷道口的入风侧设置挡风墙或风门截断主导风流,风筒穿过风墙直通独头掘进工作面。为调节工作面的风量,在挡风墙或风门上设有调节风窗。风筒导风具有辅助工程量小、简便易行等优点。其缺点是送风距离短,所以只能用于所需风量不大,送风距离较短的掘进巷道或较长巷道掘进初期。如果巷道开口位于可利用的风压较高的主干风流旁侧,并且管理较好,送风距离可达数百米。如重庆中梁山煤矿用全风压风筒导风距离达350 m,工作面风量达1.3 m^3/s左右。

2)利用纵向风幛导风

如图5.3.19所示,在掘进巷道中,设置纵向风幛将巷道分成两部分,一部分进风,一部分回风。为了便于运输,常让进风侧断面大些,而回风侧断面小些。风幛末端距掘进工作面不得超过5 m。构筑风幛的材料要根据掘进巷道情况而定。当掘进巷道较短时,可用木板或竹板钉制而成,也可抹上黄泥或衬上涂胶帆布;如果掘进巷道较长,则要求风幛必须漏风小、经久耐用,所以长距离大断面巷道掘进通风的风幛一般用砖石和混凝土砌筑而成。

木板风幛漏风量大,送风距离有限;砖石和混凝土风幛砌筑与拆除工程量大,费工、费时、费用高,而且占用永久轨道的位置,除特殊情况外,一般不用此种方式。

3)利用平行巷道通风

在长距离掘进施工中,常利用平行巷道通风。即在掘进主巷道的同时,掘一条与之平行的辅巷,两条巷道之间每隔一定距离开掘一条联络巷使之贯通。利用矿井全风压使风流从一条巷道进入掘进工作面,从另一条巷道流出,联络巷前的独头部分可利用风筒导风,布置方式如图5.3.20(a)所示。为避免两个掘进工作面串联通风,可采用图5.3.20(b)的布置方式,它能使两个掘进工作面单独供风,在风筒中设闸门还可以控制两个工作面的风量。在掘进一定距离后开掘新的联络巷,新联络巷贯通后,原联络巷要及时封闭。

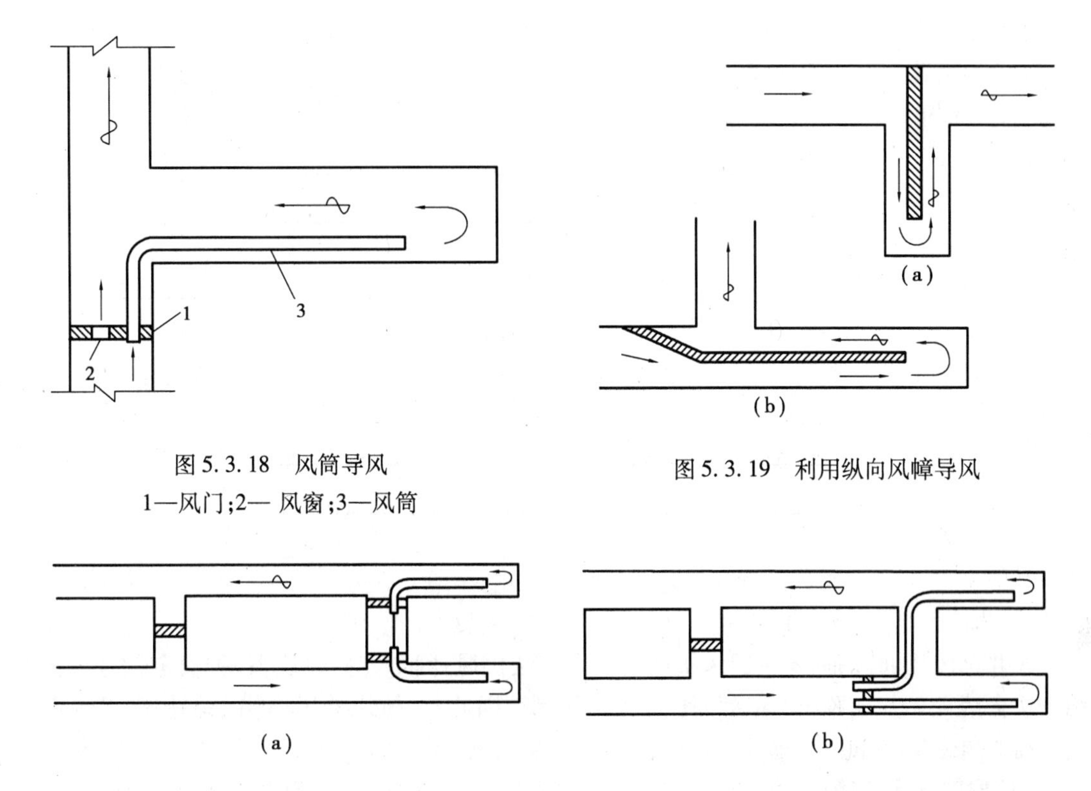

图5.3.18　风筒导风

1—风门;2— 风窗;3—风筒

图5.3.19　利用纵向风幛导风

图5.3.20　利用平行巷道通风

这种方法不需任何机电设备,既可实现向掘进工作面供风,而且通风连续可靠,安全性好。这种通风方法特别适用于在开拓设计上必须是并列且平行的巷道,如两条并列的斜井、采区上下山和区段平巷的掘进通风。在瓦斯涌出量大的煤巷,特别是在有煤与瓦斯突出的煤巷长距离掘进中,采用这种方法比较安全。

4)利用钻孔通风

当掘进巷道较长,且距地表或原有的回风巷道较近时,可在地表或回风巷道向掘进巷道打钻孔来排风。钻孔前的独头部分可利用风幛或风筒导风,如图5.3.21所示。

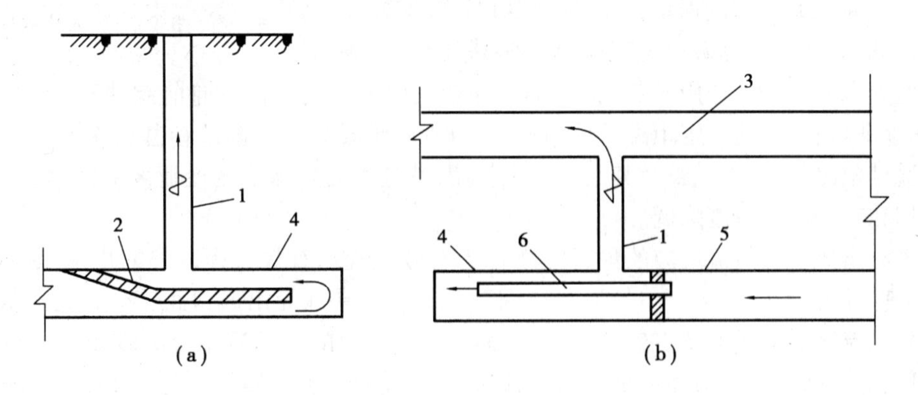

图5.3.21　利用钻孔通风

(a)钻孔与风幛配合通风;(b)钻孔与风筒配合通风

1—钻孔;2—风幛;3—原回风巷;4—掘进巷道;5—密闭;6—风筒

在煤层中掘进上山时,工作面瓦斯容易积聚。若从掘进工作面打一大直径(300 ~ 500 mm)的钻孔与上部的回风巷相通,掘进期间可用钻孔通风。这种方法可有效地排出工作面瓦断,其布置方式如图 5.3.22 所示。

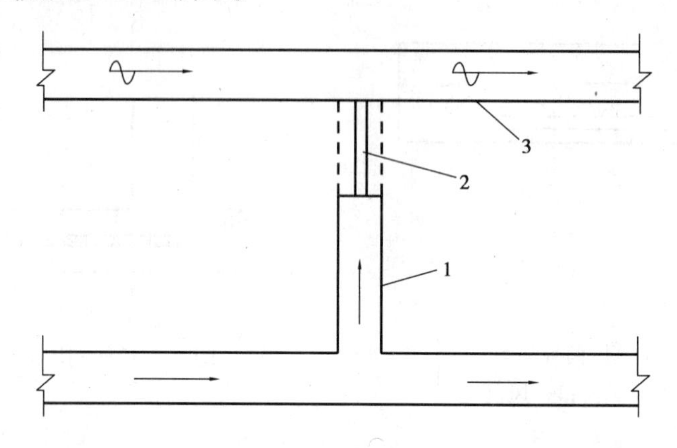

图 5.3.22 掘进煤巷上山时的钻孔通风

1—掘进中的煤巷上山;2—钻孔;3—上部回风巷

矿井全风压通风,只要主通风机运转就能连续供风,因不需机电设备,故安全性好。但这种方法会消耗矿井全风压,且通风距离受到限制。因此,全风压通风适用于不便安设局部通风机而通风距离又不长的掘进巷道。在矿井主要通风机能力不足时,不宜采用全风压通风。

(4)局部通风机通风

利用局部通风机作动力,通过风筒导风的通风方法称为局部通风机通风。它是目前掘进通风最主要的通风方式。

局部通风机的通风方式有压入式通风、抽出式通风和混合式通风三种。

1)压入式通风

压入式通风是利用局部通风机将新鲜空气经风筒压入工作面,乏风沿巷道排出,其布置方式如图 5.3.23 所示。

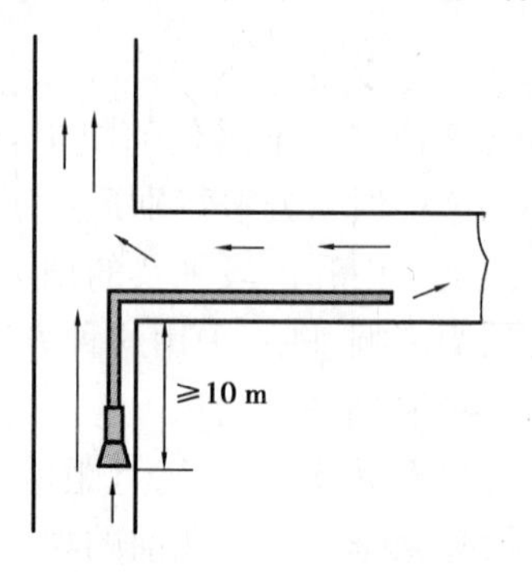

图 5.3.23 压入式通风

压入式通风的排烟过程是:新鲜风流从风筒出来形成一股射流,这股射流冲向爆破后充满炮烟的掘进工作面,射流周围的炮烟靠紊流扩散作用向其内部掺混,并随之向前流动。射流向前流动时,断面不断扩大,风速逐渐减小,到达一定距离后反向流出工作面,带着炮烟经掘进巷道从巷道口排出。炮烟沿巷道排出时,由于被拉长及其紊流扩散作用,巷道中的炮烟浓度逐渐被稀释,风筒漏风也能使炮烟和有害气体浓度降低。

从风筒出风口到射流反向的最远距离称为有效射程。有效射程以外的炮烟呈涡流停滞状态,涡流停滞区内的大部分空气沿巷道周壁流动。如果风筒出风口距工作面更远,将出现第二循环涡流区。由于紊流扩散作用,第一循环涡流区内的炮烟尚能较快地排出。如果出现第二循环涡流区,其扩散强度很小,该区的炮烟不能及时排出。如图 5.3.24 所示,L 为有效射程,l 为涡流停滞区。有效射程的长度 L 可按下式计算:

$$L = (4 \sim 5)\sqrt{S} \tag{5.3.9}$$

式中 S——巷道断面,m^2。

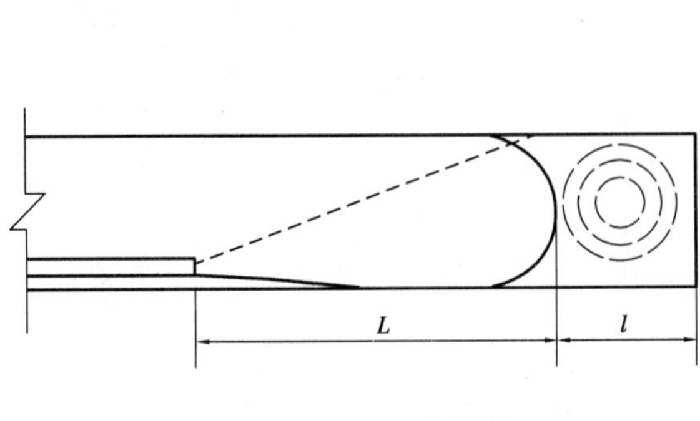

图5.3.24　风流的有效射程

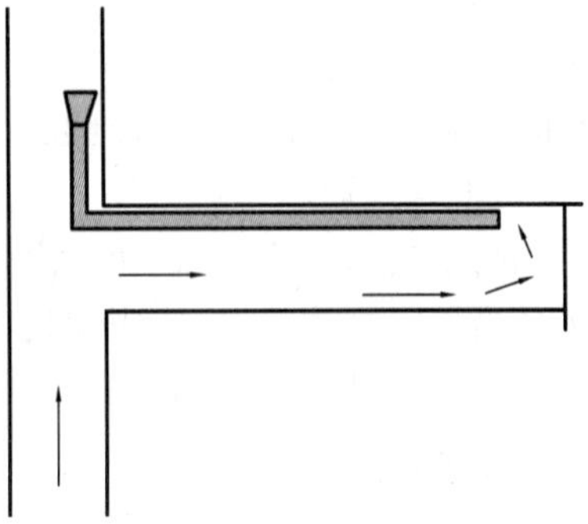

图5.3.25　抽出式通风

2)抽出式通风

抽出式通风的布置方法如图5.3.25所示。新风沿巷道流入,清洗工作面后,乏风经风筒由局部通风机抽出。

抽出式通风的排烟过程是:风筒吸风口附近的空气不断地被吸入风筒,吸风区内任一点空气的流速与吸风口处流速的比值大致和该点离吸风口距离的平方成反比,因此,随着吸风口距离的增加,流速减慢很快。风流中直接吸出炮烟的有效作用范围称有效吸程。当风筒吸风口到工作面的距离大于有效吸程时,工作面将出现涡流停滞区,该区空气在微弱风流带动下进行旋涡流动,由于炮烟浓度差而进行缓慢扩散,该区的炮烟排出较为困难。如图5.3.26所示,L为有效吸程,l为涡流停滞区。有效吸程的长度L可按下式计算:

$$L = 1.5\sqrt{S} \tag{5.3.10}$$

式中　S——巷道断面,m^2。

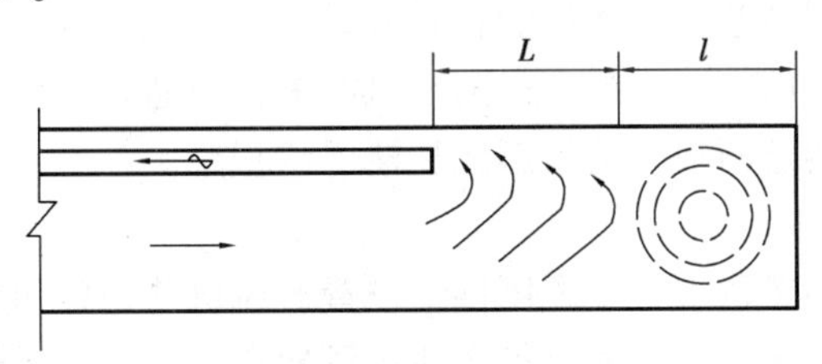

图5.3.26　风流的有效射程

3)压入式和抽出式通风的比较

①压入式通风时,局部通风机及其附属电气设备均布置在新鲜风流中,污风不通过局部通风机,安全性好;抽出式通风时,含瓦斯的污风通过局部通风机,若局部通风机不具备防爆性能,则是非常危险的。

②压入式通风风筒出口风速和有效射程均较大,可防止瓦斯层状积聚,且因风速较大而提高了散热效果。然而,抽出式通风有效吸程小,掘进施工中难以保证风筒吸入口到工作面的距离在有效吸程之内。与压入式通风相比,抽出式风量小,工作面排污风所需时间长、速度慢。

③压入式通风时,掘进巷道涌出的瓦斯向远离工作面方向排走,而用抽出式通风时,巷道壁面涌出的瓦斯随风流向工作面,安全性较差。

④抽出式通风时,新鲜风流沿巷道进向工作面,整个井巷空气清新,劳动环境好;而压入

式通风时,污风沿巷道缓慢排出,掘进巷道越长,排污风速度越慢,受污染时间越久。

⑤压入式通风可用柔性风筒,其成本低、质量轻,便于运输,而抽出式通风的风筒承受负压作用,必须使用刚性或带刚性骨架的可伸缩风筒,成本高,质量大,运输不便。

4)混合式通风

混合式通风是压入式和抽出式两种通风方式的联合运用,按局部通风机和风筒的布设位置,分为长压短抽、长抽短压和长抽长压三种形式。

①长抽短压(前压后抽):工作面的污风由压入式风筒压入的新风予以冲淡和稀释,由抽出式主风筒排出。

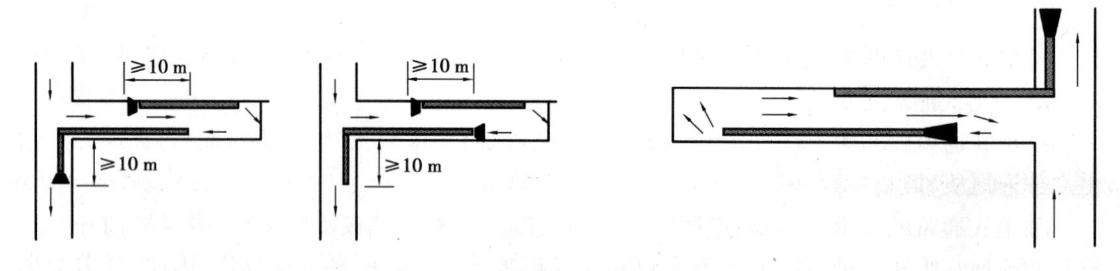

图 5.3.27　长抽短压　　图 5.3.28　混合式通风

其中,抽出式风筒须用刚性风筒或带刚性骨架的可伸缩风筒。若采用柔性风筒,则可将抽出式局部通风机移至风筒入风口,改为压出式,由里向外排出污风,如图 5.3.27。

②长压短抽(前抽后压):新鲜风流经压入式长风筒送入工作面,工作面污风经抽出式通风除尘系统净化,被净化后的风流沿巷道排出,如图 5.3.28 所示。

5)混合式通风的主要特点

①它是大断面长距离岩巷掘进通风的较好方式;

②主要缺点是降低了压入式与抽出式两列风筒重叠段巷道内的风量,当掘进巷道断面大时,风速就更小,则此段巷道顶板附近易形成瓦斯层状积聚。

6)可控循环通风

当局部通风机的吸入风量大于全风压供给设置通风机巷道的风量时,则部分由局部用风地点排出的污浊风流会再次经局部通风机送往用风地点,故称其为循环风。

循环通风方式:分为掺有适量外界新风的循环通风和不掺有外界新风的循环通风。前者即为可控制循环通风,也称为开路循环通风;后者称为闭路循环通风。

在煤矿掘进通风中,当使用闭路循环系统时,因既无任何出口,也无法除去这些气体,在封闭的循环区域中的污染物浓度必然会越来越大。因此,《规程》严禁采用循环通风。

如果循环通风是在一个敞开的区域内,且连续不断地有适量的新鲜风流掺入循环风流中。经理论与实践证明,这部分有控制的循环风流中的污染物浓度仅仅取决于该地区内污染物的产生率及流过该地区的新鲜风量的大小,故循环区域中任何地点的污染物浓度都不会无限制地增大,而是趋于某一限值。

可控循环局部通风优点:

①采用混合式可控循环通风时,掘进巷道风流循环区内侧的风速较高,避免了瓦斯层状积聚,同时也降低了等效温度,改善了掘进巷道中的气候条件;

②当在局部通风机前配置除尘器时,可降低矿尘浓度;

③在供给掘进工作面相同风量条件下，可降低通风能耗。

可控循环局部通风缺点：

①由于流经局部通风机的风流中含有一定浓度的瓦斯与粉尘，因此，必须研制新型防爆除尘风机；

②循环风流通过运转风机的加热，再返回掘进工作面，使风温上升；

③当工作面附近发生火灾时，烟流会返回掘进工作面，故安全性差，抗灾能力弱，灾变时有循环风流通过的风机应立即进行控制，停止循环通风，恢复常规通风。

3.3.2　局部通风机和风筒的安装、使用与安全管理

在掘进通风管理中，要严格执行局部通风机通风设备的安装、维护与管理制度。合理安装和使用局部通风机通风设备不仅是提高掘进通风效果的重要措施，也是防止瓦斯、煤尘爆炸事故的重要环节。

(1)局部通风机安装

1)压入式通风

为防止循环风，压入式局部通风机和启动装置必须安装在进尺巷道中，距回风口不得小于10 m。局部通风机的吸入风量必须小于全风压供给该处的风量。为使局部通风机至巷道口一段巷道有新鲜风流通过，安装局部通风机处巷道的风量和局部通风机工作风量应符合下式：

$$Q_{巷} = Q_{通} + 60vS \tag{5.3.11}$$

式中　$Q_{巷}$——安装局部通风机处巷道的风量，m^3/min；

$Q_{通}$——局部通风机的最大工作风量，m^3/min；

v——局部通风机至掘进巷道口的最低允许风速，取0.15～0.25 m/s；

S——安装局部通风机巷道的断面积，m^2。

2)抽出式通风

抽出式局部通风机应安设在掘进巷道口的回风侧，距掘进巷道口不得小于10 m，局部通风机风量亦应小于全风压供给该巷道的风量。

3)混合式通风

混合式通风如图5.3.28所示。抽出式风筒吸风口与工作面距离应大于炮烟抛掷区长度，并且要超前压入式局部通风机10 m以上。为防止循环风，保证该段巷道通过新鲜风流，抽出式风筒口的吸风量应大于压入式局部通风机的工作用量。压入式局部通风机要随工作面的推进而前移，抽出式风筒也要相应接长。

(2)风筒的安装与管理

为保证掘进工作面的通风效果，及时排出炮烟，风筒口距工作面不得超过有效射程(或有效吸程)。

在长距离通风中，由于风筒长、阻力大，局部通风机启动时易将柔性风筒鼓破或烧毁电动机故，故应采用“三启三停”操作方法，使柔性风筒逐渐张开，然后再让局部通风机正常运转。

在新建、扩建或生产矿井中，要经常开掘大量的井巷工程。掘进工作面是矿井事故多发地点，由于掘进通风管理不善等造成的瓦斯事故发生次数和死亡人数占整个瓦斯事故的80%左右。因此，对掘进通风及安全进行科学管理，不仅是提高掘进通风效果的重要环节，而且是

防止瓦斯、煤尘爆炸事故的重要措施。

(3)掘进通风管理的一般要求和措施

①巷道掘进之前必须编制有关局部通风机和风筒的选择、安装及使用等的专门通风设计,报矿总工程师批准。掘进巷道不得采用扩散通风;在突出煤层中不得采用混合式通风。

②局部通风机的安装和使用,必须符合《规程》和《矿井通风质量标准与检查评定办法》的要求,杜绝不合理的串联通风。对于通风距离超过500 m且停风不致形成瓦斯积聚的掘进工作面,应把按最远距离一次设计的方法,改为二次或三次设计,分期选择局部通风机,但所需要的风筒的规格应按最远距离一次选定,这样有利于提高经济效益。

③局部通风机必须指定专人进行管理,不得随意停开。在高瓦斯矿井、煤与瓦斯突出矿井,所有掘进工作面的局部通风机都应装设"三专两闭锁"设施("三专":专用变压器、专用开关、专用供电电缆;"两闭锁":停风或瓦斯超限时均要切断掘进工作面电气设备电源),保证局部通风机连续可靠运转。在低瓦斯矿井中,掘进工作面与采煤工作面的电气设备可分开供电。

④局部通风机应装在专用台架上或采取吊挂,距巷道底板高度以大于0.3 m为宜,以防底板杂物粉尘飞扬起来,并提高入口流场的均匀性、减少入口局部阻力。掘进工作面的风筒吊挂必须符合通风质量要求,责任到人,严格管理。采掘工作面的生产班组要管好用好局部通风设备。

⑤局部通风机和启动装置要安设在进风巷中,距回风流不得小于10 m;局部通风机的吸风量要小于矿井总风压所供给该处的风量,以免发生循环风。

⑥使用局部通风机的掘进工作面,不准无故停风。如因检修、停电等原因停风时,都要撤出人员,切断电源。在恢复通风工作前,必须检查瓦斯。压入式局部通风机和开关地点附近10 m内,风流中瓦斯浓度不超过0.5%时,方可开动局部通风机。

(4)特殊情况下的局部通风管理

①掘进巷道贯通时,由于采取安全技术措施不及时而造成瓦斯爆炸、放炮崩人或冒顶事故,因而应注意巷道贯通时的掘进通风管理。接贯通书面通知后,通风区要编制调整通风系统计划,做好通风设施与调风准备工作。贯通时,通风部门应指派主管通风人员统一指挥,贯通后应按规定立即调整通风系统,防止瓦斯积聚。瓦斯浓度保持在1%以下时,方可恢复工作。

②在瓦斯大、无安全措施,又不能形成全负压通风系统,不采用局部通风机通风时,坚决禁止扩散通风、老塘通风等不安全的通风方式。

③无特殊情况,中途不得停止巷道掘进,非停不可的,短时间的停掘不得停风,长时间停掘的巷道要及时封闭。

④综合机械化掘进煤巷时,除尘任务非常重要。采用喷雾、洒水等综合防尘措施不能适应综合机械化掘进的防尘要求,要采用混合式除尘通风。采用长压短抽掘进通风布置方式时,应注意下列问题;

a. 保证工作面的风速大于最低排尘风速0.25 m/s。

b. 压入式风筒出口应在机组转载点后面一定距离,以减少二次煤尘飞扬。当采用小直径风筒辅助通风时,其出风口距工作面不超过5 m。抽出式的风筒吸入口距工作面不超过5 m,而且吸入的风量要大,并配备除尘装置,以便及时吸入含尘风流,经除尘器除尘后再排出。

c. 加强风筒重叠段的瓦斯管理。由于在风筒重叠段巷道风速很小，在顶板附近易形成瓦斯层，故通常规定此处风速应大于0.5 m/s，或采用康达风筒。另外，还应安装瓦斯浓度的监测装置。

(5)保证局部通风机安全可靠运转的措施

为保证局部通风机安全可靠运转，必须加强局部通风机使用过程的检查和维修工作，严禁带“病”运行；严格执行局部通风机的安装、使用、停开等管理制度。《规程》要求如下：

①掘进巷道必须采用矿井全风压通风或局部通风机通风。

②掘进通风分为压入式、抽出式、混合式三种。掘进巷道中瓦斯涌出量、掘进距离、巷道断面积是选择掘进通风方式的依据。

③压入式通风指用局部通风设备向掘进工作面输送空气的通风方式。压入式通风安全性好、风流有效射程远、工作面通风效果好，可使用普通柔性风筒，但作业环境差，适用于有瓦斯涌出的巷道。

④抽出式通风指通过局部通风设备从掘进工作面抽出污浊空气的通风方式。抽出式通风巷道作业环境好，但安全性较差，需用刚性风筒或带金属骨架的可伸缩柔性风筒。

⑤混合式通风指装备的两套局部通风设备中，一套作压入式通风，另一套作抽出式通风的联合通风方式。混合式通风巷道作业环境好，通风效果好，但使用设备多、管理复杂，适用于长距离、大断面的掘进巷道。

⑥煤巷、半煤岩巷和有瓦斯涌出的岩巷掘进通风方式应采用压入式，不得采用抽出式（压气、水力引射器不受此限）；如果采用混合式，必须制定安全措施。

⑦瓦斯喷出区域和煤（岩）与瓦斯（二氧化碳）突出煤层的掘进通风方式必须采用压入式。

⑧煤矿井下使用的局部通风机必须性能良好，运转超过6个月应上井检修。

⑨局部通风机设备要齐全，吸风口有风罩和整流器，高压部位（包括电缆接线盒）有衬垫，通风机必须吊挂或垫高，离地面高度大于0.3 m；11 kW及以上功率的局部通风机要装有消音器（低噪声局部通风机、除尘风机除外）。

⑩局部通风机必须由指定人员负责管理，保证其正常运转。

⑪压入式局部通风机和启动装置必须安装在进风巷道中，距掘进巷道回风口不得小于10 m；全风压供给该处的风量必须大于局部通风机的吸入风量，局部通风机安装地点到回风口间的巷道中的最低风速不能低于0.15 m/s。

⑫矿井使用局部通风机通风时，压入式风筒的出风口或抽出式风筒的吸风口与掘进工作面的距离，应在风流的有效射程或有效吸程范围内，并在作业规程中明确规定。

⑬使用混合式通风时，短抽或短压风筒与主导风筒的重叠段长度应大于10 m，风筒重叠段的掘进巷道中的风速和瓦斯浓度应满足本标准有关规定。

⑭低瓦斯矿井掘进工作面的局部通风机，可采用装有选择性漏电保护装置的供电线路供电，或与采煤工作面分开供电。

⑮瓦斯喷出区域、高瓦斯矿井、煤（岩）与瓦斯（二氧化碳）突出矿井中，掘进工作面的局部通风机应采用“三专”（专用变压器、专用开关、专用线路）供电；也可采用装有选择性漏电保护装置的供电线路供电，但每天应有专人检查1次，保证局部通风机可靠运转。

⑯严禁使用3台以上（含3台）的局部通风机同时向一个掘进工作面供风。不得使用1

台局部通风机同时向两个作业的掘进工作面供风。

⑰使用局部通风机供风的地点必须实行风电闭锁,以保证停风后切断停风区内全部非本质安全型电气设备的电源。使用两台局部通风机供风的,两台局部通风机都必须同时实现风电闭锁。

⑱使用混合式通风时,安设在掘进巷道中的局部通风机(或湿式除尘通风机)必须与掘进巷道中的主导局部通风机联动闭锁。当主导通风机停止运转时,掘进巷道中的局部通风机能自动停止运转;主导局部通风机未启动时,掘进巷道中的局部通风机不能启动。

⑲当使用混合式通风时,位于掘进巷道中的局部通风机的吸风口必须安装瓦斯自动断电装置,保证吸入风流的瓦斯浓度不超过1.0%,超过时自动切断局部通风机的电源。

⑳用局部通风机通风的掘进工作面,不得停风;因检修、停电等原因停风时,必须撤出人员,切断电源。恢复通风前,必须检查瓦斯。只有在局部通风机及其开关附近10 m以内风流中的瓦斯浓度都不超过0.5%时,方可人工开启局部通风机。

㉑局部通风机因故停止运转,在恢复通风前,必须首先检查瓦斯,只有停风区中最高瓦斯浓度不超过1.0%和最高二氧化碳浓度不超过1.5%,且符合上述20条规定条件时,方可人工启动局部通风机,恢复正常通风。

㉒巷道贯通必须遵守下列规定:

a.综合机械化掘进巷道在相距50 m前,其他巷道在相距20 m前,必须停止一个工作面作业,做好调整通风系统的准备工作。

b.掘进巷道贯通时,必须由专人在现场统一指挥,停掘的工作面必须保持正常通风,设置栅栏及警标,经常检查风筒的完好状况和工作面及其回风流中瓦斯浓度。瓦斯浓度超限时,必须立即处理。掘进的工作面每次爆破前,必须派专人和瓦斯检查工共同到停掘的工作面检查工作面及其回风流中的瓦斯浓度。瓦斯浓度超限时,必须先停止在掘工作面的工作,然后处理瓦斯。只有在两个工作面及其回风流中的瓦斯浓度都在1.0%以下时,掘进的工作面方可爆破。每次爆破前,两个工作面人口必须有专人警戒。

c.掘进巷道贯通后,必须停止采区内的一切工作,立即调整通风系统,风流稳定后,方可恢复工作。

㉓在突出矿井的突出危险区,掘进工作面进风侧必须设置至少两道牢固可靠的反向风门。反向风门距工作面的距离,应根据掘进工作面的通风系统和预计的突出强度确定。

㉔掘进工作面及其他作业地点风流中瓦斯浓度达到1.0%时,必须停止用电钻钻眼;爆破地点附近20 m以内风流中瓦斯浓度达到1.0%时,严禁爆破。

㉕掘进工作面及其他作业地点风流中、电动机或其开关安设地点附近20 m以内风流中的瓦斯浓度达到1.5%时,必须停止工作,切断电源,撤出人员,进行处理。

㉖掘进工作面及其他巷道内,体积大于0.5 m^3 的空间内积聚的瓦斯浓度达到2.0%时,附近20 m内必须停止工作,撤出人员,切断电源,进行处理。

㉗掘进工作面风流中二氧化碳浓度达到1.5%时,必须停止工作,撤出人员,查明原因,制定措施,进行处理。

第4章 矿井通风系统

矿井通风系统是指矿井的通风方式、通风方法和通风网路的总称。

矿井通风系统是否合理,对矿井的通风状况好坏和能否保障矿井安全生产具有重大作用,同时通风系统是否合理也直接影响矿井的经济效益。因此,稳定可靠的矿井通风系统是实现矿井安全生产的基本保证。

4.1 矿井通风方式和方法

4.1.1 矿井通风方式

矿井通风方式是指矿井进风井与回风井的布置方式,按进、回风井的位置不同,可分为中央式、对角式、区域式和混合式四种。

(1)中央式

中央式是进、回风井均位于井田走向中央。按进、回风井沿倾斜方向相对位置的不同,又可分为中央并列式和中央边界式两种。

1)中央并列式

该方式如图5.4.1(a)所示。进、回风井均并列布置在井田走向和倾斜方向的中央,两井底可以开掘到第一水平,如图5.4.1(a)(1)所示。也可以将回风井只掘至回风水平,如图5.4.1(a)(2)所示。后者只适用于较小型矿井。

2)中央边界式(又名中央分列式)

该方式如图5.4.1(b)所示,进风井仍布置在井田走向和倾斜方向的中央,回风井大致布置在井田上部边界沿走向的中央,回风井的井底标高高于进风井底标高。

(2)对角式

该方式进风井大致布置于井田的中央,回风井分别布置在井田上部边界沿走向的两翼上。根据回风井沿走向的位置不同,它又分为两翼对角式和分区对角式两种。

1)两翼对角式

该方式如图5.4.1(c)所示,进风井大致位于井田走向中央,在井田上部沿走向的两翼边界附近或两翼边界采区的中央各开掘一个出风井。如果只有一个回风井,且进、回风井分别位于井田的两翼称为单翼对角式。

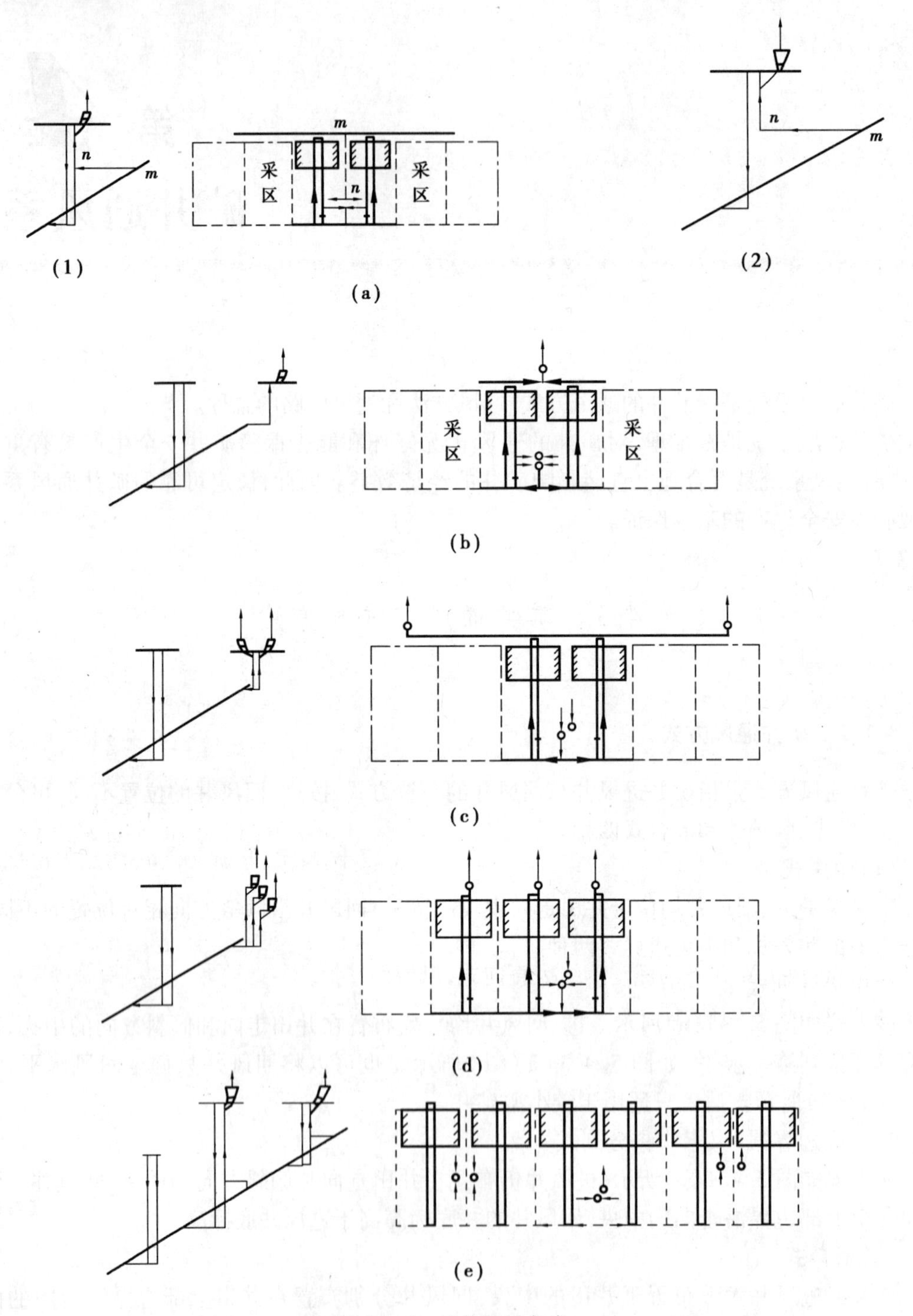

图 5.4.1　矿井通风方式

2)分区对角式

该方式如图 5.4.1(d)所示,进风井位于井田走向的中央,在每个采区的上部边界各掘进一个回风井,无总回风巷。

(3)区域式

该方式是指在井田的每一个生产区域开凿进、回风井,分别构成独立的通风系统,如图5.4.1(e)所示。

(4)混合式

混合式是指中央式和对角式混合布置,因此,混合式的进风井与出风井数目至少有3个。混合式有以下几种:中央并列与两翼对角混合式,中央边界与两翼对角混合式,中央并列与中央边界混合式等。混合式一般是老矿井进行深部开采时所采用的通风方式。

4.1.2 各种通风方式的优缺点及适用条件

(1)中央并列式

①优点:初期开拓工程量小,投资少,投产快;地面建筑集中,便于管理;两个井筒集中,便于开掘和井筒延深;井筒安全煤柱少,易于实现矿井反风。

②缺点:矿井通风路线是折返式,风路较长,阻力较大,特别是当井田走向很长时,边远采区与中央采区风阻相差悬殊,边远采区可能因此风量不足;由于进、回风井距离近,井底漏风较大,容易造成风流短路;安全出口少,只有两个;工业广场受主要通风机噪声影响和回风风流的污染。

③适用条件:井田走向长度小于4 km,煤层倾角大,埋藏深,瓦斯与自然发火都不严重的矿井。

(2)中央边界式

①优点:安全性好;通风阻力比中央并列式小,矿井内部漏风小,有利于瓦斯和自然发火的管理;工业广场不受主要通风机噪声的影响和回风流的污染。

②缺点:增加一个风井场地,占地和压煤较多;风流在井下的流动路线为折返式,风流路线长,通风阻力大。

③适用条件:井田走向长度小于4 km,煤层倾角较小,埋藏浅,瓦斯与自然发火都比较严重的矿井。

(3)两翼对角式

①优点:风流在井下的流动路线为直向式,风流路线短,通风阻力小;矿井内部漏风小;各采区间的风阻比较均衡,便于按需分风;矿井总风压稳定,主要通风机的负载较稳定;安全出口多,抗灾能力强;工业广场不受回风污染和主要通风机噪声的危害。

②缺点:初期投资大,建井期长;管理分散;井筒安全煤柱压煤较多。

③适用条件:井田走向长度大于4 km,需要风量大,煤易自燃,有煤与瓦斯突出的矿井。

(4)分区对角式

①优点:各采区之间互不影响,便于风量调节;建井工期短;初期投资少,出煤快;安全出口多,抗灾能力强;进回风路线短,通风阻力小。

②缺点:风井多,占地压煤多;主要通风机分散,管理复杂;风井与主要通风机服务范围小,接替频繁;矿井反风困难。

③适用条件:煤层埋藏浅或因煤层风化带和地表高低起伏较大,无法开凿浅部的总回风巷,在开采第一水平时,只能采用分区式。另外,井田走向长,多煤层开采的矿井或井田走向

长、产量大、需要风量大、煤易自燃,有煤与瓦斯突出的矿井也可采用这种通风方式。

(5)区域式

①优点:既可以改善矿井的通风条件,又能利用风井准备采区,缩短建井工期;风流路线短,通风阻力小;漏风少,网路简单,风流易于控制,便于主要通风机的选择。

②缺点:通风设备多,管理分散,管理难度大。

③适用条件:井田面积大、储量丰富或瓦斯含量大的大型矿井。

(6)混合式

①优点:有利于矿井的分区分期建设,投资省,出煤快,效率高;回风井数目多,通风能力大;布置灵活,适应性强。

②缺点:多台风机联合工作,通风网路复杂,管理难度大。

③适用条件:井田走向长度长,老矿井的改扩建和深部开采;多煤层多井筒的矿井;井田面积大、产量大、需要风量大或采用分区开拓的大型矿井。

总之,设计矿井的通风方式时,应根据矿井的设计生产能力、煤层赋存条件、地形条件、井田面积、走向长度及矿井瓦斯等级、煤层的自燃倾向性等情况,从技术、经济和安全等方面加以分析,通过方案比较来确定。

4.1.3 矿井通风方法

矿井通风方法是指主要通风机对矿井供风的工作方法。按主要通风机的安装位置不同,分为抽出式、压入式及混合式三种。

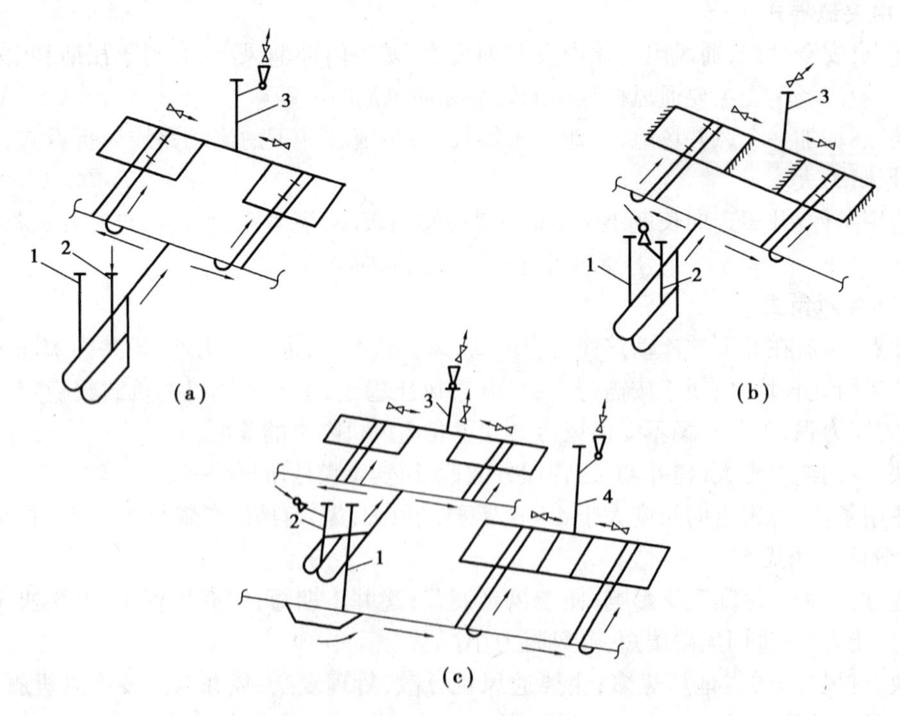

图 5.4.2 矿井通风方法

(1)抽出式通风

该方式如图 5.4.2(a)所示。抽出式通风是将矿井主通风机安设在出风井一侧的地面上,新风经进风井流到井下各用风地点后,污风再通过风机排出地表的一种矿井通风方法。

抽出式通风的特点是:在矿井主要通风机的作用下,矿内空气处于低于当地大气压力的负压状态,当矿井与地面间存在漏风通道时,漏风从地面漏入井内。抽出式通风矿井在主要进风巷无需安设风门,便于运输、行人和通风管理。在瓦斯矿井采用抽出式通风,若主要通风机因故停止运转,井下风流压力提高,在短时间内可以防止瓦斯从采空区涌出,比较安全。因此,目前我国大部分矿井采用抽出式通风。

(2)压入式通风

该方式如图5.4.2(b)所示。压入式通风是将矿井主通风机安设在进风井一侧的地面上,新风经主要通风机加压后送入井下各用风地点,污风再经过回风井排出地表的一种矿井通风方法。

压入式通风的特点是:在矿井主通风机的作用下,矿内空气处于高于当地大气压力的正压状态,当矿井与地面间存在漏风通道时,漏风从井内漏向地面。压入式通风矿井中,由于要在矿井的主要进风巷中安装风门,使运输、行人不便,漏风较大,通风管理工作较困难。当矿井主通风机因故停止运转时,井下风流压力降低,有可能使采空区瓦斯涌出量增加,造成瓦斯积聚,对安全不利。因此,在瓦斯矿井中一般很少采用压入式通风。

矿井浅部开采时,由于地表塌陷出现裂缝与井下沟通,为避免用抽出式通风将塌陷区内的有害气体吸入井下,可在矿井开采第一水平时采用压入式通风,当开采下水平时再改为抽出式通风。此外,当矿井煤炭自然发火比较严重时,为避免将火区内的有毒有害气体抽到巷道中,有时也可采用压入式通风。

(3)混合式通风

混合式通风是在进风井和回风井一侧都安设矿井主要通风机,如图5.4.2(c)所示,新风经压入式主要通风机送入井下,污风经抽出式主要通风机排出井外。

混合式通风的特点是:能产生较大的通风压力,通风系统的进风部分处于正压,回风部分处于负压,工作面大致处于中间状态,其正压或负压均不大,矿井的内部漏风小。但因使用的风机设备多,动力消耗大,通风管理复杂,一般很少采用。

上述三种通风方法,矿井主要通风机均安装在地面。

4.2　影响矿井通风系统稳定的因素

风流不稳定表现为井巷中风流方向发生变化或风量大小变化幅度超过允许范围。在用风地点或瓦斯涌出的巷道中,风流方向不稳定可能会导致瓦斯超限或气温升高,严重时可导致瓦斯和煤尘爆炸。

影响矿井通风系统的稳定性因素主要有:主要通风机的台数、种类、相对位置、性能,以及矿井自然风压的大小、通风网路的结构形式、通风设施的设置位置等因素。

矿井通风系统中的风流不稳定现象可分为正常生产时期的不稳定现象和矿井灾变时期的风流不稳定现象。正常时期风流不稳定又可分为由于通风动力工作不稳定和由于通风网路引起的不稳定两种情况。通风动力工作不稳定主要表现在主要通风机的工况点进入不稳定工作区域,风机出现喘振或多风机互相干扰引起的主要通风机不稳定运行。井下辅助通风机和矿井自然风压都对风流的稳定性有着影响。由通风网路引起的风流不稳定主要表现在通风网路中风流短路造成的风流剧烈波动,由于通风管理状况不佳,同一处的风门道数不足或两道风门间的间距不够、井下人员通过风门时不能及时关闭、风门被矿车撞坏未能及时维修等都会造成风流短路,导致用风地点风量骤减,甚至无风。除此之外,通风网路中对角分支风流不稳定,对煤矿安全生产也会带来威胁。

4.3 矿井内各需风地点风量计算

4.3.1 矿井需风量的计算依据

《规程》规定矿井需要的风量应按下列要求分别计算,并选取其中的最大值:

①按井下同时工作的最多人数计算,每人每分钟供风量不得少于4 m^3;

②按采煤、掘进、硐室及其他地点实际需要风量的总和进行计算。各地点的实际需要风量,必须使该地点风流中的瓦斯、二氧化碳、氢气和其他有害气体的浓度,以及风速、温度、每人供风量符合煤矿安全规程的有关规定。

按实际需要计算风量时,应避免备用风量过大或过小。煤矿企业应根据具体条件制定风量计算方法,至少每5年修订一次。

4.3.2 矿井需风量的计算方法

(1)按同时工作最多人数计算矿井风量

保证井下人员有足够的新鲜空气呼吸,是矿井通风的任务与目的之一。井下工人在劳动过程中需要呼吸大量氧气,以保证人体内一系列的生物氧化反应,补充能量消耗。据测算,劳动时一个人的耗氧量为1~3 L/min,而矿井空气中人的耗氧量为2%~3%(其他为煤炭和有机物所消耗)。因此,世界上大多数产煤国家规定了每人4 m^3/min 的需风量,再根据同时工作的最多人数,即可计算出矿井的需风量。

(2)按各个用风地点总和计算矿井风量

有效地稀释和排出井下生产过程中产生的瓦斯、煤尘和其他有害气体,是矿井通风的一项重要任务与目的。按照矿井实际布置的采煤工作面、掘进工作面、硐室和其他用风地点,依据各个地点都能满足将瓦斯、二氧化碳和其他有害气体稀释到《规程》规定浓度以下,并符合风速规定的要求,分别逐个计算所需风量,再“由里向外”计算出采区、矿井的需风量。

对上述两种计算方法的结果,要进行比较,取其最大值。这样,矿井需风量既能满足安全生产的要求,又能满足人员呼吸新鲜空气的要求。

4.3.3 矿井需风量的计算

(1)按井下同时工作的最多人数计算矿井风量

$$Q_{矿} = 4Nk_{备} \tag{5.4.1}$$

式中 $Q_{矿}$——矿井总进风量,m^3/min;

N——井下同时工作最多数,人;

$k_{备}$——矿井通风系统(包括矿井内部漏风和配风不均匀等因素)备用系数,宜取1.15～1.25。

(2)按各个用风地点总和计算矿井风量

该方法是按采煤、掘进、硐室及其他地点实际需要风量的总和计算,其计算公式为:

$$Q_{矿} = (\sum Q_{采i} + \sum Q_{掘i} + \sum Q_{硐i} + \sum Q_{其他})k_{备} \tag{5.4.2}$$

式中 $\sum Q_{采i}$——采煤工作面和备用工作面所需风量之和,m^3/min;

$\sum Q_{掘i}$——掘进工作面所需风量之和,m^3/min;

$\sum Q_{硐i}$——硐室所需风量之和,m^3/min;

$\sum Q_{其他}$——其他地点(行人和维护巷道等)所需风量之和,m^3/min;

$k_{备}$——矿井通风系统(包括矿井内部漏风和配风不均匀等因素)备用系数,宜取1.15～1.25。

1)采煤工作面需风量计算

采煤工作面的风量应该按下列因素分别计算取其大值。

①按瓦斯涌出量计算:

$$Q_{采i} = 100q_{采i}k_{采i} \tag{5.4.3}$$

式中 $Q_{采i}$——第i个采煤工作面需要风量,m^3/min;

$q_{采i}$——第i个采煤工作面瓦斯绝对涌出量,m^3/min;

$k_{采i}$——第i个采煤工作面因瓦斯涌出不均匀的备用风量系数,通常,机采工作面取$k_{采i}=1.2 \sim 1.6$,炮采工作面取$k_{采i}=1.4 \sim 2.0$,水采工作面取$k_{采i}=2.0 \sim 3.0$。

②按工作面进风流温度计算:

采煤工作面应有良好的气候条件,其进风流温度可根据风流温度预测方法进行计算。其气温与风速应符合表5.4.1的要求,采煤工作面的需要风量按式(5.4.4)计算:

$$Q_{采i} = 60V_{采i}S_{采i}k_{长i} \tag{5.4.4}$$

式中 $V_{采i}$——第i个采煤工作面的风速,按其进风流温度从表5.4.1中取,m/s;

$S_{采i}$——第i个采煤工作面有效通风断面,取最大和最小控顶时有效断面的平均值,m^2;

$k_{长i}$——第i个工作面的长度风量系数,按表5.4.2选取。

表5.4.1 采煤工作面进风流气温、风速对应表

采煤工作面进风流气温/℃	采煤工作面风速/($m \cdot s^{-1}$)
<15	0.3～0.5
15～18	0.5～0.8
18～20	0.8～1.0
20～23	1.0～1.5
23～26	1.5～1.8

表 5.4.2 采煤工作面长度风量系数表

采煤工作面长度/m	工作面长度风量系数
<15	0.8
50~80	0.9
80~120	1.0
120~150	1.1
150~180	1.2
>180	1.3~1.4

③按使用炸药量计算:

$$Q_{采i} = 25A_{采i} \tag{5.4.5}$$

式中 25——每使用 1 kg 炸药的供风量,m^3/min;

$A_{采i}$——第 i 个采煤工作面一次爆破使用的最大炸药量,kg。

④按工作人员数量计算:

$$Q_{采i} = 4N_{采i} \tag{5.4.6}$$

式中 4——每人每分钟应供给的最低风量,m^3/min;

$N_{采i}$——第 i 个采煤工作面同时工作的最多人数,个。

⑤按风速进行验算:

按最低风速验算各个采煤工作面的最小风量:

$$Q_{采i} \geqslant 60 \times 0.25S_{采i} \tag{5.4.7}$$

按最高风速验算各个采煤工作面的最大风量:

$$Q_{采i} \leqslant 60 \times 4S_{采i} \tag{5.4.8}$$

2)掘进工作面需风量的计算

对于煤巷、半煤岩和岩巷掘进工作面的风量,应按下列因素分别计算,取其最大值。

①按瓦斯涌出量计算:

$$Q_{掘i} = 100q_{掘i}k_{掘i} \tag{5.4.9}$$

式中 $Q_{掘i}$——第 i 个掘进工作面的需风量,m^3/min;

$q_{掘i}$——第 i 个掘进工作面的绝对瓦斯涌出量,m^3/min;

$k_{掘i}$——第 i 个掘进工作面的瓦斯涌出不均匀和备用风量系数,一般可取 1.5~2.0。

②按炸药量计算:

$$Q_{掘i} = 25A_{掘i} \tag{5.4.10}$$

式中 25——使用 1 kg 炸药的供风量,m^3/min;

$A_{掘i}$——第 i 个掘进工作面一次爆破所用的最大炸药量,kg。

③按局部通风机吸风量计算:

$$Q_{掘i} = \sum Q_{局i}k_{局i} \tag{5.4.11}$$

式中 $Q_{局i}$——第 i 个掘进工件面同时运转的局部通风机额定风量的和;

$k_{局i}$——为防止局部通风机吸循环风的风量备用系数,一般取 1.2~1.3;进风巷道中无瓦斯涌出时取1.2,有瓦斯涌出时取1.3。

④按工作人员数量计算:

$$Q_{掘i} = 4N_{掘i} \tag{5.4.12}$$

式中　$N_{掘i}$——第 i 个掘进工作面同时工作的最多人数,人。

⑤按风速进行验算:

按最小风速验算,各个掘进工作面的风量应满足:

$$60 \times 0.15S_{掘i} \leqslant Q_{掘i} \leqslant 60 \times 4S_{掘i} \tag{5.4.13}$$

式中　$S_{掘i}$——第 i 个掘进工作面巷道的净断面积,m^2。

3)硐室需风量的计算

独立通风硐室的供风量,应根据不同类型的硐室分别进行计算。

①机电硐室需风量。对于发热量大的机电硐室,应按硐室中运行的机电设备发热量进行计算,即

$$Q_{硐i} = \frac{3\ 600 \times \sum N\theta}{\rho c_p 60\Delta t} = \frac{60\sum N\theta}{\rho c_p \Delta t} \tag{5.4.14}$$

式中　$Q_{硐i}$——第 i 个机电硐室的需风量,m^3/min;

$\sum N$—— 机电硐室中运转的电动机(变压器)总功率,kW;

θ——机电硐室的发热系数;

ρ——空气密度,一般取1.25 kg/m^3;

c_p——空气的定压比热,一般可取1 kJ/kgk;

Δt——机电硐室进、回风流的温度差,℃。

对于采区变电所及变电硐室,可按经验值确定需风量:

$$Q_{硐i} = 60 \sim 80\ m^3/min$$

②爆破材料库需风量:

$$Q_{爆i} = 4v/60 \tag{5.4.15}$$

式中　$Q_{爆i}$——井下第 i 个爆破材料库需风量,m^3/min;

v——库房容积,m^3。

③充电硐室(按其回风流中氢气浓度小于0.5%计算):

$$Q_{充电i} = 200q_{氢i} \tag{5.4.16}$$

式中　$q_{氢i}$——第 i 个充电硐室在充电时产生的氢气量,m^3/min。

4)其他井巷需风量

井下其他巷道所需风量应依据巷道中的瓦斯(二氧化碳)涌出量和要求风速分别计算,并取其中最大值。

①按瓦斯(二氧化碳)涌出量计算:

$$Q_{其他} = 133q_{其他i}k_{其他i} \tag{5.4.17}$$

式中　$Q_{其他}$——其他巷道需风量,m^3/min;

$q_{其他i}$——其他巷道中的瓦斯绝对涌出量,m^3/min;

$k_{其他i}$——巷道的通风系数,一般取1.2~1.3。

②按最低风速验算:

$$Q_{其他} \geq 9S \ \mathrm{m^3/min} \tag{5.4.18}$$

式中 S——巷道净断面积,m^2。

4.4 风量分配

4.4.1 风量分配原则

各回采工作面的风量,应按照与产量成正比的原则进行分配;各备用工作面的风量,应按照计划或实际产量所需风量的50%进行分配。分配到各用风地点的风量,应不低于其计算的需风量;所有巷道都应分配一定的风量;分配后的风量,应保证井下各处瓦斯及有害气体浓度、风速等满足《规程》的各项要求。

4.4.2 风量分配

首先按照采区布置图,对各采煤、掘进工作面、独立回风硐室按其需风量配给风量,余下的风量按采区产量、采掘工作面数目、硐室数目等分配到各采区,再按一定比例分配到其他用风地点,用以维护巷道和保证行人安全。风量分配后,应对井下各通风巷道的风速进行验算,使其符合《规程》对风速的要求。

(1)总风量 $Q_{总}$ 中未包括独立通风量(掘进、硐室及其他)的分配

1)计算日产吨煤配风量(实际供风标准)$q_{实}$

$$q_{实} = Q_{总}\left(\sum T_{采} + \frac{1}{2}\sum T_{备}\right) \tag{5.4.19}$$

式中 $\sum T_{采}$——各个采煤工作面的日产量之和,t/d;

$\sum T_{备}$——各个备用工作面的计划(实际)日产量之和,t/d。

2)按原则与实际风量 $q_{实}$ 分配风量

采煤工作面:$Q_{采} = q_{实} T_{采}$,m^3/min。

备用工作面:$Q_{备} = 1/2 q_{实} T_{备}$,m^3/min。

(2)总风量 $Q_{总}$ 中计入独立风量的分配

①风量分配时,必须由总风量 $Q_{总}$ 中,减去独立通风量 $\sum Q_{掘}$、$\sum Q_{硐}$、$\sum Q_{其他}$,即

$$Q_{余} = Q_{总} - \left(\sum Q_{掘} + \sum Q_{硐} + \sum Q_{其他}\right) \tag{5.4.20}$$

②把剩余的风量 $Q_{余}$,按上述方法进行分配。

(3)风速验算

对分配给井下各个用风地点与它们的进风和回风路线上的各个风量(包括局部地区的自然分配量),除以相应巷道的断面积,求得该处的风速应符合《规程》规定的最高风速和最低风速的标准,否则必须进行调整。

4.5　通风系统

4.5.1　进风巷、回风巷、新鲜风和乏风概念

(1) 进风巷

进风风流所经过的巷道，叫做进风巷。为全矿井或矿井一翼进风用的叫总进风巷；为几个采区进风用的叫主要进风巷；为一个采区进风用的叫采区进风巷；为一个工作面进风用的叫工作面进风巷。

(2) 回风巷

回风风流所经过的巷道，称为回风巷。为全矿井或矿井一翼回风用的叫总回风巷；为几个采区回风用的叫主要回风巷；为一个采区回风用的叫采区回风巷；为一个工作面回风用的叫工作面回风巷。

(3) 新鲜风

地面空气进入矿井后，当成分变化不大时，称为新鲜风流，简称新鲜风。在生产矿井中习惯于把用风地点以前的进风巷中的风流称作新鲜风。

(4) 乏风

当进入矿井的地面空气成分变化较大时，称为污浊风流，简称乏风。在生产矿井中习惯于把用风地点以后的回风巷中的风流称为乏风或污风。

4.5.2　采区通风系统

采区通风系统是指矿井风流从主要进风巷进入采区，流经有关巷道、采掘工作面、硐室和其他用风地点后，排到矿井主要回风巷的整个风流路线。

采区通风系统对安全方面的要求：

①采区通风系统必须有单独的回风道，实行分区通风。采掘工作面、硐室都要采用独立通风。对于采区中的回采工作面之间、掘进工作面之间，以及回采与掘进工作面之间独立通风有困难时，可采用串联通风。进入串联工作面的风流中，必须装有瓦斯自动检测报警断电装置。瓦斯、二氧化碳以及其他有害气体、矿尘的浓度、风速、气温都要符合《规程》中的有关规定，并须经过审批的安全措施。有瓦斯喷出和煤与瓦斯突出的煤层严禁任两个工作面之间串联通风。

②按瓦斯、二氧化碳、气候条件和工业卫生要求合理配风；要尽量减少采区漏风，并避免新风到达工作面之前被污染；要求通风阻力小，通风能力大、风流畅通。

③通风网路要简单，以便在发生事故时易于控制和撤离人员，要尽量减少通风设施的数量。对于必须设置的通风设施和通风设备，要选择适当位置；要尽量避免采用对角风路，无法避免时，要有保证风流稳定性的措施。

④要有较强的抗灾和防灾能力。要设置防尘管路、避灾路线、避难硐室和灾变时风流控制设施，必要时还要建立抽放瓦斯、防火灌浆和降温设施。

4.5.3 采空区通风及其危害

进、回风流部分或全部经过采空区的通风方式,称为采空区通风。

采空区通风能使采空区的余煤加速氧化甚至发生自燃,还能将采空区的瓦斯等有毒有害气体稀释到爆炸浓度,易发生瓦斯爆炸事故。因此,采空区通风的危害很大,煤矿井下严禁使用采空区通风。

4.5.4 微(无)风区及危害

井下所有风速小于《规程》规定最小风速的采掘工作面、硐室等通风地点,叫做微(无)风区。井下微(无)风区多出现在风速较低的巷道周壁附近,掘进工作面、回采工作面的上隅角附近,巷道冒顶的空洞区或凹陷区,以及采用扩散通风的盲巷、硐室内。

井下微(无)风区域,瓦斯不能被冲淡排除,因此微(无)风区易积聚瓦斯,引起瓦斯爆炸事故,威胁煤矿安全生产,应对微(无)风区域加以处理。

4.5.5 上行通风和下行通风及特点

风流沿回采工作面的倾斜方向由下向上流动的通风方式,称为上行通风;风流沿回采工作面的倾斜方向由上向下流动的通风方式,称为下行通风。

上行通风和下行通风的特点:

①上行通风时,工作面平巷中的运输机械在新鲜风流中,安全性较好;而下行通风时,运输设备在回风流中,安全性差;

②上行通风时自然风压和机械风压方向一致,工作面的通风阻力较小;而下行通风时两者方向相反,需要的机械风压较上行通风大。如果主要通风机停转,下行风流有停风或反向的可能;

③上行通风中,煤炭运输方向与风流方向相反,运输中涌出的瓦斯受反向风流冲击,飞扬的煤尘被带入工作面;下行通风时,运输中涌出的瓦斯和飞扬的煤尘被带入回风中,因此上行通风时工作面瓦斯浓度和煤尘浓度较下行通风时大;

④上行通风时,瓦斯自然流动方向和风流流动方向一致,瓦斯分层流动和局部积聚的可能性较小;下行通风时,两者方向相反,对瓦斯具有较强的扰动、混合能力,瓦斯局部积聚较难;

⑤上行通风时,矿井进风路线长,受地温的影响和机械设备产热影响大;下行通风时,路线较短,受地温和机械设备产热影响小,因此工作面气温比上行通风时有所降低;

⑥下行通风时,若工作面发生火灾,产生的火风压与机械风压方向相反,使工作面风量减小,容易积聚瓦斯,在火源点引起瓦斯爆炸的危险性较上行风增大;

⑦《规程》规定:煤层倾角大于12°的采煤工作面采用下行通风时,报矿总工程师批准,并必须遵守有关风速和瓦斯浓度的有关规定。有煤与瓦斯(二氧化碳)突出的采煤工作面严禁采用下行通风。

4.5.6 采煤工作面的通风方式选择

采煤工作面的通风系统是由采煤工作面的瓦斯、温度、煤层自然发火及采煤方法等所确定的，我国大部分矿井多采用长壁后退式采煤法。根据采煤工作面进回风巷的布置方式和数量，可将长壁式采煤工作面通风系统分为：U形、Z形、H形、Y形、双Z形和W形等类型。这些形式都是由U形改进而成，其目的是为了预防瓦斯局部积聚，加大工作面长度，增加工作面供风量，改善工作面气候条件。

(1) U形与Z形工作面通风系统

该类型工作面通风系统只有一条进风巷道和一条回风巷道。我国大多数矿井采用U形后退式通风系统。

1) U形通风系统（如图5.4.3所示）

①U形后退式通风系统的主要优点是结构简单，巷道施工维修量小，工作面漏风小，风流稳定，易于管理等。缺点是在工作面上隅角附近瓦斯易超限，工作面进、回风巷要提前掘进，掘进工作量大。

②U形前进式通风系统的主要优点是工作面维护量小，不存在采掘工作面串联通风的问题，采空区瓦斯不涌向工作面而是涌向回风平巷。缺点是工作面采空区漏风大。

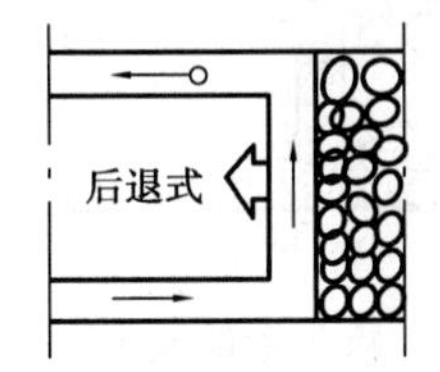

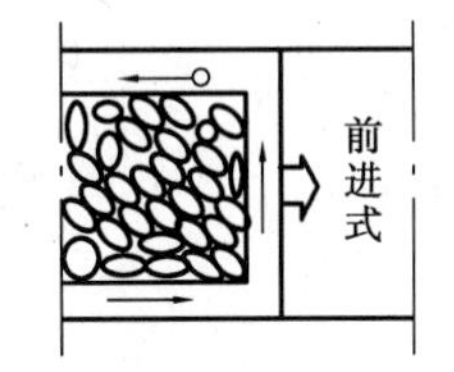

图5.4.3　U形通风系统图

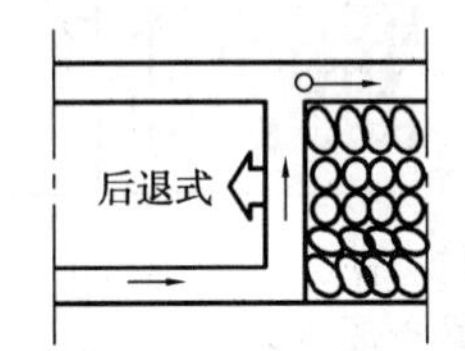

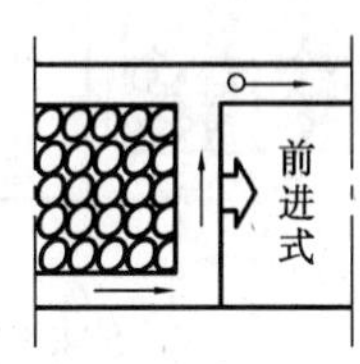

图5.4.4　Z形通风系统

2) Z形通风系统（如图5.4.4所示）

①Z形后退式通风系统的主要优点是采空区瓦斯不会涌入工作面，而是涌向回风巷，工作面采空区回风侧能用钻孔抽放瓦斯，但不能在进风侧抽放瓦斯。

②Z形前进式通风系统工作面的进风侧沿采空区可以抽放瓦斯，但采空区的瓦斯易涌向工作面，特别是上隅角、回风侧不能抽放瓦斯。

Z形通风系统的采空区的漏风，介于U形后退式和U形前进式通风系统之间，且该通风系统需沿空支护巷道和控制采空区的漏风，其难度较大。

(2) Y形、W形及双Z形通风系统

这三种通风系统均为两进一回或一进两回的采煤工作面通风系统。该类型的通风系统如图5.4.5、图5.4.6所示。

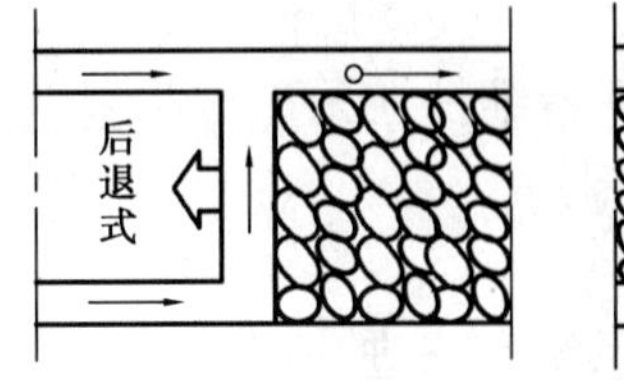

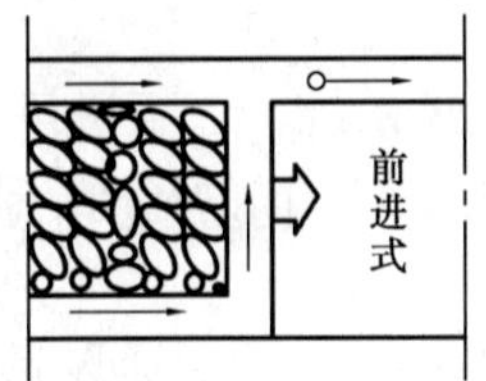

图5.4.5　Y形通风系统

1) Y形通风系统

根据进、回风巷的数量和位置不同，Y形通风系统可以有多种不同的方式。生产实际中应用较多的是,在回风侧加入附加的新鲜风流,与工作面回风汇合后从采空区侧流出的通风系统。Y 形通风系统会使回风道的风量加大,但上隅角及回风道的瓦斯不易超限,并可以在上部进风侧抽放瓦斯。

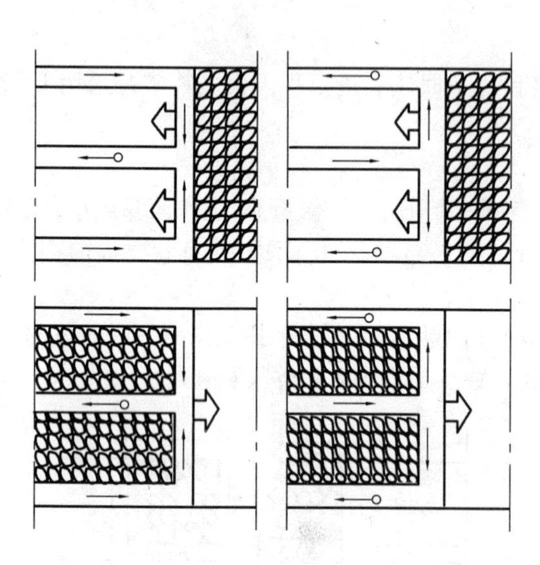
图 5.4.6　W 形通风系统

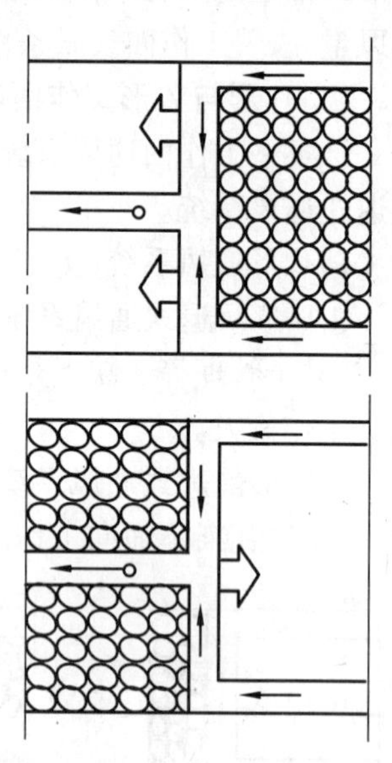
图 5.4.7　双 Z 形通风系统

2) W 形通风系统

①后退式 W 形通风系统:用于高瓦斯的长工作面或双工作面。该系统的进、回风平巷都布置在煤体中,当由中间及下部平巷进风、上部平巷回风时,上、下段工作面均为上行通风,但上段工作面的风速高,对防尘不利,且上隅角瓦斯可能超限。所以,瓦斯涌出量很大时,常采用上、下平巷进风,中间平巷回风的 W 形通风系统,反之采用中间平巷进风,上、下平巷回风的通风系统以增加风量,提高产量。在中间平巷内布置钻孔抽放瓦斯时,抽放钻孔由于处于抽放区域的中心,因而抽放率比采用 U 形通风系统的工作面提高了 50%。

②前进式 W 形通风系统:巷道维护在采空区内,巷道维护困难,漏风大,采空区的瓦斯也大。

3) 双 Z 形通风系统

如图 5.4.7 所示,其中间巷与上、下平巷分别在工作面的两侧。

①后退式双 Z 形通风系统:上、下进风巷布置在煤体中,漏风携出的瓦斯不进入工作面,比较安全。

②前进式双 Z 形通风系统:上、下进风巷维护在采空区中,漏风携出的瓦斯可能使工作面的瓦斯超限。

(3) H 形通风系统

在 H 形通风系统中,有两进两回通风系统和三进一回通风系统,如图 5.4.8 所示。其特点是:工作面风量大,采空区的瓦斯不涌向工作面,气候条件好,增加了工作面的安全出口,工作面机电设备都在新鲜风流中,通风阻力小,在采空区的回风巷中可以抽放瓦斯,易控制上隅角的瓦斯。但沿空护巷困难,由于有附加巷道,可能影

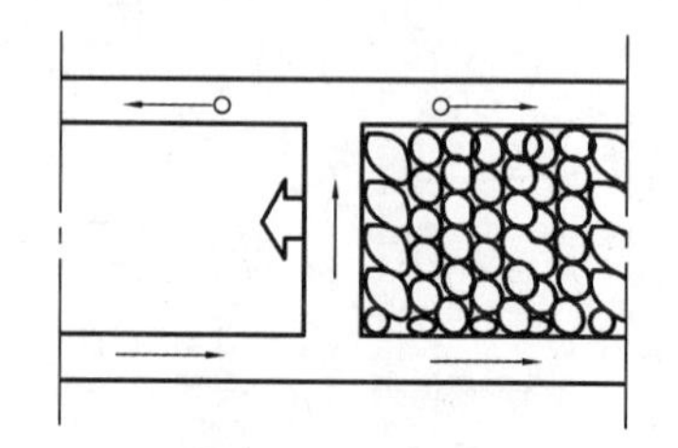
图 5.4.8　H 形通风系统

响通风的稳定性,管理复杂。

当工作面和采空区的瓦斯涌出量都较大,在进风侧和回风侧都需增加风量稀释工作面瓦斯时,可考虑采用H形通风系统。

4.6　通风网络

4.6.1　矿井通风网络及基本联接形式

矿井风流按照生产要求在巷道中流动时的风流分岔、汇合线路的结构形式,叫做矿井通风网络。

矿井通风网络有串联网络、并联网络和角联网络三种基本联接形式。

串联网络是指两条或两条以上的巷道首尾相接在一起的通风网络;并联网络是指两条或两条以上的通风巷道,在某一点分开,另一点汇合,中间没有交叉的通风网络;角联网络是指在并联的两条风路之间,还有一条或数条风路连通的网络。

4.6.2　串联通风

采煤工作面或掘进工作面的回风风流再进入其他采煤工作面或掘进工作面的通风方式,称为串联通风(又称一条龙通风),如图5.4.9所示。

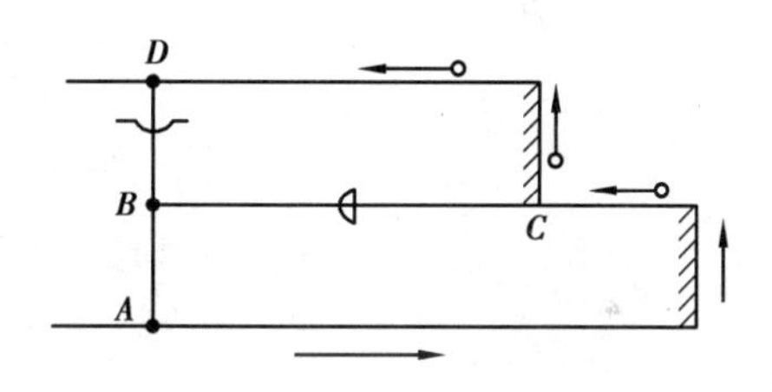

图5.4.9　串联通风示意图

串联通风的通风阻力大,等积孔小,通风困难;前段巷道的污风流必然流经后段巷道,工作面难以获得新鲜风流;风流中若一个地点发生事故,容易波及整个风流;串联风流中的各工作地点不能进行风量调节,不能有效利用风量。因此,《规程》规定采煤工作面和掘进工作面都应采用独立通风。

(1)串联通风的审批程序

开拓新水平的回风,必须引入总回风巷或主要回风巷中。在无瓦斯喷出或无煤(岩)与瓦斯(二氧化碳)突出危险的矿井开拓新水平时,该水平未构成通风系统前,经矿务局总工程师批准,可以将此种回风引入生产水平的进风中,但此种回风中的瓦斯和二氧化碳浓度都不得超过0.5%,其他有害气体浓度不得超过《规程》的规定。

工作面之间的二次性串联通风,在符合《规程》规定的前提下,必须经矿务局局长批准。一串二(串、并联)或二串一(并、串联)形式的一次性串联通风,鉴于危害程度的增加,应经矿务局总工程师批准。

采掘工作面之间的一次性串联通风,要经矿总工程师批准。凡属串联通风,进入串联工作面风流中,必须装有瓦斯自动检测报警断电装置。

(2)串联通风及其特性

两条或两条以上风路彼此首尾相连在一起,中间没有风流分合点时的通风,称为串联通风,如图5.4.10所示。串联通风也称为“一条龙”通风,其特性如下:

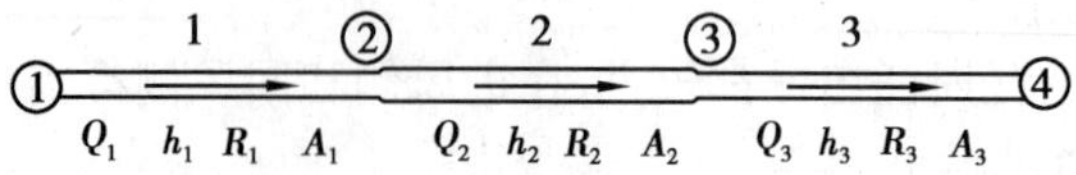

图 5.4.10　串联风路

1)串联风路的总风量等于各段风路的分风量

$$Q_{串} = Q_1 = Q_2 = \cdots = Q_n \tag{5.4.21}$$

2)串联风路的总风压等于各段风路的分风压之和

$$h_{串} = h_1 + h_2 + \cdots + h_n = \sum_{i=1}^{n} h_i \tag{5.4.22}$$

3)串联风路的总风阻等于各段风路的分风阻之和

根据通风阻力定律 $h = RQ^2$,式(5.4.22)可写成:

$$R_{串} Q_{串}^2 = R_1 Q_1^2 + R_2 Q_2^2 + \cdots + R_n Q_n^2$$

因为

$$Q_{串} = Q_1 = Q_2 = \cdots = Q_n$$

所以

$$R_{串} = R_1 + R_2 + \cdots + R_n = \sum_{i=1}^{n} R_i \tag{5.4.23}$$

4)串联风路的总等积孔平方的倒数等于各段风路等积孔平方的倒数之和

由 $A = \frac{1.19}{\sqrt{R}}$,得 $R = \frac{1.19^2}{A^2}$,将其代入式(5.4.23)并整理得:

$$\frac{1}{A_{串}^2} = \frac{1}{A_1^2} + \frac{1}{A_2^2} + \cdots + \frac{1}{A_n^2} \tag{5.4.24}$$

或

$$A_{串} = \frac{1}{\sqrt{\frac{1}{A_1^2} + \frac{1}{A_2^2} + \cdots + \frac{1}{A_n^2}}} \tag{5.4.25}$$

4.6.3　并联通风

(1)并联通风及其特性

两条或两条以上的分支在某一节点分开后,又在另一节点汇合,其间无交叉分支时的通风,称为并联通风,如图 5.4.11 所示。并联网路的特性如下:

1)并联网路的总风量等于并联各分支风量之和

$$Q_{并} = Q_1 + Q_2 + \cdots + Q_n = \sum_{i=1}^{n} Q_i \tag{5.4.26}$$

2)并联网路的总风压等于任一并联分支的风压

$$h_{并} = h_1 = h_2 = \cdots = h_n \tag{5.4.27}$$

3)并联网路的总风阻平方根的倒数等于并联各分支风阻平方根的倒数之和

由 $h = RQ^2$,得 $Q = \sqrt{\frac{h}{R}}$,将其代入式(5.4.26)得:

$$\sqrt{\frac{h_{并}}{R_{并}}} = \sqrt{\frac{h_1}{R_1}} + \sqrt{\frac{h_2}{R_2}} + \cdots + \sqrt{\frac{h_n}{R_n}}$$

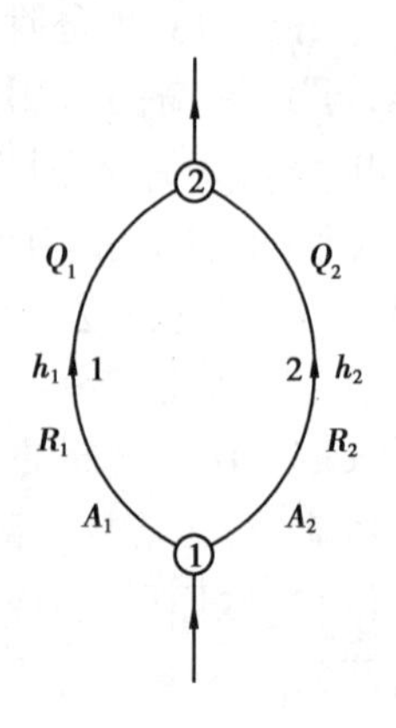

图 5.4.11　并联网路

因为 $$h_{并}=h_1=h_2=\cdots=h_n$$

所以 $$\frac{1}{\sqrt{R_{并}}}=\frac{1}{\sqrt{R_1}}+\frac{1}{\sqrt{R_2}}+\cdots+\frac{1}{\sqrt{R_n}} \tag{5.4.28}$$

或 $$R_{并}=\frac{1}{\left(\frac{1}{\sqrt{R_1}}+\frac{1}{\sqrt{R_2}}+\cdots+\frac{1}{\sqrt{R_n}}\right)^2} \tag{5.4.29}$$

当 $R_1=R_2=\cdots=R_n$ 时,则

$$R_{并}=\frac{R_1}{n^2}=\frac{R_2}{n^2}=\cdots=\frac{R_n}{n^2} \tag{5.4.30}$$

4)并联网路的总等积孔等于并联各分支等积孔之和

由 $A=\frac{1.19}{\sqrt{R}}$,得 $\frac{1}{\sqrt{R}}=\frac{A}{1.19}$,将其代入式(5.4.28),得

$$A_{并}=A_1+A_2+\cdots+A_n \tag{5.4.31}$$

(2)并联网路的风量自然分配

1)风量自然分配的概念

在并联网路中,其总风压等于各分支风压,即

$$h_{并}=h_1=h_2=\cdots=h_n \tag{5.4.32}$$

亦即 $$R_{并}Q_{并}^2=R_1Q_1^2=R_2Q_2^2=\cdots=R_nQ_n^2 \tag{5.4.33}$$

由上式可以得出如下各关系式:

$$Q_1=\sqrt{\frac{R_{并}}{R_1}}Q_{并} \tag{5.4.34}$$

$$Q_2=\sqrt{\frac{R_{并}}{R_2}}Q_{并} \tag{5.4.35}$$

$$Q_n=\sqrt{\frac{R_{并}}{R_n}}Q_{并} \tag{5.4.36}$$

上述关系式表明:当并联网路的总风量一定时,并联网路的某分支所分配得到的风量取决于并联网路总风阻与该分支风阻之比。风阻大的分支自然流入的风量小,风阻小的分支自然流入的风量大。这种风量按并联各分支风阻值的大小自然分配的性质,称为风量的自然分配,也是并联网路的一种特性。

2)自然分配风量的计算

根据并联网路中各分支的风阻计算各分支自然分配的风量,可将公式(5.4.30)依次代入前述关系式(5.4.34)、(5.4.35)和(5.4.36)中,整理后得各分支分配的风量计算公式如下:

$$Q_1=\frac{Q_{并}}{1+\sqrt{\frac{R_1}{R_2}}+\sqrt{\frac{R_1}{R_3}}+\cdots+\sqrt{\frac{R_1}{R_n}}} \tag{5.4.37}$$

$$Q_2=\frac{Q_{并}}{\sqrt{\frac{R_2}{R_1}}+1+\sqrt{\frac{R_2}{R_3}}+\cdots+\sqrt{\frac{R_2}{R_n}}} \tag{5.4.38}$$

…

$$Q_n = \frac{Q_{并}}{\sqrt{\frac{R_n}{R_1}} + \sqrt{\frac{R_n}{R_2}} + \cdots + \sqrt{\frac{R_n}{R_{n-1}}} + 1} \tag{5.4.39}$$

当 $R_1 = R_2 = \cdots = R_n$ 时,则

$$Q_1 = Q_2 = \cdots = Q_n = \frac{Q_{并}}{n} \tag{5.4.40}$$

计算并联网路各分支自然分配的风量,也可根据并联网路中各分支的等积孔进行计算。将$\sqrt{R} = \frac{1.19}{A}$依次代入前述关系式(5.4.34)、(5.4.35)和(5.4.36)中,整理后可得各分支分配的风量计算公式如下:

$$Q_1 = \frac{A_1}{A_{并}} Q_{并} = \frac{A_1}{A_1 + A_2 + \cdots + A_n} Q_{并} \tag{5.4.41}$$

$$Q_2 = \frac{A_2}{A_{并}} Q_{并} = \frac{A_2}{A_1 + A_2 + \cdots + A_n} Q_{并} \tag{5.4.42}$$

$$Q_n = \frac{A_n}{A_{并}} Q_{并} = \frac{A_n}{A_1 + A_2 + \cdots + A_n} Q_{并} \tag{5.4.43}$$

综合上述,在计算并联网路中各分支自然分配的风量时,可根据给定的条件选择公式,以方便计算。

4.6.4 串联与并联的比较

在矿井通风网路中,既有串联通风,又有并联通风。矿井的进、回风风路多为串联通风,而工作面与工作面之间多为并联通风。从安全、可靠和经济角度看,并联通风与串联通风相比,具有明显优点:

①总风阻小,总等积孔大,通风容易,通风动力费用少。

②并联各分支独立通风,风流新鲜,互不干扰,有利于安全生产;而串联通风时,后面风路的入风是前面风路排出的污风,风流不新鲜,空气质量差,不利于安全生产。

③并联各分支的风量,可根据生产需要进行调节;而串联各风路的风量则不能进行调节,不能有效地利用风量。

④并联的某一分支风路中发生事故,易于控制与隔离,不致影响其他分支巷道,事故波及范围小,安全性好;而串联的某一风路发生事故,容易波及整个风路,安全性差。

《规程》强调:井下各个生产水平和各个采区必须实行分区通风(并联通风);各个采、掘工作面应实行独立通风,限制采用串联通风。

4.7 通风设施

为了保证风流按拟定路线流动,使各个用风地点得到所需风量,就必须在某些巷道中设置相应的通风设施对风流进行控制。通风设施必须正确地选择合理位置,按施工方法进行施工,保证施工质量,严格管理制度。否则,会造成大量漏风或风流短路,破坏通风的稳定性。

4.7.1 通风构筑物

通风设施是控制矿井风流流动的通风构筑物的总称。

矿井通风设施，按其作用不同可分为两类。一类是引导风流的设施，如主要通风机的风硐、风桥、调节风窗、导风板等，如图5.4.12所示。另一类是隔断风流的设施，如风门、挡风墙、风幛等，如图5.4.13所示。

(1)引导风流的设施

1)风桥

风桥是将两股平面交叉的新、污风流隔成立体交叉的一种通风设施，使污风从桥上通过，新风从桥下通过。风桥按其结构不同，可分为以下三种：

①绕道式风桥：如图5.4.12(a)所示。开凿在岩石中，坚固耐用，漏风小，但工程量较大。主要用于服务年限很长、通过风量在20 m^3/s 以上的主风路中。

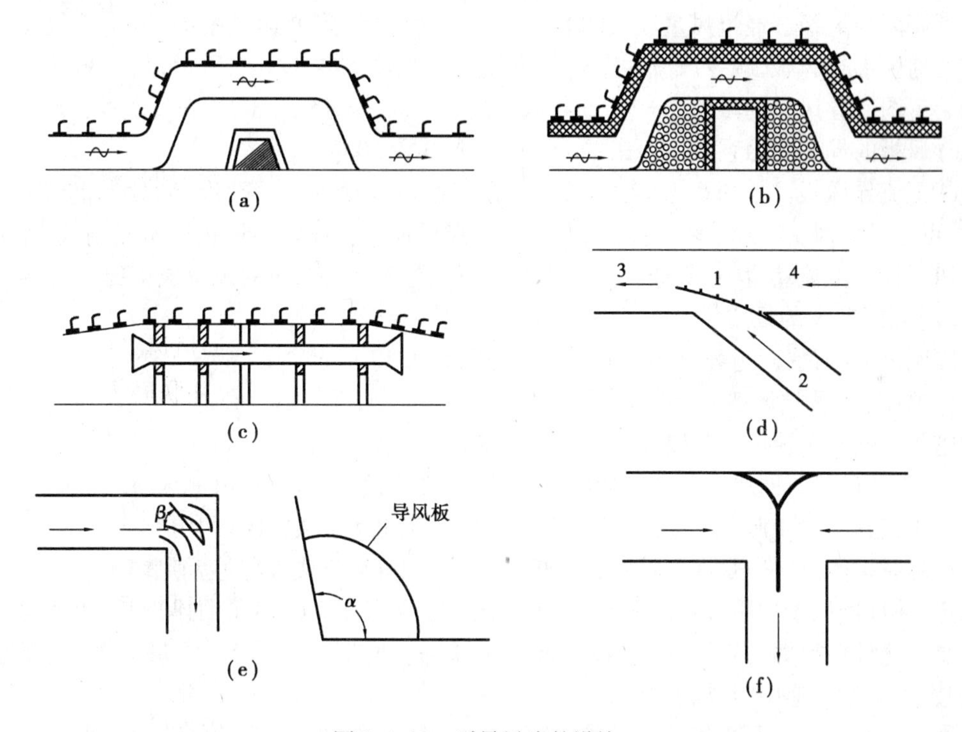

图5.4.12 引导风流的设施

(a)绕道式风桥；(b)混凝土风桥；(c)铁筒风桥；(d)引风导风板；(e)降阻导风板；(f)汇流导风板

1—导风板；2—入风石门；3—采区巷道；4—车场绕道

②混凝土风桥：如图5.4.12(b)所示。结构紧凑，比较坚固。当服务年限较长，通过风量为10～20 m^3/s 时，可以采用。

③铁筒风桥：如图5.4.12(c)所示，由铁筒与风门组成。铁筒直径不小于0.8～1 m，风筒壁厚不小于5 mm，每侧应设两道以上风门。一般用于服务年限短、通过风量为10 m^3/s 的次要风路中使用。

风桥的质量标准：

①用不燃材料建筑；

②桥面平整不漏风;

③风桥前后各 5 m 范围内巷道支护良好,无杂物、积水和淤泥;

④风桥的断面不小于原巷道断面的 4/5,成流线型,坡度小于 30°;

⑤风桥的两端接口严密,四周实帮、实底,要填实;

⑥风桥上下不准设风门。

2)导风板

矿井中常用的导风板有以下几种。

①引风导风板。压入式通风的矿井中,为防止井底车场漏风,在进风石门与巷道交叉处安设了引导风流的导风板,可利用风流流动的方向性,改变风流的分配状况,提高矿井的有效风量率。如图 5.4.12(d)所示,是导风板的安装示意图。导风板可用木板、铁板或混凝土板制成。挡风板要做成圆弧形与巷道光滑连接。导风板的长度应超过交叉口一定距离,一般为 0.5~1 m。

②降阻导风板。通过风量较大的巷道直角转弯时,为降低通风阻力,可用铁板制成机翼形或普通弧形导风板,减少风流冲击的能量损失。如图 5.4.12(e)所示,是直角转弯处导风板的装置图。导风板的敞角 $\alpha=100°$,导风板的安装角 $\beta=45°\sim50°$。安设此种导风板后可使直角导风板的局部阻力系数由原来的 1.4 降低到 0.3~0.4。

③汇流导风板。如图 5.4.12(f)所示。在三岔口巷道中,当两股风流对头相遇汇合在一起时,可安设导风板,以减少风流相遇时的冲击能量损失。此种导风板由木板制成,安装时应使导风板伸入汇流巷道中,所分成的两个隔间面积与各自所通过的风量成正比。

(2)隔断风流的设施

隔断风流的设施,主要有挡风墙、风门,如图 5.4.13 所示。

1)密闭(又称挡风墙)

密闭是隔断风流的构筑物。在不允许风流通过,也不允许行人行车的井巷,如采空区、旧巷、火区以及进风与回风大巷之间的联络巷道,都必须设置密闭,将风流截断。

密闭按其结构及服务年限的不同,可分为临时密闭和永久密闭两类:

①临时密闭。一般是在立柱上钉木板,木板上抹黄泥建成临时性挡风墙。但当巷道压力不稳定,并且挡风墙的服务年限不长(2 年以内)时,可用长度约 1 m 的圆木段和黄泥砌筑成挡风墙。这种挡风墙的特点是:可以缓冲顶板压力,使挡风墙不产生大量裂缝,从而减少漏风,但在潮湿的巷道中容易腐烂。

②永久密闭。在服务年限长(2 年以上)时使用。挡风墙材料常用砖、石、水泥等不燃性材料修筑,其结构如图 5.4.13(a)所示。为了便于检查密闭区内的气体成分及密闭区内发火时便于灌浆灭火,挡风墙上应设观测孔和注浆孔,密闭区内如有水时,应设放水管或反水沟以排出积水。为了防止放水管在无水时漏风,放水管一端应制成 U 形,利用水封防止放水管漏风。

永久密闭的质量标准:

①用不燃性材料建筑,严密不漏风,墙体厚度不小于 0.5 m;

②密闭前无瓦斯积聚,5 m 内支架完好,无片帮、冒顶,无杂物、积水和淤泥;

③密闭周边要掏槽,见硬底、硬帮,与煤岩接实,并抹有不少于 0.1 m 的裙边;

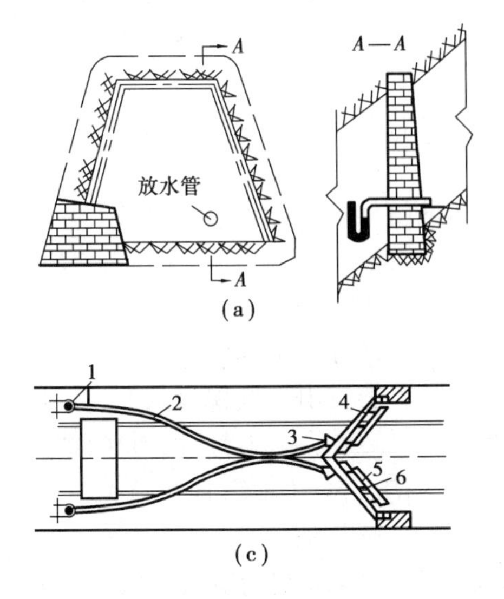

(a)

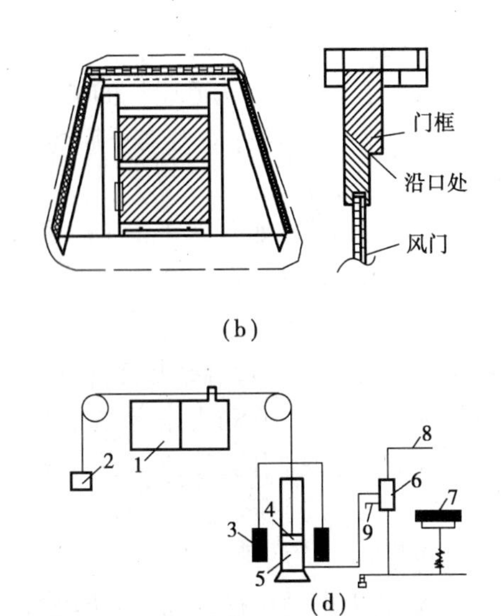

(b)

(c)

(d)

1—杠杆回转轴；2—碰撞风门杠杆；
3—风耳；4—门板；5—推门弓；6—缓冲弹簧

1—门扇；2—平衡锤；3—重锤；4—活塞；5—水缸；
6—三通水阀；7—电磁铁；8—高压水管；9—放水管

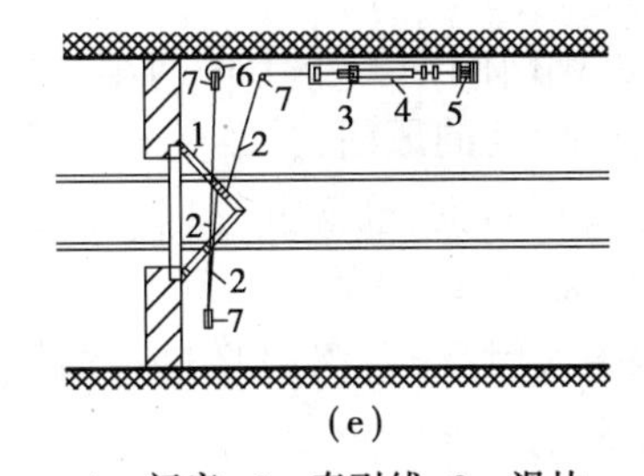

(e)

1—门扇；2—牵引线；3—滑块；
4—螺杆；5—电动机；6—配重；7—导向滑轮

图 5.4.13 隔断风流的设施

(a)永久密闭；(b)普通风门；(c)碰撞式自动风门；(d)水力配重自动风门；(e)电动风门

④密闭内有水的要设反水池与反水管；有自燃发火的采空区密闭要设观测孔、灌浆孔，孔口要堵严密；

⑤密闭前要设栅栏、警标、说明牌板和检查箱；

⑥墙面要平整、无裂缝、重缝和空缝。

2）风门

在不允许风流通过，但需行人或行车的巷道内，必须设置风门。风门的门扇安设在挡风墙墙垛的门框上。墙垛可用砖、石、木段和水泥砌筑。按其材料的不同，风门的建筑材料有木材、金属材料、混合材料等三种。

按其结构的不同，可分为普通风门和自动风门两种。在行人或通车不多的地方，可设普通风门；而在行人通车比较频繁的主要运输巷道上，则应安设自动风门。

①普通风门：用人力开启，一般多用木板或铁皮制成，图 5.4.13(b)所示的是单扇木质沿口普通风门。这种风门的结构特点是门扇与门框呈斜面沿口接触，接触处有可缩性衬垫，比较严密、坚固，一般可使用 1.5 ~ 2 年。门扇开启方向要迎着风流，使门扇关上后在风压作用

下保持风门关闭严密。门框和门扇都要顺风流方向倾斜,与水平面成80°~85°倾角。门框下设门坎,过车的门坎要留有轨道通过的槽缝,门扇下部要设挡风帘。

②自动风门是借助各种动力来开启与关闭的一种风门,按其动力不同分为碰撞式、气动式、电动式和水动式等。

a. 碰撞式自动风门:如图5.4.13(c)所示,由木板、推门杠杆、门耳、缓冲弹簧、推门弓和铰链等组成。门框和门扇倾斜80°~85°。风门是靠矿车碰撞门板上的门弓和推门杠杆而自动打开、借风门自重而关闭的。这种风门具有结构简单、易于制作和经济实用等优点;缺点是撞击部件容易损坏,需经常维修,故多用于行车不太频繁的巷道中。

b. 气动或水动风门:其动力来源是压缩空气或高压水。它是由电气触点控制电磁阀,电磁阀控制汽缸或水缸的阀门,使汽缸或水缸中的活塞做往复运动,再通过联动机构控制风门的开闭,如图5.4.13(d)所示。这种风门简单可靠,但只能用于有压缩空气和高压水源的地方。北方矿井严寒易冻的地方不能使用。

c. 电动风门:以电动机做动力,电机经过减速带动联动机构,使风门开闭。电机的启动和停止可用车辆触及开关或光电控制器自动控制。电动风门应用广泛,适用性强,只是减速和传动机构稍微复杂些。电动风门样式较多,如图5.4.13(e)所示是其中一种。

③永久风门的质量标准:

a. 每组风门不少于两道。通车风门间距不小于一列车长度,行人风门间距不少于5 m。进、回风巷道之间需要设风门处同时设反向风门,其数量不少于两道;

b. 风门能自动关闭;通车风门实现自动化,矿井总回风和采区回风系统的风门要安装闭锁装置;风门不能同时敞开(包括反风门);

c. 门框要包边沿口有垫衬,四周接触严密;门扇平整不漏风,门扇与门框不歪斜扭曲;门轴与门框要向关门方向倾斜80°~85°;

d. 风门墙垛要用不燃性材料建筑,厚度不小于0.5 m,严密不漏风。墙垛周边要掏槽,见硬顶、硬帮,与煤体接实。墙垛平整,无裂缝、重缝和空缝;

e. 风门水沟要设反水池或挡风帘,通车风门要设底坎,电管路孔要堵严。风门前后各5 m内巷道支护良好,无杂物、积水和淤泥。

第5章 矿井通风管理

矿井通风安全现代化管理就是运用现代管理学的理论和方法并结合安全科学理论与技术，为确保安全生产，使"人-机-环境"系统达到最佳安全状态所进行的有组织、有目的的行动。

5.1 矿井通风管理

5.1.1 建立专门的通风管理机构

在矿井生产过程中，矿井的生产条件不断发生变化（如矿井延深、采区搬移、瓦斯涌出量的变化、井巷的失修、通风设施的损坏等），都会影响矿井通风的正常进行，需要不断地对矿井风量进行调节，对井巷和通风设施进行维修，加强矿井通风管理。为使通风管理工作经常化、制度化，更有效地开展好通风管理工作，必须设立专职的通风管理组织机构，负责矿井通风管理工作。

《规程》要求，矿务局必须成立通风处，每一矿都必须设置通风区（通风科），由局、矿总工程师直接领导，负责矿井的通风、瓦斯、煤尘以及防火等工作。矿通风区长，应由从事井下工作不少于一年的工程技术人员或经专业训练考试合格的人员担任。每一通风区，必须配备工程师或技术员和足够的通风、瓦斯检查、防尘及防火员，通风、瓦斯检查人员应由从事井下采掘工作不少于一年，并经专门培训和实习、考试合格的人员担任。

矿通风区的组织形式与人员编制应根据矿井的具体条件确定，应能满足通风工作的需要。通风区应健全管理制度，对通风区长、技术员和各工种人员都应建立相应地岗位责任制，明确责任范围和奖罚条件，以促进工作的有效顺利开展。

5.1.2 矿井通风管理的主要内容

①按《规程》要求，结合矿井实际情况，计算全矿及各分区的风量，并将风量合理分配到各工作点，并根据生产实际需要及时有效地调节风量。

②进行矿井风量和风速检查，掌握矿井漏风状况，发现问题及时上报并处理。

③对矿井通风设施进行日常检查、维修和管理;定期测定主要通风机的工况点;检查局部通风机和辅助通风机的工作状况。

④组织通风安全各项检查工作。包括测定矿内空气成分、温度和矿井气候条件、有害气体含量、空气含尘量等。

⑤按要求填写各种通风安全报表,并对各报表进行研究和分析。

⑥绘制与填写通风系统图,及时掌握矿井通风网路的变化情况,在生产条件变化的情况下及时调整矿井通风系统。

⑦进行矿井井巷维护与管理,制订井巷维修计划和安全措施。

⑧对通风安全仪表进行检查、维修和管理,绘制矿井安全监测控制装置布置图。

⑨进行矿井通风构筑物的维修与管理。

⑩对全矿消防系统、瓦斯抽放系统、注水防尘系统进行检查、维修和处理,填绘各管路系统(注水、防尘、防火、注浆、压风、瓦斯抽放等)图,根据矿井具体条件,制订矿井防灾变(瓦斯煤尘爆炸、瓦斯喷出、煤与瓦斯突出、矿井火灾、矿井水灾)计划,确定灾变发生时人员抢救与自救措施,以及井下人员的避灾路线,绘制井下避灾路线图、检查和监督各措施的执行情况。

⑪有计划地进行矿井通风阻力检查与测定,掌握矿井通风阻力情况,对阻力过大的区域采取相应措施。

⑫定期进行矿井瓦斯等级和二氧化碳的等级鉴定工作;定期进行矿井反风演习;有计划地进行矿井主要通风机的性能测定工作。

⑬有计划地收集和整理矿井通风的实际资料,为矿井今后的开采提供准确的基础资料。

5.1.3 建立矿井通风管理制度的要求

为有效地进行通风管理,必须根据矿井具体条件,制订严格的通风管理制度。制订的通风管理制度应符合以下基本要求:

①通风机构健全,通风机构的组织形式与人员编制能适应矿井生产的需要,通风区(队)长、技术负责人,各工种人员能够胜任本职工作。

②矿通风区(通风科)要设通风调度,要有一整套的调度制度。

③实行计划管理,矿井每年都要编制矿井通风,防治瓦斯、煤尘和矿井火灾的计划,按计划进行施工;对编制的计划,应根据矿井的实际情况及时修正和补充。

④每月须有通风作业计划和总结,每月对矿井通风巷道和通风设施进行全面检查。

⑤矿井设立的图牌板必须要与实际相符。

⑥各种通风安全报表应准确可靠、数据齐全、上报及时。

⑦各工种要有岗位责任制和技术操作规程,并严格执行,特殊工种要持证上岗。

⑧各种通风仪器仪表要有保管、维修、保养制度,要定期进行校正,保证其完好。

5.1.4 《规程》对矿井建立测风制度的要求

每一矿井都必须建立测风制度,至少每 10 天进行一次全面测风。采掘工作面根据生产实际需要随时进行测风,每次测风结果都应写在测风地点的记录牌上。矿井通风部门根据测风结果采取措施、进行风量调节。

5.1.5　制订《矿井通风质量标准》

为进一步加强“一通三防”管理，提高“一通三防”工程质量和管理水平，防止发生通风、瓦斯、煤尘与自然发火事故，应制订《矿井通风质量标准及检查评定办法》。

其检查评定内容有：通风系统、局部通风、瓦斯管理、安全监测、防治煤（岩）与瓦斯（二氧化碳）突出、瓦斯抽放、防治自然发火、通风设施、防治粉尘和管理制度。

5.2　矿井通风管理质量标准

安全和质量是煤炭企业管理的基础工作，是安全生产、提高生产效率和矿井建设现代化的基础，是实现安全生产、文明生产，全面提高企业经济效益的一项根本性战略措施。安全和质量两者是相互融合、相辅相成的。

质量标准化主要包括技术标准化和管理标准化两个部分。质量标准化工作就是围绕通风安全管理目标，有组织、有计划地制定、贯彻执行通风质量检查标准，使所有的安全技术施工、通风安全管理活动达到规范化、程序化、科学化和文明化的要求。规范化就是指通风安全方面的各项工作有一定的标准和规范，有明确的实施细则和考评办法，程序化就是指一切活动要按一定的程序办事；科学化是指一切按客观规律办事，要符合实际需要，逐步提高现代化管理水平；文明化是指要建立严格的纪律，树立文明礼貌的工作环境和风气，倡导主人翁精神，形成井然的施工和管理秩序。

质量标准化的任务是贯彻执行通风质量检查评比标准。要从一道风门、一道密闭墙、一台局部通风机的安装做起，从各个工序、每个环节和每个岗位上进行质量管理。要求变事后检验为事前的预防和过程控制。

建立健全可靠的质量保证体系、实行各级质量管理责任制、正确运用经济手段、实行奖惩制度是实现管理目标的重要管理措施，这要求通风安全部门的全体成员都要注意、关心和执行标准。管理层是贯彻执行标准的主体，各级管理人员要积极贯彻执行各种标准；执行层是贯彻执行标准的基础，要加强执行人员的教育和培训，提高他们执行标准的自觉性和能力。

加强质量计量工作是执行和提高管理质量的前提之一。对所有的通风安全仪器和设备，特别是瓦斯检查仪、监测探头和测尘仪等仪器仪表应定期检验、测试，使其性能良好，示值准确，否则测量数据失真，就谈不上执行质量标准。定期或不定期进行质量检查、评比和监督是质量标准化的重要保证。质量检查就是依据设计要求和质量标准，采取一定的测试手段对施工过程、结果和管理目标进行检查，确保各项工程质量符合标准。

5.3　风量调节

在矿井生产中，矿井风网的供风量会因巷道的延伸、工作面的推进等因素不断发生变化。另外，瓦斯涌出量等发生变化也要引起风网内需风量的变化。这些变化都会导致井下各用风地点的实际供风量与需求风量产生较大差异，甚至引起矿井总风量的供需变化。为了保证井下风流按所需的风量和预定的路线流动,就需要对矿井风量进行调节。这是矿井通风管理的重要内容。通常,在采区内、采区之间和生产水平之间的风量调节称为局部风量调节;对全矿总风量进行增减的调节称为矿井总风量调节。

局部风量调节有三种方法:增加风阻调节法、降低风阻调节法和辅助通风机调节法。

(1)增加风阻调节

1)增阻法调节原理

①如图5.5.1所示为某采区两个采煤工作面的通风网路图。已知两风路的风阻值 $R_1 = 0.8\ \mathrm{NS^2/m^8}$, $R_2 = 1.0\ \mathrm{NS^2/m^8}$,若总风量 $Q = 12\ \mathrm{m^3/s}$,则该并联网路中自然分配的风量分别为:

$$Q_1 = \frac{Q}{1+\sqrt{\frac{R_1}{R_2}}} = \frac{12}{1+\sqrt{\frac{0.8}{1.0}}}\ \mathrm{m^3/s} = 6.3\ \mathrm{m^3/s}$$

$$Q_2 = Q - Q_1 = (12 - 6.3)\ \mathrm{m^3/s} = 5.7\ \mathrm{m^3/s}$$

如按生产要求,1分支的风量应为 $Q_1 = 4.0\ \mathrm{m^3/s}$,2分支的风量应为 $Q_2 = 8.0\ \mathrm{m^3/s}$,显然自然分配的风量不符合生产要求。按满足生产要求的风量,两分支的阻力分别为:

$$h_1 = R_1 Q_1^2 = 0.8 \times 4^2 = 12.8\ \mathrm{Pa}$$

$$h_2 = R_2 Q_2^2 = 1.0 \times 8^2 = 64.0\ \mathrm{Pa}$$

图5.5.1 并联通风网路

②风路的阻力大于1风路的阻力,这与并联网路两分支分压平衡的规律不符。因此,必须进行调节。采用增阻调节法,即以 h_2 的数值为并联风网的总阻力,在1风路上增加一项局部阻力 $h_{窗}$,使两风路的阻力相等,这时进入两风路的风量即为需要的风量。

$$h_1 + h_{窗} = h_2$$

或

$$h_{窗} = h_2 - h_1$$

即

$$h_{窗} = (64 - 12.8)\ \mathrm{Pa} = 51.2\ \mathrm{Pa}$$

以上说明,增阻调节法的实质就是以并联风网中阻力较大的分支阻力值为依据,在阻力较小的分支中增加一项局部阻力,使并联各分支的阻力达到平衡,以保证风量按需供应。

增阻调节法的主要措施,是在调节支路回风侧设置调节风窗(如图5.5.2所示)、临时风帘、风幕(如图5.5.3所示)等调节装置。其中,调节风窗由于其调节风量范围大,制造和安装都较简单,在生产中使用得最多。

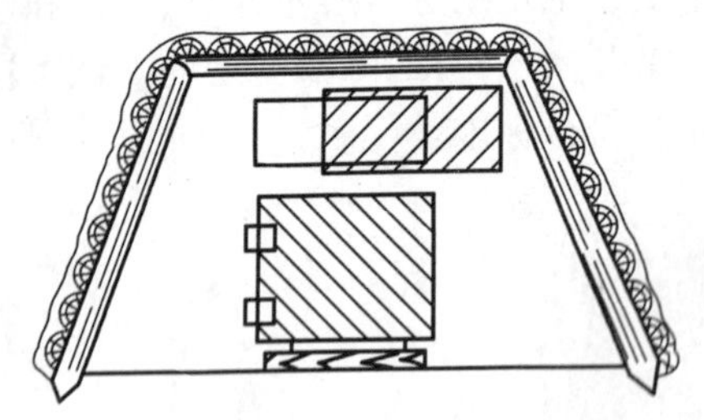

图5.5.2 调节风窗

调节风窗的开口断面积计算:

③风窗一般安设在风桥之后,如图5.5.7(b)所示。如果将风窗安设在风桥之前,如图5.5.7(a)所示,由于风流经风窗后压降很大,造成风桥上、下风流的压差增大,可能导致风桥漏风增大。

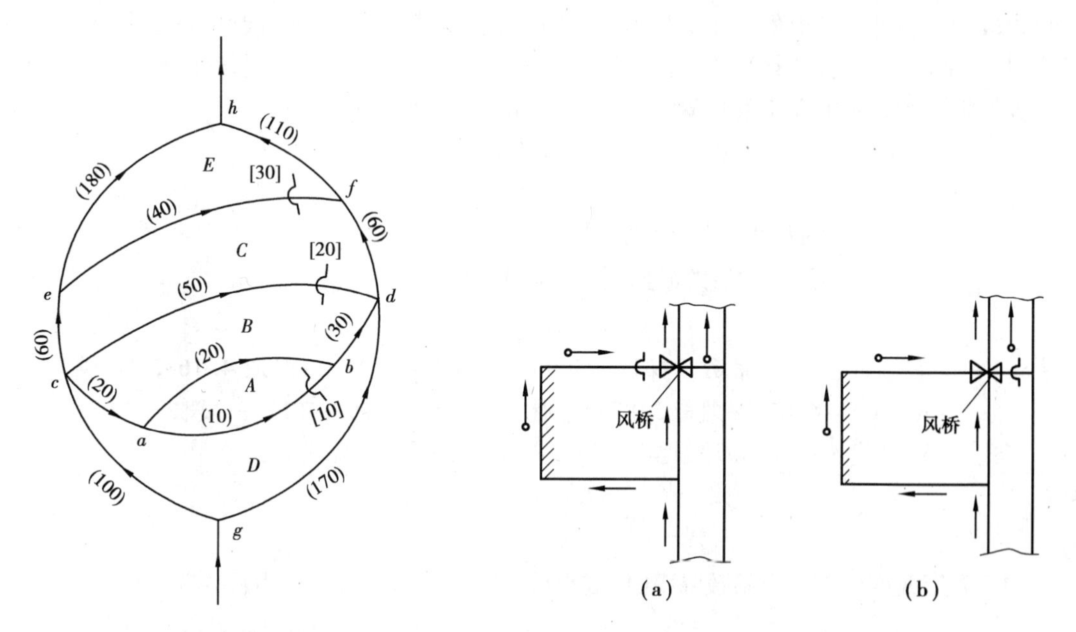

图5.5.6　复杂风网中风窗调节的顺序

图5.5.7　风桥前后风窗的位置

增阻调节法具有简单易行的优点,是采区内巷道间的主要调节措施。但这种方法会使矿井的总风阻增加,若主要通风机风压特性曲线不变,会导致矿井总风量下降;否则,就得改变主要通风机风压特性曲线,以弥补增阻后总风量的减少。

(2)降低风阻调节

1)降阻法调节原理

如图5.5.8所示的并联风网,两分支风路的风阻分别为 R_1 和 R_2(Ns^2/m^8),所需风量分别为 Q_1 和 Q_2(m^3/s),则两条风路产生的阻力分别为:

$$h_1 = R_1Q_{12}$$

$$h_2 = R_2Q_{22}$$

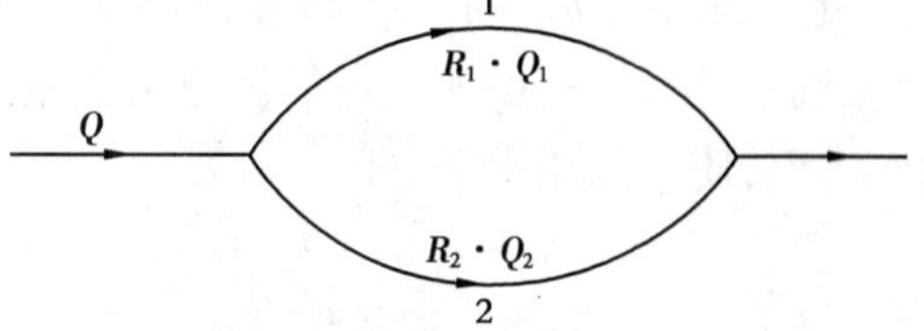

图5.5.8　并联风网

如果 $h_2 > h_1$,采用降阻调节法调节时,则以 h_1 的数值为依据,使 h_2 减少到 $h'_2 = h_1$。为此,需把 R_2 降到 R'_2,即

$$h'_2 = R'_2Q_{22} = h_1$$

$$R'_2 = \frac{h_1}{Q_2} \qquad (5.5.5)$$

以上表明,降阻调节法与增阻调节法相反。为了保证风量的按需分配,当两并联巷道的阻力不相等时,以小阻力分支为依据,设法降低大阻力巷道的风阻,使风网达到阻力平衡。

2)降阻调节法及计算

降低风阻值的方法可根据所需降阻数值的大小和矿井通风状况而定。当所需降阻值不大时,首先应考虑减小局部阻力,还可以在阻力大的巷道旁侧开掘并联巷道(可利用废旧巷),也可以改变巷道壁面平滑程度或支架形式,通过减少摩擦阻力系数降低风阻;当所需降阻值较大时,可采用扩大巷道断面的方法,条件允许时,也可缩短通风路线总长度降低风阻。

如果将图 5.5.8 中 2 支路巷道全长 L_2(m)的断面扩大到 S_2'(m^2),则

$$R_2' = \frac{\alpha' L_2 U_2'}{S_2''^3} \tag{5.5.6}$$

式中 α_2'——扩大后断面的摩擦阻力系数,Ns^2/m^4;

U_2'——2 分支巷道扩大后的断面周长,m。

$$U_2' = K\sqrt{S_2'} \tag{5.5.7}$$

式中 K——巷道断面形状系数。梯形巷道:$K=4.03\sim4.28$,一般取 4.16;三心拱巷道:$K=3.8\sim4.06$,一般取 3.85;半圆拱巷道:$K=3.78\sim4.11$,一般取 3.90。

将式(5.5.6)代入式(5.5.7),得出巷道 2 扩大后的断面积公式为:

$$S_2' = \left(\frac{a_2' L_2 K}{R_2'}\right)^{\frac{2}{5}} \tag{5.5.8}$$

如果采用改变摩擦阻力系数降阻时,减小后的摩擦阻力系数公式为:

$$a_2' = \frac{R_2' S_2^3}{L_2 U_2} \tag{5.5.9}$$

降阻调节法可使矿井总风阻减少,若主要通风机风压特性曲线不变,矿井总风量会增加。但这种方法工程量大、投资多、施工时间较长,所以降阻调节法多在矿井增产、老矿挖潜改造或某些主要巷道年久失修的情况下,用来降低主要风路中某一段巷道的通风阻力。

(3)辅助通风机调节

1)辅助通风机调节法原理

如图 5.5.9 所示,如果按需要风量 Q_1、Q_2 计算出两风路的阻力 $h_2 > h_1$ 时,可在风路 2 中安装一台辅助通风机,用辅助通风机的风压来克服该风网的阻力差,使其风压平衡,即

$$h_2 - h_{辅} = h_1 \tag{5.5.10}$$

式中 $h_{辅}$——辅助通风机风压,Pa;

h_1——1 风路按需风量 Q_1 计算的阻力,Pa;

h_2——2 风路按需风量 Q_2 计算的阻力,Pa。

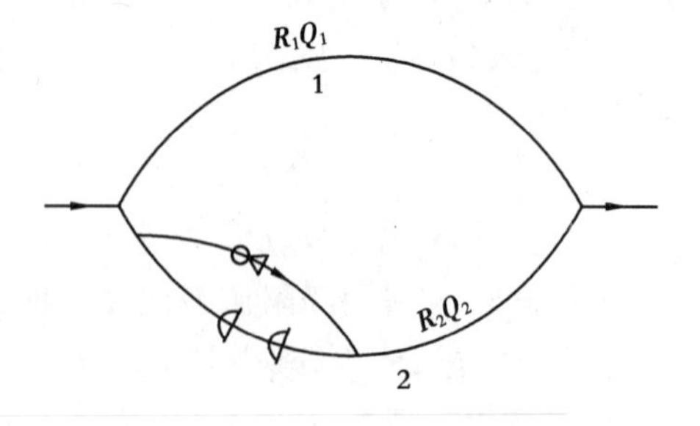

图 5.5.9　辅助通风机调节法原理

可以看出,辅助通风机调节就是以阻力小的风路阻力为依据,在阻力较大的风路中安装一台辅助通风机,利用辅助通风机的风压克服一部分通风阻力,使并联风网阻力达到平衡定律,从而实现风量调节的目的。

2)辅助通风机的选择

辅助通风机的选择方法有多种,这里只介绍一种简单方法。

①辅助通风机的风压。即并联风网的两分支的阻力差，由式(5.5.10)可知：

$$h_{辅} = R_2Q_2^2 - R_1Q_1^2 \tag{5.5.11}$$

式中　R_1、R_2——1、2 两分支的风阻，Ns^2/m^8；

Q_1、Q_2——1、2 两分支的需要风量，m^3/s。

②辅助通风机的风量。即该巷道的需风量：

$$Q_{辅} = Q_2 \tag{5.5.12}$$

根据计算出的辅助通风机的风压和风量，就可选择合适的通风机。

③辅助通风机的安装和使用。

a. 为了保证新鲜风流通过辅助通风机而又不致妨碍运输，一般把辅助通风机安设在进风流的绕道中，如图 5.5.10 所示。但在进风巷道中至少要安设两道自动风门，其间距必须满足运输的要求，风门必须向压力大的方向开启。如果把辅助通风机安设在回风流中，安设方法基本相同，但要设法引入一股新鲜风流给风机的电动机通风(如利用大钻孔等方法)，使电动机在新鲜风流中运转。为此，安设电动机的硐室必须与回风流严密隔开。

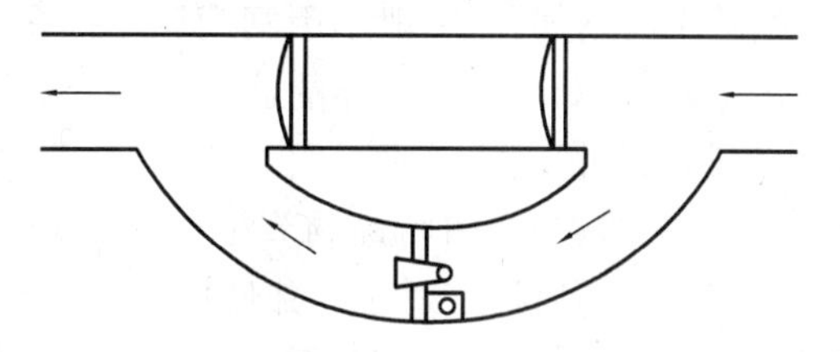

图 5.5.10　辅助通风机的安装

b. 如果辅助通风机停止运转，必须立即打开进风巷道中的风门，以免发生相邻区域的风流逆转，甚至产生循环风。此时，应根据具体情况，采取相应安全措施。重新启动辅助通风机之前，应检查附近 20 m 内的瓦斯浓度，只有在不超过规定时，才允许启动风机。

c. 采空区附近的巷道中安设辅助通风机时，要选择合适的位置。否则，有可能产生通过采空区的循环风或漏风，甚至引起采空区的煤炭自燃。

d. 严禁在煤(岩)与瓦斯(二氧化碳)突出的矿井中安设辅助通风机。

(4)各种调节方法的评价

增阻调节法的优点是简便、经济、易行。但由于它增加了矿井总风阻，矿井总风量要减少，因此这种方法只适于服务年限不长、调节区域的总风阻占矿井总风阻的比重不大的采区范围内。对于矿井主要风路，特别是在阻力搭配不均的矿井两翼调风，则尽量避免采用。否则，不但不能达到预期效果，还会使全矿通风恶化。

减阻调节法的优点是减少了矿井总风阻，增加了矿井总风量，但实施工程量较大、费用高。因此，这种方法多用于服务年限长、巷道年久失修造成风网风阻很大而又不能使用辅助通风机调节的区域。

辅助通风机法调节的优点是简便、易行，且提高了矿井总风量，但管理复杂，安全性较差。因此，这种方法可在并联风路阻力相差悬殊、矿井主要通风机能力不能满足较大阻力风路要求时使用。

总之，上述三种风量调节方法各有特点，在运用中要根据具体情况，因地制宜选用。当单独使用一种方法不能满足要求时，可考虑上述方法的综合运用。

(5)矿井总风量调节

矿井总风量调节主要是调整主要通风机的工作点。其方法是改变主要通风机的特性曲线，或是改变主要通风机的工作风阻。

1)改变主要通风机工作风阻调节法

如图 5.5.11 所示的通风机工况,通风机特性曲线为 n,当矿井风阻特性曲线 R 增大为 R_1 时,通风机的工作点由 a 变到 b,矿井总风量由 Q 减到 Q_1;反之,工作点由 a 变到 b,矿井总风量由 Q 增至 Q_2。

因此,当矿井要求的通风能力超过主要通风机最大潜力又无法采用其他调节法时,就必须降低矿井总风阻,以满足矿井通风要求。

如果主要通风机的风量大于矿井实际需要,可以增加主要通风机的工作风阻,使总风量下降。由于离心式通风机的输入功率随风量的减少而降低,所以对于离心式风机,当所需风量变小时,可利用风硐中的闸门增加风阻,减小风量;对于轴流式风机,通风机的输入功率随风量的减小而增加,故一般不用闸门调节而多采用改变通风机的叶片安装角度,或降低风机转速进行调节;对于有前导器的通风机,当需风量变小时,可用改变前导器叶片角度的方法来调节,但其调节幅度比较小。

2)改变主要通风机特性调节法

①离心式通风机。对于矿井使用中的一台离心式通风机,其实际工作特性曲线主要决定于风机的转数。如图 5.5.12 所示,一台离心式通风机在转数为 n_1 时,其风压特性曲线为Ⅰ。如果实际产生的风量 Q_1 不能满足矿井需风量 Q_2 时,可用比例定律求出该风机所需新的转数 n_2,即

$$n_2 = n_1 \frac{Q_2}{Q_1} \tag{5.5.13}$$

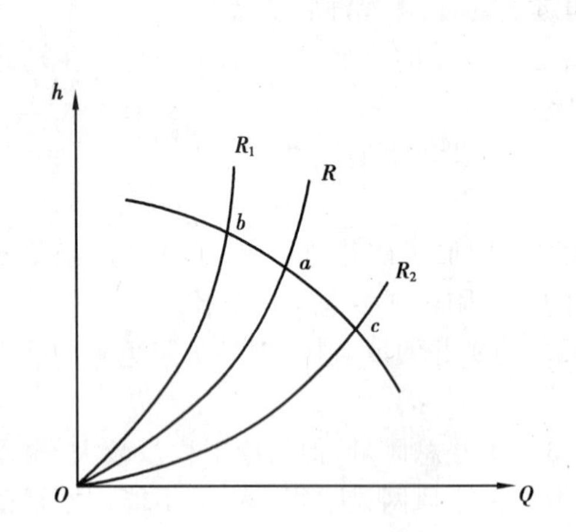

图 5.5.11 改变主通风机的工作风阻调节风量

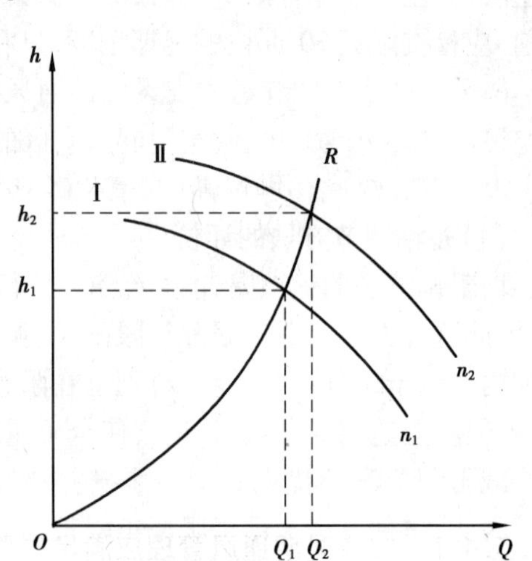

图 5.5.12 改变通风机的转数调节风量

绘制出新转数 n_2 时的全风压特性曲线Ⅱ,它和矿井总风阻曲线 R 的交点 M 即为通风机新的工作点。同时,根据新转数的效率特性曲线和功率特性曲线,检查新工作点是否在合理的工作范围内,并验算电动机的能力。

改变通风机转速是改变离心式通风机特性曲线的主要方法。其具体做法是:如果通风机和电动机之间是间接传动,可以改变传动比或改变电动机的转数;如果通风机和电动机是直接传动,则可改变电动机的转数或更换电动机。

②轴流式通风机。轴流式通风机特性曲线的改变，主要决定于通风机动轮叶片安装角和通风机转数两个因素。在矿井生产中，常采用改变轴流式通风机叶片安装角的方法实施调节。如图5.5.13所示，正常运转时，叶片安装角为 θ_1（27.5°），运转工况点为特性曲线Ⅰ′上的 a 点；由于生产需要，矿井总阻力增加，为保证原有的风量，主通风机运转工况点移至 b 点，此时，则把叶片安装角调整到 θ_2（30°），才能使风压特性曲线Ⅰ通过 b 点，从而保证矿井总风量的需要。

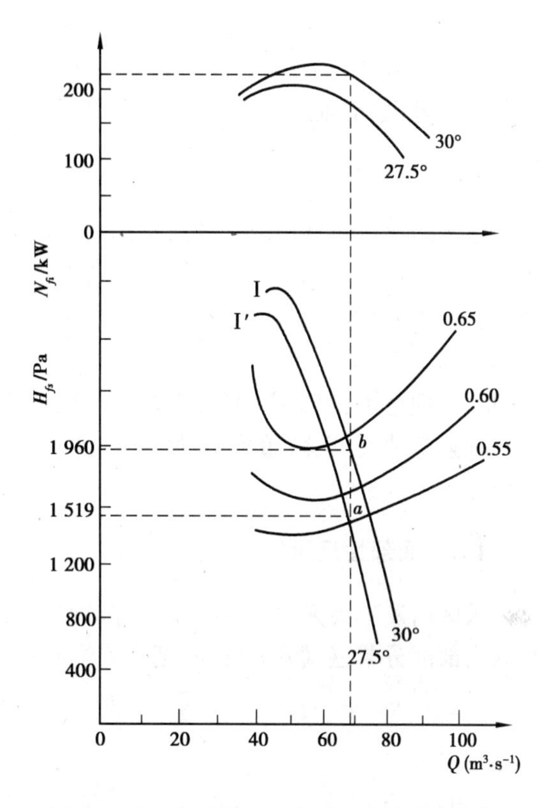

图5.5.13　改变轴流式通风机的叶片安装角

轴流式通风机的叶片，是用双螺帽固定于轮毂上，调整时只需将螺帽拧开，调整好角度后再拧紧即可。这种方法的调节范围比较大，一般每次可调5°（每次最小可调2.5°），而且可使通风机在最佳工作区域内工作。采用变频技术控制主要通风机的矿井，在一定范围内，也可通过调整电动机转数方便地实现总风量的调节。

③对旋式通风机。对旋式通风机是近年来开发应用的新型高效轴流式风机。其调节方法和一般轴流式通风机相似，可以调整风机两级动轮上的叶片安装角（可调整其中一级，也可同时调整两级），也可以改变电动机的转数。由于对旋式通风机的两级动轮分别由各自的电动机驱动，在矿井投产初期甚至可单级运行。

5.4　灾变时的风流控制与管理

5.4.1　灾变时期通风管理应满足的要求

矿井一旦发生灾变，应立即抢救遇难人员，控制事故发展和影响范围，以减少人员伤亡和国家财产的损失。为有效地控制事故发展，缩小受灾区域，便于抢救和事故处理，尽早恢复生产，必须合理地进行灾变时期的通风管理，正确调度和控制井下风流（包括风流的方向和大小），为此，矿井灾变时期的通风管理应满足以下基本要求：

①有利于遇险人员的抢救与自救；

②有助于控制灾情，控制受害区域，并为灾变事故的及时处理提供可能性；

③防止瓦斯积聚和煤尘飞扬，避免瓦斯煤尘爆炸事故；

④防止风流任意逆转而危及井下人员的生命安全；

⑤有利于尽快恢复生产。

灾变时通风管理中,风流控制的主要方案有:全矿井反风;矿井局部反风;局部风流短路;保证正常通风,稳定风流;局部封闭。

5.4.2 全矿性反风

当矿井的进风井口、井筒、井底车场(包括井底主要硐室)和与井底车场直接相通的大巷(如中央石门、运输大巷)发生火灾,产生大量有毒气体和高温浓烟威胁井下绝大多数工作人员的生命安全时,为了防止事故扩大,应立即采取全矿性反风,把有害有毒烟气尽快排到地面。

只要合理指挥,利用矿井反风方法处理灾变事故的效果是十分明显的。因此,在矿井生产中应加强矿井反风设施的维护管理,保证其良好状态,并应根据《规程》要求,每年进行一次反风演习。

5.4.3 局部性反风

当采区内发生火灾时,主要通风机保持正常运转,通过调整采区内预设风门开关状态,实现采区内部部分巷道风流的反向,把火灾烟流直接引向回风巷道中,如图 5.5.14 所示。

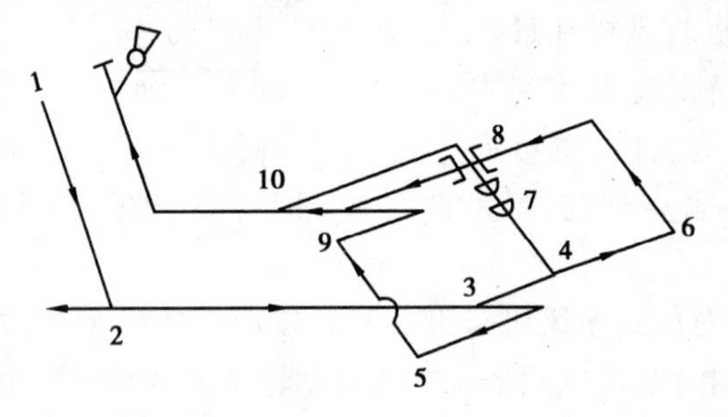

图 5.5.14 某矿局部反风系统示意图

采区内设置的风流反向风门,包括有常开风门和常闭风门,均应采用不燃性材料制作。每组风门均应安设两道风门,以防止漏风。

5.4.4 灾变时期局部风流短路

在中央并列式通风矿井,若灾变事故发生在进风流中,在条件许可的情况下,可使进、回风井风流短路,将有毒有害气体直接排出。

第6篇 矿井灾害防治

煤矿常见的自然灾害主要涉及瓦斯、煤尘、火、水、顶板五大类，本篇主要介绍其危害影响和防治方法。

第 1 章 矿井瓦斯防治

矿井瓦斯是指井下以甲烷为主的有毒、有害气体的总称，是各种气体的混合物，它含有甲烷、二氧化碳、氮和数量不等的烃以及微量的稀有气体等，但主要成分是甲烷。因此，习惯上所说的矿井瓦斯就是指甲烷。

由矿井内气体所造成的事故统称为瓦斯事故，包括瓦斯窒息、有毒气体中毒、瓦斯燃烧、瓦斯爆炸和煤与瓦斯突出等。

1.1 矿井瓦斯来源

1.1.1 瓦斯的生成与赋存状态

(1)瓦斯的生成

煤层瓦斯是腐植型有机物在形成煤的过程中生成的。煤是一种腐植型有机质高度富集的可燃有机岩，是植物遗体经过复杂的生物、地球化学、物理化学作用转化而成。从植物死亡、堆积到转变成煤要经过一系列演变过程，这个过程称为成煤作用。在整个成煤过程中都伴随有烃类、二氧化碳、氢和稀有气体的产生。结合成煤过程，大致可划分为两个成气时期。

1)生物化学作用成气时期

生物化学是成煤作用的第一阶段，即泥炭化或腐植化阶段。这个时期是从成煤原始有机物堆积在沼泽相和三角洲相环境中开始的，在温度不超过65 ℃条件下，成煤原始物质经厌氧微生物的分解生成瓦斯。

这个阶段生成的泥炭层埋藏较浅，覆盖层的胶结固化程度不够，生成的瓦斯很容易渗透和扩散到大气中去，因此，生化作用生成的瓦斯一般不会保留到现在的煤层内。

2)煤化变质作用成气时期

煤化变质是成煤作用的第二阶段，即泥炭、腐泥在以压力和温度为主的作用下变化为煤的过程。在这个阶段中，随着泥炭层的下沉，上覆盖层越积越厚，压力和温度也随之增高，生物化学作用逐渐减弱直至结束，进入煤化变质作用成气时期。由于埋藏较深且覆盖层已固化，在压力和温度影响下，泥炭进一步变为褐煤，褐煤再变为烟煤和无烟煤。

煤的有机质基本结构单元是带侧键官能团并含有杂原子的缩合芳香核体系。在煤化作用过程中,芳香核缩合和侧键与官能团脱落分解,同时会伴有大量烃类气体的产生,其中主要的是甲烷。

从褐煤到无烟煤,煤的变质程度越高,生成的瓦斯量也越多。

(2)瓦斯的赋存状态

瓦斯在煤体中以游离和吸附两种状态存在。

1)游离状态

游离状态也称自由状态,存在于煤的孔隙和裂隙中,如图6.1.1所示。这种状态的瓦斯以自由气体存在,呈现出的压力服从自由气体定律。游离瓦斯量的大小主要取决于煤的孔隙率,在相同的瓦斯压力下,煤的孔隙率越大,所含游离瓦斯量也越大。在赋存空间一定时,其游离瓦斯量的大小与瓦斯压力成正比,与瓦斯温度成反比。

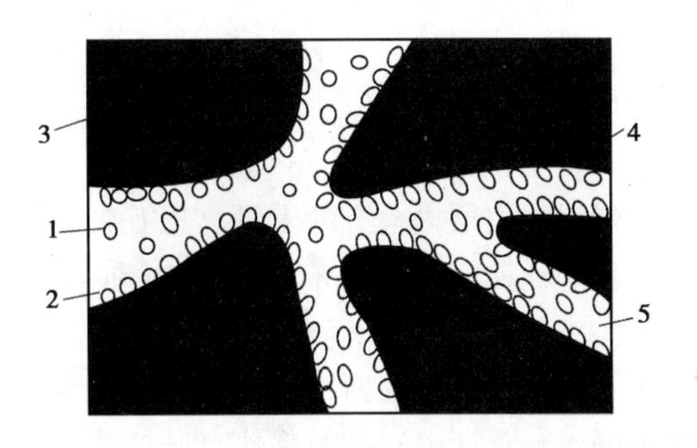

图6.1.1　瓦斯在煤内的存在状态
1—游离瓦斯;2—吸着瓦斯;3—吸收瓦斯;
4—煤体;5—孔隙

2)吸附状态

吸附状态的瓦斯包括吸附在煤的微孔表面上的吸着瓦斯和煤的微粒结构内部的吸收瓦斯。吸着状态是在孔隙表面的固体分子引力作用下,瓦斯分子被紧密地吸附于孔隙表面上,形成很薄的吸附层;而吸收状态是瓦斯分子充填到极其微小的微孔孔隙内,占据着煤分子结构的空位和煤分子之间的空间,如同气体溶解于液体中的状态。吸附瓦斯量的大小,取决于煤的孔隙结构特点、瓦斯压力、煤的温度和湿度等。一般规律是:煤中的微孔越多、瓦斯压力越大,吸附瓦斯量越大;随着煤的温度增加,煤的吸附能力下降;煤的水分占据微孔的部分表面积,故煤的湿度越大,吸附瓦斯量越小。

煤体中的瓦斯含量是一定的,处于游离状态和吸附状态的瓦斯量是可以相互转化的,这取决于外界的温度和压力等条件变化。当压力升高或温度降低时,部分瓦斯将由游离状态转化为吸附状态,这种现象称为吸附;相反,如果压力降低或温度升高时,又会有部分瓦斯由吸附状态转化为游离状态,这种现象称为解吸。吸附和解吸是两个互逆过程,这两个过程在原始应力下处于一种动态平衡,当原始应力发生变化时,这种动平衡状态将被破坏。

根据国内外科学研究成果,现今开采深度内,煤层中的瓦斯主要是以吸附状态存在,游离状态的瓦斯只占总量的10%。但在断层、裂隙、孔洞和砂岩内,瓦斯则主要以游离状态赋存。随着煤层被开采,煤层顶底板附近的煤岩产生裂隙,导致透气性增加,瓦斯压力随之下降,煤体中的吸附瓦斯解吸而成为游离瓦斯,在瓦斯压力失去平衡的情况下,大量游离瓦斯就会通过各种通道涌入采掘空间,因此,随着采掘工作的进展,瓦斯涌出的范围会不断扩大,瓦斯将保持较长时间持续涌出。

1.1.2　瓦斯的涌出

(1)矿井涌出瓦斯形式

矿井建设和生产过程中,煤岩体遭受到破坏,储存在煤岩体内的部分瓦斯将会离开煤岩体释放到井巷和采掘工作空间,这种释放现象称为矿井瓦斯涌出。

由于采掘生产的影响,煤岩层中瓦斯赋存的正常平衡状态被破坏,使游离状态的瓦斯不断涌向低压的采掘空间。与此同时,吸附状态的瓦斯不断解吸,以不同的形式涌现出来,其涌出形式分为普通涌出与特殊涌出。

1)普通涌出形式

普通涌出是指瓦斯通过煤体或岩石的微细裂隙,从暴露面上均匀、缓慢、连续不断地向采掘工作面空间释放。

普通涌出是煤矿井下瓦斯的主要涌出形式,其涌出特点是时间长、范围大、涌出量多,涌出速度缓慢而均匀。

2)特殊涌出形式

煤层或岩层内含有的大量高压瓦斯,在很短的时间内自采掘工作面的局部地区,突然涌出或伴随瓦斯突然涌出有大量的煤和岩石被抛出。其涌出形式包括瓦斯喷出和煤与瓦斯突出。

①瓦斯喷出。瓦斯喷出是指大量瓦斯在压力状态下,从肉眼可见的煤、岩裂隙及孔洞中集中涌出。瓦斯喷出一般都伴有吱吱声、哨声、水的沸腾声等声响效应。瓦斯喷出必须有大量积聚游离瓦斯的瓦斯源,按照不同生成类型,瓦斯喷出源分为地质瓦斯生成源和采掘卸压生成瓦斯源两种。地质瓦斯生成源是指喷出的瓦斯来源于成煤地质过程中,大量瓦斯积聚在地质裂隙和空洞内,当采掘工程揭露这些地层时,瓦斯就会从裂隙及空洞中突然涌出,形成瓦斯喷出;采掘卸压生成瓦斯源是指喷出的瓦斯来源于因采掘卸压的影响,使开采层邻近的煤层卸压而形成大量的解吸瓦斯,当游离瓦斯积聚达到一定能量时,冲破层间岩石而向回采巷道喷出。

②煤与瓦斯突出。煤与瓦斯突出是指在地应力和瓦斯的共同作用下,破碎的煤、岩和瓦斯由煤体或岩体内突然向采掘空间抛出的异常的动力现象。煤矿地下采掘过程中,在几秒到几分钟时间内,从煤、岩层内以极快的速度向采掘空间内喷出煤和瓦斯气体,它是煤矿地下开采过程中的一种动力现象。煤与瓦斯突出是煤与瓦斯突出、煤的突然倾出、煤的突然压出、岩石与瓦斯突出的总称。

(2)矿井涌出瓦斯的来源

矿井瓦斯来源于掘进区瓦斯、采煤区瓦斯和采空区瓦斯三个部分。

掘进区瓦斯是基建矿井中瓦斯的主要来源。在生产矿井中,掘进区瓦斯占全矿井瓦斯涌出量的比例大小,主要取决于准备巷道的多少、围岩瓦斯含量的大小和掘进是否在瓦斯聚集带。采煤区瓦斯是生产矿井的主要来源之一。采空区瓦斯涌出来源主要有受采动影响的卸压邻近层以及开采煤层本身遗煤(含煤柱)所涌出的瓦斯。

(3)矿井瓦斯涌出量

矿井瓦斯涌出量是指在矿井建设和生产过程中从煤与岩石内涌出的瓦斯量,对应于整个矿井的称为矿井瓦斯涌出量,对应于翼、采区或工作面,称为翼、采区或工作面的瓦斯涌出量。矿井瓦斯涌出量的大小通常用矿井绝对瓦斯涌出量和矿井相对瓦斯涌出量两个参数来表示。

1)矿井绝对瓦斯涌出量

这是指矿井在单位时间内涌出的瓦斯体积,单位为 m^3/min。其与风量、瓦斯浓度的关系为:

$$Q_g = Q_f \times C \tag{6.1.1}$$

式中　Q_g——绝对瓦斯涌出量，m^3/min；

Q_f——瓦斯涌出区域的风量，m^3/min；

C——风流中的平均瓦斯浓度，%。

2）矿井相对瓦斯涌出量

这是指矿井在正常生产条件下，平均日产一吨煤同期所涌出的瓦斯量，单位 m^3/t。其与绝对瓦斯涌出量、煤量的关系为：

$$q_g = 1\ 440 \frac{Q_g}{T} \tag{6.1.2}$$

式中　q——相对瓦斯涌出量，m^3/t；

Q_g——绝对瓦斯涌出量，m^3/min；

T——矿井日产煤量，t/d。

（4）矿井瓦斯等级划分

1）矿井瓦斯等级

矿井瓦斯等级是指根据矿井瓦斯涌出量和涌出形式所划分的。它是矿井瓦斯涌出量大小和安全程度的基本标志。其主要目的是为了做到区别对待，采取不同的针对性技术措施与装备，对矿井瓦斯进行有效管理和防治，以创造良好的作业环境，保障矿井安全生产。

2）矿井瓦斯等级的划分

《规程》第133条规定，一个矿井中只要有一个煤（岩）层发现瓦斯，该矿井即为瓦斯矿井。瓦斯矿井必须依照矿井瓦斯等级进行管理。矿井瓦斯等级是根据矿井相对瓦斯涌出量、矿井绝对瓦斯涌出量和瓦斯涌出形式划分为下列类型。

①瓦斯矿井。同时满足下列条件的矿井为瓦斯矿井：

a. 矿井相对瓦斯涌出量小于或等于 10 m^3/t；

b. 矿井绝对瓦斯涌出量小于或等于 40 m^3/min；

c. 矿井各掘进工作面绝对瓦斯涌出量均小于或等于 3 m^3/min；

d. 矿井各采煤工作面绝对瓦斯涌出量均小于或等于 5 m^3/min。

②高瓦斯矿井。具备下列情形之一的矿井为高瓦斯矿井：

a. 矿井相对瓦斯涌出量大于 10 m^3/t；

b. 矿井绝对瓦斯涌出量大于 40 m^3/min；

c. 矿井任一掘进工作面绝对瓦斯涌出量大于 3 m^3/min；

d. 矿井任一采煤工作面绝对瓦斯涌出量大于 5 m^3/min。

③突出矿井。具备下列情形之一的矿井为突出矿井：

a. 发生过煤（岩）与瓦斯（二氧化碳）突出的；

b. 经鉴定具有煤（岩）与瓦斯（二氧化碳）突出煤（岩）层的；

c. 依照有关规定有按照突出管理的煤层，但在规定期限内未完成突出危险性鉴定的。

1.2 矿井瓦斯危害及其防治

1.2.1 瓦斯窒息

(1)瓦斯窒息特征

瓦斯是一种窒息性气体。当空气中瓦斯浓度达到43%时,氧气浓度将降至12%,人会感到呼吸特别困难;当瓦斯浓度达到57%时,氧气浓度将降至9%,人会处于昏迷,甚至死亡。瓦斯窒息实际上就是缺氧窒息。

氧气是维持人的生命所必需的物质。休息时,每个人所需氧气量平均为0.25 L/min。井下行走和工作时为1~3 L/min。如果空气中氧气浓度降低,就会影响人体健康。氧浓度减少对人体的危害见表6.1.1。

表6.1.1 氧浓度减少对人体的危害

空气中的氧气浓度(体积/%)	人体的反应
17	休息时无影响,工作时会引起喘息、呼吸困难
15	呼吸急促,脉搏跳动加快,判断和意识能力减弱
10~12	失去理智,时间稍长即有生命危险
6~9	失去知觉,几分钟内心脏尚能跳动,若不急救就会死亡

井下的氧气全部通过自然通风或机械通风的方式提供。地面空气进入井下后氧气浓度会减少,原因是作业人员呼吸、煤的氧化、坑木腐烂、井下火灾及瓦斯煤尘爆炸等都会直接消耗氧气。另外,煤岩层揭露后不断释放出的各种气体及生产过程中爆破、机器运转不断产生的有害气体,也相应地降低了空气中氧气的浓度。

当人进入井下没有通风的上山、下山或独头煤岩巷时,由于严重缺氧,就可能发生缺氧窒息事故。

《规程》规定,在采掘工作面的进风流中,按体积计算,氧气浓度不得低于20%。

(2)预防瓦斯窒息、气体中毒事故的措施

①加强通风,保证井下各通风地点有足够的新鲜空气,并将各种有害气体冲淡到安全浓度以下。为实现这个目标,矿井要完善通风系统,消灭自然通风,坚持使用机械通风。有条件形成正规采煤面的,要保持一条通到进风巷,一条通到回风巷的二个安全出口。无法形成正规采煤面的采煤工作面和所有掘进巷道都要配备足够功率的局扇和相应的风筒,并加强局部通风管理,不得随意停开局扇。

②矿井通风系统要完整独立,不得与其他矿井共用。采空区以及报废巷道必须及时封闭,这样可有效防止其他矿井的灾害涉及本身,同时提高通风效率。

③加强通风设施管理。临时停工的地点,不得停风,否则必须切断电源,设置栅栏、提示警标,禁止人员进入。控制风流的风门、风窗和风桥设置合理,墙体用不燃性材料建筑且严密

不漏风,风门不少于2道,并可自动关闭。

④局部通风机要使用矿用型。压入式局部通风机和启动装置必须安装在进风巷道中,距回风口不得小于10 m,不发生循环风,安放时必须垫高,离地面(轨面)高度大于0.3 m。风筒出口风量和到工作面的距离符合作业规程的规定,一般不大于6 m,吊挂要平直。导风筒要采用阻燃性材料制作。

⑤爆破过程会产生大量的有毒有害气体,放炮后必须持续通风半小时以上,等有毒有害气体浓度降到安全浓度后人员才可进入爆破地点。

⑥长期停风的地点,由于有毒有害气体大量积聚,氧气严重不足。要恢复这些地点的作业,事先必须编制专门的安全措施,报矿井的技术负责人批准,并严格执行。

⑦严禁使用3台以上(含3台)的局部通风机同时向1个工作面供风。不得使用1台局部通风机同时向2个作业面供风。

⑧加强测风测气工作,配备足够的专职瓦斯检查员和瓦斯检测仪器,实行瓦斯检查制度和矿长、技术负责人瓦斯汇报审查制度,矿井测风记录和瓦斯检查记录必须按规定认真填写,记录必须"三对口"(即板、记录本、报表数据要一致)。测风每旬测一次,瓦斯浓度在低瓦斯矿井每班至少测2次。发现异常情况,必须立即报告矿井主要负责人并采取撤出作业人员、断电等相应安全措施。

⑨煤层易自燃的矿井,要加强井下CO检测,一旦发现CO浓度超标,要查明原因,并采取相应安全措施。

⑩未冒落的采空区一般都积聚了大量的有毒有害气体,采煤面、掘进面贯通采空区时,要立即撤出作业人员,加强通风,经检测有毒有害气体降到安全浓度后方可重新进入作业地点。

⑪井下发生气体中毒、缺氧窒息事故,在没有采取有效安全措施的情况下冒险施救,非常危险,往往造成事故扩大。要设法往事故地点供风,同时检测氧气和有毒气体浓度,确实符合《规程》规定后,施救人员方可一道进入。有自救器、呼吸器时,在新鲜风流处试戴完好后,可2人一组进入事故地点迅速开展救。在不具备施救条件时,应立即与当地的煤炭管理部门或就近的矿山救护队联系,请求协助救援。

1.2.2 瓦斯燃烧

当瓦斯浓度低于5%时,遇火不爆炸,可能在火焰外围形成燃烧层;瓦斯浓度在16%以上时会失去爆炸性,但在空气中遇火会燃烧。

由于管理上的疏忽和松懈,瓦斯燃烧事故往往多发生在瓦斯矿井,需要引起高度警惕。防范瓦斯燃烧事故的主要措施是防治瓦斯积聚和控制高温火源。

1.2.3 瓦斯爆炸

(1)瓦斯爆炸的机理

瓦斯爆炸是一定浓度的甲烷和空气中氧气在高温热源的作用下发生的一种复杂的激烈氧化反应结果。

矿井瓦斯爆炸是一种热-链式反应,也称链锁反应。当爆炸混合物吸收引火源给予的一定的热能后,反应分子链断裂,离解成2个或2个以上的游离基。这类游离基具有很大的化学活性,成为反应连续进行的活化中心。在适合的条件下,每一个游离基又可以进一步分解,再产生 2 个或 2 个以上的游离基。这样循环不已,游离基越来越多,化学反应速度也越来越快,最后就可以发展为燃烧或爆炸式的氧化反应。

(2)瓦斯爆炸的效应

矿井瓦斯在高温火源引发下的激烈氧化反应形成爆炸过程中,如果氧化反应极为剧烈,膨胀的高温气体难于散失,将会产生极大的爆炸动力效应危害。

1)爆炸产生高温高压

瓦斯爆炸时反应速度极快,瞬间释放出大量的热量,使气体温度和压力骤然升高。

2)爆炸产生高压冲击和火焰峰面

瓦斯爆炸时产生的高压高温气体以每秒几百米甚至数千米的速度向外运动传播,形成高压冲击波。瓦斯爆炸产生的高压冲击作用可以分为直接冲击和反向冲击两种。

①直接冲击。瓦斯爆炸产生的高温及气浪,使爆源附近的气体以极高的速度向外冲击,造成井下人员伤亡,摧毁井巷工程、电气设备和通风安全设施,扬起大量的煤尘参与爆炸,使灾害事故扩大。

②反向冲击。瓦斯爆炸后由于附近爆源气体以极高的速度向外冲击,爆炸生成的一些水蒸气随着温度的下降很快凝结成水,在爆源附近形成空气稀薄的负压区,致使周围被冲击的气体将又高速返回爆源地点,形成反向冲击,其破坏性更为严重。如果冲回气流中有足够的瓦斯和氧气时,遇到尚未熄灭的爆炸火源,将会引起二次爆炸,造成更大的灾害破坏,加剧事故损失。

3)产生有毒有害气体

根据一些矿井瓦斯爆炸后的气体成分分析,氧气浓度为 6% ~10%,氮气为 82% ~88%,二氧化碳 4% ~8%,一氧化碳 2% ~4%。如果有煤尘参与爆炸时,一氧化碳的生成量将更大,往往是造成人员大量伤亡的主要原因。

(3)瓦斯爆炸的条件

瓦斯爆炸必须具备同时的三个条件:瓦斯浓度为 5% ~16%;瓦斯-空气混合气体中的氧气浓度大于 12%;温度达到 650 ~750 ℃的引爆火源存在时间大于瓦斯的引火感应期。

1)瓦斯浓度

瓦斯爆炸发生的浓度界限是指瓦斯与空气的混合气体中瓦斯的体积浓度。实验证明,瓦斯浓度低于 5%,遇火只燃烧而不能发生爆炸;瓦斯浓度在 5% ~16% 时,混合气体具有爆炸性;混合气体大于 16% 时,将失去爆炸和燃烧爆炸性,但当供给新鲜空气时,混合气体可以在与新鲜空气接触面上燃烧。由此表明,瓦斯只能在一定的浓度范围内具有爆炸性,即下限浓度为 5% ~6%,上限浓度为 14% ~16%。理论上,当瓦斯浓度达到 9.5% 时,混合气体中的氧气与瓦斯完全反应,放出的热量最多,爆炸的强度最大。当爆炸浓度低于 9.5% 时,其中一部分氧气没有参与爆炸,使爆炸威力减弱;瓦斯浓度高于 9.5% 时,混合气体中的瓦斯过剩而空气中的氧气不足,爆炸威力也会减弱。但在实际矿井生产中,由于混入了其他可燃气体或人为加入了过量的惰性气体,瓦斯爆炸的界限就要发生变化,这种变化通常是不能忽略的。

煤矿井下采掘生产过程中涌出的瓦斯会被流过工作面的风流稀释、带走。当工作面风量不足或停止供风时,以瓦斯涌出地点为中心,瓦斯浓度将迅速升高,形成局部瓦斯积聚。《规程》规定:采掘工作面内,体积大于 0.5 m^3 的空间内瓦斯浓度达到 2% 时就构成局部瓦斯积聚,必须停止工作,撤出人员。

2）氧气浓度

瓦斯-空气混合气体中氧气的浓度必须大于12%，否则爆炸反应不能持续。煤矿井下的封闭区域、采空区内及其他裂隙等处由于氧气消耗或没有供氧条件，可能会出现氧气浓度低于12%的情况，其他巷道、工作场所等一般不存在氧气浓度低于12%的条件，因为，在这种条件下人员在短时间内就会窒息而死亡。

进入井下的新鲜空气中氧气浓度为21%，由于瓦斯、二氧化碳等其他气体的混入和井下煤炭、设备、有机物的氧化，以及人员呼吸消耗，风流中的氧含量会逐渐下降，但到达工作地点的风流中的氧含量一般都在20%以上。因此，煤矿井下混合气体中瓦斯浓度增高到10%，形成瓦斯积聚时，混合气体中氧浓度才下降到18%；只有当瓦斯浓度升高到40%以上时，其氧浓度才能下降到12%。由此可见，在矿井瓦斯积聚的地点，往往都具备氧浓度大于12%的第二个爆炸条件。在恢复工作面通风、排放瓦斯的过程中，高浓度的瓦斯与新鲜风流混合后得到稀释，氧浓度迅速恢复并超过12%。这时，如果不能很好地控制排放量，则这种混合气流的瓦斯浓度很容易达到爆炸范围。因此，排放瓦斯必须制定专门的安全技术措施。

3）高温火源

正常大气条件下，火源能够引燃瓦斯爆炸的温度不低于650～750 ℃，最小点燃能量为0.28 mJ和持续时间大于爆炸感应期。煤矿井下的明火、煤炭自燃、电弧、电火花、炽热的金属表面和撞击或摩擦火花都能点燃瓦斯。

①明火火焰。这类点火源的特点是伴随有燃烧化学反应。如明火、井下焊接产生的火焰、爆破火焰，煤炭自燃产生的明火，电气设备失爆产生的火焰、油火等。

②炽热表面和炽热气体。炽热的表面，如电炉、白炽灯、过流引起的线路灼热、传送带打滑、机械摩擦引起的金属表面炽热等都会引起瓦斯爆炸。白炽灯中钨丝的工作温度高达2 000 ℃，在该温度下钨丝暴露于空气中就会发生激烈的氧化反应，立刻会点燃瓦斯。因此，煤矿井下使用专用的照明灯具，以防止灯泡破裂时引燃瓦斯。炽热的废气或火灾产生的高温烟流也会引起瓦斯爆炸，这主要是由于它们与瓦斯相遇时发生氧化、燃烧等化学反应所致。瓦斯的引燃温度为650 ℃，机械、电气设备等的表面温度持续升高或防爆电气设备内部发生失爆时都可能达到这一温度，保持机械设备地点的供风可大大降低其表面温度。

③机械摩擦及撞击火花。矿用设备在使用过程中的摩擦和撞击所产生的火花可引燃瓦斯。如跑车时车辆和轨道的摩擦、金属器件之间的撞击、金属器件与岩石的碰撞、矿用机械的割齿同巷道坚固岩石的摩擦、巷道塌落时坚硬岩石之间的碰撞等都能产生足以引燃瓦斯的火花。

④电火花。主要包括电弧放电、电气火花和静电产生的火花。瓦斯爆炸的最小点燃能量是0.28 mJ，该值就是使用电容放电产生火花的方法测定的。在瓦斯爆炸的事故案例中，井下输电线路的短路、电气设备失爆、接头不符合要求及带电检修等都是造成瓦斯爆炸的主要原因。《规程》规定，入井人员严禁穿化纤衣服，就是为了防止静电火花。对井下容易形成瓦斯积聚的工作场所，应特别加强电气设备的管理和瓦斯的监测，以防止电火源的出现。地面闪电通过矿用管路传输到井下也可能引燃瓦斯。此外，井下测量用的激光，因其光束窄、能量集中，也具有点燃瓦斯的能力。在使用时，不仅应保证其外壳和电路的安全性，而且还应该保证其激光辐射的安全性。

由此可见，采取特殊的安全防爆技术措施后，可避免火源不能满足点燃瓦斯的点火条件。如井下安全爆破时产生的火焰，温度高达2 000 ℃，但持续的时间很短，小于爆炸感应期，因此，不会引起瓦斯爆炸。

(4)预防瓦斯爆炸的措施

瓦斯爆炸必须同时具备以上三个条件。在正常生产的矿井,由于所有工作的地点和井巷中氧气浓度始终大于12%,所以预防瓦斯爆炸的措施,就只能是防止瓦斯的积聚和杜绝、限制高温热源的出现。

1)防止瓦斯积聚和超限的技术措施

煤矿井下容易发生瓦斯积聚的地点是采掘工作面和通风不良的场所,每一矿井必须从采掘工作、生产管理上采取措施,保持工作场所的通风良好,防止瓦斯积聚。

①保证工作面的供风量。所有没有封闭的巷道、采掘工作面和硐室必须保证足够风量和风速,以稀释瓦斯到规定界限以下,消除瓦斯积聚条件。矿井必须保证采掘工作面风路的畅通,每个掘进工作面在开始工作前都应选出合理的进、回风路线,避免形成串联通风。对于瓦斯涌出量大的煤层或采空区,在采用通风方法处理瓦斯不合理时,应采取瓦斯抽放措施。

②处理采煤工作面上隅角的瓦斯积聚。正常生产时期,采煤工作面的上隅角容易积聚瓦斯,及时有效地处理该区域积聚的瓦斯是日常瓦斯管理的重点。采取的方法主要有风障引流、移动泵站采空区抽放、尾巷改变工作面的通风方式,如采用Y形通风、Z形通风等消除上隅角瓦斯积聚。

a. 挂风障引流。该方法是在工作面支柱(架)上悬挂风障或苇席等阻挡风流,改变工作面风流的路线,以增大向上隅角处的供风。悬挂的方法如图6.1.2所示。该方法的优点是操作简单,能快速发挥作用;缺点是能引流的风量有限,风流不稳定,增加了工作面的通风阻力和向采空区的漏风,对工作面的作业有一定的影响。该方法可以作为一种临时措施在井下采用,对于瓦斯涌出量较大、上隅角长期超限的工作面,应该采用更为可靠的方法进行处理。

b. 尾巷排放瓦斯法。尾巷排放瓦斯是利用与工作面回风巷平行的专门瓦斯排放巷道,通过其与采空区相连的联络巷排放瓦斯的方法。巷道的布置如图6.1.3所示。该方法改变了采空区内风流流动的路线,尾巷专门用于排放瓦斯,不安排任何其他工作,《规程》规定尾巷中瓦斯浓度可以放宽到2.5%。该方法的优点是充分利用已有的巷道,不需要增加设备,易于实施;缺点是增加了向采空区的漏风,对于有自然发火的工作面不宜采用。瓦斯尾巷的管理十分重要,必须在采煤工作面瓦斯涌出量大于20 m³/min,经抽放瓦斯(抽放率25%以上)和增大风量已达到最高允许风速后,其回风巷风流中瓦斯浓度仍不符合《规程》的规定时,经企业负责人审批后,可采用专用排放瓦斯巷。

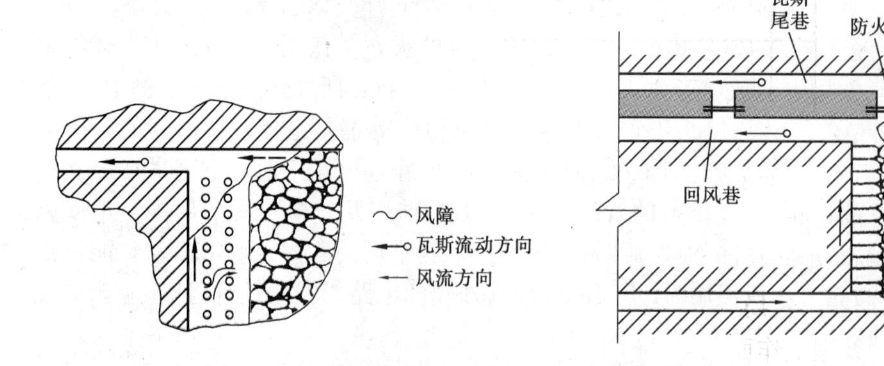

图6.1.2　工作面挂风障排放上隅角聚积的瓦斯　　　图6.1.3　利用尾巷排放上隅角聚积的瓦斯

c. 风筒导引法。该方法是利用铁风筒和专门的排放管路引排上隅角积聚的瓦斯。为了增加管路中高瓦斯风流的流量，一般应附加其他动力以促使上隅角处的风流流入风筒中。如图6.1.4所示是利用水力引射器，其他动力还可以是局部通风机、井下压风等。该方法的优点是适应性强，可应用于所有矿井，且排放能力大，安全可靠；缺点是需要在回风巷道布置管路等设备，可能影响工作面的正常作业。该方法使用的动力设备必须是防爆的，在排放风流的管路内保证没有点燃瓦斯的可能，且引排风筒内的瓦斯浓度要加以限制，一般小于3%。

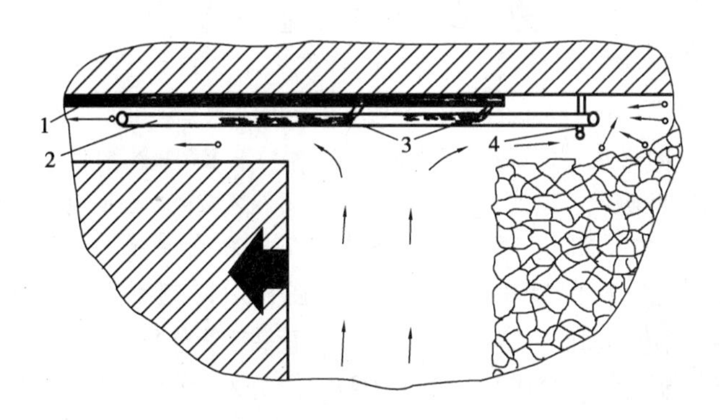

图6.1.4　利用水力引射器排放上隅角聚积的瓦斯

1—水管；2—导风筒；3—水力引射器；4—风障

d.移动泵站排放法。该方法是利用可移动瓦斯抽放泵通过埋设在采空区一定距离内的管路抽放瓦斯，从而减小上隅角处的瓦斯涌出，如图6.1.5所示。该方法的实质也是改变采空区内风流流动的线路，使高浓度的瓦斯通过抽放管路排出。同风筒导风法相比，该方法使用的管路直径较小，抽放泵不布置在回风巷道中，因此，对工作面的工作影响较小。该方法具有稳定可靠、排放量大、适应性强的优点，目前得到了较广泛的应用。但对于有自燃倾向性的煤层不宜采用。

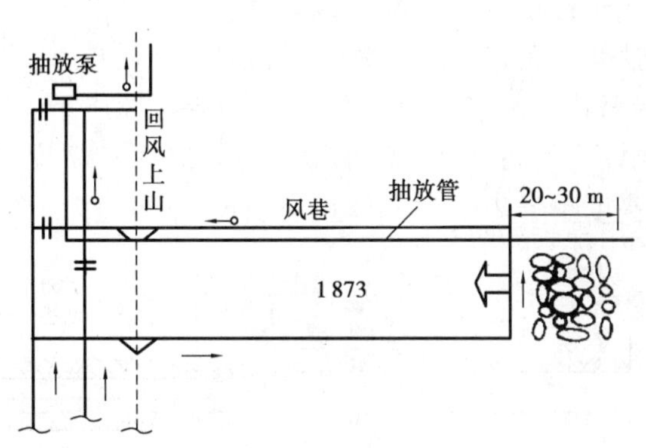

图6.1.5　移动抽放泵站排放采空区瓦斯

e.液压局部通风机吹散法。该方法在工作面安设小型液压通风机和柔性风筒，向上隅角供风，以吹散上隅角处积聚的瓦斯。该方法克服了原压入式局部通风机处理上隅角瓦斯需要铺设较长风筒，而采用抽出式局部通风机抽放上隅角瓦斯时瓦斯浓度不得大于3%的弊病，是一种较为安全可靠的处理工作面上隅角瓦斯积聚的方法。图6.1.6为河南平顶山煤业集团公司研制的一套应用小型液压通风机自动排放上隅角瓦斯的装置。

③掘进工作面局部瓦斯积聚的处理。掘进工作面的供风量一般都比较小，因此，出现瓦

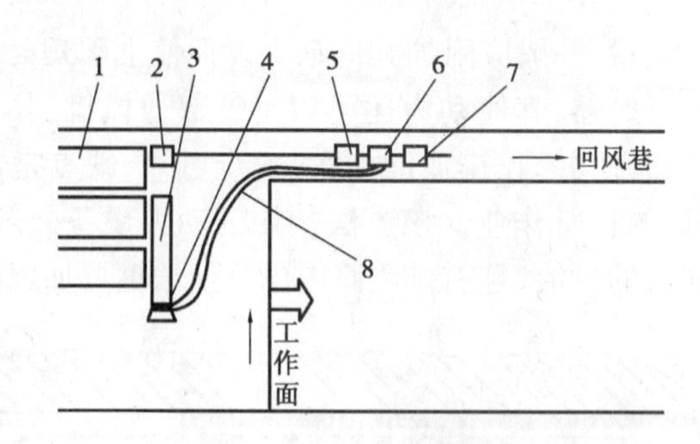

图 6.1.6 小型液压局部通风机排放上隅角聚积的瓦斯
1—工作面液压支架;2—瓦斯传感器;3—柔性风筒;4—小型液压通风机;
5—中心控制处理器;6—液压泵站;7—磁力启动器;8—油管

斯局部积聚的可能性较大,应该特别注意防范,加强瓦斯检测工作。对于瓦斯涌出大的掘进工作面尽量使用双巷掘进,每隔一定距离开掘联络巷,构成全负压通风,以保证工作面的供风量。盲巷部分要安设局部通风机供风,使掘进排除的瓦斯直接流入回风道中。掘进工作面或巷道中的瓦斯积聚,通常出现在一些冒落空洞或裂隙发育、涌出速率较大的地点。对于这些地点积聚的瓦斯可以使用下列的方法处理。

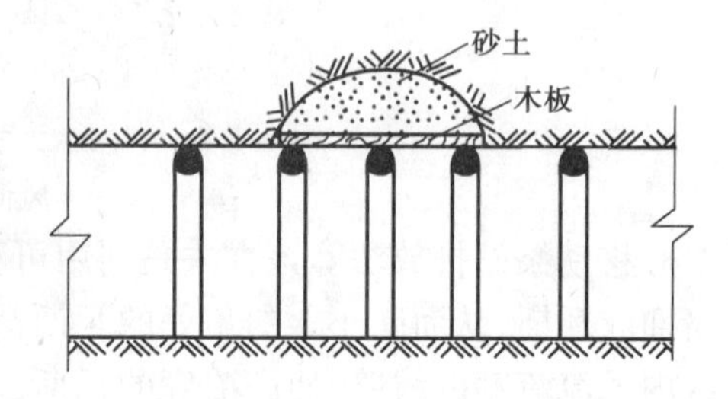

图 6.1.7 充填空洞法处理冒落空洞聚积的瓦斯

a. 充填空洞法。充填空洞法是先在冒高处的支架上方铺设木板或荆(竹)笆,再将黄土等惰性物质充填到冒落的空洞内,以消除瓦斯积聚的空间,免于瓦斯积聚;同时对有自燃倾向性的煤层起到预防冒顶浮煤自燃的作用,如图 6.1.7 所示。充填空洞法一般用于冒高不大的条件下。

b. 导风障引风吹散法。导风障引风吹散法是利用安设在巷道顶部的木制挡风板将风流引入冒落的空洞中,以稀释其中积聚瓦斯的方法,如图 6.1.8 所示。该方法的优点是施工简单、方便、可靠,经济效果好。其缺点是使局部地点的巷道高度减低,对运输和行人造成一定影响。适用条件为冒落高度小于 2 m、冒落体积小于 6 m^3、风速大于 0.5 m/s 的巷道。

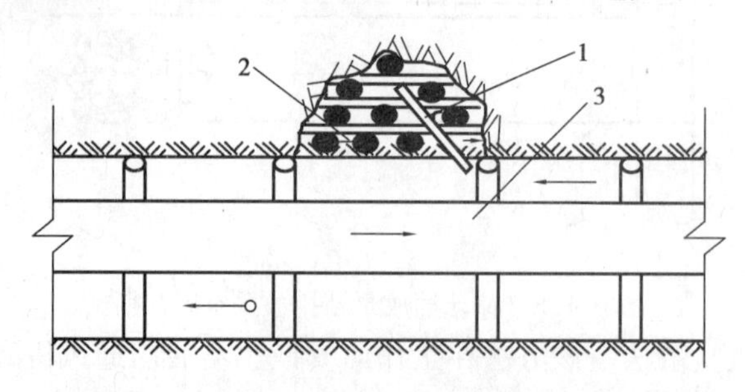

图 6.1.8 导风障引风吹散法处理冒落空洞聚积的瓦斯
1—挡风板;2—坑木;3—风筒

c. 风筒分支吹散法。风筒分支吹散法是在局部通风机风筒上安设三通或直径较小的风筒,将部分风流直接送到冒落的空洞中,吹散局部积聚瓦斯的方法,如图 6.1.9 所示。该方法的优点是操作简单、方便、可靠,经济。其缺点是减低了掘进工作面的有效风量。适用条件为冒落高度大于2 m、冒落体积大于6 m^3、风速低于0.5 m/s，同时具有局部通风机送风条件的巷道。

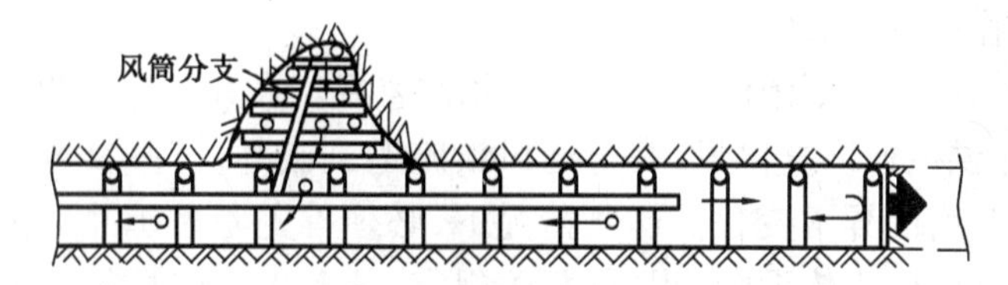

图6.1.9 风筒分支法处理冒落空洞积聚的瓦斯

在巷道中无局部通风机，但有压风管路通过时，也可以从压风管路上接出一个或数个分支压风管道抵达瓦斯聚积点下方，送入压风吹散聚积瓦斯。

d. 黄泥抹缝法。该方法是在顶板裂隙发育、瓦斯涌出量大而又难以排除时使用。它首先将巷道棚顶用木板背严，然后用黄泥抹缝将其封闭，以减少瓦斯的涌出或扩大瓦斯涌出的面积。

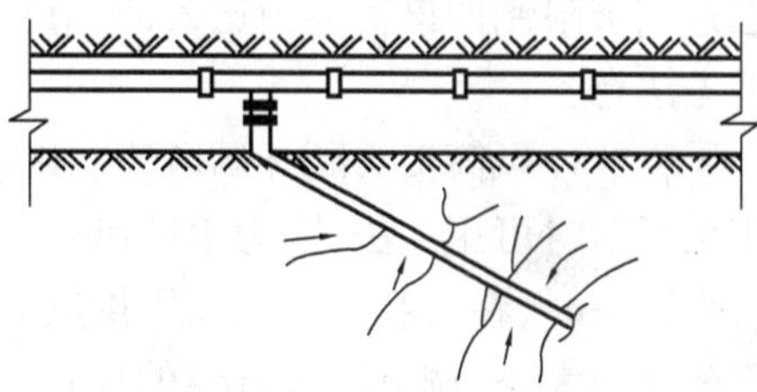

图6.1.10 钻孔抽放裂隙带的瓦斯

e. 钻孔抽放裂隙带的瓦斯。如图6.1.10所示，当巷道顶、底板裂隙大量涌出瓦斯时，可以向裂隙带打钻孔，利用抽放系统对该区域进行定点抽放。这种方法适用于通风难以解决掘进工作面瓦斯涌出的情况下，否则，因工程量较大而使用期较短，在经济上不合理。

④刮板输送机底槽瓦斯积聚的处理。刮板输送机停止运转时，底槽附近有时会积聚高浓度的瓦斯。由于刮板与底槽之间在运煤时产生的摩擦火花能引起瓦斯燃烧或爆炸，因此，必须排除该处的瓦斯。刮板输送机底槽瓦斯积聚的处理方法有：

a. 设专人清理输送机底遗留的煤炭，保证底槽畅通，使瓦斯不易积聚；

b. 保证输送机经常运转，即使不出煤也让输送机继续运转，以防止瓦斯积聚；

c. 吊起输送机处理积聚的瓦斯。如果发现输送机底槽内有瓦斯超限的区段，可把输送机吊起来，使空气流通，从而排除瓦斯；

d. 采用压风排放积聚瓦斯。有压风管路的地点可以将压风引至底槽进行通风，排除积聚的瓦斯。

⑤通风异常或瓦斯涌出异常时期应特别注意的事项。

a. 煤与瓦斯突出造成的短时间内涌出大量瓦斯，形成高瓦斯区，这时必须立即撤出人员，杜绝一切可能产生的火源，切断该区域的供电，对灾区实行全面警戒，然后制定专门的安全技术措施处理积聚的瓦斯；

b. 当矿井抽放瓦斯系统停止工作时，必须及时采取增加供风、加强瓦斯检测，直至停产撤人的措施，以防止瓦斯事故的发生；

c. 排除积存瓦斯时期可能会造成短期局部区域的瓦斯超限，因此，必须制定排放安全技术措施，以保证排放工作的顺利；

d. 地面大气压力的急剧下降也会造成井下瓦斯涌出的异常，必须加强瓦斯检测，并采取相应的安全技术措施；

e. 在工作面接近上、下邻近已采区边界或基本顶来压时，会使涌入工作面的瓦斯突然增

加,应加强对这一特殊时期的检测,总结规律,做到心中有数;

f. 回采工作面大面积落煤也会造成大量的瓦斯涌出,因此,应适当限制一次爆破的落煤量和采煤机连续工作的时间。

井下通风改变引起的瓦斯浓度异常变化往往被忽视。在井下巷道贯通,增加或减少某工作场所的风量,停止供风或恢复供风,井下通风设施遭到破坏,矿井反风及矿井灾变时期等,都会引起井下瓦斯浓度的异常变化。这些情况下,必须首先考虑矿井安全,防止出现瓦斯积聚。矿井安全管理部门应当依据《规程》的相关规定,制定井下巷道贯通、瓦斯排放、掘进面临时停风、火区等封闭区域恢复通风、瓦斯燃烧等灾害时期的瓦斯管理规定和安全技术措施内容,以有效地防止特殊情况下的瓦斯积聚。

2)临时停风盲巷积聚瓦斯的排放方法

临时停风盲巷积聚瓦斯,应按《规程》有关规定进行排放处理。排除盲巷积聚瓦斯时,必须通过调节限制向该盲巷内送入的风量,以控制排出的瓦斯量,严禁"一风吹"。具体排放瓦斯的方法有:

①盲巷外风筒接头断开调风法。采用局部通风机和柔性风筒送风的掘进工作面,排除盲巷积聚瓦斯时可用此法,因为柔性风筒移位、接头断开与接合均比较方便。

排瓦斯时,在盲巷口外全风压供风的新鲜风流中,把风筒接头断开,利用改变风筒接头对合面的间隙大小,调节送入盲巷的风量,以达到有节制地排放巷道积聚瓦斯之目的。其做法如图 6.1.11 所示。

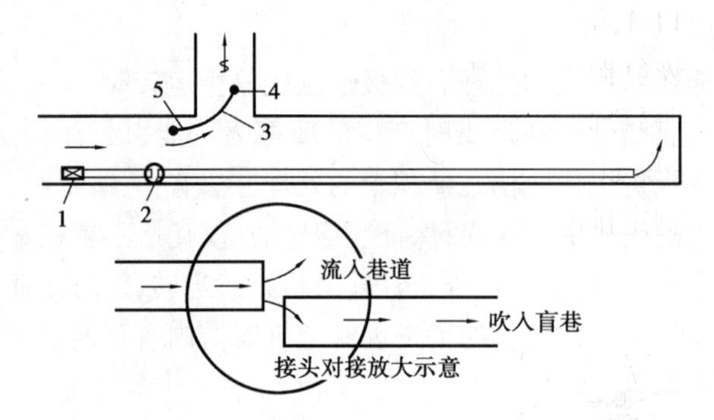

图 6.1.11　风筒接头断开调风法

1—局部通风机;2—风筒接头断开地点;3—测瓦斯浓度胶管;

4—瓦斯检查点;5—瓦斯检查员位置

采用该方法排瓦斯时,工作人员无须进入盲巷,一般需 3 ~ 4 人。其中:1 ~ 2 人在断开的风筒接头处,改变风筒的对合面大小来调风;1 人在盲巷口外的新鲜风流中,通过长胶管用光学瓦斯检测仪不断地测定回风侧的瓦斯浓度,或悬挂瓦斯警报器显示瓦斯浓度,根据瓦斯浓度的大小,通知调风人员调节送入盲巷的风量,保证排出的瓦斯浓度低于 1.5%;另 1 人全面负责并协助工作。

排瓦斯时,起初送入盲巷的风量要小,大部分风量从风筒断开处进入巷道内,之后根据排出瓦斯浓度的大小,逐渐加大送入盲巷的风量。在缓慢地排放瓦斯过程中,随着两个风筒接头由错开而逐渐对合直至全部接合,送入盲巷的风量由小到大,直到局部通风机的最大风量。这时,如果排至盲巷口的瓦斯浓度低于 1.0%,且能较长时间稳定下来,可结束排瓦斯工作。经检查确认安全可靠时,方可人工送电恢复掘进。

②三通风筒调风法。该调风方法是在局部通风机出口与导风筒之间接一段三通风筒短节，该短节用胶布风筒缝制而成，如图6.1.12所示。

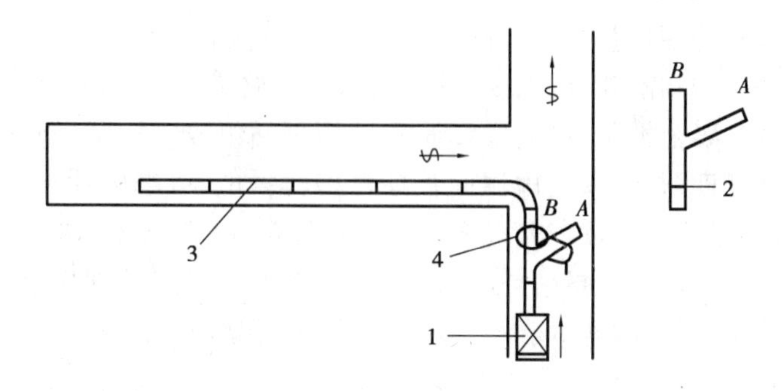

图6.1.12　三通风筒调风法

1—局部通风机；2—三通风筒短节；3—导风筒；4—绳子

掘进巷道正常通风时，三通风筒的泄风口A用绳子捆死，这时局部通风机的全部风量能送至掘进巷道工作面。当排放巷道内积聚瓦斯时，首先打开三通的泄风口A，同时用绳子捆住导风筒，然后启动局部通风机，这时局部通风机的绝大部分风量经三通风筒的泄风口A排至巷道，少量风流进入盲巷。

由1人检查瓦斯浓度或装瓦斯指示报警仪，1人在三通风筒处调节风量，使盲巷排出的瓦斯浓度低于1.5%，逐渐加大盲巷内的供风量，同时减少泄漏至巷道的风量，直至盲巷积聚瓦斯排放完毕，捆死泄风口A，解开导风筒的捆绳，全部风量送至掘进工作面。经检查确认安全可靠时，方可人工送电恢复掘进。

③稀释筒调风法。稀释筒是用钢板焊制的三通风筒，其上有两套阀门及控制把手，稀释筒的结构及其排瓦斯系统如图6.1.13所示。稀释筒安装在掘进巷道口外全风压通风巷道中，瓦斯传感器是用来测定排出并经稀释的瓦斯浓度，根据该浓度的大小来控制和调节稀释筒阀门的开启度。

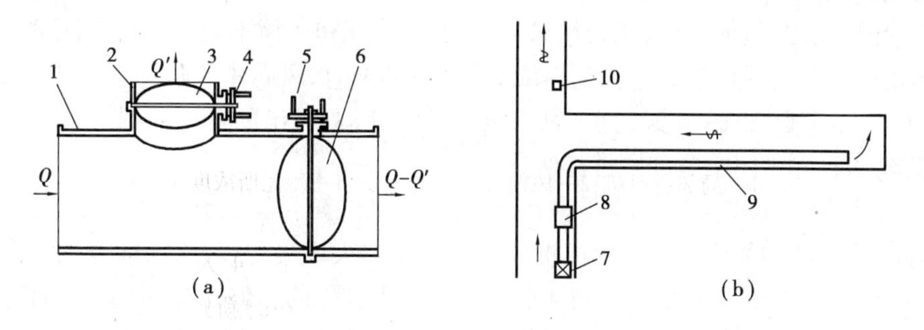

图6.1.13　稀释筒结构与排瓦斯系统

1—主风筒；2—放空筒；3—泄流阀门；4，5—控制把手；6—轴向阀门；

7—局部通风机；8—稀释筒；9—导风筒；10—瓦斯传感器

正常掘进通风时，稀释筒的泄流阀门关闭，轴向阀门全部开启，局部通风机的风量全部通过导风筒输送至工作面。排放瓦斯时，首先打开泄流阀门，轴向阀门为关闭状态，再开动局部通风机。在排放瓦斯过程中，要逐步关闭泄流阀和开启轴向阀门，以调节泄入巷道的风量和送入工作面风量的比例，进而控制排出的瓦斯浓度不超限，实现安全排放的目的。当排出的瓦斯浓度超过1.5%时，需加大漏泄风量和减少进入工作面的风量；反之，则应增大送至工作面风量、减少漏泄风量。这项工作均需人工及时调节 2 个阀门的开或闭的程度,直至瓦斯排放完毕。

④自控排瓦斯装置。掘进巷道自控排瓦斯装置,是煤炭科学研究总院抚顺研究院研制成功的,该装置性能良好,控制准确,可以满足快速、安全排放巷道积聚瓦斯的要求。

自控排瓦斯装置主要由控制主机、稀释筒和液压泵站组成。控制主机采用 MCS-51 系列单片机作为中心控制处理器,用本安电源向瓦斯传感器供电,以继电器接点输出信号控制磁力开关,具有 4 位数码显示窗口及声光报警功能;稀释筒是具有调节风门的一段铁风筒,其结构示意图如图 6.1.14 所示;液压泵站是向稀释筒调节风门提供动力的液压传动系统,由防爆电机、齿轮油泵、溢流阀、三位四通电磁阀、节流阀、单向阀、油缸、高压胶管等组成。

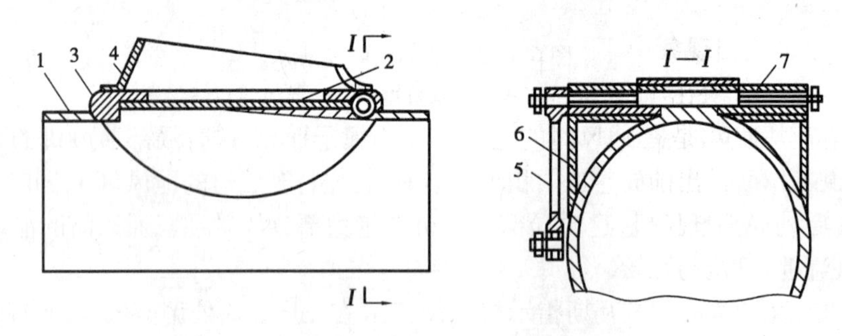

图 6.1.14　液压驱动调节风门的稀释结构

1—铁风筒;2—调节风门;3—门座;4—导向盖;5—曲拐;6—封闭挡板;7—转动轴

⑤密闭巷道积聚瓦斯的排放方法。对于长期停风和停掘的巷道,在巷道口构筑了密闭墙,局部通风设施也已拆除,密闭内积存有大量瓦斯。在排除瓦斯之前,必须安装局部通风机和风筒。根据巷道的长度准备足够的风筒,其中应有 1 ~2 节 3 ~6 m 长的短节。排除这类巷道中的积聚瓦斯,一般采用分段排放法:

a. 检查密闭墙外瓦斯是否超限,若超限就启动风机吹散稀释;如不超限,就在密闭墙的上隅角开两个洞,随之开动局部通风机用风筒吹散瓦斯,起初风筒不要正对着密闭墙,要视排出瓦斯浓度的高低进行风向控制。当瓦斯浓度低于 1.5% 时,风筒才可偏向巷道口,并逐渐移向密闭上的孔洞,再慢慢扩大孔洞,直至风筒全部插入孔洞,排出的瓦斯被稀释均匀,瓦斯浓度在 1% 以下,可拆除密闭实施分段排瓦斯。

b. 密闭拆除后,工作人员先进入巷道检查瓦斯,随之延长风筒和排放瓦斯。待巷道中风筒出口附近瓦斯浓度降至 1% 以下,可将风筒口缩小加大风流射程,吹出前方的瓦斯;当瓦斯浓度降下来之后,接上一个短风筒,同样加大风流射程排除前方的瓦斯;取下短风筒换上长风筒(一般 10 m)继续排放前方的积聚瓦斯,直至到达掘进工作面迎头。

c. 在排放完毕巷道瓦斯后,应全面检查巷道各处的瓦斯浓度,如局部地点仍有瓦斯超限,仍可采用断开风筒接头的方法,排除该区段的瓦斯。

(5)限制瓦斯爆炸范围扩大的措施

井下局部地区一旦发生瓦斯爆炸,应使其波及范围尽可能缩小,不致引起全矿井的瓦斯爆炸。为此,应采取以下措施:

①实行分区通风。每一个生产水平和每一采区,都必须布置单独的回风道,采煤工作面和掘进工作面都应采用独立通风。

②通风系统力求简单。总进风道与总回风道布置间距不得太近,以防发生爆炸时使风流短路。采空区必须及时封闭。

③装有主要通风机的出风井口,应安装防爆门,以防止发生爆炸时通风机被毁,造成救灾和恢复生产的困难。

④生产矿井主要通风机必须装有反风设施,必须能在10 min内改变巷道中的风流方向。

⑤开采有煤尘、瓦斯爆炸危险的矿井,在矿井的两翼、相邻的采区、相邻的煤层和相邻的工作面,都必须用岩粉棚或水棚隔开。在所有运输巷道和回风巷道中必须撒布岩粉。

⑥每一矿井,每年必须由矿井技术负责人组织编制矿井灾害预防和处理计划。

1.2.4 煤与瓦斯突出

(1)煤与瓦斯突出现象

1)煤(岩)与瓦斯突出

煤(岩)与瓦斯突出是指在地应力和瓦斯的共同作用下,破碎的煤、岩和瓦斯由煤体或岩体内突然向采掘空间抛出的异常的动力现象。它是一种瓦斯特殊涌出的类型,也是煤矿地下开采过程中的一种动力现象。

煤与瓦斯突出是煤与瓦斯突出、煤的突然倾出、煤的突然压出、岩石与瓦斯突出的总称。

2)突出煤层

突出煤层是指在矿井范围内发生过突出的和经鉴定有突出危险的煤层。

3)突出矿井

突出矿井是指在开拓、生产范围内有突出煤层的矿井。

4)煤矿动力现象国际分类

煤矿动力现象国际分类如图6.1.15所示。

(2)煤与瓦斯突出的危害性

①煤(岩)与瓦斯突出所产生的含煤粉或岩粉的高速瓦斯流能够摧毁巷道设施,破坏通风系统,甚至造成风流逆转。

②喷出的瓦斯由几百到几百万立方米,能使井巷充满瓦斯,造成人员窒息,引起瓦斯燃烧和瓦斯煤尘爆炸。

③喷出的煤、岩数量由数百吨到万吨以上,能够造成煤流埋人。

④猛烈的动力效应可能导致冒顶和火灾等事故的发生。

(3)防治煤与瓦斯突出的技术措施

1)《防治煤与瓦斯突出规定》的颁布

我国有关专家和现场工程技术人员,经过60多年的不断探索、发展和完善使我国的防突技术走在了世界的前列。国家安全生产监督管理总局在系统总结我国防突工作经验和教训的基础上,于2009年5月颁发了《防治煤与瓦斯突出规定》,对防治突出的各个环节都作出了具体规定。该规定分为总则、一般规定、区域综合防突措施、局部防突措施、防治岩石与二氧化碳(瓦斯)突出措施、罚则、附则等7章124条,自2009年8月1日起施行。

根据《防治煤与瓦斯突出规定》的要求,有突出矿井的煤矿企业应当建立防突工作体系,突出矿井应当健全防突机构、管理制度及各级岗位责任制。突出矿井的防突工作应坚持“区域防突措施先行、局部防突措施补充”的原则。未经采取区域综合防突措施并达到要求指标

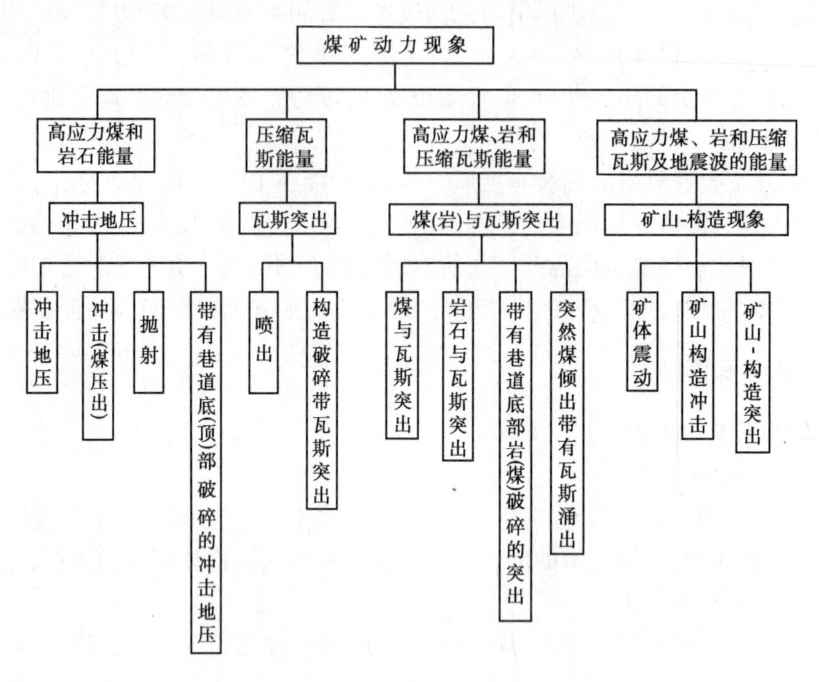

图 6.1.15　煤矿动力现象国际分类

的严禁进行采掘活动，做到“不掘突出头，不采突出面”。区域防突工作应当做到“多措并举、可保必保、应抽尽抽、效果达标”。煤矿企业、突出矿井应根据突出矿井的实际状况和条件制定具体的区域综合防突措施和局部综合防突措施，建立区域和局部两个“四位一体”的综合防突技术体系。

2）防突措施分类

开采有突出危险的矿井，必须采取防治突出的措施。防突措施分为两大类，在突出煤层进行采掘前，对突出煤层较大范围采取的防突措施，称为区域防突措施；区域防突措施主要包括开采保护层和预抽煤层瓦斯两类。实施以后可使局部区域消除突出危险性的措施称为局部防突措施。防突措施分类系统图如图 6.1.16 所示。

防突综合措施实施系统图如图 6.1.17 所示。

①“四位一体”的区域综合防突措施。“四位一体”的区域综合防突措施包括区域突出危险性预测、区域防突措施、区域措施效果检验和区域验证。突出矿井应对突出煤层进行区域突出危险性预测（简称区域预测）。区域预测分为新水平、新采区开拓前的区域预测（简称开拓前区域预测）和新采区开拓完成后的区域预测（简称开拓后区域预测）两个阶段。

开拓前区域预测结果仅用于指导新水平、新采区的设计和新水平、新采区开拓工程的揭煤作业。开拓后区域预测结果用于指导工作面的设计和采掘生产作业。经区域预测后，突出煤层划分为突出危险区和无突出危险区。未进行区域预测的区域视为突出危险区。

②“四位一体”的局部综合防突措施。“四位一体”的局部综合防突措施，又称工作面综合防突措施，包括工作面突出危险性预测、工作面防突措施、工作面措施效果检验和安全防护措施。

石门揭煤工作面的防突措施包括预抽瓦斯、排放钻孔、水力冲孔、金属骨架、煤体固化或其他经试验证明有效的措施，立井揭煤工作面则可以选用其中除水力冲孔外的各项措施。金

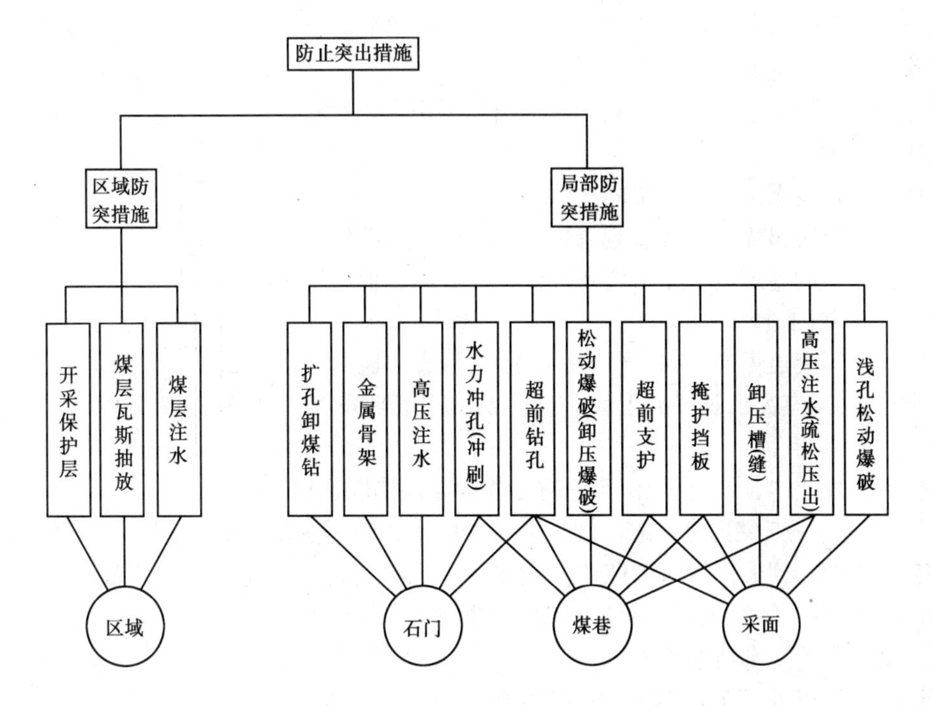

图6.1.16　防突措施分类系统图

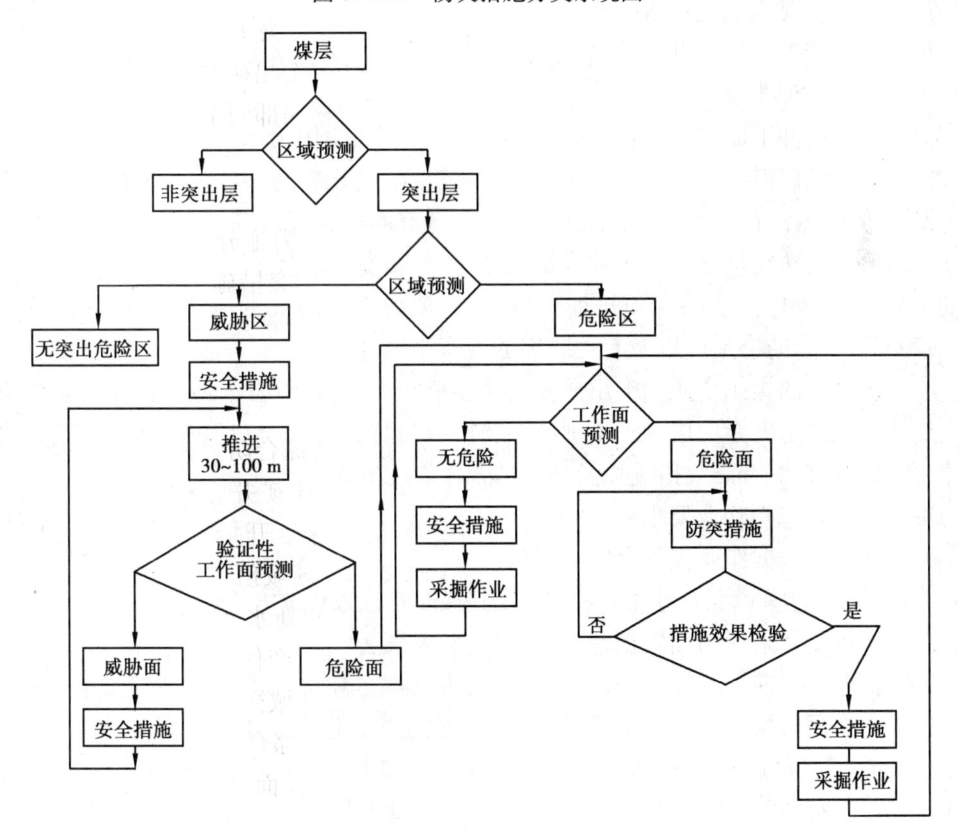

图6.1.17　防突综合措施实施系统图

属骨架、煤体固化措施,应在采用了其他防突措施并检验有效后方可在揭开煤层前实施。

3)突出矿井的巷道布置要求和原则

①运输和轨道大巷、主要风巷、采区上山和下山(盘区大巷)等主要巷道必须布置在岩层或非突出煤层中。

②应减少井巷揭穿突出煤层的次数。

③井巷揭穿突出煤层的地点应合理避开地质构造破坏带。

④突出煤层的巷道应优先布置在被保护区域或其他卸压区域。

4)突出矿井的通风系统要求

①井巷揭穿突出煤层前,必须具有独立的、可靠的通风系统。

②突出矿井、有突出煤层的采区、突出煤层工作面都必须有独立的回风系统,采区回风巷必须是专用回风巷。

③在突出煤层中,严禁任何两个采掘工作面之间串联通风。

④煤(岩)与瓦斯突出煤层采区回风巷及总回风巷必须安设高低浓度甲烷传感器。

⑤突出煤层采掘工作面回风侧严禁设置调节风量的设施。易自燃煤层的回采工作面确需设置调节设施的,须经煤矿企业技术负责人批准。

⑥严禁在井下安设辅助通风机。

⑦突出煤层掘进工作面的通风方式必须采用压入式。

5)突出矿井各类人员的培训要求

突出矿井的管理人员和井下工作人员必须接受防突知识的培训,经考试合格后方准上岗。各类人员的培训要求为:

①突出矿井的井下职工必须接受防突基本知识和规章制度的培训。

②突出矿井的区(队)长、班组长和有关职能部门的工作人员应培训,主要内容包括突出的危害及发生的规律、区域和局部综合防突措施、防突的规章制度等。

③突出矿井的防突员是特殊工种人员,必须每年接受一次煤矿三级及以上安全培训机构组织的防突知识、操作技能的专项培训;培训的主要内容为防突的理论知识、突出发生的规律、区域和局部综合防突措施以及有关防突的规章制度等。

④有突出矿井的煤矿企业和突出矿井的主要负责人、技术负责人应当接受煤矿二级及以上培训机构组织的防突专项培训。培训的主要内容为防突的理论知识和实践知识、突出发生的规律、区域和局部综合防突措施以及防突的规章制度等。

6)突出煤层的采掘作业要求

①突出煤层的采掘作业应符合以下要求:

a. 严禁采用水力采煤法、倒台阶采煤法及其他非正规采煤法;

b. 急倾斜煤层宜采用伪倾斜正台阶、掩护支架采煤法;

c. 急倾斜煤层掘进上山时,应采用双上山或伪倾斜上山等掘进方式,并应加强支护;

d. 掘进工作面与煤层巷道交叉贯通前,被贯通的煤层巷道必须超过贯通位置,其超前距不得小于5 m,并且贯通点周围10 m内的巷道应加强支护,在掘进工作面与被贯通巷道距离小于60 m的作业期间,被贯通巷道内不得安排作业,并保持正常通风,且在放炮时不得有人;

e. 采煤工作面应尽可能采用刨煤机或浅截深采煤机采煤;

f. 煤、半煤岩炮掘和炮采工作面,必须使用安全等级不低于三级的煤矿许用含水炸药(二氧化碳突出煤层除外)。

②突出煤层任何区域的任何工作面进行揭煤和采掘作业前,均必须执行安全防护措施。突出矿井的入井人员必须随身携带隔离式自救器。

③所有突出煤层外的巷道(包括钻场等)距突出煤层的最小法向距离小于10 m时(地质构造破坏带为小于20 m时),必须边探边掘,确保最小法向距离不小于5 m。

④同一突出煤层正在采掘的工作面应力集中范围内,不得安排其他工作面回采或者掘进。具体范围由煤矿技术负责人确定,但不得小于30 m。

突出煤层的掘进工作面应当避开邻近煤层采煤工作面的应力集中范围。

在突出煤层的煤巷中安装、更换、维修或回收支架时,必须采取预防煤体垮落而引起突出的措施。

第 2 章

矿尘防治

2.1 矿尘产生及其危害

2.1.1 矿尘的产生与分类

矿尘是指矿山生产过程中产生的并能长时间悬浮于空气中的矿石与岩石的细微颗粒,也称为粉尘。悬浮于空气中的矿尘称浮尘,已沉落的矿尘称为落尘。粉尘名称可依其产生的矿岩种类而定,如硅尘、铁矿尘、铀矿尘、煤尘、石棉尘等。矿山生产过程中,如凿岩、爆破、装运、破碎等作业都会产生大量的矿尘。

矿尘的分类方法很多,目前我国煤矿对矿尘主要有以下分类方法:

(1)按矿尘的成分分类

①煤尘:直径小于 1 mm 煤炭颗粒。

②岩尘:直径小于 5 μm 岩石颗粒。

(2)按矿尘中游离 SiO_2 的含量分类

①矽尘:矿尘中游离 SiO_2 含量在 10% 以上。

②非矽尘:矿尘中游离 SiO_2 含量在 10% 及其以下。

(3)按矿尘存在状态分类

①浮尘:悬浮在矿井空气中的矿尘。

②积尘:沉积在井巷四周、支架、设备和物料上的矿尘。

(4)按卫生学观点分类

①总粉尘:悬浮于矿井空气中各种粒径的矿尘总和,也称为全尘。它指的是在正常呼吸过程中通过鼻和嘴能够吸入的矿尘。

②非呼吸性粉尘:虽然进入体内,但由于鼻、咽、气管支气管、细支气管的拦截、阻留作用仍不能进入肺泡区的粉尘。

③呼吸性粉尘:能够呼吸到人体肺泡区的粉尘。它是致尘肺病的粉尘。呼吸性粉尘空气动力学直径均在 7.07 μm 以下,并且空气动力学直径 5 μm 的效率为 50%。

(5)按矿尘的爆炸性分类

①有爆炸性矿尘:本身具有爆炸性,在一定条件下能发生爆炸的矿尘。

②无爆炸性矿尘:本身没有爆炸性,在任何条件下都不会发生爆炸的矿尘。

2.1.2　矿尘的危害

矿尘对人体健康和矿井安全存在着严重危害,主要表现在以下几方面:

(1)对人体健康的危害

长期吸入大量的矿尘,轻者引起呼吸道炎症,重则导致尘肺病。同时,皮肤沾染矿尘,阻塞毛孔,能引起皮肤病或发炎,矿尘还会刺激眼角膜。

随空气进入呼吸道的粉尘,粒径大于 5 μm 的被气管分泌黏液黏着,通过咳嗽随痰吐出;粒径小于 5 μm 的进入肺细胞后,被吞噬胞捕捉并排出体外。若进入肺部的是矽尘,即含有游离二氧化硅的矿尘,一部分被排出体外,余下的由于其毒性作用,会破坏吞噬细胞的正常机能而残留于肺组织,形成纤维性病变和矽结核,逐渐发展下去,肺组织将部分地失去弹性而硬化,成为尘肺病。

因致病矿尘种类不同,可分为:

①矽肺:长期吸入游离二氧化硅(矽)含量较高的粉尘,引起肺部纤维化病变,是金属矿和煤矿岩巷掘进工作中最常见、危害最大的职业病。

②煤肺:长期吸入煤尘引起肺组织网织纤维增生和灶性肺气肿,发病率低,病情较轻,病变进展缓慢。

③煤矽肺:吸入煤尘和含游离二氧化硅粉尘引起,兼有矽肺和煤肺的病变特征,为中国煤矿最常见的一种。患者约占煤矿尘肺病人总数的 75% ~80% 。

④石棉肺:吸入石棉粉尘引起的肺部病变。

尘肺病分为三期,一期表现为重体力劳动时感到呼吸困难、胸痛、轻度咳嗽,二期表现为中度体力劳动或一般工作时感到呼吸困难、胸痛、干咳或咳嗽带痰,三期表现为即使休息或静止不动也感到呼吸困难、胸痛、咳嗽带痰或带血。

(2)煤尘爆炸

煤尘在一定条件下可以爆炸,煤尘爆炸是煤矿五大灾害之一。对于瓦斯矿井,发生瓦斯爆炸时煤尘也有可能同时参与爆炸,使爆炸破坏程度加剧。

(3)污染作业环境

矿尘增大,会降低作业场所和巷道能见度,不仅影响劳动效率,还容易导致误操作、误判断,往往造成作业人员伤亡。

(4)对机械设备的危害

矿尘能加速机械磨损,缩短使用寿命,增加对设备的维修工作量。

2.2　综合防尘措施

矿井必须建立完善的符合以下要求的防尘供水系统:

①永久性防尘水池容量不得小于 200 m^3,且贮水量不得小于井下连续 2 h 的用水量,并

设有备用水池,其容量不得小于永久性防尘水池的一半。

②防尘用水管路应铺设到所有能产生粉尘和沉积粉尘的地点,并且在需要用水冲洗和喷雾的巷道内,每隔100 m或50 m安设一个三通及阀门。

③防尘用水系统中,必须安装水质过滤装置,保证水的清洁,水中悬浮物的含量不得超过150 mg/L,粒径不大于0.3 mm,水的pH值应在6.0~9.5范围内。

2.2.1 矿井综合防尘措施

对产生煤(岩)尘的地点应采取以下综合性措施:

①掘进井巷和硐室时,必须采取湿式钻眼、冲洗井壁巷帮、水炮泥、爆破喷雾、装岩(煤)洒水和净化风流等综合防尘措施。

冻结法凿井和在遇水膨胀的岩层中掘进不能采用湿式钻眼时,可采用干式钻眼,但必须采取捕尘措施。

②采煤工作面应有由国家认定的机构提供的煤层可注水性鉴定报告,并应对可注水煤层采取注水防尘措施。

③炮采工作面应采取湿式钻眼法,使用水炮泥;爆破前、后应冲洗煤壁,爆破时应喷雾降尘,出煤时洒水。

④液压支架和放顶煤采煤工作面的放煤口,必须安装喷雾装置,降柱、移架或放煤时同步喷雾。破碎机必须安装防尘罩和喷雾装置或除尘器。

采煤机必须安装内、外喷雾装置。无水或喷雾装置损坏时必须停机。

掘进机作业时,应使用内、外喷雾装置和除尘器构成综合防尘系统。

⑤采煤工作面回风巷应安设至少两道风流净化水幕,并宜采用自动控制风流净化水幕。

⑥井下煤仓放煤口、溜煤眼放煤口、输送机转载点和卸载点,都必须安设喷雾装置或除尘器,作业时进行喷雾降尘或用除尘器除尘。

⑦在煤、岩层中钻孔,应采取湿式钻孔。煤(岩)与瓦斯突出煤层或软煤层中瓦斯抽放钻孔难以采取湿式钻孔时,可采取干式钻孔,但必须采取捕尘、降尘措施,必要时必须采用除尘器除尘。

⑧为提高防尘效果,可在水中添加降尘剂。降尘剂必须保证无毒、不腐蚀、不污染环境,并且不影响煤质。

2.2.2 采煤防尘

(1)采煤工作面防尘

1)采煤机割煤防尘

采煤机割煤必须进行喷雾并满足以下要求:

①内喷雾压力不得小于2.0 MPa,外喷雾压力不得小于4.0 MPa。如果内喷雾装置不能正常喷雾,外喷雾压力不得小于8.0 MPa。喷雾系统应与采煤机联动,工作面的高压胶管应有安全防护措施。高压胶管的耐压强度应大于喷雾泵站额定压力的1.5倍。

②泵站应设置两台喷雾泵,一台使用,一台备用。

2)自移式液压支架和放顶煤防尘

液压支架应有自动喷雾降尘系统,并满足以下要求:

①喷雾系统各部件的设置应有可靠的防止砸坏的措施，并便于从工作面一侧进行安装和维护。

②液压支架的喷雾系统应安设向相邻支架之间进行喷雾的喷嘴；采用放顶煤工艺时应安设向落煤窗口方向喷雾的喷嘴；喷雾压力均不得小于1.5 MPa。

③在静压供水的水压达不到喷雾要求时，必须设置喷雾泵站，其供水压力及流量必须与液压支架喷雾参数相匹配。泵站应设置两台喷雾泵，一台使用，一台备用。

3）炮采防尘

①钻眼应采取湿式作业，供水压力为0.2～1.0 MPa，耗水量为5～6 L/min，使排出的煤粉呈糊状。

②炮眼内应填塞自封式水炮泥，水炮泥的充水容量应为200～250 mL。

③放炮时应采用高压喷雾等高效降尘措施，采用高压喷雾降尘措施时，喷雾压力不得小于8.0 MPa。

④在放炮前后宜冲洗煤壁、顶板并浇湿底板和落煤，在出煤过程中，宜边出煤边洒水。

（2）回采巷道防尘

工作面运输巷的转载点、溜煤眼上口及破碎机处必须安装喷雾装置或除尘器，并指定专人负责管理。

2.2.3　掘进防尘

（1）掘进机作业的防尘

①掘进机内喷雾装置的使用水压不得小于3.0 MPa，外喷雾装置的使用水压不得小于1.5 MPa。

②掘进机上喷雾系统的降尘效果达不到要求时，应采用除尘器抽尘净化等高效防尘措施。

③采用除尘器抽尘净化措施时，应对含尘气流进行有效控制，以阻止截割粉尘向外扩散。

（2）钻爆作业的防尘

①钻眼应采取湿式作业，供水压力以0.3 MPa左右为宜，但应低于风压0.1～0.2 MPa，耗水量以2～3 L/min为宜，以钻孔流出的污水呈乳状岩浆为准。

②炮眼内应填塞自封式水炮泥，水炮泥的装填量应在1节及以上。

③放炮前应对工作面30 m范围内的巷道周边进行冲洗。

④放炮时必须在距离工作面10～15 m的地点安装压气喷雾器或高压喷雾降尘系统，实行放炮喷雾。雾幕应覆盖全断面并在放炮后连续喷雾5 min以上。当采用高压喷雾降尘时，喷雾压力不得小于8.0 MPa。

⑤放炮后，装煤（矸）前必须对距离工作面30 m范围内的巷道周边和装煤（矸）堆洒水。在装煤（矸）过程中，边装边洒水；采用铲斗装煤（矸）机时，装岩机应安装自动或人工控制水阀的喷雾系统，实行装煤（矸）喷雾。

（3）掘进巷道排尘风速应符合《规程》规定

（4）掘进巷道除尘措施

①距离工作面50 m内应设置一道自动控制风流净化水幕。

②距离工作面20 m范围内的巷道，每班至少冲洗一次；20 m以外的巷道每旬至少应冲洗

一次,并清除堆积浮煤。

(5)锚喷支护的防尘

①沙石混合料颗粒粒径不得超过 15 mm,且应在下井前洒水预湿。

②喷射机上料口及排气口应配备捕尘除尘装置。

③采用低风压近距离的喷射工艺,其重点是控制以下参数:

输料管长度小于或等于 50 m,工作风压为 0.12 ~0.15 MPa,喷射距离为 0.4 ~0.8 m。

④距锚喷作业地点下风流方向 100 m 内应设置两道以上风流净化水幕,且喷射混凝土时工作地点应采用除尘器抽尘净化。

2.2.4 转载及运输防尘

(1)转载防尘

①转载点落差宜小于或等于 0.5 m,若超过 0.5 m,则必须安装溜槽或导向板。

②各转载点应实施喷雾降尘,或采用除尘器除尘。

③在装煤点下风侧 20 m 内,必须设置一道风流净化水幕。

(2)运输防尘

运输巷内应设置自动控制风流净化水幕。

2.3 防治煤尘爆炸措施

煤尘爆炸同瓦斯爆炸一样都属于矿井中的重大灾害事故。我国历史上最惨重的一次煤尘爆炸事故发生在 1942 年日本侵略者统治下的辽宁本溪煤矿,死亡 1 549 人,残 246 人,死亡的人员中大多为 CO 中毒。事故发生前,巷道内沉积了大量煤尘,由于电火花点燃局部聚积的瓦斯而引起煤尘爆炸。

2.3.1 煤尘爆炸的机理及特征

(1)煤尘爆炸的机理

煤尘爆炸是在高温或一定点火能的热源作用下,空气中氧气与煤尘急剧氧化的反应过程,是一种非常复杂的链式反应。一般认为其爆炸机理及过程主要表现在以下方面:

①煤本身是可燃物质,当它以粉末状态存在时,总表面积显著增加,吸氧和被氧化的能力大大增强,一旦遇见火源,氧化过程迅速展开;

②当温度达到 300 ~400 ℃时,煤的干馏现象急剧增强,放出大量的可燃性气体,主要成分为甲烷、乙烷、丙烷、丁烷、氢和 1% 左右的其他碳氢化合物;

③形成的可燃气体与空气混合在高温作用下吸收能量,在尘粒周围形成气体外壳,即活化中心,当活化中心的能量达到一定程度后,链反应过程开始,游离基迅速增加,发生尘粒的闪燃;

④闪燃所形成的热量传递给周围的尘粒,并使之参与链反应,导致燃烧过程急剧地循环进行,当燃烧不断加剧使火焰速度达到每秒数百米后,煤尘的燃烧便在一定临界条件下跳跃式地转变为爆炸。

(2)煤尘爆炸的特征

1)形成高温、高压、冲击波

煤尘爆炸时火焰温度为1 600~1 900 ℃,爆源的温度达到2 000 ℃以上,这是煤尘爆炸得以自动传播的条件之一。在矿井条件下,煤尘爆炸的平均理论压力为736 kPa,但爆炸压力随着离开爆源距离的延长而跳跃式增大。爆炸过程中如遇障碍物,压力将进一步增加,尤其是连续爆炸时,后一次爆炸的理论压力将是前一次的5~7倍。煤尘爆炸产生的火焰速度可达1 120 m/s,冲击波速度为2 340 m/s。

2)煤尘爆炸具有连续性

由于煤尘爆炸具有很高的冲击波速,能将巷道中落尘扬起,甚至使煤体破碎形成新的煤尘,导致新的爆炸,有时可如此反复多次,形成连续爆炸,这是煤尘爆炸的重要特征。

3)煤尘爆炸的感应期

煤尘爆炸也有一个感应期,即煤尘受热分解产生足够数量的可燃气体形成爆炸所需的时间。根据试验,煤尘爆炸的感应期主要决定于煤的挥发分含量,一般为40~280 ms,挥发分越高,感应期越短。

4)挥发分减少或形成"粘焦"

煤尘爆炸时,参与反应的挥发分约占煤尘挥发分含量的40%~70%,致使煤尘挥发分减少。根据这一特征,可以判断煤尘是否参与了井下的爆炸。

5)产生大量的CO气体

煤尘爆炸时产生的CO,在灾区气体中的浓度可达2%~3%,甚至高达8%左右。爆炸事故中70%~80%的受害者是由于CO中毒造成的。

2.3.2 煤尘爆炸的条件

煤尘爆炸必须同时具备三个条件:煤尘本身具有爆炸性;煤尘必须悬浮于空气中,并达到一定的浓度;存在能引燃煤尘爆炸的高温热源。

(1)煤尘的爆炸性

煤尘具有爆炸性是煤尘爆炸的必要条件。煤尘爆炸危险性必须经过试验确定。

(2)悬浮煤尘的浓度

井下空气中只有悬浮的煤尘达到一定浓度时,才可能引起爆炸,单位体积中能够发生煤尘爆炸的最低和最高煤尘量称为下限和上限浓度。低于下限浓度或高于上限浓度的煤尘都不会发生爆炸。煤尘爆炸的浓度范围与煤的成分、粒度、引火源的种类和温度及试验条件等有关。一般说来,煤尘爆炸的下限浓度为30~50 g/m^3,上限浓度为1 000~2 000 g/m^3。其中,爆炸力最强的浓度范围为300~500 g/m^3。

(3)引燃煤尘爆炸的高温热源

煤尘的引燃温度变化范围较大,它随着煤尘性质、浓度及试验条件的不同而变化。我国煤尘爆炸的引燃温度为610~1 050 ℃,一般为700~800 ℃。煤尘爆炸的最小点火能为4.5~40 mJ。这样的温度条件,几乎一切火源均可达到。

2.3.3 影响煤尘爆炸的因素

(1)煤的挥发分

一般说来,煤尘的可燃挥发分含量越高,爆炸性越强,即煤化作用程度低的煤,其煤尘的爆炸性强,爆炸性随煤化作用程度的增高而减弱。

(2)煤的灰分和水分

煤内的灰分是不燃性物质,能吸收能量,阻挡热辐射,破坏链反应,降低煤尘的爆炸性。煤的灰分对爆炸性的影响还与挥发分含量的多少有关。挥发分小于15%的煤尘,灰分的影响比较显著,大于15%时,天然灰分对煤尘的爆炸几乎没有影响。水分能降低煤尘的爆炸性,因为水的吸热能力大,能促使细微尘粒聚结为较大的颗粒,减少尘粒的总表面积,同时还能降低落尘的飞扬能力。

(3)煤尘粒度

粒度对爆炸性的影响极大。1 mm以下的煤尘粒子都可能参与爆炸,而且爆炸的危险性随粒度的减小而迅速增加,75 μm以下的煤尘,特别是30~75 μm的煤尘爆炸性最强。在同一煤种不同粒度条件下,爆炸压力随粒度的减小而增高,爆炸范围也随之扩大,即爆炸性增强。粒度不同的煤尘引燃温度也不相同。煤尘粒度越小,所需引燃温度越低,且火焰传播速度也越快。

(4)空气中的瓦斯浓度

瓦斯参与可使煤尘爆炸下限降低。

(5)空气中氧的含量

空气中氧的含量高时,点燃煤尘的温度可以降低;氧的含量低时,点燃煤尘云困难,当氧含量低于17%时,煤尘就不再爆炸。煤尘的爆炸压力也随空气中含氧的多少而不同。含氧高,爆炸压力高;含氧低,爆炸压力低。

(6)引爆热源

点燃煤尘云造成煤尘爆炸,必须有一个达到或超过最低点燃温度和能量的引爆热源。引爆热源的温度越高,能量越大,越容易点燃煤尘云,而且煤尘初爆的强度也越大;反之温度越低,能量越小,越难以点燃煤尘云,且即使引起爆炸,初始爆炸的强度也越小。

2.3.4 预防煤尘爆炸的技术措施

预防煤尘爆炸的技术措施主要包括减、降尘措施,防止煤尘引燃措施及隔绝煤尘爆炸措施等三个方面。

(1)减、降尘措施

采用煤层注水的方式。煤层注水的减尘作用主要有以下三个方面:

①煤体内的裂隙中存在着原生煤尘,水进入后,可将原生煤尘湿润并粘结,使其在破碎时失去飞扬能力,从而有效地消除这一尘源。

②水进入煤体内部,并使之均匀湿润。当煤体在开采中受到破碎时,绝大多数破碎面均有水存在,从而消除了细粒煤尘的飞扬,预防了浮尘的产生。

③水进入煤体后使其塑性增强,脆性减弱,改变了煤的物理力学性质。当煤体因开采而破碎时,脆性破碎变为塑性变形,因而减少了煤尘的产生量。

(2)防止煤尘引燃的措施

防止煤尘引燃的措施与防止瓦斯引燃的措施大致相同,可参看第2章瓦斯爆炸及其预防一节。同时特别要注意的是,瓦斯爆炸往往会引起煤尘爆炸。此外,煤尘在特别干燥的条件下可产生静电,放电时产生的火花也能引爆。

(3)隔绝煤尘爆炸的措施

防止煤尘爆炸危害,除采取防尘措施外,还应采取降低爆炸威力、隔绝爆炸范围的措施。

1)清除落尘

定期清除落尘,防止沉积煤尘参与爆炸可有效地降低爆炸威力,使爆炸由于得不到煤尘补充而逐渐熄灭。

2)撒布岩粉

撒布岩粉是指定期在井下某些巷道中撒布惰性岩粉,增加沉积煤尘的灰分,抑制煤尘爆炸的传播。

惰性岩粉一般为石灰岩粉和泥岩粉。对惰性岩粉的要求是:

①可燃物含量不超过5%,游离SiO_2含量不超过10%。

②不含有害有毒物质,吸湿性差。

③粒度应全部通过50号筛孔(即粒径全部小于0.3 mm),且其中至少有70%能通过200号筛孔(即粒径小于0.075 mm)。

撒布岩粉时要求把巷道的顶、帮、底及背板后侧暴露处都用岩粉覆盖;岩粉的最低撒布量在做煤尘爆炸鉴定的同时确定,但对于煤尘和岩粉的混合煤尘,其不燃物含量不得低于80%;撒布岩粉的巷道长度不小于300 m,如果巷道长度小于300 m时,全部巷道都应撒布岩粉。对巷道中的煤尘和岩粉的混合粉尘,每三个月至少应化验一次,如果可燃物含量超过规定含量时,应重新撒布。

3)设置水棚

水棚包括水槽棚和水袋棚两种,设置应符合以下基本要求:

①主要隔爆棚应采用水槽棚,水袋棚只能作为辅助隔爆棚。

②水棚组应设置在巷道的直线段内。其用水量按巷道断面计算,主要隔爆棚组的用水量不小于400 L/m^2,辅助水棚组用水量不小于200 L/m^2。

③相邻水棚组中心距为0.5~1.0 m,主要水棚组总长度不小于30 m,辅助水棚组不小于20 m。

④首列水棚组距工作面的距离必须保持在60~200 m范围内。

⑤水槽或水袋距顶板、两帮距离不小于0.1 m,其底部距轨面不小于1.8 m。

⑥水内如混入煤尘量超过5%时,应立即换水。

4)设置岩粉棚

岩粉棚分轻型和重型两类。它是由安装在巷道中靠近顶板处的若干块岩粉台板组成,台板的间距稍大于板宽,每块台板上放置一定数量的惰性岩粉。当发生煤尘爆炸事故时,火焰前的冲击波将台板震倒,岩粉即弥漫于巷道中,火焰到达时,岩粉从燃烧的煤尘中吸收热量,使火焰传播速度迅速下降,直至熄灭。

岩粉棚的设置应遵守以下规定:

①按巷道断面积计算,主要岩粉棚的岩粉量不得少于400 kg/m^2,辅助岩粉棚不得少于

200 kg/m^2。

②轻型岩粉棚的排间距为1.0～2.0 m,重型为1.2～3.0 m。

③岩粉棚的平台与侧帮立柱(或侧帮)的空隙不小于50 mm,岩粉表面与顶梁(顶板)的空隙不小于100 mm,岩粉板距轨面不小于1.8 m。

④岩粉棚距可能发生煤尘爆炸的地点不得小于60 m,也不得大于300 m。

⑤岩粉板与台板及支撑板之间,严禁用钉固定,以利于煤尘爆炸时岩粉板能有效地翻落。

⑥岩粉棚上的岩粉每月至少检查和分析一次,当岩粉受潮变硬或可燃物含量超过20%时,应立即更换,岩粉量减少时应立即补充。

5)设置自动隔爆棚

自动隔爆棚是利用各种传感器,将瞬间测量的煤尘爆炸时的各种物理参量迅速转换成电信号,指令机构的演算器根据这些信号准确计算出火焰传播速度后选择恰当时机发出动作信号,让抑制装置强制喷撒固体或液体等消火剂,从而可靠地扑灭爆炸火焰,阻止煤尘爆炸蔓延。

第3章
矿井火灾防治

3.1 矿井火灾及其分类

人们的日常生活离不开火，火给人类提供了方便，促进了人类文明的发展。在人们控制之下的火能够按照人们的意愿进行燃烧，如果失去了控制而肆意燃烧的火，就会造成经济损失或人员伤害。通常把一切非控制并造成损失或者伤害的燃烧称为火灾。

矿井火灾是指发生在矿井地面或井下，威胁矿井安全生产，造成一定经济损失或者人员伤亡的燃烧事故。例如，矿井工业场地内的厂房、仓库、储煤场、井口房、通风机房、井巷、硐室、采掘工作面、采空区等处的火灾均属矿井火灾。

3.1.1 矿井火灾的分类及其特点

为了正确分析矿井火灾发生的原因、规律并有针对性地制定防灭措施，有必要对其进行分类。

(1)按火灾发生的地点分类

1)地面火灾

地面火灾是指发生在矿井工业场地内的厂房、仓库、储煤场、矸石场、坑木场等处的火灾。地面火灾具有征兆明显、易于发现、空气供给充分、燃烧完全、有毒气体产生量较少、空间宽阔、烟雾易于扩散、灭火工作回旋余地大、易扑灭的特点。

2)井下火灾

井下火灾也称矿内火灾，是指发生井下或发生在地面但能波及井下的火灾。井下火灾一般是在空气有限的情况下发生的，特别是采空区火灾、煤柱内火灾更是如此。即使发生在风流畅的地点，其空间和供氧条件也是有限的，因此，井下火灾发生发展过程比较缓慢。另外，井下人员视野受到限制，且大多数火灾发生在隐蔽的地方，一般情况下是不易发现的。初期阶段，其发火特征不明显，只能通进空气成分的微小变化，矿内空气温度、温度的逐渐变化来判断，只有燃烧过程发展到明火阶段，产生大量热、烟气和气味时，才能被人们觉察到。火灾发展到此阶段，可能引起通风系统紊乱，瓦斯、煤尘爆炸等恶果，给灭火救灾工作带来预计不到的困难。

(2)按火灾发生的原因分类

1)外因火灾

外因火灾又称普通火灾,是由外部高温热源引起可燃物燃烧而造成的火灾。这类火灾特点是:发生突然、发展速度快、发生前没有预兆、发生地点广泛,常出乎人的意料,如不能及时发现或扑灭,容易造成大量人员伤亡和重大经济损失。

在矿井火灾中,外因火灾仅占4%~10%,但煤矿重大以上的火灾事故90%属于外因火灾。

2)内因火灾

内因火灾又称自然火灾,是有些可燃物在一定的条件下,自身发生化学或物理化学变化积聚热能达到燃烧而形成的火灾。煤矿这类火灾都发生在开采有自燃倾向性煤层的矿井中,它具有发生之前没有预兆,发生地点隐蔽、不易发现;即使找到火源,亦难以扑灭,火灾持续时间长等特点。根据统计,内因火灾发生的次数占矿井火灾次数的90%以上。

(3)消防分类

从选用灭火剂的角度出发,消防上根据物质及其燃烧特性对火灾进行分类:

A类火灾——煤炭、木材、橡胶、棉、毛、麻等含碳的固体可燃物质燃烧形成的火灾。

B类火灾——汽油、煤油、柴油、甲醇、乙醇、丙酮等可燃物质燃烧形成的火灾。

C类火灾——指煤气、天然气、甲烷、乙炔、氢气等可燃气体燃烧形成的火灾。

D类火灾——像钠、钾、镁等可燃金属燃烧形成的火灾。

以上火灾的特点是火源温度高。

(4)其他分类方法

除了上述三种常用分类以外,还有按火源特性可分为原生火灾与次生火灾;按燃烧物不同分为机电设备火灾、炸药燃烧火灾、煤炭自燃火灾、油料火灾、坑木火灾;按火灾发生位置地点不同分为井筒火灾、巷道火灾、煤柱火灾、采煤工作面火灾、掘进工作面火灾、采空区火灾、硐室火灾等。

3.1.2 矿井火灾的危害

(1)产生大量有害气体

矿井发生火灾后能产生CO、CO_2、SO_2等大量有害气体和烟尘,这些有害气体随风流扩散,能波及相当大的范围,甚至全矿井,从而造成人员伤亡。据统计资料,在矿井火灾事故中遇难的人员95%以上是有害气体中毒所致。

(2)产生高温

矿井火灾时,火源及近邻处温度常达1 000 ℃以上,高温引燃近邻处的可燃物,使火灾范围扩大。

(3)引起瓦斯和煤尘爆炸

在有瓦斯和煤尘爆炸危险的矿井中,火灾容易引起瓦斯、煤尘爆炸,从而扩大灾害的影响范围。

(4)造成重大经济损失

矿井火灾除燃烧材料、厂房外,还会烧坏设备、工具等。自燃火灾除燃烧掉部分煤炭资源外,还会导致局部甚至全矿井长时间被关闭而造成重大经济损失。另外,扑灭火灾、需要耗费大量人力,物力,财力,而且火灾扑灭后,恢复生产仍需付出很大代价。

3.2　外因火灾及其防治

3.2.1　物质燃烧的充要条件

物质燃烧是一种伴有放热、发光的快速氧化反应。发生燃烧必须具备条件有:

(1)必要条件

①有充足的可燃物。

②有助燃物存在。凡是能支持和帮助燃烧的物质都是助燃物,常见的助燃物是含有一定氧浓度的空气。

③具有一定温度和能量的火源。

(2)充分条件

①燃烧的三个必要条件同时存在,相互作用。

②可燃物的温度达到燃点,生成热量大于散热量。

煤矿井下可燃物种类较多,大体可分为以下几类。

①固体可燃物:如坑木、荆条等竹木材料;皮带、胶质风筒;电缆等橡胶制品;棉纱、布头、纸等擦拭材料和煤、煤尘等;

②液体可燃物:有变压器油、机油、液压油、润滑油等;

③气体可燃物:有瓦斯、氢气等可燃性气体物质。

引起外因火灾的热源包括以下方面。

①明火:井下吸烟、焊接及用电铲、大灯泡取暖等都能引燃物而导致火灾;

②电能热源:电流短路或导体过热;电弧、电火花;烘烤(灯泡取暖);静电等;

③爆破:违章爆破而产生的一切爆破火;

④机械摩擦火花:由机械设备运转不良造成的过热或摩擦火花;

⑤瓦斯煤尘爆炸。

3.2.2　外因火灾的预防

外因火灾在矿井中占的比重虽不大,但造成的危害相当大。

预防火灾有两个方面:一是防止火源产生;二是防止已发生的火灾事故扩大。

(1)防止火灾产生

①防止失控的高温热源产生和存在,应按《规程》要求严格对高温热源、明火和潜在的火源进行管理。

②尽量不用或少用可燃材料,不得不用时,应与潜在热源保持一定的安全距离。

③防止产生机电火灾。

④防止摩擦引燃:

a.防止胶带摩擦起火。胶带输送机应具有可靠的防打滑、防跑偏、超负荷保护和轴承温升控制等综合拐杖护系统。

b. 防止摩擦火花引燃瓦斯。

⑤防止高温热源和火花与可燃物质相互作用。

(2)防止火灾蔓延和扩大的措施

控制已发生火灾的扩大和蔓延,是整个防火措施的重要组成部分。火灾发生后利用已有的防火安全设备,把火灾控制在最小范围内,然后采取灭火措施将其熄灭,对减少火灾的危害是极为重要的。主要措施有:

①在适当的位置建造防火门,防止火灾事故扩大。

②每个矿井地面和井下都必须设立消防材料库。

③每一矿井必须在地面设置消防水池,在井下没置消防管路系统。

④矿井主要通风机必须具有反风系统或设备、反风设施并保持状态良好。

(3)《规程》对预防外因火灾的规定

1)地面火灾的预防规定

①生产和在建矿井必须制定井上、下防火措施。矿井的所有地面建筑物、煤堆、矸石山、坑木场等处的防火措施和制度,必须符合国家有关防火的规定。

②木料场、矸石山、炉灰场距离进风井不得小于 80 m。木料场距离矸石山不得小于50 m。不能将矸石山或炉灰场设在进风井的主导风向上侧,也不得设在表土 10 m 以内有煤层的地面上和设在漏风的采空区上方的塌陷范围内。

③新建矿井的永久井架和井口房、以井口为中心的联合建筑,必须用不燃性材料建筑。

④进风井口应装设防火铁门,如果不设防火铁门,必须有防止烟火进入矿井的安全措施。

⑤井口和通风机房附近 20 m 内,不能有烟火或用火炉取暖。暖风道和压入式通风的风硐必须用不燃性材料砌筑,并应至少装设 2 道防火门。

⑥矿井必须设地面消防水池,并经常保持不少于 200 m^3 的水量。

2)井下外因火灾预防的规定

①井下必须设消防管路系统,管路系统应每隔 100 m 设置支管和阀门,但在带式输送机管道中应每隔 50 m 设置支管和阀门。

②井筒、平硐与各水平的连接处及井底车场,主要车道与主要运输管、回风管的连接处,井下机电设备硐室,主要管道内带式输送机机头前后两端各 20 m 范围内,都必须用不燃性材料支护。

③井下严禁用灯泡取暖和使用电炉。

④井下和井口房内不能从事电焊、气焊和喷灯焊接工作。如果必须在井下焊接时,每次必须制定安全措施,并指定专人在场检查监督;焊接地点前后两端各 10 m 的井巷范围内应用不燃性材料支护,并应有供水管路,有专人喷水。焊接工作地点至少备有 2 个灭火器。

⑤井下严禁存放汽油、煤油和变压器油。井下使用的润滑油、棉纱、布头和纸等,必须存放在盖严的铁桶内,并有专人定期送到地面处理,不得乱放乱扔。严禁将剩油、废油泼洒在专用硐室进行,并必须使用不燃性和无毒性洗涤剂。

⑥井上、下必须设置消防材料库,并应装备消防列车。消防材料库储存的材料、工具的品种和数量应符合有关规定,不能挪作他用,并定期检查和更换。

⑦井下爆炸材料库,机电设备硐室,检修硐室、材料库、井底车场、使用带式输送机或液力

耦合器的巷道以及采掘工作附近的巷道中,应备有灭火器材,其数量、规格和存放地点,应在灾害预防和处理计划中确定。井下工作人员必须熟悉灭火器材的使用方法,并熟悉本工作区域内灭火器材的存放地点。

⑧采用滚筒驱动带式输送机运输时,必须使用阻燃输送带,其托辊的非金属材料零部件和包滚筒的胶料,其阻燃性和抗静电性必须符合有关规定,并应装设温度保护、烟雾保护和自动洒水装置。液力偶合器严禁使用可燃性传动介质。

⑨采用矿用防爆型柴油动力装置时,排气口的排气温度不得超过 70 ℃,其表面温度不得超过 150 ℃。各部件不得用铝合金制造,使用的非金属材料应具有阻燃和抗静电性能。油箱及管路必须用不燃性材料制造。油箱的最大容量不得超过 8 小时的用油量。燃油的闪点应高于 70 ℃。必须配置适宜的灭火器。

⑩井下电缆必须选用经检验合格的、具有煤矿矿用产品安全标志的阻燃电缆。

⑪井下爆破不得使用过期或严重变质的爆破材料;严禁用粉煤、块状材料或其他可燃性材料作炮眼封泥;无封泥、封泥不足或不实的炮眼严禁爆破,严禁裸露爆破。

⑫箕斗提升或装有带式输送机的井筒兼作进风井时,井筒中必须装设自动报警灭火装置和敷设消防管路。

3.3　内因火灾及其防治

3.3.1　煤的自燃机理

人们从 17 世纪开始探索煤炭自燃机理。1862 年,德国 Grumbman 发表了第一篇关于煤炭自燃起因的文章。一百多年来,先后提出阐述煤炭自燃的机理学说有多种,其中主要的有黄铁矿作用学说、细菌作用学说、酸机作用学说以及煤氧化学说等。1951 年,苏联学者维谢洛夫斯基(B. C. Beceobckhh)等人提出,煤的自燃是氧化过程自身加速发展的结果。这种氧化反应的特点是分子的基链反应。目前,煤的氧化理论得到了科学证实。

3.3.2　煤炭自燃的发展过程

煤炭自燃发展过程分为潜伏期、自热期和自燃期三个阶段,如图 6.3.1 所示。

(1)潜伏期

从煤层被开采接触空气起至煤温开始升高所经过的时间,称为潜伏期。在潜伏期,煤与氧的作用是以物理吸附为主,放热很小。在潜伏期之后,煤的表面分子某些结构被激活,化学性质变得活泼,燃点降低,表面颜色变暗。

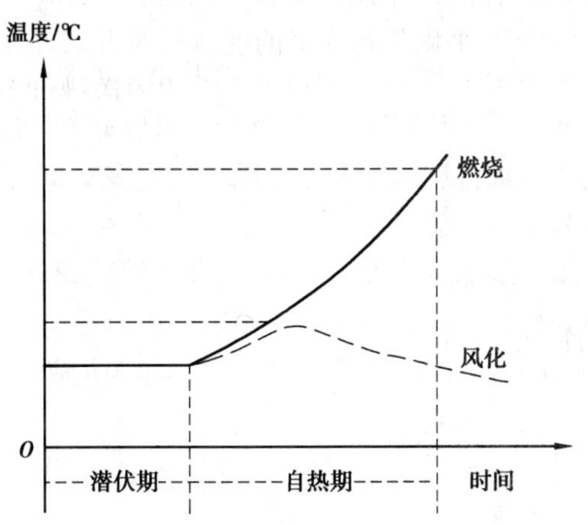

图 6.3.1　煤炭自燃的三个阶段

潜伏期的长短多取决于煤的分子结构、物理化学性质和外部条件。若改善煤的散热、通风供氧等外部条件,可以延长潜伏期。

(2)自热期

随着时间延长,煤的温度从开始升高达到着火点所经过的时间称为自燃期。经过潜伏期,被火化的煤炭能更快地吸附氧气,氧化的速度加快,氧化放热量较大。如果散热速度低于放热速度,煤温就逐渐升高。当煤炭温度升高到某一临界温度(一般为70 ℃)以上时,氧化急剧加快,产生大量热量,使煤温度继续升高。这一阶段特点是:

①氧化放热量大,煤温及其环境(风、水、煤壁)温度升高。

②产生 CO 和 CO_2 和碳氢类(C_mH_n)气体物,散发出煤油、汽油味和其他芳香烃气体。

③有水蒸气生成,火源附近出现雾气,遇冷会在巷道壁上凝结成水珠(俗称"水汗")。

④微观结构发生变化,如在达到临界温度之前改变了供氧和散热条件,煤的增温过程就自然放慢而进入冷却阶段,煤温逐渐冷却并继续缓慢氧化到惰性的风化状态,失去自燃性,如图6.3.1中的虚线所示。

(3)燃烧期

煤温度升高到燃点后,若供养充分,则发生燃烧,出现明火和大量高温烟气,烟气中含有CO、CO_2 和碳氢化合物;若煤温度达到燃烧点后,供氧不足,只产生烟雾而无明火,煤发生干馏或阴燃,CO 多于 CO_2,温度低于明火燃烧。

3.3.3 影响煤炭自燃的因素

煤的自燃条件是许多因素综合作用的结果,但煤的自燃性能是起决定性的因素,其他因素是外部条件,取决于地质开采因素。影响煤炭的自燃因素主要有:

(1)煤的自燃性能

煤的自燃性能主要受下列因素的影响:

1)煤的化学性质与变质程度

研究表明,煤的自燃与吸氧量有关。吸氧量越大,自燃倾向性越大;反之则小。据研究,无论哪种煤,虽然化学成分不同,但都有吸氧能力。因此,任何一种煤都存在自燃发火的可能性。从科研和生产实践知道,煤的自燃倾向性随煤的变质程度增高而降低,褐煤燃点最低,其发火次数比其他煤多得多,气煤、长烟煤次于褐煤,但高于无烟煤,无烟煤发火性最低。

2)煤岩成分

暗煤硬度大,难以自燃。镜煤和亮煤脆性大,易破碎,自燃性较大。丝煤结构松散,燃点低(190~270 ℃),吸氧能力较强,可以起到"引火物"的作用。镜煤、亮煤的灰分低,易破碎,有利于煤炭自燃的发展。所以含丝煤多的煤,自燃倾向性较大,含暗煤多的煤不易自燃。

3)煤的含硫量

煤中的硫以三种形式存在,即黄铁矿、有机硫、硫酸盐。对煤的自燃倾向性影响较大的是以黄铁矿形式存在的硫。由于黄铁矿容易与空气中的水分和氧相互作用,放出大量的热。因此,黄铁矿的存在,将会对煤的自燃起到加速作用,其含量越高,煤的自燃倾向性越大。

4)煤中的水分

煤中的水分少时,有利于煤的自燃;水分足够大时,会抑制煤的自燃,但失去水分后,其自燃危险性将增大。

5)煤的空隙率和脆性

煤的空隙率越大,越容易自燃。对于变质程度相同的煤,脆性越大,开采时越易破碎,越容易自燃。

(2)影响煤炭的自燃的地质、开采因素

1)煤层厚度

煤层厚度越大,开采时回收率越低,煤柱易破坏,采空区不易封闭严密,漏风较大,因此自燃危险性就越大。

2)煤层倾角

煤层倾角越大,越易发火。主要是由于倾角大的煤层开采时,顶板管理较困难,采空区不易充实,尤其急倾斜煤层难留煤柱,漏风大。

3)顶板岩石性质

对于坚硬难垮塌型顶板,煤层和煤柱上所受的矿山压力集中,易破坏,采空区充填不实,漏风大,且封闭不严,有利于自燃的发生。松软易冒落的顶板,采空区充填充分,漏风小,自燃危险性较小。

4)地质构造

受地质构造破坏的煤层松软、破碎、裂隙发育,氧化性增强,漏风供氧条件良好,其自燃发火比煤层赋存正常的区域频率要多。

5)开采技术

开采技术是影响煤层自燃的主要因素。不同的开拓系统与采煤方法,其煤层自燃发火的危险性也不同。因此,选择合理的开拓系统和采煤方法对防止自燃发火十分重要。合理的开拓系统应保证对煤层切割少,留设的煤柱少,采空区能及时封闭;合理采煤方法应是巷道布置简单,煤炭回收率高、推进速度快,采空区漏风小。

6)漏风强度

漏风给煤炭自燃提供必需的氧气,漏风强度的大小直接影响着煤体的散热。在防火工作中,必须尽量减少漏风。

3.3.4 防治措施

基本原则是减少矿体的破坏和碎矿的堆积,以免形成有利于矿石氧化和热量积聚的漏风条件。

①选择正确的开拓开采方法:合理布置巷道,减少矿层切割量,少留矿、煤柱或留足够尺寸的矿、煤柱,防止压碎,提高回采率,加快回采速度。

②采用合理的通风系统:正确设置通风构筑物,减少采空区和矿柱裂隙的漏风,工作面采完后及时封闭采空区。

③预防性灌浆:在地面或井下用土制成泥浆,通过钻孔和管道灌入采空区,泥浆包裹碎矿、煤表面,隔绝空气,防止氧化发热,是防止自燃火灾的有效措施。根据生产条件,可边采边灌,也可先采后灌。前者灌浆均匀,防火效果好;自燃发火期短的矿井均采用。泥浆浓度(土、水体积比)通常取1:4~1:5。在缺土地区,可考虑用页岩等矸石破碎后代替黄土制浆,粉煤灰或无燃性矿渣也可作为一种代用品。

④均压防火:用调节风压方法以降低漏风风路两侧压差,减少漏风,抑制自燃。调压方法

有风窗调节、辅扇调节、风窗—辅扇联合调节、调节通风系统等。

⑤使用阻化剂:防止矿石氧化的化学制剂,如 $CaCl_2$、$MgCl_2$ 等,将其溶液灌注到可能自燃的地方,在碎矿石或碎煤表面形成稳定的抗氧化保护膜,降低矿石或煤的氧化能力。

加强监测是早期发现自燃征兆的重要步骤。测定空气中的 CO 浓度,可判断煤自燃的发展程度及自燃地点。应用红外线分析仪和气相色谱仪分析空气中的微量 CO,配合束管法(用细塑料管束从井下各取样地点连至地面)远距离取样,已可在地面进行连续自动检测与报警。

3.4 矿井火区的管理与启封

3.4.1 火区密封技术

当防治火灾的措施失败或因火势迅猛来不及采取直接灭火措施时,就需要及时封闭火区,防止火灾势态扩大。火区封闭的范围越小,维持燃烧的氧气越少,火区熄灭也就越快。因此火区封闭要尽可能地缩小范围,并尽可能地减少防火墙的数量。

(1)防火墙及其位置的选择应遵循的原则

防火墙要选用不燃性材料构筑;低瓦斯火区的防火墙位置应尽可能地接近火区,以缩小火区封闭范围;高瓦斯火区应根据具体情况而定,具有瓦斯爆炸危险时,可适当扩大火区封闭范围;构筑防火墙的位置应尽可能地设在坚实的岩石巷道内,当岩石巷道离火区较远时,可将防火墙设在煤巷或无裂隙的矿体上,但是要把防火墙周围巷道壁加固、喷涂加以严密的封闭;防火墙应构筑在新鲜风流能够到达的地方,便于日后火区观测,以免形成“盲巷”,防火墙距新鲜风流的距离应为 5 ~ 10 m;防火墙要设立在运输巷附近,便于运料施工,以免引起运输不便而延误时间,使火势扩大。

(2)防火墙的布置及封闭顺序

用隔绝法扑灭火灾时,要求封闭的空间尽量缩小,防火墙的数量尽量少,构筑密闭的时间则尽可能地快。

为了便于隔离火区,应首先封闭或关闭进风侧的防火墙,然后再封闭回风侧的防火墙。同时,还应优先封闭向火区供风的主要通道(或主干风流),然后再封闭那些向火区供风的旁侧风道(或旁侧风流)。在高瓦斯区密闭和火源之间有瓦斯源存在时,封闭进风侧的防火墙更危险一些。这种情况下,首先封闭回风侧防火墙更好一些。因为它能够在火区内造成正压,对采空区瓦斯的涌出具有一定的抑制作用。

3.4.2 火区快速封闭技术

轻质膨胀型封闭堵漏材料——聚氨酯是一种新型的具有独特性能和多方面用途的快速封闭材料,聚氨酯材料以多元醇和异氰酸酯为基料加聚而成,具有气密性好、粘结力强、可发泡膨胀、耐高温、防渗水隔潮等特点,已广泛地应用于各行各业,煤矿井下主要用于建立快速密闭时的喷涂密封、煤壁喷涂堵漏风等。

3.4.3 火区管理技术

火区封闭以后,虽然可以认为火势已经得到了控制,但是对矿井防灭火工作来说,这仅仅是个开始,在火区没有彻底熄灭之前,应加强火区的管理。火区管理技术工作包括对火区所进行的资料分析、整理以及对火区的观测检查等工作。

绘制火区位置关系图应标明所有火区和曾经发火的地点,并注明火区编号、发火时间、地点、主要监测气体成分、浓度等。并针对每一个火区,都必须建立火区管理卡片,包括火区登记表、火区灌注灭火材料记录表和防火墙观测记录表等。

3.4.4 火区启封技术

(1)判别火区熄灭程度的标志气体

关于火区启封的条件,其主导思想是建立在以一氧化碳为主要气体指标的基础之上的。采用一氧化碳、乙烯和乙炔作为标志气体可判断自然发火熄灭程度。

(2)火区启封

1)锁风启封火区

锁风启封火区也称分段启封火区,适用于火区范围较大,难以确认火源是否彻底熄灭或火区内存积有大量的爆炸性气体的情况下。启封的过程中,应当定时检查火区气体、测定火区气温,如发现有自燃征兆,要及时处理,必要时应重新封闭火区。

2)通风启封火区

通风启封火区也称为一次性打开火区,适用于火区范围较小并确认火源已经完全熄灭的情况下。启封前要事先确定好有害气体的排放路线,撤出该路线上的所有人员。然后,选择一个出风侧防火墙,首先打开一个小孔进行观察,无异常情况后再逐步扩大,直至将其完全打开,但严禁将防火墙一次性全部打开。

第 4 章

矿井水灾防治

4.1 矿井水灾及其危害

4.1.1 矿井水灾

地面或地下水通过各种自然的或人为的导水通道进入矿井后，就成为矿井水。通常称来自采掘工程层位顶板以上的非正常出水为矿井透水或溃水，来自采掘工程层位本身含水层的非正常出水为矿井涌水，来自采掘工程层位地板以下承压含水层的非正常出水为矿井突水。但是一般而言，并不作严格区分，统称为矿井突水。当出现矿井水水量大，来势猛，突发性强，对矿井安全生产造成不利影响甚至灾害性后果时，就形成了矿井水害。

我国的煤矿水害主要有以下几种：煤层顶板充水含水层水害，煤层底板承压充水含水层水害，岩溶陷落柱水害，断层破碎带突水水害，第四系松散孔隙含水层和第三系沙砾含水层、淡水灰岩岩溶含水层水害，老空积水透水水害，地表水体透水水害，滑坡和泥石流灾害等等。众所周知，形成矿井水害的基本条件：一是必须有水源；二是必须有沟通水源与井下巷道的通道。

矿井水的来源常见的有以下几种：地表水、地下水、老空水、断层水等。而井下发生的水害，有时是一种水源造成的，有时是几种水源同时造成的，并且要有通道把水释放出来。

煤矿常见的透水通道有以下 8 种：

①开采地表水影响范围内的煤层时，因洪水暴发冲破位于低洼地势的矿井井口围堤；或者由于矸石、炉灰等堆积场选择的不合理，雨季被山洪冲动淤塞河道或沟渠，造成洪水位高出拦洪堤坝，于是洪水直接由井口灌入矿井而产生水害。

②巷道在顶板风化破碎的煤层中施工，支护不当而产生冒顶，或采煤工作面上方防水岩柱不够，当冒落高度和导水裂缝涉及地表水体或强含水层时，就会造成透水。开采被松散的砾石层直接覆盖的急倾斜煤层时，由于煤柱留得过少或采用不合理的采煤方法，出煤又不加控制或将煤柱破坏，常会发生砾石层抽冒，使大量黄泥、砾石伴有水涌入矿井。

③当井筒在冲击层或在基岩强含水层中凿井时，若事先未进行特殊处理就会涌水，特别

是砂砾层会出现水沙一齐涌出，严重时会造成井壁坍塌、沉陷、井架偏斜。

④由于石灰岩溶洞塌落所形成的陷落柱内部岩石破碎，胶结不良，往往构成岩溶水的垂直通道。巷道遇到它们时，会引起多层含水层的水大量涌入矿井。

⑤巷道接近或遇到老窑停止排水的旧巷道的集水区时，往往在短时间内涌出大量的水，来势较猛，具有很大的破坏性。

⑥处理不当或封孔质量不佳的钻孔，在一定水文地质条件下可成为各水体之间或含水层之间联系的通道。当巷道接近或揭露这些钻孔时，地表水或地下水便可经钻孔进入矿井，造成强烈涌水，特别是在有可溶岩的煤田则更为严重。

⑦巷道直接与断层另一侧强含水层相接触并为其局部所掩盖而造成突水。

⑧由于隔水岩柱的抗压强度抵抗不住静水压力和矿山压力的共同作用而引起底板承压水突然涌出；由于岩层在压力作用下，底板形变需要很长时间，有时在巷道掘进过后数月而发生“缓发型”透水。

4.1.2　矿井水灾的危害

水害是煤矿五大灾害之一，事实上，在煤矿建设和生产过程中常常会受到水的危害。一旦发生透水事故，轻则增加排水设备和费用，造成原煤成本升高，生产环境恶劣，管理困难，采区接替紧张；重则造成伤亡或淹井、淹采区事故，直接危及职工生命和国家财产安全。

矿井水灾主要会构成以下危害：

①如果矿井排水系统不畅通，巷道内到处是泥水，必然恶化井下作业环境，不利于文明生产。

②由于矿井水的影响，可能造成顶板淋水，使巷道空气的湿度增加，影响工人身体健康。

③在生产建设过程中，矿井水量愈大，安装排水设备和排水用电费就愈高，这不仅增加原煤成本，也给煤炭企业管理工作增加一定的难度。

④矿井水的存在，对金属设备、钢轨和金属支架将会产生腐蚀作用，缩短生产设备的使用寿命。

⑤矿井水量一旦超过排水能力或突水，轻者将会淹井，导致停产，重者会矿毁人亡。

⑥由于矿井受到水威胁，有时就需要留设安全防水煤柱，会影响煤炭资源的充分利用，有的甚至影响开采。

因此，必须严格执行《规程》中的有关规定，加强矿井水文地质条件的调查研究，做好矿井防治水工作，杜绝水害事故发生。

4.2　矿井突水预兆

煤矿突水过程主要决定于矿井水文地质及采掘现场条件。在各类突水事故发生之前，一般均会显示出多种突水预兆，下面分别予以介绍。

4.2.1　与承压水有关断层水突水征兆

①工作面出现顶板来压、掉渣、冒顶、支架倾倒或断柱现象。

②底软膨胀、底鼓张裂。

③先出小水后出大水也是较常见的征兆。

④采场或巷道内瓦斯量显著增大。这是因裂隙沟通增多所致。

4.2.2 冲积层水突水征兆

①突水部位岩层发潮、滴水且逐渐增大,仔细观察可发现水中有少量细砂。

②发生局部冒顶,水量突增并出现流砂,流砂常呈间歇性,水色时清时混,总的趋势是水量、砂量增加,直到流砂大量涌出。

③发生大量溃水、溃砂,这种现象可能影响至地表,导致地表出现塌陷坑。

4.2.3 老空水突水征兆

①煤层发潮、色暗无光。

②煤层“挂汗”。

③采掘面、煤层和岩层内温度低,“发凉”。

④在采掘面内若在煤壁、岩层内听到“吱吱”的水呼声时,这是因水压大,水向裂隙中挤发的响声,说明离水体不远了,有突水危险。

⑤老空水呈红色,说明含有铁,水面泛油花和臭鸡蛋味,口尝时发涩;若水甜且清,则是“流砂”水或断层水。

《规程》中第二百六十六条规定:采掘工作面或其他地点发现有挂红、挂汗、空气变冷、出现雾气、水叫、顶板淋水加大、顶板来压、底板鼓起或产生裂隙出现渗水、水色发浑、有臭味等突水预兆时,必须停止作业,采取措施,立即报告矿调度室,发出警报,撤出所有受水威胁地点的人员。

以上预兆是典型的情况,在实际具体的突水事故过程中并不一定全部表现出来,所以应该细心观察,认真分析、判断。

4.3 矿井水害防治

4.3.1 地面防排水

地面防排水措施主要包括填塞通道、排除积水、挖排洪沟、筑堤防洪、整铺河底及河流改道等,必须根据地形、水文和气象条件加以合理选择,有时还可将几种措施综合使用,以求更好的效果。

4.3.2 井下防治水

(1)查明水源

地下水源是看不见的,只有通过勘测,掌握古井、采空区的积水以及主要含水层、充水断层和裂隙的分布,从而定出矿井的积水线、探水线与警戒线。

(2)探放水

探放水原则:井下生产必须执行"预测预报、有疑必探、先探后掘、先治后采"的原则。

1)必须停止掘进而进行探水的情况

①掘进工作面接近溶洞、含水层(流砂层、冲积层、各种承压水的含水层、含水断层或与地面大量积水区相通的断层);

②掘进工作面接近被淹井巷或有积水的小窑、老空;

③上层积水,在下层进行采掘工作,两层间垂直距离小于采煤工作面采高的40倍或小于掘进巷道高度的10倍;

④在边探边掘区内掘进时,掘进长度达到允许掘进长度;

⑤采掘工作面发现出水征兆;

⑥当采掘工作面接近各类防水煤柱时;

⑦接近可能同河流、湖泊、水库、蓄水池、水井等相通的断层破碎带时;

⑧接近有水或稀泥的灌浆区时;

⑨接近其他可能出水地区时。

2)探水前应注意的问题

①加强靠近探水工作面的支护,以预防高压水冲垮煤壁及支架;

②检查排水系统,应根据预计出水量确定是否加大排水能力,清理水沟、水仓使其畅通和起缓冲作用;

③水压较大时,探水孔要设套管,以便安装水阀控制放水量,特别危险的地区还要选择坚固地点砌筑水闸墙;

④深水工作地点要安设电话,以便能及时与调度室和中央泵房联系。

(3)放水(疏干)

1)疏放老空水

①直接放水:当水压不大,不致超过矿井排水能力时,可利用探水钻孔直接放水。

②先堵后放:当老空水与溶洞水或其他巨大水源有关系,动水储量很大,一时排不完或不可能排完的情况下,应先堵住出水点,然后排放积水。

2)疏放含水层水

这包括地面疏放水、用井下疏水巷道疏水等。前者适用于埋藏较浅、渗透性良好的含水层。后者适用于已摸清水源,并预测出涌出量的情况。

(4)留设防水煤柱

留设防水煤柱的目的是为了截止井上、下各种水源的通道。确定煤柱尺寸时,必须考虑到被隔水源的压力、流量、煤层的赋存状况等各种因素。

防水隔离煤柱因作用不同,大致分为井田隔离煤柱、断层防水煤柱、被淹井巷之间的煤柱及防止潜水及流砂等流入巷道而留设的煤柱。

(5)截水和堵水

1)截水

为了使井下局部地点的涌水不致波及其他地区,需要在涌水的巷道中设置水闸门或水闸墙。

2)堵水

注浆堵水是将专门制备的浆液通过管道压入地层裂隙或孔洞,经凝结、固化后达到隔绝水源的目的。在注浆堵水工程中,合理选择注浆材料十分重要。它关系到注浆工艺工期、成本及注浆效果。目前,国内外应用的注浆材料多种多样,可以简单地分为硅酸盐类和化学类浆液两大类。

(6)矿井主要排水设备

1)水泵

矿井必须设工作泵、备用泵和检修泵。工作泵的能力应能在 20 h 内排出矿井 24 h 的正常涌水量;备用泵的能力不小于工作泵能力的 70%,并且工作泵和备用泵的总能力应能在 20 h内排出矿井 24 h 的最大涌水量;检修泵的能力不小于工作泵能力的 25%。

2)水管

矿井必须有工作水管和备用水管。工作水管的能力应能配合工作水泵在 20 h 内排出矿井 24 h 的正常涌水量;工作水管和备用水管的总能力应能配合工作和备用水泵在 20 h 内排出矿井 24 h 的最大涌水量。

第 5 章 顶板事故防治

5.1 采煤顶板事故防治

采煤顶板事故是指在井下采煤过程中，顶板意外冒落造成的人员伤亡、设备损坏、生产终止等事故。在实行综采以前，顶板事故在煤矿事故中占有极高的比例。随着支护设备的改进及对顶板事故的研究、预防技术的深入和逐步完善，顶板事故所占的比例有所下降，但仍然是煤矿生产中的主要灾害之一。

按冒顶范围不同，可将顶板事故分为局部冒顶和大型冒顶事故两类。

局部冒顶是指范围不大，有时仅在 3 ~ 5 架范围内，伤亡人员不多(1 ~ 2 人)的冒顶。常发生在靠近煤壁附近、工作面两端以及放顶线附近。在实际煤矿生产中，局部冒顶事故的次数远远大于大型冒顶事故，约占工作面冒顶事故的 70%，总的危害比较大。从开采工序与顶板事故发生的地点来看，局部冒顶可分成：靠近煤壁附近的局部冒顶；工作面两端的局部冒顶；放顶线附近的局部冒顶；地质破坏带附近的局部冒顶。

大型冒顶指范围较大，伤亡人数较多(每次死亡 3 人以上)的冒顶。它包括基本顶来压时的压垮型冒顶、厚层难冒顶板大面积冒顶、直接顶导致的压垮型冒顶、大面积漏垮型冒顶、复合顶板推垮型冒顶、金属网下推垮型冒顶、大块游离顶板旋转推垮型冒顶、采空区冒矸冲入工作面的推垮型冒顶及冲击推垮型冒顶等。

5.1.1 采场局部冒顶的原因分析与防治

(1) 局部冒顶的预兆

局部冒顶，由于预兆不明显，零打碎敲，易被人忽视，但只要仔细观察，也可以发现一些征兆。对以下异常情况要特别注意：

①响声。岩层下沉断裂、顶板压力急剧加大时，木支架就会发生劈裂声，紧接着出现折梁断柱现象；金属支柱的活柱急速下缩，也发出很大的响声，有时也能听到采空区内顶板发生的断裂闷雷声。

②掉渣。顶板严重破裂时，折梁断柱就要增加，随后就出现顶板掉渣现象。掉渣越多，说

明顶板压力越大。在人工顶板下,掉下的碎矸石和煤渣更多,工人叫“煤雨”,这就是发生冒顶的危险信号。

③片帮。冒顶前煤壁所受压力增加,变得松软,片帮煤比平时多。

④裂缝。顶板的裂缝,一种是地质构造产生的自然裂隙,一种是由于采空区顶板下沉引起的采动裂隙。老工人的经验是:“流水的裂缝有危险,因为它深;缝里有煤泥、水锈的不危险,因为它是老缝;茬口新的有危险,因为它是新生的。”如果这种裂缝不断加深宽度,说明顶板继续恶化。

⑤脱层。顶板快要冒落的时候,往往出现脱层现象。

⑥漏顶。破碎的伪顶或直接顶,在大面积冒顶以前,有时因为背顶不严和支架不牢出现漏顶现象。漏顶如不及时处理,会使棚顶托空、支架松动,顶板岩石继续冒落,就会造成没有声响的大冒顶。

⑦瓦斯涌出量突然增大。

⑧顶板淋水明显增加。

试探有无冒顶危险的方法主要有:

①木楔法。在裂缝中打入小木楔,过一段时间,如果发现木楔松动,说明裂缝在扩大,有冒落的危险。

②敲帮问顶法。用钢钎或手镐敲击顶板,声音清脆响亮的,表明顶板完好;发出“空空”或“嗡嗡”声的,表明顶板岩层已离层,应把脱离的岩块挑下来。

③震动法。右手持凿子或镐头,左手扶顶板,用工具敲击时,如感到顶板震动,即使听不到破裂声,说明此岩石已与整体顶板分离。

(2)局部冒顶的原因与防治

局部冒顶的原因有两类:一类是已破碎了的直接顶板失去有效的支护而局部冒落;另一类是基本顶下沉迫使直接顶破坏支护系统而造成的局部冒落。

从生产工序来看,局部冒顶可分为采煤过程中发生的局部冒顶和回柱过程中发生的局部冒顶两类。前者是由于采煤过程中破碎顶板得不到及时支护,或者虽及时支护,但支护质量不好造成的。后者是由于单体支柱回柱操作方式不合理,如先回承压支柱,使临近破碎顶板失去支撑而造成局部冒顶。

从发生地点来看,局部冒顶大致分为煤帮附近局部冒顶、上下出口局部冒顶、放顶线附近局部冒顶、地质构造破坏带局部冒顶。现分述如下:

1)煤帮附近的局部冒顶

由于采动或爆破震动影响,在直接顶中“锅底石”游离岩块式的镶嵌顶板或破碎顶板,因支护不及时而造成局部冒顶;当用炮采时,因炮眼角度或装药量不适当,可能在爆破时崩倒支柱造成局部冒顶;当基本顶来压时,煤质因松软而片帮,扩大无支护空间,也可能导致局部冒顶。

目前主要防治措施是:

①采用能及时支护悬露顶板的支架,如正悬臂支架、横板连锁棚子,正倒悬臂支架及贴帮点柱等。

②严禁工人在无支护空顶区操作。

2)上下出口的局部冒顶

上下两出口位于采场与巷道交接处,控顶范围比较大,在掘进巷道时如果巷道支护的初撑力很小,直接顶板就易下沉、松动和破碎。同时,在上下出口处经常进行输送机机头及机尾移溜拆卸安装工作,要移溜就要替换原来支柱,且随着采场推进、更换支柱,在一拆一支的间隙中也可能造成局部冒顶。此外,上下出口受基本顶的压力影响也可能造成局部冒顶。

防治措施如下:

①支架必须有足够的强度,不仅能支承松动易冒的直接顶,还能支承住基本顶来压时的部分压力。

②支护系统必须能始终控制局部冒顶,且具有一定的稳定性,防止基本顶来压时推倒支架。实践证明,十字铰接顶梁和"四对八梁"支护,效果好。

3)放顶线附近的局部冒顶

采煤工作面放顶线上的支柱受压是不均匀的。当人工回拆承压大的支柱时,往往柱子一倒顶板就冒落,这种情况在分段回柱回拆最后一根时,尤其容易发生。当顶板存在被断层、裂隙、层理等切割而形成的大块游离岩块时,回柱后游离岩块就随回柱冒落,推倒支架形成局部冒顶。如果在金属网下回柱放顶时,如网上有大块游离岩块,也会因游离岩块滚滑推挎支架造成局部冒顶。

防治放顶线附近局部冒顶的主要措施有:

①如果是金属支柱工作面,可用木支柱替柱,最后用绞车回木柱。

②为了防止金属网上大块游离岩块在回柱时滚下来,推倒采面支架发生局部冒顶,应在此范围加强支护;要用木柱替换金属支柱,当大块岩石沿走向长超过一次放顶步距时,在大岩块的局部范围要延长控顶,待大岩块全部处在放顶线以外的采空区时再用绞车回木柱。

4)地质破坏带附近的局部冒顶

采煤工作面如果遇到垂直工作面或斜交于工作面的断层,在顶板活动过程中,断层附近破断岩块可能顺断层面下滑,推倒支架,造成局部冒顶。另外,褶曲轴部或顶板岩层破碎带等部位易冒顶。

防治这类事故措施如下:

①在断层两侧加设木垛加强支护,并迎着岩块可能滑下的方向支设戗棚或戗柱。

②加强褶曲轴部断层破碎带的支护。

(3)局部冒顶事故的处理

①当冒顶范围不大时,可采用掏梁窝探大板梁或支悬臂梁的处理方法。首先要观察顶板动态,加强冒顶区上下部位支架,防止冒顶范围扩大,此后再掏梁窝、探大板和挂梁。棚梁顶上的空隙要刹紧或架小木垛接顶,然后再清除煤浮矸,打好贴帮柱,支好棚梁。

②工作面局部冒顶范围沿倾斜超过 10 m 时,应从冒顶区上下两头向中间处理,在检查认定冒顶地带的顶板已经稳定的基础上,再加固顶板区上方支架,并准备好材料,清理好人员的安全退路,设专人监视顶板。如属于伪顶冒落的可采用探大板梁处理,棚顶上要插严背实;若属于直接顶沿煤帮冒落,而且冒落矸石沿煤帮继续下流的要采用撞楔法通过。也就是在加固未冒顶区的支架后,将一头削尖的小直径圆木或钢钎垂直放在棚梁上,尖头朝前,尾部与顶板间垫一木块,然后用大锤打进冒顶区,把破碎岩石托住,随后在撞楔下架好支架。

③金属网假顶下的冒顶,如果用小冒顶,可扒出碎矸、铺上顶网,重新架棚后即可安全通

过;如果冒顶区沿倾斜超过5 m,则必须将支架改为一梁三柱,梁的一端探入煤壁再铺网刹顶,或垂直工作面架设双腿套棚用撞楔法通过;如果冒顶范围较大,亦可避开冒顶区沿煤壁重新掘开切眼采煤。

5.1.2 采场大面积冒顶原因分析与防治

(1)采场大面积冒顶的预兆

采煤工作面随回柱放顶工作的进行,直接顶逐渐垮落。如果直接垮落后未能充填满采空区,则坚硬的基本顶要发生周期来压。来压时煤壁受压发生变化,造成工作面前方压力集中。在这个变化过程中,工作面顶板、煤帮、支架都会出现基本顶来压前各种预兆。

1)顶板预兆

顶板连续发出断裂声,这是由于直接顶和基本顶发生离层,或顶板切断而发出的声音。有时采空区内顶板发出像闷雷的声音,这是基本顶和上方岩层产生离层或断裂的声音。

顶板岩层破碎下落,称之为掉渣。这种掉渣一般由少逐渐增多,由稀而变密。

顶板的裂缝增加或断裂张开,并大量下沉。

2)煤帮预兆

由于冒顶前压力增大,煤壁受压后,煤质变软变酥,片帮增多;使用电钻打眼时,打眼省力。

3)支架预兆

使用木支架时,支架大量的被压弯或折断,并发出响声;使用金属支柱时,耳朵贴在柱体上可听见支柱受压后发出的声音。当顶板压力继续增加时,活柱迅速下缩,连续发出"咯咯"的声音。工作面使用铰接顶梁时,在顶板冲击压力的作用下,顶梁楔子有时弹出或挤出。

4)其他预兆

含瓦斯煤层,瓦斯涌出量突然增加;有淋水的顶板,淋水增加。

(2)采场大面积冒顶的原因分析

按顶板垮落类型,可把采场大面积冒顶分为压垮型、推垮型、漏垮型三种。

1)压垮型冒顶

由于坚硬直接顶或基本顶运动时,顶板方向的作用力压断压弯工作阻力不够、可缩量不足的支架,或使支柱压入抗压强度低的底板,造成大面积切顶垮面事故。实践表明,压垮型冒顶是在基本顶来压时发生的。基本顶来压分为断裂下沉和台阶下沉两个阶段,这两个阶段都有可能发生压垮型冒顶。

2)推垮型冒顶

由直接顶和基本顶大面积运动造成,因此其发生的时间和地点有一定的规律性。多数情况下,冒顶前采场直接顶已沿煤壁附近断裂,冒顶后支柱没有折损只有向采空区倾倒,或向煤帮倾倒,但多数是沿煤层倾向倾倒。在采场中容易发生大面积冒顶的地点是:

①开切眼附近。在这个区域,顶板上部硬岩基本顶两边都受煤柱支承而不容易下沉,这就给下部软岩层直接顶的下沉离层创造了有利条件。

②地质破坏带(断层、褶曲)附近。在这些地点,顶板下部直接顶岩层破断后易形成大块岩体并下滑。

③老巷附近。由于老巷顶板破坏,直接顶易破断。

④倾角大的地段。这些地段由于重力作用,岩石倾斜下滑力大。

⑤顶板岩层含水地段。这些地段摩擦系数降低,阻力大为减少。

⑥局部冒顶区附近也有可能导致大冒顶。

近几年来,在采场大面积冒顶事故中,“复合顶板”推垮型事故比较多,伤亡比较大。所谓复合顶板,就是煤层顶板由下软上硬不同岩性的岩层所组成;软硬岩层间夹有煤线或薄层软弱岩层;下部软岩层的厚度一般大于0.5 m,而且不大于煤层采高。

3)漏垮型冒顶

由于煤层倾角大,直接顶又异常破碎,采场支护系统中如果某个地点失效发生局部漏顶,破碎顶板就有可能从这个地点开始沿工作面往上全部漏空,造成支架失稳,导致漏垮型事故发生。

(3)采场大面积冒顶的预防措施

①提高单体支护的初撑力和刚度。小煤矿使用的木支柱和摩擦金属支柱初撑力小,刚度差,易导致煤层复合顶板离层,又使采场支架不稳定,所以有条件的矿要推广使用单体液压支柱。

②提高支架的稳定性。煤层倾角大或在工作面的仰斜推进时,为防止顶板沿倾斜方向滑动推倒支架,应采用斜撑、抬棚、木垛等特种支架来增加支架的稳定性。在摩擦金属支柱和金属铰接顶梁采面中,可用拉钩式连接器把每排支柱从工作面上端头至下端头连接起来,形成稳定的“整体支架”。

③严格控制采高。开采厚煤层第一分层要控制采高,使直接顶冒落后破碎膨胀能达到原来采高。这种措施的目的在于堵住冒落大块岩石的滑动。

④采煤工作面从开切眼初采时不要反向开采。有的矿为了提高采出率,在初采时向相反方向采几排煤柱,如果是复合顶板,开切眼处顶板暴露日久已离层断裂,当在反向推进范围内初次放顶时,很容易在原开切眼处诱发推垮型冒顶事故。

⑤掘进上下平巷时不得破坏复合顶板。挑顶掘进上下平巷,就破坏了复合顶板的完整性,易造成推垮型冒顶事故。

⑥对于坚硬难冒顶板可以采用顶板注水和强制放顶等措施。

⑦加强矿井生产地质工作,加强矿压的预测预报。

⑧改变工作面推进方向,如采用伪俯斜开采,防止推垮型冒顶。

(4)大冒顶事故的处理方法

大冒顶发生后,处理方法基本上有两种:一种是恢复工作面的方法;另一种是开补巷绕过冒顶区的方法。

1)恢复工作面的方法

①从工作面冒顶处的两头,由外向内,先用双腿套棚维护好顶板,保持后路畅通无阻。棚梁上用板皮刹紧背严,防止顶板继续错动、垮落。梁上如有空顶,要用小木垛插紧背实。

②边清理工作面边支护,把塌落的矸石清理并倒入采空区,每清理0.5 m工作面就支一架棚子管理顶板。若顶板压力大,可在冒顶区两头用木垛维护顶板。

③遇到大块矸石不易破碎时,应采用电钻(如有压风,最好用风钻)打眼放小炮的办法破碎岩石。钻眼数量和每个炮眼药量可根据岩块大小与性质来决定,但一定要符合《规程》要求。

④如顶板冒落的矸石很破碎,一次整修巷道不易通过时,可先沿工作面煤帮运输机道整修一条小巷,使风流贯通,运输机开动后,再从冒顶区的两头向中间依次放矸支棚。

2)开绕补巷过冒顶区

①冒顶区在工作面的机头侧时,可以沿工作面煤帮错过一段留 3 ~5 m 煤柱,由进风巷向工作面斜打一条补巷和采煤工作面相通,就可正常生产出煤。

②冒顶区在工作面的中部时,可以平行于工作面留 3 ~5 m 煤柱,重新开一条开切眼。新开切眼的支架,可根据顶板情况而定。然后再沿新开的切眼每隔 15 ~20 m 开掘一个联通巷,与冒顶区贯通,以便处理冒区和回收被埋的设备。

③冒顶区在工作面的机尾时,处理的方法与处理机头侧冒顶完全相同。

5.2 巷道顶板事故防治

巷道顶板事故多发生在掘进工作面及巷道交岔口,巷道顶板死亡事故 80% 以上就发生在这些地点。可见,集中在事故多发地点预防巷道顶板事故是十分必要的。

5.2.1 掘进工作面冒顶事故的原因

①掘进破岩后,顶部存在将与岩体失去联系的岩块,如果支护不及时,该岩块可能与岩体失去联系而冒落。

②掘进工作面附近已支护部分的顶部存在与岩体完全失去联系的岩块,一旦支护失效,就会冒落造成事故。

在断层、褶曲等地质构造破坏带掘进巷道时顶部浮石的冒落,在层理裂隙发育的岩层中掘进巷道时顶板的冒落等,都属于第一类型的冒顶;因放炮不慎,崩倒附近支架而导致的冒顶,因接顶不严实而导致岩块砸坏支架的冒顶等,则属于第二类型的冒顶。此外,第一类型的冒顶也可能同时引起第二类型的冒顶。例如,掘进工作面无支护部分片帮冒顶,推倒附近棚子导致更大范围的冒顶等。

5.2.2 预防掘进工作面冒顶事故的措施

①根据掘进工作面岩石性质,严格控制空顶距。

当掘进工作面遇到断层褶曲等地质构造破坏带或层理裂隙发育的岩层时,棚子支护时应紧靠掘进工作面,并缩小棚距,在掘进工作面附近应采用拉条等把棚子连成一体,防止棚子被推挎,必要时还要打中柱;锚杆支护时应有特殊措施。

②严格执行敲帮问顶制度,危石必须挑下,无法挑下时应采取临时支撑措施,严禁空顶作业。

③掘进工作面冒顶区及破碎带必须背严接实,必要时要挂金属网防止漏空。

④掘进工作面炮眼布置及装药量必须与岩石性质、支架与掘进工作面距离相适应,以防止因放炮而崩倒棚子。

⑤采用前探掩护式支架,使工人在顶板有防护的条件下出渣,支棚腿,以防冒顶伤人。

5.2.3　掘进工作面冒顶事故的处理

在处理巷道冒顶地点前,应采用加补棚子和架挑棚的方法,对冒顶处附近的巷道加强维护,以防扩大冒顶范围。处理冒顶巷道的方法有以下几种:

(1)木垛法

这是处理冒落巷道较常用的方法。当冒落的高度不超过5 m,而且冒落的范围已基本稳定、不再继续冒落矸石时,就可以将冒落的煤岩清除一部分,使之形成自然堆积坡度,留出工作人员上下及运送材料的空间。然后就可以在冒落的煤(岩)上架设木垛,直接支撑空顶。架设木垛时,木垛要与顶板接实背好,防止掉矸。在这项工作完成后,就可以边清理矸石边支设棚子。即清理出的煤(岩)空间能够架一架棚子时,应立即架棚,并支设牢固可靠。架好棚后再清理出一段空间又立即支设一架棚子,如此依次进行,一直到处理完毕。

(2)撞楔法

当顶板岩石较破碎而且继续冒落,无法用木垛法处理时,可采用打撞楔的办法处理冒落巷道。即先在冒顶处架设撞楔棚子,棚子的方向应与撞楔的方向垂直。把木楔放置在棚梁上,它的尖端指向顶板冒落处,末端垫一方木块,用大锤猛击木楔尾端,使它插入冒顶区,将岩石托住,使岩石不再继续冒落。然后立即清理撞楔下面冒落的矸石,并随清理出的空间及时架设棚子。

(3)绕道法

当冒顶巷道长度较小,不易处理,并且造成堵人的严重情况时,为了尽快给遇难人员送入新鲜空气、食物和饮料,迅速营救遇难人员,可采用绕道的方法,绕过冒落处进行抢救。在遇难人员救出后,再对冒落处进行处理。

第7篇 矿山电气

煤矿井下的主要动力源是电和压风。实际上，压风也由电动机驱动空气压缩机获得，因此可以说电是煤矿生产的唯一动力源。本篇主要介绍矿井供电系统、电气设备与安全管理方面的知识。

第1章 煤矿供电系统

1.1 煤矿供电系统概述

1.1.1 煤矿对供电系统的要求

(1)可靠供电

可靠供电就是要求供电不间断。对煤矿企业的重要负载,如通风与主要排水设备,突然中断供电,可能会造成井下瓦斯爆炸或淹没矿井事故;现代化矿井的采煤机、带式输送机突然中断供电,会造成煤矿停产,引起非常大的经济损失。因此,对于煤矿企业这类重要的电能负荷,供电应绝对可靠。

(2)安全供电

安全供电就是指在电能的分配、输送和使用过程中,不应发生电气故障和人身触电事故。由于煤矿井下的特殊工作环境,为防止触电、电火灾和瓦斯煤尘爆炸事故,安全供电非常重要,必须严格遵守《规程》的有关规定。

(3)保证供电质量

用电设备在额定值下运行性能最好,因此要求供电电源具有稳定的额定电压及频率,且谐波含量符合要求。我国规定:电压的偏移一般不应超过额定值的 ±5%。但由于种种原因送到用电设备的端电压与额定电压总有一些偏差,此偏差称为电压偏移。如果电压偏移超过允许的范围,电气设备的运行状况将显著恶化,甚至损坏电气设备。例如,当电压降低时,电动机转矩急剧下降,使电动机启动困难,负载电流上升,运行温度升高,加速绝缘的老化,甚至烧毁电动机。

(4)经济供电

为了更经济地供电,要考虑以下三个方面的问题:

①尽量降低建设变电所及电网的投资。

②降低设备材料及有色金属的消耗。

③降低供电系统中的电能损耗及维护等费用。

1.1.2 电力负荷的分类

根据负荷的重要性,以及各类负荷对供电可靠性的要求不同,煤矿企业电力负荷通常分为以下三类。

(1)一类负荷(一级用户)

一类负荷是指因突然停电将造成人身伤亡事故,或损坏重要设备,或给生产造成重大损失的负荷。如主要通风机、高瓦斯矿井的局部通风机、主提升机及附属设备、主斜井带式输送机、井下中央变电所及主排水泵、主副井井底水窝排水的小水泵,以及具有向一类负荷供电的变电所。

对于一类负荷供电必须有备用电源。

(2)二类负荷(二级用户)

二类负荷是指因突然停电将造成大量减产的负荷,如压风机及采区变电所。

二类负荷供电是否需要备用电源,应根据企业规模和技术经济比较决定。大型煤矿一般需要备用电源;中小型煤矿一般只需专用供电线路而不需备用电源,但需储备一套设备以备故障时更换。技术经济比较应视停电后对产量影响的严重程度及取得备用电源的难易程度而定。

(3)三类负荷(三级用户)

凡不属于一、二类负荷的均为三类负荷,如修配厂、公共事业用电设备等。

三类负荷不需要备用电源,还可采用分支接线方式,使几个负荷合用一路供电线。

合理供电的基本原则是以安全生产为目的,当供电系统发生故障或检修限电时,要确保一类负荷不中断供电,二类负荷全部或部分供电,可停止三类负荷供电。此外,在煤矿供电设计时,还要为以后煤矿的发展留有余地。

1.1.3 对煤矿供电电源及电压等级的规定

根据《规程》的要求,矿井应有两回路电源线路。当任一回路因发生故障停止供电时,另一回路应能担负矿井全部负荷。因此,在矿山距发电厂或区域变电所较近的情况下,可由发电厂或区域变电所向矿山用平行双回路方式供电。当矿山距发电厂或区域变电所较远,而与相邻矿山距离较近时,可由发电厂或区域变电所向矿山地面变电所送一回路,另由相邻的矿山地面变电所设一回路联络线,形成环形电网,保证每个矿山地面变电所有两个独立电源。

井下各级配电电压和各种电气设备的额定电压等级,应符合下列要求:高压,不超过10 kV;低压,不超过1 400 V;照明、信号、电话和手持式电气设备的额定电压不超过127 V;远距离控制线路的额定电压不超过36 V。

1.2 煤矿供电系统构成

典型煤矿供电系统由“三所一点”构成,即地面变电所、井下中央变电所、采区变电所和工作面配电点。煤矿供电系统的构成如图7.1.1所示。

地面变电所的作用是接受外电源、承担全矿井电能分配(将外部供给的高压电降压分配

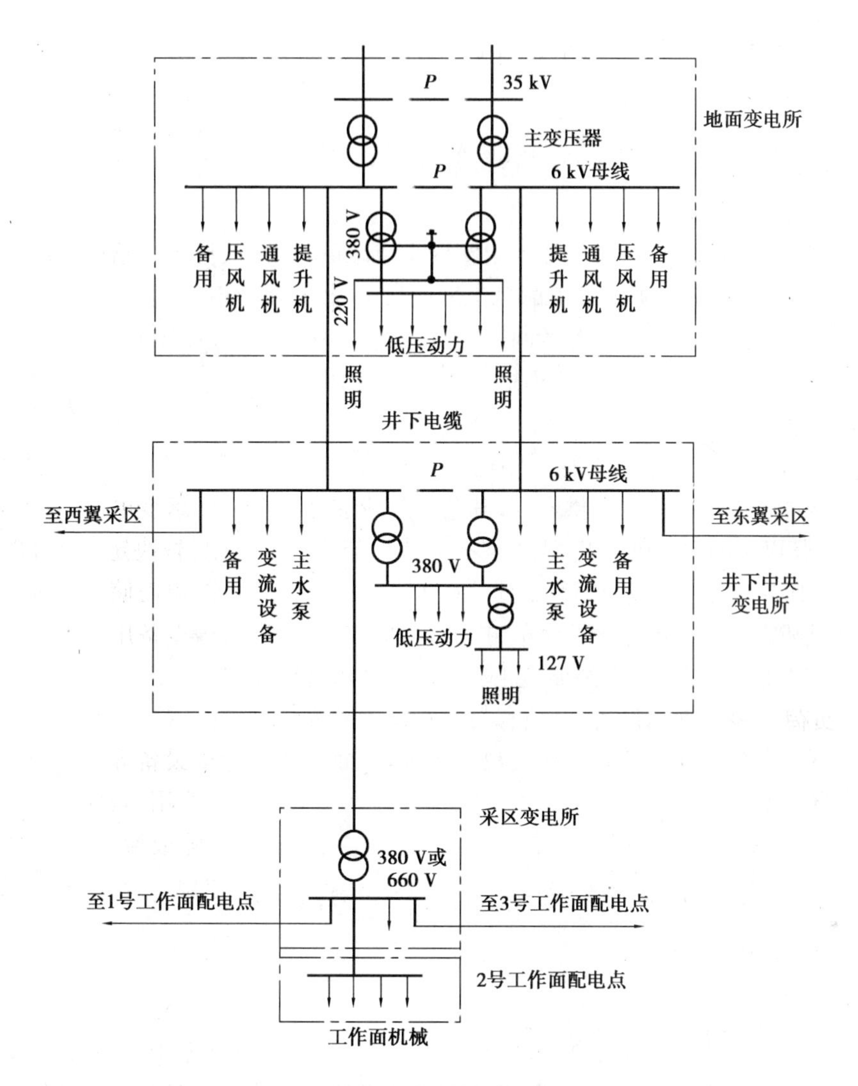

图7.1.1 煤矿供电系统

给各个用电点)。地面变电所有两回路电源线,进线电压为35 kV,两台35/6(10) kV主变压器配电给地面的主要高压设备,如主副井提升机、空压机、主通风机等。地面变电所另设两台6(10)/0.38 kV变压器,将380/220 V电压向地面低压动力及照明设备供电。

地面变电所的两条高压电缆,经井筒下井将6(10) kV高压电直接送到井下中央变电所。由高压配电装置分配给井底车场附近的高压用电设备,并向各采区变电所供电。

井下中央变电所井下中央变电所(又称井下主变电所)是井下供电的中心,它直接由地面变电所供电。根据《规程》规定:对井下各水平中央变电所供电的线路不得少于两回路,当任一回路停止供电时,其余回路能担负全部负荷的供电。

采区变电所主要承担一个或几个采区的供电任务,应位于供电采区的中心。

井下中央变电所用高压电缆将6(10) kV高压电送到采区变电所。采区变电所再将电压降低到660 V(或380 V),然后用低压电缆将它分别送到各个工作面附近的配电点,再分别送给工作面及附近巷道中的各生产机械。如果采区内有综采工作面,6(10)kV的高压电经采区变电所中的高压配电装置,用高压电缆配送到工作面附近的移动变电站,然后经移动变电站降压后,再送到工作面配电点分配给各用电负荷。

1.3 电源要求及相关规定

矿井应有两回路电源线路。当任一回路发生故障停止供电时,另一回路应能担负矿井全部负荷。年产 60 kt 以下的矿井采用单回路供电时,必须有备用电源;备用电源的容量必须满足通风、排水、提升等的要求。矿井的两回路电源线路上都不得分接任何负荷。

正常情况下,矿井电源应采用分列运行方式,一回路运行时,另一回路必须带电备用,以保证供电的连续性。

对井下各水平中央变(配)电所、主排水泵房和下山开采的采区排水泵房供电的线路,不得少于两回路。当任一回路停止供电时,其余回路应能担负全部负荷。

10 kV 及其以下的矿井架空电源线路不得共杆架设。矿井电源线路上严禁装设负荷定量器。

主要通风机、提升人员的立井绞车、抽放瓦斯泵等主要设备房,应各有两回路直接由变(配)电所馈出的供电线路;供电线路应来自各自的变压器和母线段,线路上不应分接任何负荷。设备的控制回路和辅助设备,必须有与主要设备同等可靠的备用电源。

严禁井下配电变压器中性点直接接地;严禁由地面中性点直接接地的变压器或发电机直接向井下供电。

1.4 井下变电所设置与设备布置

1.4.1 井下变电所的任务和作用

井下变电所是井下供电中心,担负着整个井下或某一区域的受电、变电、配电任务。

1.4.2 井下变电所位置确定的原则

①尽量位于负荷中心;

②电缆进出线和设备运输方便;

③通风良好、瓦斯粉尘浓度低;

④顶底板坚固、无淋水。

1.4.3 变电所硐室与设备布置

井下变电所常用设备布置如图 7.1.2 所示。

①井下中央变电所应砌碹或用其他可靠的方式支护。采区变电所应用不燃性材料支护。

②硐室必须装设向外开的防火铁门。铁门全部敞开时,不得妨碍运输。铁门上应装设便于闭紧的通风孔。装有铁门时,门内可加设向外开的铁栅栏门,但不得妨碍铁门的开闭。

③从硐室出口防火铁门起 5 m 内的巷道,应砌碹或用其他不燃性材料支护。硐室内必须

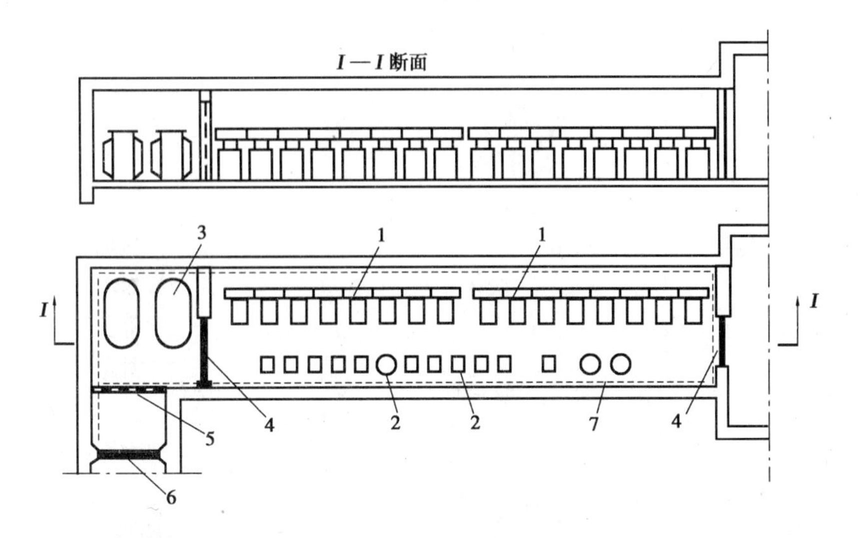

图7.1.2　井下变电所设备布置

1—高压配电箱;2—低压自动馈电开关;3—变压器;4—防火门;

5—栅栏门;6—密闭门;7—地线

设置足够数量的扑灭电气火灾的灭火器材。

④井下中央变电所和主要排水泵房的地面标高,应分别比其出口与井底车场或大巷连接处的底板标高高出0.5 m。

⑤采掘工作面配电点的位置和空间必须能满足设备检修和巷道运输、矿车通过及其他设备安装的要求,并用不燃性材料支护。

⑥变电硐室长度超过6 m时,必须在硐室的两端各设一个出口。

⑦硐室内各种设备与墙壁之间应留出0.5 m以上的通道。各种设备相互之间,应留出0.8 m以上的通道。对不需从两侧或后面进行检修的设备,可不留通道。

⑧带油的电气设备必须设在机电设备硐室内。严禁设集油坑。

⑨硐室不应有滴水。硐室的过道应保持畅通,严禁存放无关的设备和物件。带油的电气设备溢油或漏油时,必须立即处理。

⑩硐室入口处必须悬挂"非工作人员禁止入内"字样的警示牌。硐室内必须悬挂与实际相符的供电系统图。硐室内有高压电气设备时,入口处和硐室内必须在明显地点悬挂"高压危险"字样的警示牌。

⑪采区变电所应设专人值班。无人值班的变电硐室必须关门加锁,并有值班人员巡回检查。

⑫硐室内的设备必须分别编号,标明用途,并有停送电的标志。

第 2 章 煤矿供电安全

2.1 电气火灾及其预防

2.1.1 电气火灾产生的原因

电气火灾主要是由电弧或电火花引起,而产生电弧或电火花的原因主要有以下几方面:
①电网过流(短路);
②电网漏电;
③导线接触不良;
④设备、电缆散热不良;
⑤设备中的接触器、断路器、继电器、开关、按钮等的触点正常工作时产生的电弧;
⑥架线式电机车引流线产生的电弧。

2.1.2 电气火灾的预防

要防止电气火灾的发生,首先要防止火源。防止产生火源的措施有:
①合理选择电气设备和电缆。
②设置电气保护措施。
③选用防爆电气设备。
④改善设备散热条件。
⑤加强维护检查。
⑥严禁违章指挥、违章作业,做到十不准。即:
a. 不准带电检修;
b. 不准切除无压释放器、过流保护装置;
c. 不准切除检漏继电器、煤电钻综合保护和局部通风机风电闭锁装置;
d. 不准明火操作、明火打点、明火放炮;
e. 不准用铜、铝、铁丝等作熔体;

f. 停风、停电的采掘工作面，应检查瓦斯，符合标准后方可送电；
g. 有故障的线路不准强行送电；
h. 电气设备的保护装置失灵后不准送电；
i. 隔爆电气设备失爆不准使用；
j. 不准在井下拆卸矿灯。

2.2　防爆原理及失爆检查

矿用电气设备是指使用在煤矿井下条件的各种电气设备，通常分为矿用一般型电气设备和矿用防爆型电气设备。矿用一般型电气设备铸有“KY”字样，不具有防爆性能，适用于没有瓦斯、煤尘爆炸危险的场所，如低瓦斯矿井的井底车场、总进风巷道或主要进风巷道等处。矿用防爆型设备铸有“Ex”字样，适用于有瓦斯、煤尘爆炸危险的场所。矿用防爆设备种类较多，但使用得最多的是矿用隔爆型设备和本质安全型设备。

2.2.1　隔爆型电气设备

隔爆型电气设备的外壳上标注有“ExdI”，其外壳具有耐爆性和隔爆特性。

(1)隔爆外壳的耐爆性

隔爆外壳的耐爆性，是指壳内的爆炸性气体混合物爆炸时，在最大爆炸压力的作用下，外壳不会破裂，也不会发生永久变形，因而爆炸时产生的火焰和高温气体不会直接点燃壳外的爆炸性混合物。因此，隔爆外壳应具有足够的机械强度，能承受壳内爆炸时产生的最大爆炸压力。

试验证明，外壳内的爆炸性混合气体爆炸时，其最大爆炸压力不是一个定值，此值与瓦斯浓度、外壳的净容积、外壳的间隙和形状等有关。瓦斯浓度为9.8%时，产生的爆炸压力最大；外壳的净容积越大，爆炸的压力越大；外壳的散热面积对其容积之比越小，爆炸压力越大；外壳的间隙越小，爆炸压力越大；外壳的形状为长方形时，压力最小。表7.2.1给出了不同容积下外壳的试验压力。

表7.2.1　隔爆外壳的实验压力

外壳容积 V/L	$V \leqslant 0.5$	$0.5 < V \leqslant 2.0$	$2.0 < V$
试验压力/MPa	0.35	0.6	0.8

为保证隔爆外壳的耐爆性，还必须防止产生压力重叠，如图7.2.1所示。

主腔A和接线腔B间，当接线柱丢失导致有小孔连通时，在A腔发生爆炸后，压力波将以声速涌入B腔，使B腔中的爆炸性气体受到预压。A腔中爆炸生成的火焰传入B腔引爆，在B腔发生爆炸时，其爆炸压力将按B腔内预压力的大小成正比增加，有时可达40个大气压。这一现象就称为压力重叠。为防止压力重叠，贯穿接线盒和主腔的连接螺栓必须牢固密封，螺栓不能丢失。

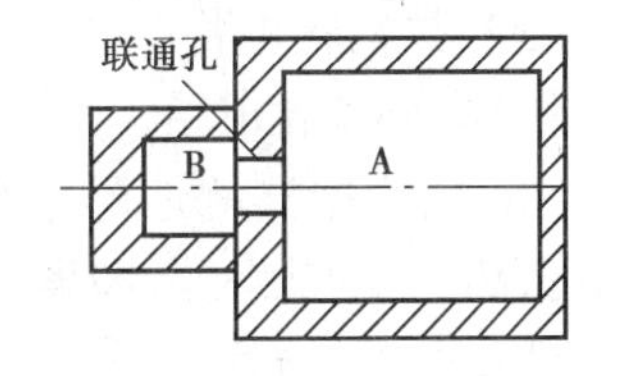

图7.2.1　多空腔连通示意图

(2)隔爆外壳的隔爆性

隔爆外壳的隔爆性又称不传爆性。具体来说,当爆炸性混合物在壳内爆炸时产生高温气体或火焰,通过外壳与外盖各接合面处的间隙喷向壳外时能得到足够的冷却,使之不会点燃壳外的爆炸性混合物。这种具有隔爆性的接合面,称为隔爆接合面。试验表明,爆炸产生的高温气体或火焰只要通过一个狭长且光洁的间隙传到壳外,就能得到足够的冷却,不致点燃壳外的爆炸性混合物。因此,要严格控制各接合面的间隙、长度和粗糙度。表 7.2.2 给出了矿用电气设备隔爆外壳接合面结构参数。

表 7.2.2　矿用电气设备隔爆外壳接合面结构参数

接合面形式	最小有效长度 L/mm	接合面最大间隙 W/mm		表面粗糙度
		净容积 $V\leqslant0.1$ L	净容积 $V>0.1$ L	
平面、止口或圆筒结构①	6.0 12.5 25.0 40.0	0.30 0.40 0.50 —	— 0.40 0.50 0.60	1. 静止隔爆接合面转盖式或插盖式的表面粗糙度均不大于 $\overset{6.3}{\bigtriangledown}$; 2. 活动隔爆接合面电机轴、操纵杆、插销的表面粗糙不大于 $\overset{3.2}{\bigtriangledown}$; 3. 轴孔、插销套的粗糙度不大于 $\overset{6.3}{\bigtriangledown}$。
带有滚动轴承的圆筒结构②	6.0 12.5 25.0 40.0	0.40 0.50 0.60 —	0.40 0.50 0.60 0.80	

注:①对于操纵杆,当直径 d 不大于 6.0 mm 时,隔爆接合面的长度 L 须不小于 6.0 mm;d 不大于 25 mm 时,L 须不小于 d;d 大于 25 mm 时,L 须不小于 25 mm。

②当轴与轴孔不同心时,最大单边间隙须不大于 W 值的 2/3。

不能满足耐爆性和隔爆性要求的一律视为"失爆",失爆的电气设备严禁在井下有爆炸危险的场所使用。

隔爆接合面的锈蚀是影响隔爆性能的主要因素之一。因此,隔爆接合面须有防锈措施,如电镀、磷化、涂 204-1 防锈油等。不准涂漆,因为漆膜在高温作用下易分解,使得接合面间隙变大,并且漆膜分解产生物是容易传爆的气体,这些都会影响隔爆外壳的隔爆性能。

2.2.2　本质安全型电气设备

本质安全型(简称本安型)电气设备又称安全火花型电气设备,外壳上标注"Exi",其特点是采用本质安全电路。

(1)本质安全电路

本质安全电路就是要合理地选择电路的参数,使电路在正常和故障情况下产生的电火花或电弧都不能点燃瓦斯和煤尘,故又称为安全火花电路。

试验表明,当瓦斯浓度为 8.2% ~ 8.5% 时最容易爆炸,所需点燃瓦斯的最小能量为 0.28 mJ。只要将电路中的能量限制在点燃瓦斯的最小能量之内,就可实现安全火花。因此,在设计本质安全电路时,常采用以下措施来降低电火花的能量:

①在合理选择继电器等电气元件的基础上,尽量降低供电电压。

②在电路中串接限流电阻或利用导线本身电阻来限制电路的电流。

③电感元件两端并联二极管,以消耗电感元件释放出来的磁场能量。

④电容元件两端并联二极管或电阻,以消耗电容元件释放出来的电场能量。

(2)本质安全型设备

本质安全型设备只能用于低电压、小电流的电路中,如信号、仪表、控制等回路。本质安全型电气设备分为单一式和复合式两种形式。单一式本安型电气设备是指电气设备的全部电路都是由本质安全电路组成的,如便携式仪表。复合式本安型电气设备是指电气设备的辅助回路是本质安全电路,主回路是非本安电路,如图7.2.2所示。

隔爆兼本安型采区运输信号装置中,信号回路是本质安全电路,信号线采用裸导线或普通塑料线;按钮采用普通按钮,电铃回路为非本安电路。此电气设备称为本质安全型关联电气设备。要注意这种电气设备两种电路之间的相互隔离,防止出现故障时导致非本质安全电路影响本质安全电路的安全。图7.2.2电路中采用变压器隔离,也可采用由快速熔断器和晶体稳压二极管组成的安全栅,或由晶体管组成的限能器来加以隔离。图7.2.2为最简单的稳压管式安全栅。其中,稳压二极管 V_1、V_2 用于稳定电源电压,当电网电压波动时,保证本质安全电路得到一个稳定的低电压;R_1、R_2 为限流电阻,把本安型电路中电流限制在安全火花电流的范围之内;快速熔断器FU作为稳压管的过载保护,一旦安全栅电源侧出现高电压时,则先使熔断器熔断,以免烧毁稳压管。

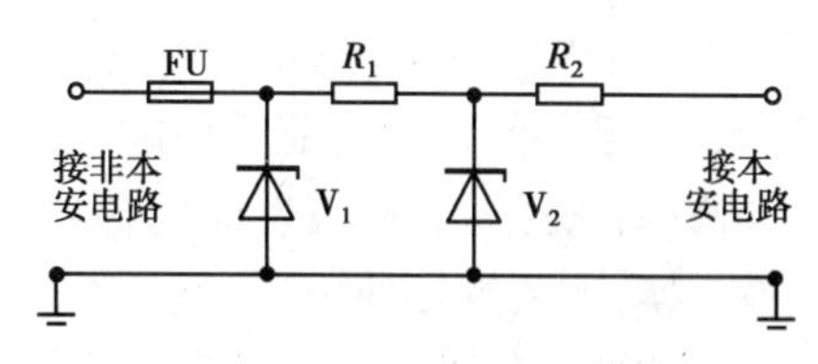

图7.2.2　稳压二极管式安全电路

除以上隔离措施外,在本质安全型关联设备中,不允许将两种电路的导线捆扎在一起布线或共用一根多芯电缆,除非在两种电路的导线之间加装屏蔽层。同理,两种电路的接线端子也应分设在各自单独的接线盒中。若设在同一接线盒中,两者之间必须有可靠的隔离和屏蔽措施。

本质安全型电气设备是通过限制电路的电气参数,进而限制放电能量实现电气防爆的。所以它不需要专门的隔爆外壳,这就大大缩小了设备的体积和质量,简化了设备的结构。本质安全电路的外部传输线还可用一般的胶质线甚至裸线,可节省大量电缆。所以本质安全型电气设备结构简单,体积小,质量轻,制造、维修方便,费用低,安全可靠,是一种比较理想的防爆设备,在技术性能满足要求的情况下,应优先考虑选用。

(3)本质安全型电路和电气设备在使用和维修时应注意的问题

本质安全型电气设备的维修,主要是对本安电路所用元件的性能、电气回路的绝缘电阻值、外配线和内接线端子的紧固情况、接地是否良好等进行检查维护。

①矿用本质安全电路和本质安全型电气设备在使用和维修过程中,必须保持原设计的本质安全电路的电气参数和保护性能。除在电气设备入井时应对本安电路的电气参数和保护性能进行检查外,还应在井下使用的过程中定期检查。

②更换本安电路及关联电路中的电气元件时,不得改变原电路的电气参数和本安性能,也不得擅自改变电气元件的规格、型号,特别是保护元件更应格外注意。更换的保护元件应严格筛选。特殊的部件,如胶封的防爆组件等被损坏,应向厂家购买或严格按原方式仿制。

③在井下有瓦斯爆炸危险的场所检修本安型电气设备时,禁止用非防爆仪表进行测量或用电烙铁检修,检修时应切断前级电源。

2.3 防爆电气设备管理

井下防爆电气设备管理是煤矿设备安全运行管理中的重中之重。井下电气设备出现失爆,是造成瓦斯煤尘爆炸的重要原因。因此,必须严格执行防爆电气设备管理的有关规定,原则上不允许防爆电气设备出现失爆。《规程》第四百五十二条规定:防爆电气设备入井前,应检查其"产品合格证"、"防爆合格证"、"煤矿矿用产品安全标志"及安全性能;经专职防爆检查员检查合格并签发合格证后,方准入井。第四百八十九条规定:井下防爆电气设备的运行、维护和修理,必须符合防爆性能的各项技术要求。防爆性能遭受破坏的电气设备,必须立即处理或更换,严禁继续使用。

井下防爆电气设备变更额定值使用和进行技术改造时,必须经国家授权的矿用产品质量监督检验部门检验合格后,方可投入运行。未经批准,任何人不得改变防爆电气设备内部结构。

(1)矿井电气设备选用与使用环境条件的安全检查

煤矿井下周围环境气体中爆炸性气体瓦斯的浓度,随着工作地点不同其变化很大。因此,煤矿井下电气设备(包括小型电器),必须根据工作地点不同进行选择,并符合有爆炸危险环境场所的规定要求。国家标准"爆炸性环境用防爆电气设备"规定了设备类型,各种设备的选择原则必须符合《规程》的规定。

设备的选型不符合《规程》要求时,必须制定安全措施,报省(自治区、直辖市)煤炭管理部门批准。

普通型携带式电气测量仪表,只准在瓦斯浓度为1%以下的地点使用。

(2)隔爆型电气设备的安全检查

①隔爆型电气设备是否经过考试合格的防爆电气设备检查员检查其安全性能,并取得合格证。

②外壳是否完整无损,无裂痕和变形。

③外壳的紧固件、密封件、接地件是否齐全完好。

④隔爆接合面的间隙、有效宽度和粗糙度是否符合规定,螺纹隔爆结构的拧入深度和啮合扣数是否符合规定。

⑤电缆接线盒和电缆引入装置是否完好,零部件是否齐全,有无缺损,电缆连接是否牢固、可靠。与电缆连接时一个电缆引入装置是否只连接一条电缆;密封圈外径与电缆引入装置内径之差,是否大于2 mm;电缆与密封圈之间是否包扎其他物;不用的电缆引入装置是否用厚度不小于2 mm钢板堵死。

⑥联锁装置功能是否完整,能否保证电源接通打不开盖,开盖送不上电;内部电气元件、保护装置是否完好无损、动作可靠。

⑦接线盒内裸露导电芯线之间的空气间隙,660 V时是否小于10 mm;380 V以下是否不小于6 mm;导电芯线是否有毛刺,上紧接线螺母时是否压住绝缘材料;外壳内部是否随意增

加了元部件，是否能防止某些电气距离小于规定值。

⑧在设备输出端断电后，壳内仍有带电部件时，是否在其上装设防护绝缘盖板，并标明“带电”字样，防止人身触电事故。

⑨接线盒内的接地芯线是否比导电芯线长，即使导线被拉脱，接地芯线仍保持连接；接线盒内保持清洁，无杂物和导电线丝。

⑩隔爆型电气设备安装地点有无滴水、淋水，周围围岩是否坚固；设备放置是否与地平面垂直，最大倾斜角度不得超过15°。

⑪是否使用失爆设备及失爆的小型电器；发现失爆是否追究责任者及有关人员的责任。

2.4　井下供电系统保护接地

2.4.1　保护接地的保护原理

电气设备的金属外壳及构架在正常情况下是不带电的。但如果电气设备的绝缘损坏，其金属外壳和构架就会带电。此时人若触及它们，就会发生触电事故，如图7.2.3(a)所示。为了预防这一事故，重要措施之一就是对电气设备实行保护接地。

所谓保护接地，就是把电气设备的金属外壳和构架用导线与埋在地中的接地极连接，如图7.2.3(b)所示。

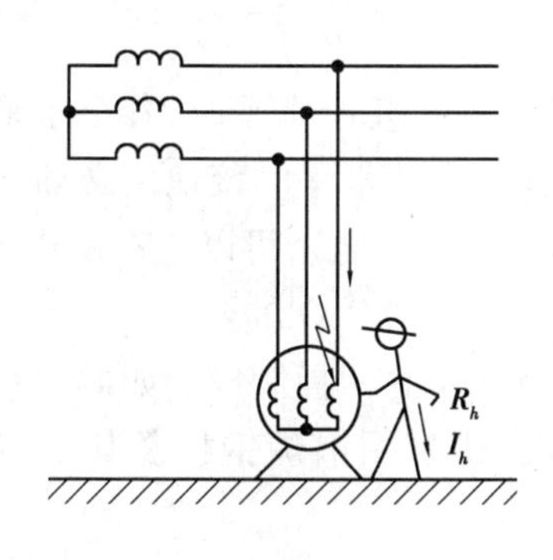

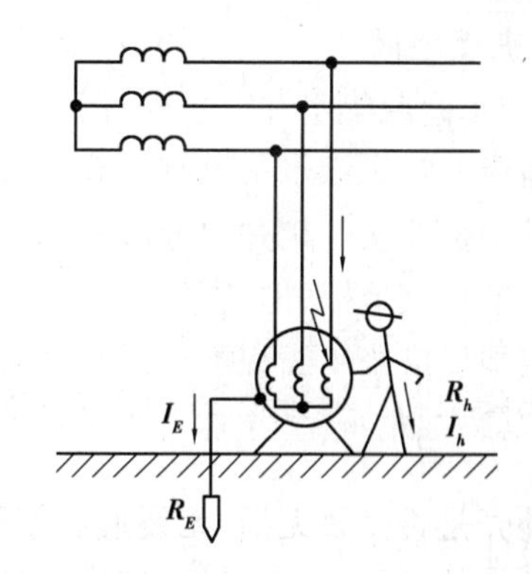

图7.2.3　保护接地工作原理图

(a)无接地保护时；(b)有接地保护时

接地装置与人体构成并联电路，根据并联电压相等的关系有 $I_hR_h = I_ER_E$，整理后得：

$$I_h = I_E \frac{R_E}{R_h} \tag{7.2.1}$$

式中　I_h——通过人体的电流，A；

I_E——通过保护接地装置的电流，A；

R_E——保护接地装置的接地电阻，Ω；

R_h——人体电阻，Ω。

由式(7.2.1)得知，保护接地装置的接地电阻 R_E 越小，通过人体的电流将越少，因而越安全。这是因为 R_E 越小,对人体的分流作用越大,绝大部分电流将通过保护接地装置入地,只有很少一部分电流通过人体,所以触电的危险性减小。由此可见,保护接地的关键是将保护接地装置的接地电阻值降低到规定的范围内,就可以使流过人体的电流不超过安全极限电流,达到减小触电危险的目的。

此外,装设保护接地后,当电气设备外壳带电时,接地漏电电流也大部分经过保护接地装置流入地中,只有很小一部分电流经电气设备的外壳入地。这样,当外壳与地因接触不良而出现裸露的电火花时,电火花的能量也大为减小,因而引起矿井沼气煤尘爆炸的危险性减小。

鉴于保护接地的上述保护作用,《规程》规定,36 V 以上的和由于绝缘损坏而可能带有危险电压的电气设备的金属外壳、构架等,都必须有保护接地。

2.4.2 井下保护接地系统的组成

根据《规程》的规定,应在煤矿井下指定的地点敷设主接地极、局部接地极,并用电缆铅包、铠装外皮及接地芯线并相互连接起来,形成一个总接地网,称为保护接地系统。保护接地组成系统的好处,一是将各接地极并联后,可降低系统的接地电阻,提高保护的安全性;二是各接地极互为后备,一旦某接地极断路,可通过其他接地极实现保护,提高了保护的可靠性。保护接地系统的各个组成部分如图 7.2.4 所示。

《规程》规定:接地网上任一保护接地点的接地电阻不得超过 2 Ω。为此,对井下总接地网各组成部分的要求和具体做法如下:

(1)主接地极

主、副水仓或集水井内必须各设一块主接地极。若矿井有几个水平时,各个水平都要设立主接地极。如果该水平没有水仓,不能设立主接地极时,则该水平的接地网必须与其他水平的主接地极连接。矿井内分区从井上独立供电者(包括钻眼供电),可以单独在井下或井上设置分区的主接地极,但其总接地网的接地电阻也应符合不超过 2 Ω 的要求。

主接地极应采用面积不小于 0.75 m^2、厚度不小于 5 mm 的钢板制成。如矿井水含酸性时,应视其腐蚀情况适当加大厚度,或镀上耐酸的金属,或采用锅炉钢板及其他耐腐蚀的钢板。

主接地极的表面积大,而且矿井水的导电率高,使得接地电阻要比其他接地极的接地电阻小。又因为主接地极位于接地网的中心,因此它在整个保护接地网中起着非常重要的作用。

(2)局部接地极

根据《规程》规定,在下列地点应装设局部接地极:

①采区变电所(包括移动变电站和移动变压器);

②装有电气设备的硐室和单独装设高压电气设备的地点;

③低压配电点或装有 3 台以上电气设备的地点;

④无低压配电点的采煤机工作面的运输巷、回风巷、集中运输巷(胶带运输巷)以及由变电所单独供电的掘进工作面,至少应分别设置一个局部接地极;

⑤连接高压动力铠装电缆的连接装置。

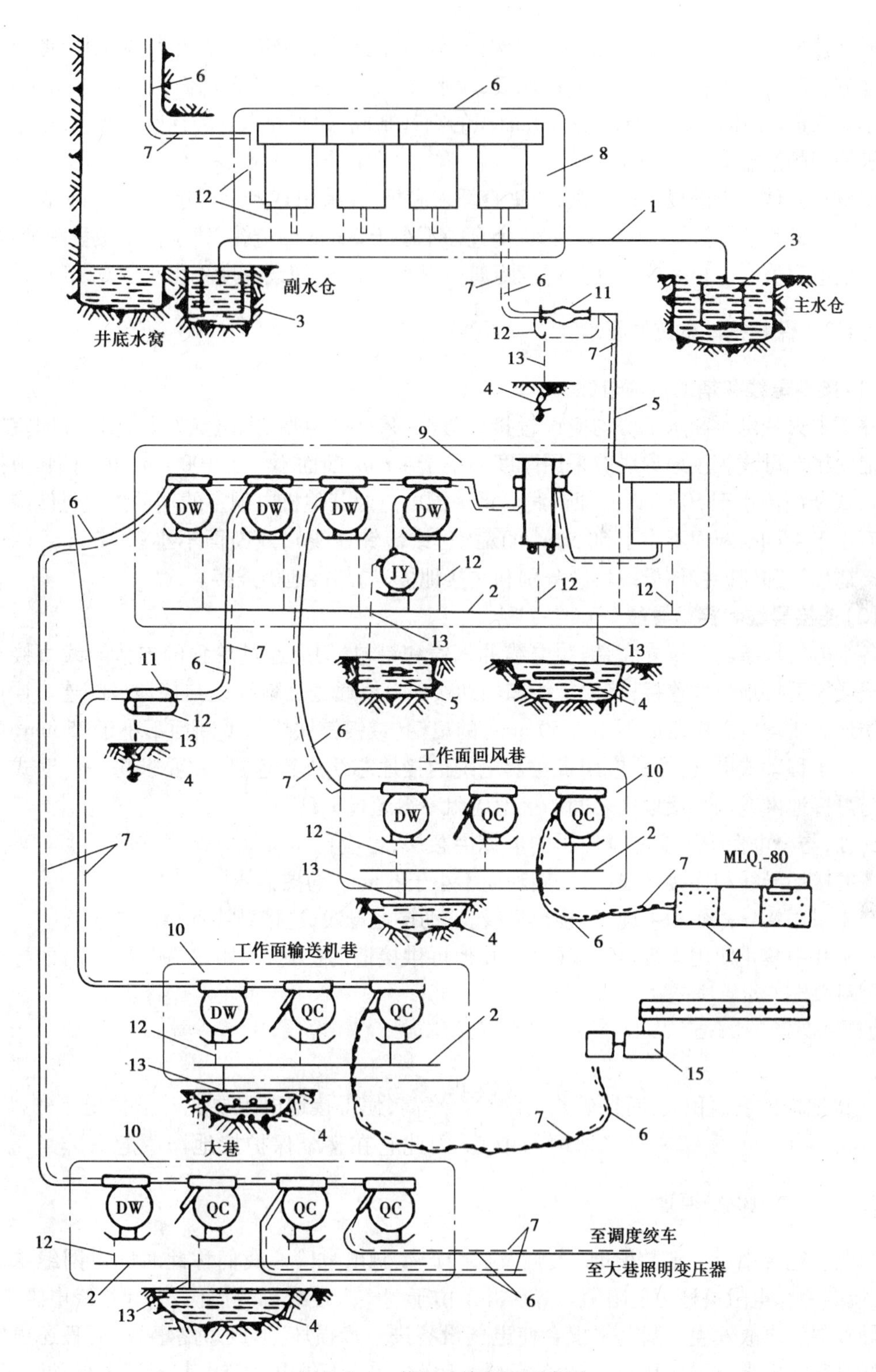

图7.2.4　井下总接地网示意图

1—接地母线;2—辅助接地母线;3—主接地极;4—局部接地极；5—漏电保护辅助接地极；6—电缆;7—电缆接地层;8—中央变电所;9—采区变电所;
10—配电点;11—电缆接线盒;12—连接导线;13—接地导线;14—采煤机组;15—运输机

局部接地极最好设置于巷道旁的水沟内,以减小接地电阻值。如无水沟,则应埋设在潮湿的地方。对于埋设在水沟的局部接地极,应平放于水沟深处,并采用面积不小于0.6 m²、厚度不小于3 mm的钢板和具有同等有效面积的钢管制成,如矿井水含酸性时,也应该采取与主接地极相同的措施。

埋设在其他地点的局部接地极,应垂直埋入底板,并采用直径不得小于35 mm、长度不得小于1.5 m的钢管,管子上至少要钻20个直径不小于5 mm的透孔,便于往土壤里灌盐水,以降低接地电阻值。二根钢管并联且埋设距离不得小于5 m,埋设深度不得小于0.75 m。

2.4.3 保护接地系统的要求

(1)接地母线和辅助接地母线

井下中央变电所和水泵房均应设置接地母线,采区变电所、配电点及其他机电硐室则应设置辅助接地母线。接地母线应采用厚度不小于4 mm、断面不小于100 mm² 的扁钢(或镀锌铁线),或断面不小于50 mm² 的裸铜线。采区配电点及其他机电硐室的辅助接地母线应采用厚度不小于4 mm、断面不小于50 mm² 的扁钢(或镀锌铁线),或断面不小于25 mm² 的裸铜线。接地母线和辅助接地母线均应分别和主接地极、局部接地极连接。

(2)连接导线和接地导线

各个电气设备的金属外壳,铠装电缆的钢铠和铅包,均应通过单独的连接导线直接与接地母线或辅助接地母线连接;接地母线和辅助接地母线通过接地导线与接地极相连。连接导线和接地导线均应采用断面不小于50 mm² 的扁钢(或镀锌铁线),或断面不小于25 mm² 的裸铜线。对于移动式电气设备,应用带橡套电缆的接地芯线进行连接,并要求每一移动式电气设备与总接地网或局部接地极之间的接地电阻不得超过1 Ω。

此外,与漏电保护装置配合使用的电缆屏蔽层,也应可靠接地。低于或等于127 V的电气设备的接地导线和连接导线,可采用断面不小于6 mm² 的裸铜线。

禁止采用铝导体作为接地极、接地母线、辅助接地母线、连接导线和接地导线。

在矿井中禁止使用无接地芯线(或无其他可供接地的护套,如铅皮、铜皮套等)的橡套电缆或塑料电缆。

2.5 井下供电系统漏电保护

2.5.1 漏电保护原理

当电网绝缘小于一定数值时,人触及后会产生触电危险。我们称此时的电网绝缘为漏电,相应的绝缘电阻值称为危险值。煤矿井下由于潮气入侵或机械损伤,引起绝缘电阻下降,往往导致漏电事故发生。漏电不仅会使电气设备进一步损坏,形成短路事故,而且还可导致人身触电和漏电火花引爆瓦斯、煤尘的危险。因此,在井下供电系统中装设漏电保护装置,以实现监视绝缘、漏电保护以及补偿流过人身的电容电流。

(1)JY82型检漏继电器结构

JY82型检漏继电器由隔爆外壳与可拆出的电路芯板组成。它装在拖撬上,便于移动。

前盖利用止口卡在外壳上，并于隔离开关的操作手柄之间设有机械闭锁装置。只有切断电源才能解除闭锁，打开前盖，前盖的上方有一个观察 kΩ 表的玻璃窗，窗口下方为试验按钮。后盖为接线盒，打开后可进行接线。接线盒的一侧有两个接线嘴，一个与自动馈电开关用电缆相连，一个用电缆与辅助接地极相连。拖橇上设有接地螺栓，与局部接地极相连。

电路芯板上装有隔离开关、三相电抗器与零序电抗器、直流继电器、桥式整流电路、kΩ 表、监视灯、熔断器、试验按钮及电阻、电容等元件。

(2)电路组成与各元件作用

JY82 系列检漏继电器的电路组成如图 7.2.5 中虚框内所示。各元件作用如下：

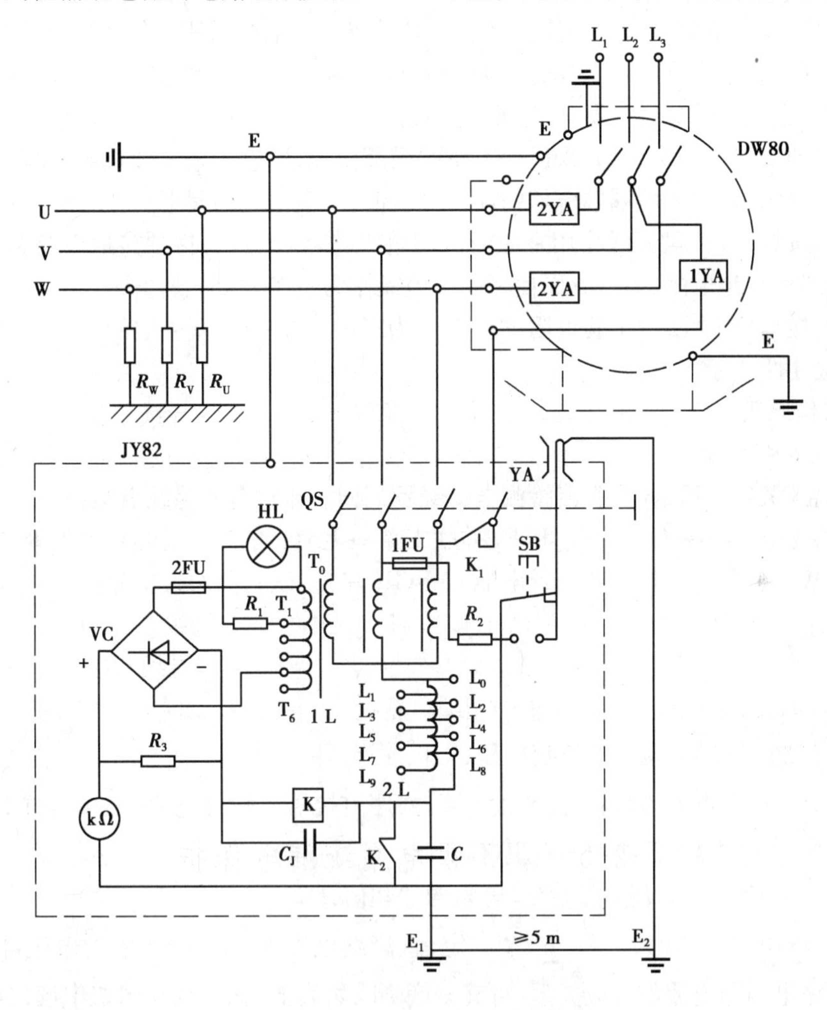

图 7.2.5　JY82 系列检漏继电器原理图

①隔离开关 QS 用来接通和断开检漏继电器与所保护的三相交流电网。

②三相电抗器接成星形，一方面使附加直流电源顺利加在电网上，另一方面阻止交流串入附加直流通路，同时还防止三相交流短路，并产生一个人为的中性点。三相电抗器中的一相具有二次线圈，从而组成变压器，作为整流器和照明灯的电源。变压器二次侧设有 $T_0 \sim T_6$ 抽头可供调节电源电压。

③照明灯 HL 供欧姆表照明用，兼作检漏继电器的电源指示。根据它的明暗程度，可以监

视隔离开关触头闭合的好坏以及有无电源。

④整流器 VC 把交流整成直流,作为附加直流电源。

⑤欧姆表 Ω 实际上是一只以 kΩ 刻度的直流毫安表,用于监视电网的绝缘电阻。直流继电器 K 是检漏继电器的发令元件,它有两对常开触点 K_1 和 K_2。K_1 为跳闸触头,漏电时直流继电器发出动作指令,K_1 触头接通自动馈电开关的脱扣线圈,使自动馈电开关脱扣跳闸,实现保护。K_2 为自保触头,继电器动作时,K_2 比 K_1 先闭合,从而短接了对地绝缘电阻,使 K_1 可靠闭合,并防止断续漏电时 K_1 反复跳动产生的电弧烧毁触头。零序电抗器具有较高的电抗,一方面阻止交流串入直流通路,并保证电网对地的绝缘水平;另一方面用它的电感电流来补偿电网通过人身的电容电流。交流旁路电容 C 是将零序电抗器泄漏的交流旁路,防止其串入直流通路引起误检;C_1 可防止检漏继电器合闸送电的瞬间,当隔离开关的三相触头非同时闭合,产生的冲击电流经过继电器 K 而使之误动。

⑥主接地 E_1 极实际上就是采区变电所的局部接地,这里用来实现直流电源的接地。

⑦试验电阻 R_2 即为检漏继电器的动作电阻值,可模拟电网漏电。

⑧试验按钮 SB 的常开触头用来通断试验电阻,其常闭触头将主接地极与辅助接地极并联,一方面减小接地电阻,另一方面使辅助接地极作为主接地极的后备。

⑨辅助接地极 E_2 实现试验电阻的接地。为了检测主接地极接地的好坏,辅助接地极应与主接地极相距大于 5 m。

(3)工作原理

1)监测电网绝缘

当隔离开关闭合后,便有直流检测电流经下列回路流过电网绝缘电阻:

整流器 VC(+)→kΩ 表→E_1 和 E_2 并联支路→大地→电网对地绝缘电阻 R_U、R_V 和 R_W→电网 U、V、W→电抗器 1 L→2 L→继电器 K→VC(-)。该电流的大小为:

$$I = \frac{U}{\sum R + R_{\Sigma}} \tag{7.2.2}$$

式中 I——直流继电器 K 线圈中流过的电流,mA;

U——整流器 VC 输出的直流电压,V;

$\sum R$——欧姆表的内阻、接地极电阻、零序电抗器线圈的电阻、三相电抗器的电阻、直流继电器线圈的电阻之和,Ω;

R_{Σ}——三相电网每相对地绝缘电阻的并联值,Ω。

当检漏继电器结构时,U 和 $\sum R$ 一定,直流继电器 K 和欧姆表中的电流都将随 R_{Σ} 变化,按照绝缘电阻与电流的对应关系,将其刻度到欧姆表上,就可从欧姆表中读出电网对地绝缘电阻值,从而实现对电网绝缘的监测。

2)漏电保护

当 R_{Σ} 减小到危险值以下时,继电器 K 中的电流便超过其动作值(5 mA)。继电器动作以后,首先 K_2 闭合,使上述直流检测回路的部分电阻被短接,因而继电器中的电流进一步增大而可靠动作。其次,K_1 闭合,接通自动馈电开关中的脱扣线圈 1YA 回路,使之跳闸,切断供电电源,达到保护的目的。

刚好能使继电器动作的绝缘电阻值,称作检漏继电器的动作电阻值。我国规定,对于

380 V的检漏继电器,其动作电阻值为3.5 kΩ;对于660 V的检漏继电器,为11 kΩ;对于1 140 V的检漏继电器,则为20 kΩ。

由于R_{Σ}和继电器的动作电流值固定不变,由式(7.2.2)可知,调节U的大小必然要改变整个检漏继电器的动作电阻值。U升高,动作电阻值变大;反之则减小。因此,改变三相电抗器1 L二次线圈的抽头,即可调节检漏继电器的动作电阻值。应以试验按钮按下时,检漏继电器能够可靠动作为准。

3)补偿电网对地电容电流

该检漏继电器的零序电抗器2 L有9个抽头(L_0 ~ L_9),调节抽头,可改变其线圈的匝数,从而改变其电感电抗值,以达到最佳补偿。调节时,在电网的任一相与地之间接入一个1 kΩ的电阻(模拟人体电阻)和交流毫安表,当电流表的读数最小时,即为最佳补偿状态。为了不让自动馈电开关跳闸,应在K_1触点间加入绝缘物,使之隔开,以免脱扣线圈回路接通。实际上,电网的对地电容是随着线路工作状态而改变,当线路不工作时,长度变短,分布电容变小;而线路工作时,线路变长,分布电容变大。由于零序电抗器的抽头无法随之进行动态调整,从而无法保证在任何情况下都能达到最佳补偿。这一点与无选择性共同构成该继电器的缺点。

4)漏电试验

按下漏电试验按钮,将试验电阻接入电网与地之间,模拟电网漏电,直流继电器动作,自动馈电开关跳闸。说明保护装置可靠无误。

2.5.2　使用与操作

按要求将检漏继电器与自动馈电开关、局部接地极和辅助接地极相连。合上检漏继电器的隔离开关,电源指示灯亮。按下检漏继电器外盖上的试验按钮,欧姆表指向红色区域(即保护动作区域),同时所连自动馈电开关跳闸,否则说明检漏继电器动作值整定有误或保护装置及自动馈电开关有故障,须调整检漏继电器中三相电抗器二次侧的抽头,或排除故障后再进行试验,直至保护可靠动作,方可投入使用。

2.6　井下供电系统过流保护

2.6.1　过流保护的意义

凡是电气设备的实际电流超过额定值,都叫做过电流,简称过流。引起过流的原因很多,如短路、过负荷和电动机单相运转等。因此,过流保护通常包括短路保护、过负荷保护和断相保护等。虽然都属于过流时切断电源实现保护,但是它们有本质的区别:短路保护的动作时间要短,其动作值设定较大,这是由于短路电流往往超过额定电流的十几倍到几十倍,温度迅速升高,如不及时排除,将导致电气设备的严重破坏;而过载保护的动作时间要长,其动作值设定小于短路保护的动作值,这是由于过载时所产生的电流只有额定电流的几倍,温度升高缓慢,短时过载不会立即烧坏设备。为防止短时过载而造成的停电,要求过载保护延时动作。延时的长短取决于过载程度,过载程度越大延时越短,反之延时越长,我们称之为反时限特性。目前,煤矿井下低压电网过流保护装置主要有熔断器、过流继电器、热继电器等。

2.6.2 常用过流保护装置

(1)熔断器熔体的选择计算

在选择井下低压开关设备时,熔断器的型式和电压等级已经确定,在此仅限于选择熔体和校验熔断器的分断能力。

1)保护电缆支线

对于鼠笼型电动机,熔断器作短路保护,熔体的额定电流 $I_{N.F}$ 按下式计算:

$$I_{N.F} \approx \frac{I_{N.st}}{1.8 \sim 2.5} \tag{7.2.3}$$

式中 1.8~2.5——当电动机起动时,保证熔体不熔化的系数。在不经常起动或负荷较轻、起动较快的条件下,系数取2.5;而对于频繁起动或负荷较重、起动时间较长的电动机,系数取1.8~2。

$I_{N.F}$——熔体的额定电流,A。

$I_{N.st}$——电动机的额定起动电流,A。若被保护的是几台同时起动的电动机,则此电流应为这几台电动机的额定起动电流之和。

井下采、掘、运机械常用电动机的额定电流和额定起动电流,可查表得到。如果没有具体资料可查,可按电动机额定电流的5~7倍近似地估算其额定起动电流,电动机功率较大者取偏大值,一般取6倍,即

$$I_{N.st} = (5 \sim 7)I_N \approx 6I_N \tag{7.2.4}$$

式中 I_N——电动机的额定电流,A。对于380 V电动机,其额定电流可按 $I_N = 2P_N$ 估算;对于660 V电动机,其额定电流可按 $I_N = 1.15P_N$ 估算。

P_N——鼠笼型电动机的额定容量,kW。

2)保护干线电缆

保护干线电缆熔体的额定电流可按下式计算:

$$I_{N.F} \approx \frac{I_{N.st}}{1.8 \sim 2.5} + \sum I_N \tag{7.2.5}$$

式中 1.8~2.5——系数的意义与取值同式(7.2.3)。

$\sum I_N$——其余电动机的额定电流之和,A。

$I_{N.st}$——被保护干线中起动电流最大的一台或同时起动电流最大的多台鼠笼型电动机的起动电流,A。

由于电动机的实际起动电流常常小于额定值,故式(7.2.5)中按额定起动电流计算结果偏大,在选择熔体额定电流时,宜取接近或略小于计算值,或者以电动机的实际起动电流进行计算。

3)保护照明变压器和电钻变压器

在照明变压器和电钻变压器的一次侧装设熔断器进行短路保护时,其熔体的额定电流有不同选择。

①对于照明变压器中做过载和短路保护,按式(7.2.6)选择:

$$I_{N.F} \approx \frac{1.2 \sim 1.4}{K_{Tr}} I_N \tag{7.2.6}$$

式中　$I_{N.F}$——熔体的额定电流,A;

I_N——照明负荷的额定电流,A;

K_{Tr}——变压器的变压比;

1.2 ~1.4——可靠系数。

②对于电钻变压器熔断器作短路保护,按式(7.2.7)选择:

$$I_{N.F} \approx \frac{1.2 \sim 1.4}{K_{Tr}}\left(\frac{I_{N.st}}{1.8 \sim 2.5} + \sum I_N\right) \tag{7.2.7}$$

式中　1.8 ~2.5——系数的意义与取值同前,其余符号和系数的意义同前;

$I_{N.st}$——容量最大的电钻电动机额定起动电流,A;

$\sum I_N$——其余负荷额定电流之和,A。

4)保护 127 V 的照明线路

对于 127 V 的照明线路,熔断器作过载和短路保护,熔体的额定电流 $I_{N.F}$ 按式(7.2.8)计算:

$$I_{N.F} \geqslant \sum I_N \tag{7.2.8}$$

式中　$\sum I_N$——照明灯额定电流之和,A。

(2)热继电器及其整定计算

热继电器(或热元件)作过载保护,其整定电流为:

$$I_a \geqslant \sum I_N \tag{7.2.9}$$

式中　I_a——热继电器的动作电流值,A;

$\sum I_N$——所保护的电动机额定电流之和,A。

对于短时重复起动的电动机,由于热的积累,使得热继电器可能在起动过程中动作,故取值应稍大些。但应注意,如果热继电器的动作是因为负荷太大、电动机起动困难引起的,则取值不应加大,以免烧毁电动机。此外,用一个开关控制几台电动机时,虽然热继电器的整定值可按式(7.2.9)计算,但是如果负荷分配不均,也很难实现电动机的过负荷保护。

对于限流式热继电器中的电磁元件,按上述过流继电器的短路保护进行整定和校验。

(3)过电流继电器的整定计算

瞬时动作的过电流继电器或过电流脱扣器,只作短路保护整定即可。电子式过电流保护装置具有过载、断相、短路等多种保护功能。短路保护整定与过载保护整定值有关,因此应先整定过载保护,再整定短路保护。由于智能型开关中各种保护的整定值由程序按过载保护动作值自行设定,故只需设定过载保护的动作值即可。对于各短路保护,还需按实际整定值进行灵敏度校验。

1)保护装置动作值的整定计算

①保护单台或同时起动的多台鼠笼型电动机支线。

a. 过负荷保护

$$I_{a.o} = I_N \tag{7.2.10}$$

式中　$I_{a.o}$——过负荷保护的动作电流值,A;

I_N——单台或同时起动的多台电动机的额定电流,A。

b. 短路保护

$$I_{a.s} \geqslant I_{N.st} \tag{7.2.11}$$

式中 $I_{a.s}$——短路保护的动作电流,A;

$I_{N.st}$——单台或同时起动的多台电动机的起动电流,A。

②保护不同时起动的多台用电设备干线。

a. 过负荷保护

$$I_{a.o} \geqslant 1.1 I_{ca} \tag{7.2.12}$$

式中 I_{ca}——线路的最大长时工作电流,可由式(7.2.10)求得,A;

1.1——考虑负荷计算误差的可靠系数。

b. 短路保护

$$I_{a.s} \geqslant I_{N.st} + \sum I_N \tag{7.2.13}$$

式中 $I_{a.s}$——短路保护的动作电流值,A;

$I_{N.st}$——起动电流最大的一台或同时起动电流最大的多台电动机起动电流,A;

$\sum I_N$——其余电动机的额定电流之和,A。

③变压器二次侧总馈电开关的整定。

a. 过负荷保护

$$I_a = I_{2N.T} \tag{7.2.14}$$

式中 $I_{2N.T}$——变压器二次侧的额定电流,A。

b. 短路保护

$$I_a \geqslant I_{N.st} + \sum I_N \tag{7.2.15}$$

式中 I_a——短路保护的动作电流值,A;

$I_{N.st}$——变压器所带负荷中起动电流最大的一台或同时起动电流最大的多台电动机的起动电流,A;

$\sum I_N$—其余电动机的额定电流之和,A。

2)灵敏度校验

$$K_s = \frac{I_{sc}^{(2)}}{I'_{a.s}} \geqslant 1.5 \tag{7.2.16}$$

式中 K_s——保护装置的灵敏系数;

$I_{sc}^{(2)}$——保护范围末端的最小两相短路电流,A;

$I_{a.s}$——根据计算的整定值查开关技术数据确定的实际整定值,A。

若经校验灵敏度不能满足上式时,可采取以下措施:

①加大干线或支线电缆截面。

②设法减少低压电缆线路的长度。

③采用相敏保护器或软起动等新技术提高灵敏度。

④换用大容量变压器或采取变压器并联。

⑤增设分段保护开关。

⑥采用移动变电站或移动变压器。

2.6.3 过流保护的要求

《规程》第四百五十五条规定：井下高压电动机、动力变压器的高压控制设备，应具有短路、过负荷、接地和欠压释放保护。井下由采区变电所、移动变电站或配电点引出的馈电线上，应装设短路、过负荷和漏电保护装置。低压电动机的控制设备，应具备短路、过负荷、单相断线、漏电闭锁保护装置及远程控制装置。第四百五十六条规定：井下配电网路(变压器馈出线路、电动机等)均应装设过流、短路保护装置；必须用该配电网路的最大三相短路电流校验开关设备的分断能力和动、热稳定性以及电缆的热稳定性，必须正确选择熔断器的熔体。

2.7 触电及其预防

2.7.1 触电的危险因素

触电事故是指人体触及带电体，或人体接近高压带电体时有电流流过人体而造成的事故。按电流对人体伤害的程度，触电大致分为电击和电伤。

(1)电击

电击是指电流通过人体内部器官，使心脏、呼吸和神经系统受到损坏。电击多数可置人于死地，所以是最危险的。

(2)电伤

电伤是指电流通过人身某一局部或电弧烧伤人体造成体表器官的破坏。当烧伤面积不大或程度不深时，不致有生命危险。

触电对人体的危害程度是由多种因素决定的，但流经人体电流的大小、频率及其途径是主要因素，电流的大小起决定作用。由于通过人体的电流在交流35～50 mA、直流50 mA以上就有生命危险，为此我国规定触电的安全极限交流值为30 mA。

流经人身电流的大小与人身电阻关系密切。人身电阻包括体内电阻和皮肤电阻，体内电阻较小，基本不受外界因素影响，故人身电阻主要是皮肤(角质层)电阻，其数值随人的皮肤状况、触电时间及触电电压的不同变动很大。若皮肤干燥无损时，人身电阻可达10～100 kΩ，反之，人身电阻可降至0.8～1 kΩ。由于煤矿井下特别潮湿，工人劳动出汗多、皮肤易损，可认为皮肤基本失去绝缘，通常以1 kΩ作为人身电阻计算值。流经人体的电流还与触电电压有关，根据欧姆定律和人体电阻、触电电流安全极限值，可知安全触电电压极限值约为30～50 V。但因人体电阻与工作条件有关，我国规定安全触电电压在条件较好的场所为65 V，在条件较差的场所为36 V，在特别危险的场所为12 V。

流经人体的电流也与触电时间有关，随着触电时间的增加，人体发热出汗增加，人身电阻会逐渐减小，使触电电流逐渐增大。因此，我国还规定了人身与带电部分的允许接触时间，见表7.2.3。而且规定了人体触电电流与触电时间乘积不得超过30 mA·s。即使触电电流是安全电流，若持续时间过久也会造成死亡事故；反之，即使触电电流大于安全电流，若能迅速脱离电源也不致有生命危险。

表 7.2.3　电流对人体造成的影响

电流/mA	作用情况	
	50 Hz 的交流电	直　流　电
0.6～1.5	开始有感觉,手指有麻刺	没有感觉
2～3	手指有强烈麻刺,颤抖	没有感觉
5～7	手部痉挛	感觉痒、刺痛、灼热
8～10	手已难于摆脱带电体,但是还能摆脱,手指尖部到手腕有剧痛	热感觉增强
20～25	手迅速麻痹,不能摆脱带电体,剧痛,呼吸困难	热感觉增强,手部肌肉不强烈收缩
30～50	引起强烈痉挛,心脏跳动不规则,时间长则心室颤动	热感觉增强,手部肌肉不强烈收缩
50～80	呼吸麻痹,心房开始震颤	有强烈热感觉,手部肌肉收缩,痉挛,呼吸困难
90～100	呼吸麻痹,持续 3 s 或更长时间,则心脏麻痹,心室颤动	呼吸麻痹
300 及以上	作用时间 0.1 s 以上,呼吸和心脏麻痹,机体组织遭到电流的热破坏	

2.7.2　触电的预防措施

(1)使人体不能接触和接近带电导体

带电裸导体置于一定高度或者加保护遮拦,可使人体接触不到带电体。如地面 1～10 kV 架空线路经过居民区时,对地面最小距离为 6.5 m。井下架线式电机车的架空线,在大巷中其敷设高度距轨面不得小于 2 m;在井底车场,其敷设高度距轨面不得低于 2.2 m。电气设备外盖与手把之间,应设置可靠的机械闭锁装置,以保证合上外盖前不能送电,不切断电源则不能开启外盖;操作高压回路,必须戴绝缘手套、穿绝缘靴等,以防触电。

(2)人体接触较多的电气设备采用低电压

人体接触机会多的电气设备造成触电的机会也多,为了保证用电安全,应采用较低的电压供电。例如:井下手持煤电钻工作电压不得超过 127 V,控制回路和安全行灯的工作电压不得超过 36 V 等。

(3)设置保护接地或接零装置

当电气设备的绝缘损坏时,可能使正常情况下不带电的金属外壳或支架带电,如果人体触及这些带电的金属外壳或支架,便会发生触电事故。为了防止这种触电事故的发生,将正常时不带电、绝缘损坏时可能带电的金属外壳和支架可靠接地或接零,以确保人身安全。

(4)设置漏电保护装置

电气设备或线路在绝缘损坏时会有触电的危险,所以应设置漏电保护装置,使之不断地监测电网的绝缘状况，在绝缘电阻降到危险值或人身触电时，自动切断电源，以确保安全。

(5)井下及向井下供电的变压器中性点严禁直接接地

在矿井井下，为了防止人体触电和引爆瓦斯、煤尘，规定井下电网的中性点严禁直接接地。例如图7.2.6所示的中性点直接接地系统，若人体触及一相导体时，人体接触的是相电压，此时通过人体的电流为：

$$I_{ma}=\frac{U_\varphi}{R_{ma}} \tag{7.2.17}$$

式中　I_{ma}——通过人体的电流，A；

U_φ——电网的相电压，V；

R_{ma}——人体电阻，Ω。

如果电网电压为660 V，人体电阻为1 000 Ω，通过人体的电流为：

$$I_{ma}=\frac{660}{\sqrt{3}\times 1\ 000}=0.38\ \mathrm{A}=380\ \mathrm{mA}$$

这个数值远远大于极限安全电流，因此触电后危险性极大。如果发生单相接地故障，即为单相接地短路，则在故障点产生的电弧足以引起瓦斯、煤尘的爆炸。

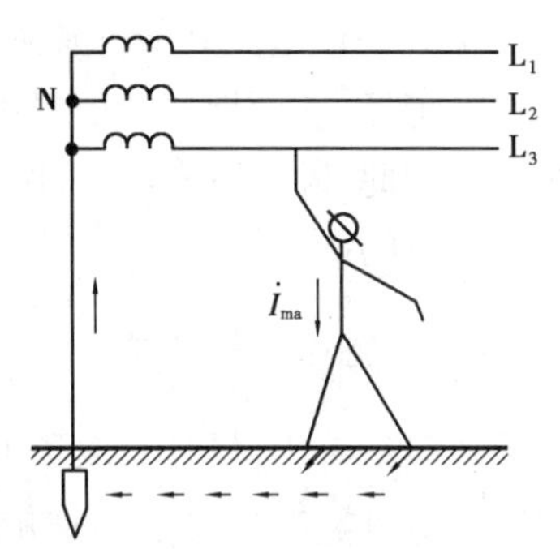

图7.2.6　中性点直接接地系统人体触及一相时的情况

中性点对地绝缘系统如图7.2.7所示。若人体触及一相导体时，流过人体的电流经另外两相对地绝缘电阻和电网对地分布电容形成回路。

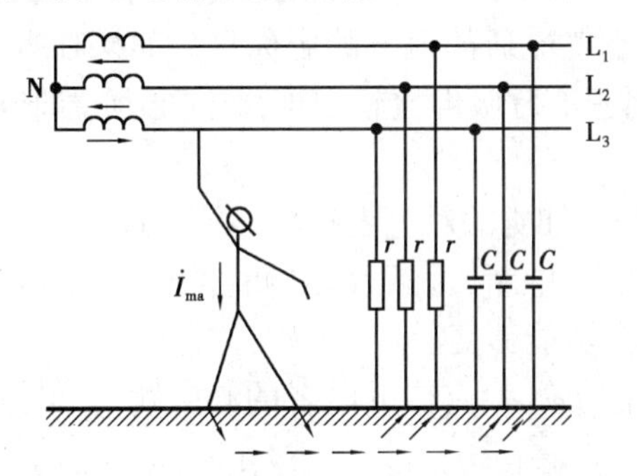

图7.2.7　中性点绝缘系统人体触及一相时的情况

当供电系统的线路总长度小于1 km时，可忽略电网对地分布电容的影响，此时流过人体的电流为：

$$I_{ma}=\frac{3U_\varphi}{3R_{ma}+r} \tag{7.2.18}$$

式中　r——电网每相对地绝缘电阻，Ω。

当$r=35\ 000$ Ω，其他条件与上述相同时，此时流过人体的电流为：

$$I_{ma}=\frac{3\times 660/\sqrt{3}}{3\times 1\ 000+35\ 000}=0.03\ \mathrm{A}=30\ \mathrm{mA}$$

此电流值为极限安全电流值。

当电网较长，线路对地分布电容不可忽略时，流过人体电流为：

$$I_{\mathrm{ma}}=\frac{U_{\varphi}}{R_{\mathrm{ma}}\sqrt{1+\frac{r(r+6R_{\mathrm{ma}})}{9R_{\mathrm{ma}}^{2}(1+r^{2}\omega^{2}C^{2})}}} \tag{7.2.19}$$

式中　C——线路每相对地分布电容,F。

如果 $C=0.5\mu\mathrm{F}$,其他参数不变,经计算,此时通过人体的触电电流为154 mA。

由此可见,在中性点对地绝缘系统中,当电网对地分布电容较大时,人体触电的危险性仍然很大。因此,除井下电网中性点严禁直接接地外,还必须采取其他安全措施来消除电网对地电容电流的影响。

2.7.3　触电后的急救

在供电系统中,尽管采取了上述有效的预防措施,但是由于人为因素、设备问题等,也会偶然发生触电事故。万一出现触电事故时,为了有效地抢救触电者,要做到"两快"、"一坚持"、"一慎重"。

"两快"即指快速切断电源和快速进行抢救。电流通过人体所造成的危害程度主要取决于电流的大小和作用时间的长短,因此抢救触电者最要紧的是快速切断电源。当出事地点没有电源开关时,若是380 V以下低压线路,可用木棒、绳索等绝缘物体拨开电源线或直接将触电者拉脱电源;若是高压线路,则应用相应等级的绝缘棒等物品使触电者脱离电源。

触电者脱离电源后,应立即进行抢救,不能消极地等待医生到来。如果伤员一度昏迷,尚未失去知觉,则应使伤员在空气流通的地方静卧休息。如果呼吸暂时停止,心脏暂时停止跳动,伤员尚未真正死去,或者只有呼吸但比较困难,此时必须立即采用人工呼吸和心脏挤压进行抢救。

"一坚持"是指坚持对失去知觉的触电者持久连续地进行人工呼吸与心脏挤压,在任何情况下,这一抢救工作决不能无故中断,贸然放弃。事实证明,触电后的假死现象比较普遍,有的坚持抢救长达几个小时,竟然能够复活。

"一慎重"是指慎重使用药物,只有待触电者的心脏跳动和呼吸基本正常后,方可使用药物配合治疗。

第3章 矿山电气设备

3.1 高压防爆真空配电装置

矿用高压配电箱是将高压隔离开关、高压断路器、互感器和测量仪表以及保护装置组装在封闭外壳内的一种成套配电装置，用于接受和分配高压电能，控制和保护高压线路或高压电气设备。矿用高压配电箱根据使用环境不同，可分为一般型和防爆型。其高压断路器又分为油断路器、六氟化硫断路器、真空断路器。目前使用较多的是真空断路器，本节主要介绍矿用隔爆型高压真空配电箱。

矿用隔爆型高压配电箱有多种型号，目前使用较多是 BGP 系列配电箱，按工作电压分有 10 kV 和 6 kV 两种；按保护装置不同，分有电子综合保护型和单片机程序控制保护型，后者又称智能型。下面以 BGP9L-6(10)型高压真空配电箱为例进行介绍。

3.1.1 BGP9L-6(10)矿用隔爆型高压真空配电装置

BGP9L-6(10)矿用隔爆型高压真空配电装置主要用于有煤尘和爆炸性气体的煤矿井下及危险场所，对额定电压6(10) kV，额定频率50 Hz，额定电流至400~630 A 的中性点不接地或经消弧线圈接地方式的供电系统进行控制和保护，并可作为直接启动电机的高压开关。

该装置在保护、测量与控制方面采用了计算机技术，采用全中文液晶显示、菜单式操作。除保护控制功能外，还具有诊断功能，开关状态、负荷电流、电网电压、有功功率的实时显示功能，电度计量功能，故障类型记忆查询功能等。

(1)结构

BGP9L-6(10)高压配电装置总体结构如图 7.3.1 所示，壳体为一长方形箱体，箱体分为前后两腔，前腔装有机芯小车，小车上装有真空断路器、三相电压互感器、母线式电流互感器、压敏电阻、熔断器、智能测控单元、隔离插销动触头等。在箱体内装有导轨、托架、操作机构、接地导杆等装置，箱体右外侧还装有断路器、隔离插销和门之间的闭锁装置，在箱体中间隔板上装有 6 个隔离插销静触头座和一个穿墙式 9 芯接线柱。在后腔又分为上下两部分，后腔上部为进线腔，三根导电杆作为贯穿母线固定在箱体两侧板的大绝缘座上。后腔下部为进线腔,在引入电缆的端口装有零序电流互感器,后腔侧板上还装有控制线出线嘴,用户可以引出控制线实现远方控制。

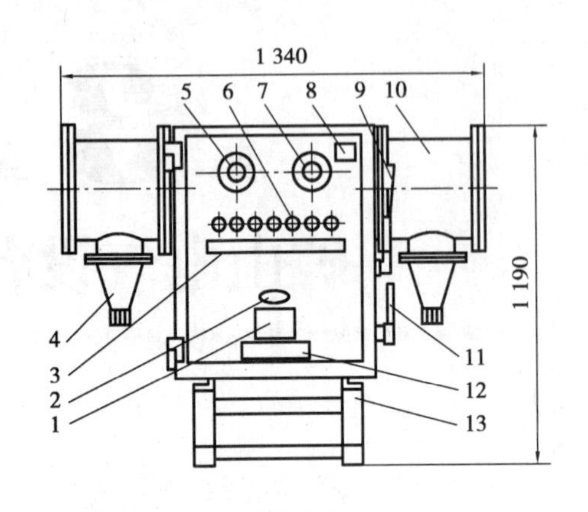

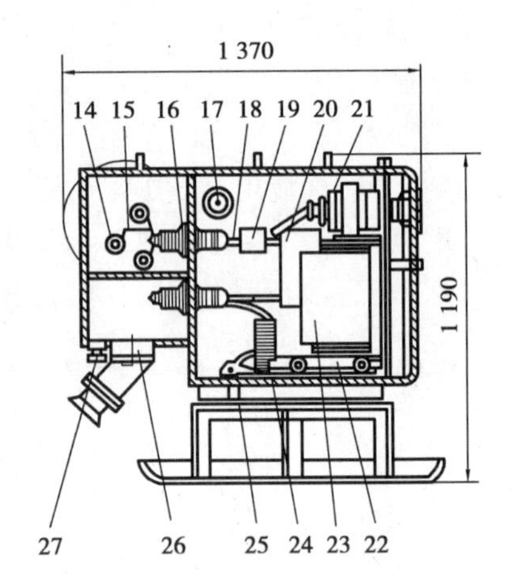

图 7.3.1 BGP9L-6(10)矿用隔爆型高压真空配电装置结构示意图

1—铭牌;2—MA 标志;3—按钮标牌;4—进线装置;5—液晶显示窗;6—按钮;
7—状态显示窗;8—厂标;9—断路器合闸手柄;10—接线筒;11—隔离开关手柄;
12—防爆标志;13—底座;14—绝缘座;15—贯穿母线;16—静触头座;
17—隔离插销观察窗;18—动触头;19—电流互感器;20—断路器;
21—电压互感器;22—机芯小车;23—智能测控单元;24—压敏电阻;
25—隔离操作机构;26—零序电流互感器;27—控制线出线嘴

箱门采用了双把手快开门结构,左右两边同时设置偏心轮把手,使开门提起时不仅动作迅速,而且十分省力。熟练掌握两个把手的运用后,开关箱门显得比同类其他开门结构方式更方便、轻巧、可靠。

箱门控制面板上装有中文液晶显示窗、运行状态显示窗、行程开关、电流源、按钮以及煤矿安全标志、防爆标牌和铭牌等。

为保证安全,配电箱隔离插销、断路器和箱门之间设有以下机械闭锁装置,其装置如图 7.3.2所示。

①隔离插销处于合闸位时,联锁杆 6 锥形头伸入锁杆轮套 9 的锥形缺口,锁杆轮套 4 解锁,断路器方能进行合闸操作。同时,门闭锁杆 1 不能向右移动,使箱门闭锁不能打开。

②隔离插销处于断开位置,门闭锁杆 1 插入锁杆轮套 9 的方槽内,此时箱门能打开,联锁杆 6 也限制锁杆轮套 9,致使断路器不能合闸。

(2)电气原理

BGP9L-6(10)矿用隔爆型高压真空配电装置(以下简称为开关)的电气原理如图 7.3.3 所示,其工作可分为两种情况讨论,其一是在正常状态下的开关的分、合闸过程;其二是故障状态下的开关的自动跳闸过程。

1)合闸前

隔离插销处于合闸位后,电压互感器 TV 有电,二次侧输出三相交流电压为 100 V,送入智能测控单元的管脚 2 和 5,同时由 9 与 11 脚引入经 2Z 单相桥式整流输出的 110 V 的直流电压,智能测控单元便开始工作。在正常情况下,先导继电器 J 吸合,触点 J_1 闭合,为合闸电机 M 的启动提供条件；同时失压线圈 SY 也得电，电磁铁动作，为合闸机构的动作提供条件。

2）正常状态下的分、合闸电路

①合闸电路：按下电动合闸按钮 SB_1，电压互感器二次三相交流电 100 V 经 3Z 三相桥式整流，输出 130 V 直流电压，由其正极经行程开关 SB_5（已闭合）、断路器动断触点 FK、中间继电器动合触点 J_1、直流电动机 M、合闸按钮 SB_1 回到电源的负极，故合闸电动机 M 启动。断路器通过储能弹簧完成合闸动作（时间约 3 s），合闸后断路器动断触点 FK 打开，切断合闸电源，合闸电动机 M 停止转动，至此合闸过程结束。同时，断路器的一个动合触点 FK 闭合，为断路器的分闸创造了条件。另两个相并联的动合触点闭合，接通了智能测控单元的 8 和 13 引脚，以便智能测控单元完成合闸显示等功能。

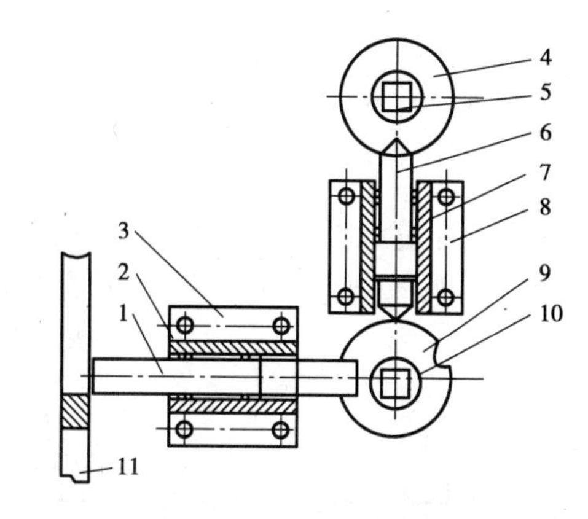

图 7.3.2　隔离开关、断路器与门之间的联锁机构
1—门闭锁杆；2，7—弹簧；3，8—联锁支座；
4—锁杆轮套；5—断路器传动轴；6—联锁杆；
9—锁杆轮套；10—隔离传动轴；11—门法兰

②分闸电路：正常近控分闸时，按下分闸按钮 SB_2，接通分励脱扣线圈 FL 的电源，分励脱扣线圈 FL 得电，电磁铁动作，使断路器 QF 跳闸。断路器跳闸后，动合辅助触点打开，切断分励线圈电源。

正常远控分闸时，按下远程按钮 SB_4，使得智能测控单元内部继电器动作，输出 24 V 直流电压，经辅助触点加至分励脱扣线圈 FL，同时切断失压脱扣线圈 SY 的电源，使断路器 QF 跳闸。在不接远程按钮时，应将出线接线腔内的九芯接线柱接远程按钮 SB_4 的两接线柱短接。

3）保护电路

故障状态下的分闸都是通过接通分励脱扣线圈 FL 及切断失压脱扣线圈 SY 电源的回路来实现的。

①过载保护电路：该开关采用电流互感器 CT 对主回路的电流进行检测，将检测到的信号输入给智能测控单元，一旦发现主回路的电流超过整定值，智能测控单元将接通故障状态下的分闸电路，实现跳闸断电。过载保护是在 1.2 倍电流整定值时延时启动，采用反时限动作特性。动作时间由“过载常数”选择，共 20 挡，可根据过载动作时间的要求选用不同挡。

②短路保护电路：短路保护电路和过载保护电路基本相同。短路保护为瞬动，动作时间小于 100 ms。短路保护的整定值分挡可调，分别为本开关额定电流的 1 ~ 10 倍，精度为 ±5%。

③漏电保护电路：该开关采用了选择性漏电保护原理进行漏电保护，适用于中性点不接地和经消弧线圈接地方式两种供电系统。电路中的漏电检测元件是电压互感器 TV 二次侧的开口三角形绕组和零序电流互感器的电流线圈。当电网发生漏电故障时，二者分别将检测到的零序电压信号和零序电流信号传输给智能测控单元，智能测控单元根据接收到的信号进行功率方向式漏电保护。也就是说，只有本开关负荷侧的电网发生漏电时，智能测控单元才接通故障状态下的分闸电路，实现开关跳闸。漏电电流整定值分 2 A，3 A，4 A，5 A，6 A 五挡；动作时间分为 0 s，0.5 s，1 s，1.5 s 四挡，误差小于 ±5%。

④绝缘监视保护电路：绝缘监视保护电路主要由智能测控单元，经与其引脚 21 连接的高压电缆的监视线、终端电阻、高压电缆的接地线，最后回到智能测控单元的引脚 4。该电路的

任务是监视高压双屏蔽电缆接地线和监视线之间绝缘电阻和回路电阻。当电缆受到外界损伤或有其他原因时,监视线与接地线间的绝缘首先遭到破坏,或监视线、接地线产生机械断路,在尚未发生直接接地时,由监视保护电路切断电源,防止发生事故。当监视线与接地线之间绝缘电阻大于5.5 kΩ时,可靠不动作,小于<3 kΩ时,可靠动作;当监视线与地线之间总电阻小于0.8 kΩ时,可靠不动作,大于1.5 kΩ时可靠动作。绝缘监视保护动作时间小于100 ms。绝缘监视保护还可以根据情况选择“打开”或“关闭”按键。

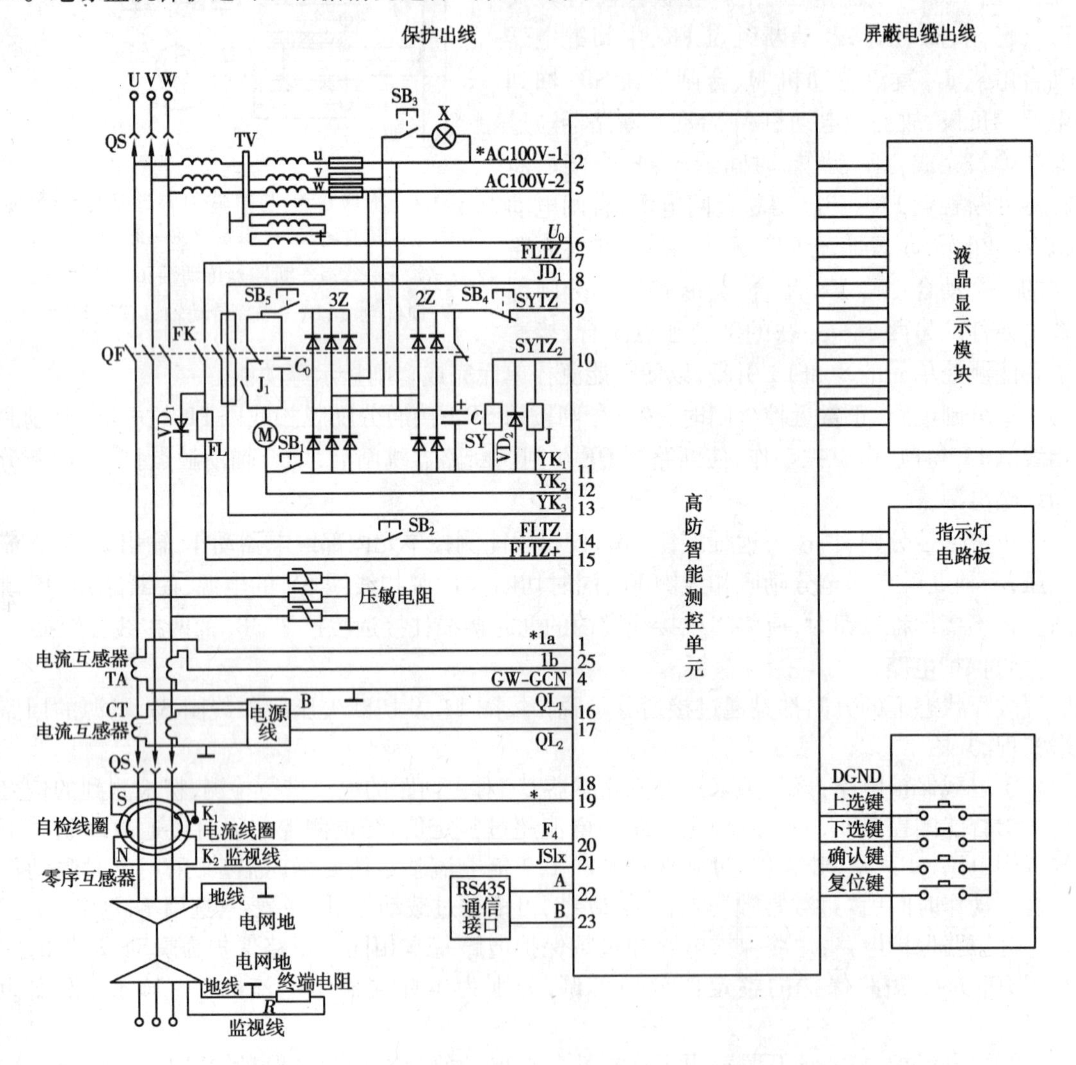

图7.3.3 BGP9L-6(10)矿用隔爆型高压真空配电装置电气原理图

SB_1—电动合闸按钮;SB_2—电动分闸按钮;SB_3—照明灯开关;SB_4—远程按钮;

SB_5—隔离连锁;2Z—单相整流桥;3Z—三相整流桥;SY—失压线圈;FL—分励线圈;

TV—电压互感器;FK—辅助接点;M—合闸电机;J—继电器;X—照明灯

⑤过压保护:当电网进线电压 U_{ac} >120%额定电压时,由智能测控单元使过压保护动作,动作时间小于100 ms,精度为±5%。

⑥欠压保护:当电网进线电压 U_{ac} <65%额定电压时,由智能测控单元使欠压保护延时5 s动作,精度为±5%。

(3)运行参数的设置和整定

开关在投入运行前,必须对运行参数进行设置和整定,其中包括对过载电流的整定,过载延时时间的选择,短路电流的整定,漏电延时动作的时间选择和其他一些功能的设置等。

该开关采用的是智能测控单元对整个系统进行检测、控制和保护。智能测控单元是由16位计算机技术并辅以外围芯片等组成,它除具有保护控制功能以外,还具有开关状态、负荷电流、电网电压、有功功率、电度计量等的显示功能。并可通过按键和液晶显示窗口以菜单式操作方式,进行运行参数设置、数值整定、故障类型查询。图7.3.3电气原理图中所示的四个按键的功能如下:

①复位键。按下该键,装置处于复位状态;释放该键,装置从起始位置进入工作状态。

②确认键。按下该键,执行液晶显示屏上的光标所指(反白显示)处的操作。

③上选键↑。按下该键,可使液晶显示屏上的光标上移,或使反白显示处的参数增加。

④下选键↓。按下该键,可使光液晶显示屏上的标下移,或使反白显示处的参数减小。

(4)操作

该开关正常送、断电操作可分为手动和电动两种。手动合闸时,顺时针推动手柄,听到开关合闸的撞击声,即完成合闸。手动分闸时,按下箱体右侧的机械分闸按钮即可。电动操作时,分别按下箱体正面门上的电动分、合闸按钮即可。

红灯亮时表示开关合闸;黄灯亮时表示电网发生故障,保护动作。

(5)安装和检查试验

1)安装

按使用方式不同,配电装置分为四种形式,如图7.3.4所示。

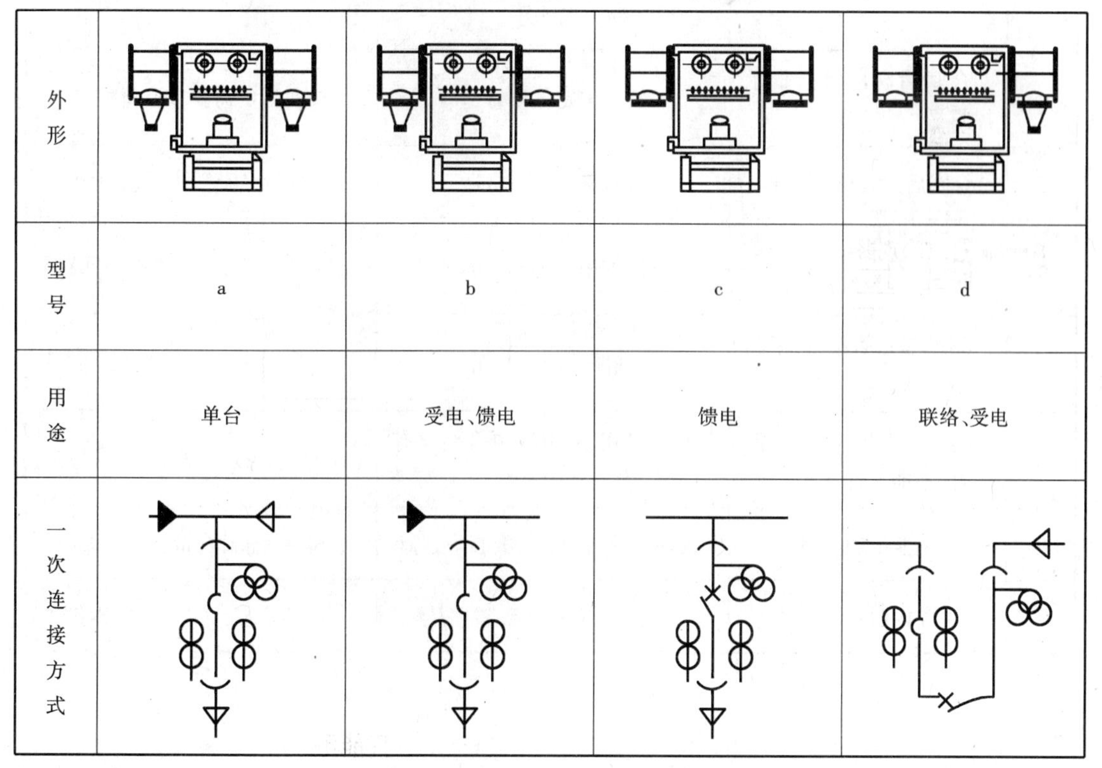

图7.3.4　BGP9L—6(10)装置的四种形式

a 型有两个电源进线端,一个负荷出线端。

b 型有一个电源进线端,另一端为封闭盒,有一个负荷出线端。

c 型仅适于联合使用,本身不进线,电源母线由联台进入,有负荷出线。

d 型适用于在联合时作为联络开关和受电开关使用,作为联络开关时,须将失压线圈拆除。

2)检查试验

配电装置在投入运行前,先应目测检查外观、装配质量应无异常,各紧固件部位应无松动现象。主回路应能承受 23 kV、1 min 的工频耐压试验。试验时,应将电压互感器、压敏电阻与主回路断开,高压继电保护装置拆下,再将 6(10) kV 电源送入配电装置中,显示板上应有显示。

(6)故障及维修

常见故障及维修见表 7.3.1。

表 7.3.1　常见故障及维修

序号	故障现象	主要原因	处理意见
1	隔离操作机构搬不动	闭锁未解除	解除闭锁
2	测控单元无反应	保险熔丝断	更换保险
3	断路器合不上	失压磁铁未吸合,机构位置不合理,电合按钮、行程开关不到位,26 芯插头未插好	检查欠压保护调整机构,调整电合按钮和行程开关,插好 26 芯插头
4	合闸后高压短路指示掉闸	短路整定值不合适	按实际负荷要求重新整定
5	合闸后过载指示掉闸	过载整定值不合适	按实际负荷要求重新整定
6	有故障现象后,测控单元拒动	测控单元电源故障	更换测控单元,检查故障回路
7	测控单元动作后,断路器不掉闸	断路器冲杆卡死	纠正电磁铁冲杆
8	通电后显示正常,只能手合,不能电合	电合按钮不到位,电合线路有故障	调整电合按钮,检查电合线路
9	不能手动分闸	失压线路故障,分闸机构故障	调整分闸机构,检查失压线路
10	主腔内照明灯不亮	熔芯烧坏,灯泡损坏,线路故障	更换熔芯、灯泡,检查线路

3.2　矿用变压器

3.2.1　矿用油浸式动力变压器

目前,煤矿井下变电所使用的矿用一般型低压动力变压器,主要有KSJ、KS7系列。KS7、KS8、KS9系列低损耗矿用动力变压器是新型变压器,其主要性能指标符合国家和国际电工委员会颁布的标准。图7.3.5是KS7系列变压器的外形结构图,它的外壳由钢板焊接而成,油箱形状有长圆形和长方形两种;底部设有轮子或撬板,尺寸较小,与普通变压器比较在结构上有如下特点:

①油箱坚固,机械强度高;

②进出线采用电缆接线盒;

③没有油枕,在油面上部留有一定的空间,供油受热膨胀用;

④油箱下面装有撬板或带边缘的滚轮,允许在倾斜35°的巷道内运输。

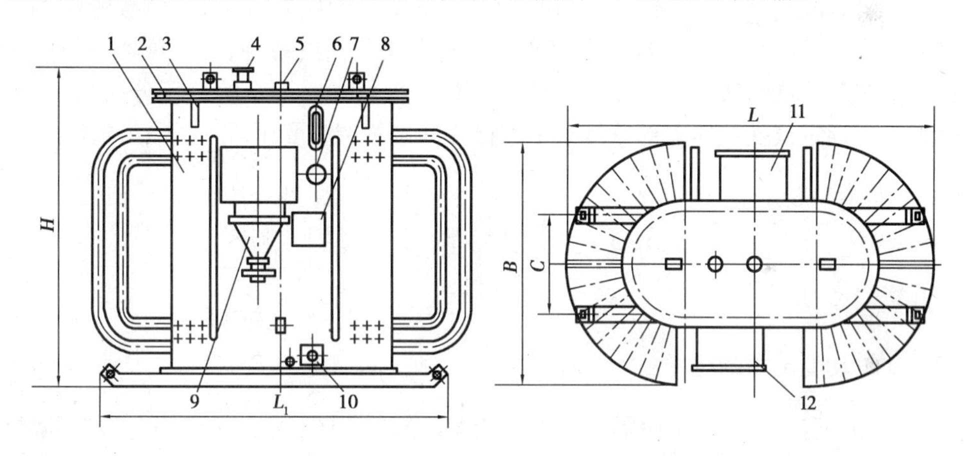

图7.3.5　KS7型矿用变压器的外形图

1—油箱;2—箱盖;3—吊环;4—油温计座;5—注油栓;6—油位指示器;
7—调压开关;8—铭牌;9—电缆接线喇叭口;10—排油栓;
11—高压电缆接线盒;12—低压电缆接线盒

KS7系列变压器在设计和制造上,对变压器的铁芯材料和结构、绕组的绕制方式、绝缘及冷却等方面采取了改进措施,使变压器的空载损耗和短路损耗都大大降低,从而节约了电能。由于KS7型变压器性能良好,已在煤矿井下得到广泛应用。

3.2.2　矿用隔爆型干式变压器

干式变压器是一种空气自冷式变压器,由于外壳内无油,故没有火灾爆炸危险,配以隔爆外壳后,可用于有爆炸危险的场所。下面介绍KSGB型矿用隔爆干式动力变压器。

图7.3.6为KSGB型矿用隔爆干式动力变压器的外形图,它用于有爆炸危险的煤矿井下,它将6 kV电压降为1.2 kV或0.693 kV,向动力设备供电。其外形近似长方形,箱体两侧为瓦楞形波纹散热器,机械强度高,散热好。变压器两端设有两个独立的高、低压隔爆接线

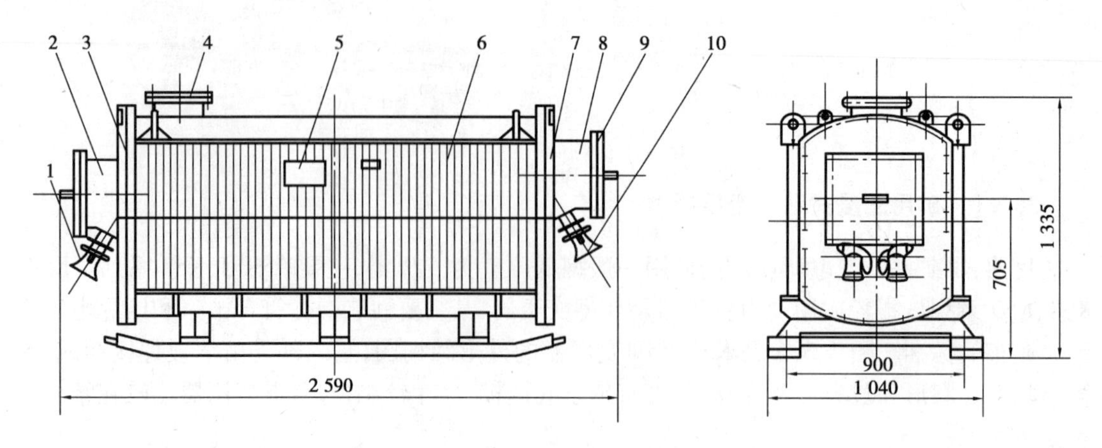

图 7.3.6 KSGB 系列矿用隔爆型变压器

1—高压出线套;2—高压接线盒;3—高压箱盖;4—接线盒盖;5—铭牌;6—箱体;7—低压箱盖;8—低压接线盒;9—低压箱盖;10—低压出线套

腔,腔内有高、低压套管,供电缆接线用。接线腔还可通过隔爆法兰面与高、低压开关连接。

为减小变压器的空载损耗,铁芯材料采用优质低损耗的冷轧硅钢片,斜接缝结构。变压器采用耐热性能高的 H 级绝缘,线圈由聚酰亚胺复合漆包铜线绕制,在变压器绕组中嵌埋有温度继电器,以防止绕组过热。变压器高压绕组设有 -4% 和 -8% 的调压分接抽头,可在断开高压电源后,通过改变箱体上部分接盒中连接片的位置调整变压器二次输出电压。

3.3 矿用移动变电站

3.3.1 移动变电站的组成

图 7.3.7 为国产 KSGZY 矿用隔爆型移动变电站的外形图,它是在 KSGB 型矿用隔爆干式动力变压器两端的高、低压隔爆接线腔上,分别安装隔爆型的高、低压开关组成。

移动变电站放在工作面附近区段平巷的轨道上,可随着工作面的推进而移动。由于高压电能送至工作面附近,缩短了低压供电距离,减少了电能损耗和低压电缆的需用量,因此提高了供电的经济性,同时也容易保证电能质量。

该型号移动变电站原来在高压侧采用 FB-6 型高压负荷开关,仅能分断正常的负荷电流,不能分断故障电流。故变压器高压侧的短路与漏电故障和低压侧的短路故障由设置在移动变电站前级的高压配电开关承担;其低压馈电开关中的漏电保护装置只能切除馈电开关负荷侧故障,如果变压器低压绕组至低压馈电开关电源侧一旦发生漏电,该漏电故障将不能被切除。鉴于上述问题,对国产 KSGZY 型移动变电站现已进行改进,将原来移动变电站高压侧的负荷开关,更换为 BGP41-6 矿用隔爆型高压配电装置,将低压侧馈电开关更换为 BXB-500/1140 隔爆型低压保护装置。

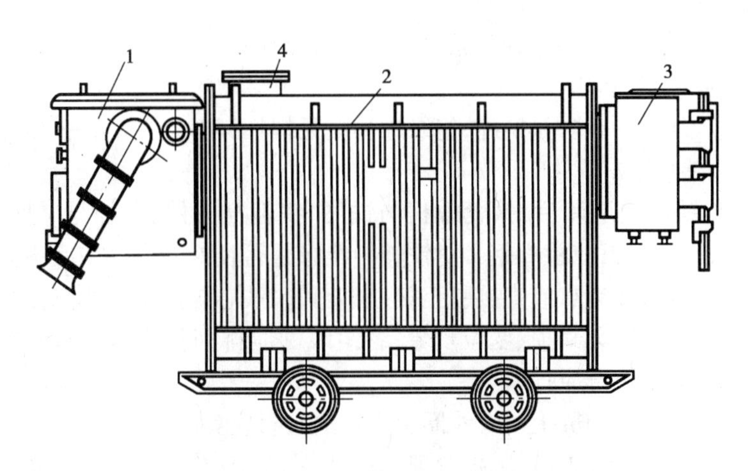

图7.3.7　KDGZY矿用隔爆型组合式移动变电站外形图
1—高压隔爆开关箱;2—干式隔爆变压器;3—低压隔爆开关箱;
4—高压绕组调压分接盒

3.3.2　电力变压器安装、检查

(1)电力变压器安装前的外观检查项目

①变压器油箱及其所有附件应齐全,无锈蚀或机械损伤。

②油箱箱盖或钟罩法兰连接螺栓齐全,密封良好,无渗漏油现象;浸入油中运输的附件,其油箱也应无渗油现象。

③充油套管的油位应正常,无渗油。

④充氮运输的变压器,器身内应为正压,压力不应低于0.98 N。

(2)电力变压器器身检查

变压器到达现场后,应进行器身检查。器身检查可为吊罩(或吊器身)或不吊罩直接进入油箱内进行。吊芯检查一般在变压器安装就位以后进行,其程序是放油、吊铁芯、检查铁芯。

1)当满足下列条件之一时,可不必进行器身检查

①现代制造技术比较发达,有的制造厂生产的产品是免维护的,规定可不作器身检查。

②容量为1 000 kV · A及以下,运输过程中无异常,而且在试验中无可疑情况。

③就地产品仅作短途运输的变压器,如果事先参加了制造厂的器身总装,质量符合要求,且在运输过程中进行了有效的监督,无紧急制动,剧烈振动、冲撞或严重颠簸等异常情况者。

2)器身检查时,应遵守的规定

①周围空气温度不宜低于0 ℃,变压器器身温度不宜低于周围空气温度。当器身温度低于周围空气温度时,宜将变压器加热,使其器身温度高于周围空气温度10 ℃。

②器身暴露在空气中的时间,时间计算规定如下;带油运输的变压器由开始放油时算起;不带油运输的变压器,由揭开顶盖或打开任一堵塞算起,至注油开始为止。不应超过下列规定:

a.空气相对湿度不超过65%时时间为16 h;

b.空气相对湿度不超过75%时时间为12 h;

③器身检查时,场地四周应清洁干净,并应有防尘措施;雨雪天或雾天,应在室内进行;钟罩起吊前,应拆除所有与其相连的部件;器身或钟罩起吊时,吊索的夹角不宜大于60°,必要时

可采用控制吊梁。起吊过程中,器身与箱壁不得有碰撞现象。

3)器身检查的项目和要求

①所有螺栓应紧固,并有防松措施;绝缘螺栓应无损坏,防松绑扎完好;铁芯应无变形;铁轭与夹件间的绝缘垫应完好。

②打开夹件与铁轭接地片后,铁轭螺杆与铁芯、铁轭与夹件、螺杆与夹件间的绝缘应良好;如铁轭采用钢带绑带时,应检查钢带对铁轭的绝缘是否良好。铁芯应无多点接地现象;铁芯与油箱绝缘的变压器,接地点应直接引至接地小套管,铁芯与油箱绝缘应良好。

③线圈绝缘层应完整,无缺损、变位现象;各组线圈应排列整齐,间隙均匀,油路无堵塞;线圈的压钉应紧固,止回螺母应拧紧。

④绝缘围屏绑扎牢固,围屏上所有线圈引出处的密封应良好。

⑤引出线绝缘包扎紧固,无破损、拧弯现象;引出线固定牢靠,其固定支架应坚固;引出线的裸露部分应无毛刺或尖角,其焊接应良好;引出线与套管的连接应牢靠,接线正确。

⑥电压切换装置各分接点与线圈的连接应紧固正确;各分接头应清洁,且接触紧密,弹力良好;所有接触到的部分用 0.05 mm×10 mm 塞尺检查时,应塞不进去;转动接点应正确地停留在各个位置上,且与指示器所指位置一致;切换装置的拉杆、分接头凸轮、小轴、销子等应完整无损;转动盘应动作灵活,密封良好。

(3)电力变压器附件与绝缘油的保管

对于大型电力变压器,需要将变压器本体附件运到现场后进行组装和绝缘油现场注油。因此,在变压器到达现场后,应按下列要求妥善保管(附件与变压器本身连在一起者,不必拆下)附件和绝缘油。

①风扇、潜油泵、气体继电器、气道隔板、温度计以及绝缘材料等,应放置于干燥的室内保管。

②短尾式套管应置于干燥的室内保管,充油式套管卧放时应有适当坡度。

③散热器(冷却器)和连通管、安全气道等应密封。

④变压器本体、冷却装置等,其底部应垫高、垫平,防止水淹;干式变压器应置于干燥的室内保管。

⑤浸油运输的附件应保持浸油保管,其油箱应密封。

⑥应按下列要求保管绝缘油:绝缘油应贮藏在密封的专用油罐或清洁容器内;每批运达现场的绝缘油均应有试验记录,并应取样进行简化分析,必要时进行全分析;不同牌号的绝缘油,应分别贮存,并有明显牌号标志。

(4)电力变压器的验收检查

电力变压器应进行严格全面的检查,项目如下:

①本体、冷却装置及所有附件应无缺陷,且不渗油;轮子的制动装置应牢固;油漆应完整,相色标志正确。

②变压器顶盖上应无遗留杂物;事故排油设施应完好,消防设施齐全;储油柜、冷却装置、净油器等油系统的油门均应打开,且指示正确,无渗油。

③接地引下线及其与主接地网的连接应满足设计要求,接地应可靠。铁芯和夹件的接线引出套管、套管的接地小套管及电压抽取装置不用时其抽出端子均应接地;备用电流互感器二次端子应短接接地;套管顶部结构的接触及密封应良好。

④储油柜和充油套管的油位应正常,套管清洁完好。

⑤分接头的位置应符合运行要求;有载调压切换装置的远方操作应动作可靠,指示位置正确。

⑥变压器的相位及绕组的连接组别应符合并列运行要求;测温装置指示应正确。

3.4 矿用低压馈电开关

矿用低压隔爆自动馈电开关主要应用于井下变电所或配电点,作为低压配电总开关或分路开关使用。目前使用较多的有普通矿用隔爆型自动馈电开关和矿用隔爆型真空自动馈电开关。矿用隔爆型自动馈电开关有 DW80 和 DWKB30 两大系列,其结构简单,保护功能不健全;真空馈电开关采用电子保护装置,保护功能齐全,具有信号显示装置,可用于 380 V、660 V、1 140 V 系统。作总馈电开关使用时,两者均可以同检漏继电器配合实现漏电保护。矿用隔爆型真空自动控制馈电开关有 DKZB、DZKB、KBZ、BKD 等多种系列,均采用真空断路器和电子保护装置。随着单片机的使用,新型的智能化真空自动馈电开关取代了电子保护装置,被越来越广泛的使用。下面以 DKZB-400/1140 和 KBZ-630/1140 矿用隔爆型真空馈电开关为例进行介绍。

3.4.1 DKZB-400/1140 矿用隔爆型智能真空馈电开关

(1)结构

DKZB-400/1140 低压馈电开关的外形结构如图 7.3.8 所示。

开关的隔爆外壳呈方形,焊接在橇形的底座上。隔爆体外壳分为两部分,上方为隔爆接线室,下方为隔爆主腔体,各种接线通过接线柱和接线室相接。接线室两侧有 4 个动力接线嘴,前壁 3 个控制线接线嘴,1 个显示灯窗口,内有 5 个显示灯;上盖为平面止口式隔爆盖,用螺栓固定。

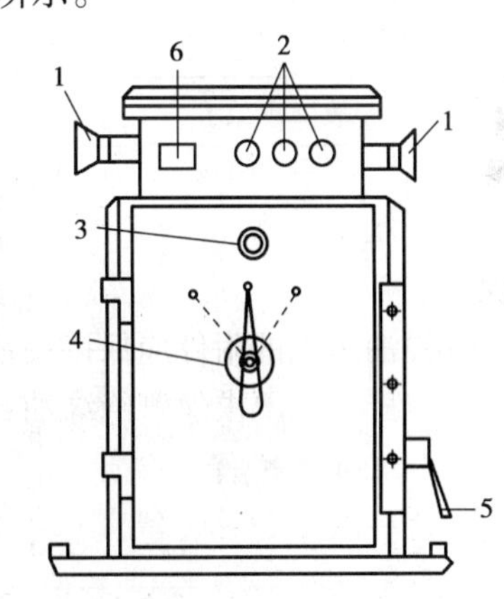

图 7.3.8 DKZB-400/1140 低压馈电开关的外形结构图
1—进出线接线嘴;2—控制线接线嘴;3—显示窗口;4—试验开关;5—合闸手柄;6—铭牌

主腔体由空腔和前门组成,腔体内主要元件及安装部位是:ZD1-400/1140 型真空断路器安装在后腔体中央,它的操作轴和壳体右侧合闸操作手柄相连,并与机械脱扣按钮由连动板相接。K-0307 控制部分电源开关固定在后腔右侧壁上,与壳外合闸手柄相接。阻容吸收装置安装在后壁左侧上方。前门内侧下方控制板上装有控制变压器、高低压熔断器、电子脱扣器等组件。前门板面装有试验开关及机械脱扣按钮,开门前,将控制电源开关打在停止位置,将闭锁杆退出,闭锁住真空断路器和控制电源合闸手柄。当闭锁杆退出后,闭锁板落下,露出螺栓,松开紧固螺栓,即可打开前门。

(2)操作、整定与使用要求

1)操作过程

①将控制电源开关手柄打在合闸位置(左右45°均可),合闸指示灯4XD亮,控制电路接通,将前门检查试验开关手柄打在中间的正常运行位置。

②将馈电开关合闸手柄逆时针转动约225°(操作力约150 N),开关储能。储能完毕后,将开关手柄顺时针扳回到原位(操作力约10 N),合闸指示标志位于“合”位而且合闸指示灯亮。

③分闸时,按下板面上的停止按钮,馈电开关立即跳闸。严禁用手扳动合闸手柄进行分闸操作。

2)整定方法

①过载整定:将过载整定值旋钮1ZD旋至等于或稍大于被控制负载的额定电流整定挡位上,最小为160 A,最大为400 A。

②短路整定:将短路整定值旋钮2ZD旋至被控系统中可能出现的最小两相短路电流值的挡位上,最小为1 200 A,最大为4 000 A。

3)使用要求

①作总馈电开关使用时,必须接检漏继电器。

②在回风巷道设置该开关时,必须接瓦斯超限断电仪。

③作分支馈电开关使用时,将接线柱26、27用导线连接。

④电网电压为660 V时,需将控制变压器一次接在660 V抽头上。

(3)常见故障及处理

常见故障及处理见表7.3.2。

表7.3.2 常见故障及处理

故障现象	产生原因	处理方法
指示灯不亮	1.控制回路没电; 2.FU6熔断器损坏; 3.指示灯不亮。	1.隔离开关GA闭合不严; 2.更换; 3.更换。
开关不能合闸	1.短路、过载跳闸后未复位; 2.真空管漏气闭锁; 3.26、27连接松动或脱落; 4.过载保护组件坏。	1.按复位钮; 2.换真空管; 3.接好26、27连线; 4.检修插件板。
合闸后即跳闸(无过载、短路)	辅助触点FC2滞后,3LJ触点断开	将辅助的触点下移并固定好
试验时开关振动	1.试验开关HK接触不良; 2.过载保护插件板损坏	1.修理触点; 2.检修插件板。
馈电手柄合闸时脱扣器不挂钩	凸轮损坏	更换凸轮

3.4.2　KBZ-630/1140 矿用隔爆型真空馈电开关

KBZ-630/1140 矿用隔爆型真空馈电开关的外形尺寸如图 7.3.9 所示,外壳呈方形,用 4 只 $M12$ 的螺栓与橇形底座相连。隔爆外壳分隔为两个空腔即接线腔与主腔。

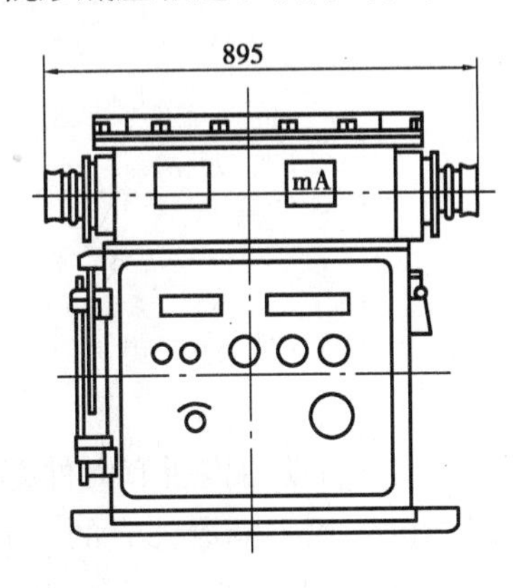

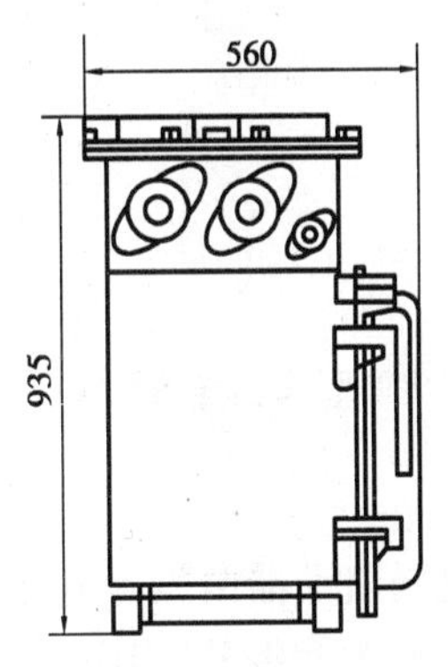

图 7.3.9　KBZ-630/1140 矿用隔爆型真空馈电开关的外形

接线腔在主腔上方,它集中了全部主回路与控制回路的进出线端子。主回路电源进线端上罩有防护板。接线腔两侧各有两只主回路进出线喇叭口,各有一只控制电路进出线喇叭口。

主腔由主腔壳体与前门组成,交流真空断路器 A3(ZK-1.14/630-12.5 型)安装在主腔壳体的中央偏右侧,三只进线直接接在断路器的进线端子上,三只出线有一只穿过指示回路电流的互感器 TA 接至断路器的出线端子,其余两只直接接至断路器的出线端子。其分励按钮杆与主腔右侧的脱扣按钮相连。电源开关安装在主腔的右侧上方,由连接套与主腔右侧上方的操作手把相连。过电压吸收装置安装在主腔的上方,其三根引出线分别接到三只出线端上。主腔的左侧装有一块芯板,正反面均装有控制元件及连接从断路器、前门、接线腔七芯过来的插头的插座。前门上装有观察窗、按钮、试验开关、指示仪表及补偿用的电位器 RP 和故障指示组件等。

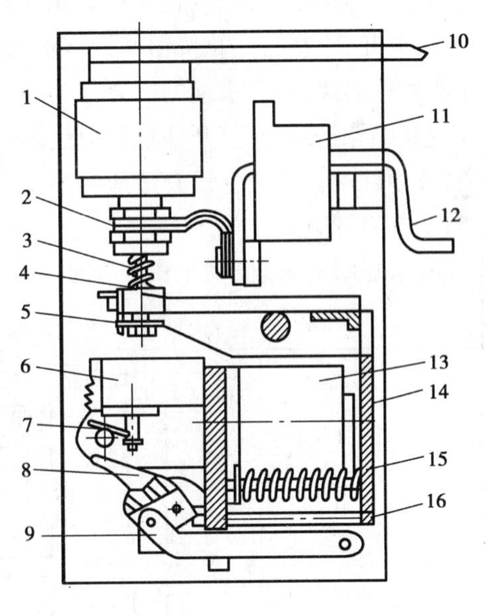

图 7.3.10　ZK-1.14/630-12.5 型低压真空断路器

1—真空管;2—真空管的动导电杆;3—触头弹簧;4—摆动板;5—调整螺栓;6—分励脱扣器;7—半轴机构;8—搭扣器;9—拉杆;10—上母排;11—电流电压变换器;12—下母排;13—电磁铁;14—电磁铁的衔铁;15—反力弹簧;16—限位组件

前门与外壳之间有可靠的机械联锁,当前门与外壳关合后,退出外壳右侧的闭锁杆至前门的限位块上,使前门因不能提升而打不开。同时,因闭锁杆退出后,其前端脱离了电源开关把手的闭锁孔,使电源开关手把可以拔动而接通馈电开关控制电路的电源,馈电开关方能合闸;当需要打开馈电开关时,首先须将电源开关的手把打至中间位置(断开位置),断开控制电源,断路器因控制电路失电而自动分闸,然后拧紧闭锁杆使其前端进入电源开关手把的闭锁孔内,将电源开关闭锁于断的位置,其外端才能脱离前门上的限位块,此时方能打开前门,从而实现馈电开关前门关合并闭锁后才能进行合闸的操作。

3.5 矿用低压启动器

3.5.1 QBC-80 型电磁启动器

(1)结构

QBC-80 型电磁启动器由隔爆外壳和电路板组成。启动器内所有元件都装在一块绝缘电路板上,换向隔离开关和控制变压器安装在绝缘板的背面。隔爆外壳的上方为隔爆进线盒,内设接线端,接线盒的两端分别设有两个大接线嘴(俗称喇叭嘴),用来固定电源侧的进出线电缆,接线盒的前方设有一个供联锁控制接线用的小接线嘴。隔爆外壳的左侧为隔爆出线盒,内设接线端。接线盒的下方设有连接电动机电缆的大接线嘴,接线盒的前方设有远方控制接线用的小接线嘴。隔爆外壳的前面为隔爆外盖。隔爆外壳的右侧为隔离开关操作手柄,手柄的上方为停止按钮和启动按钮,由于隔离开关没有灭弧装置,所以只能在负荷断开时进行操作,为此,手把与停止按钮间设有机械闭锁装置,只有按下停止按钮(由接触器断开负载)后才能操作隔离开关;手柄的前方是与隔爆外盖闭锁的螺栓,只有隔离开关断开电源后,才能退入闭锁螺栓,转动并打开外盖,这就保证了断电开盖检修。隔爆外壳的底座为两端翘起的拖架,以便移动。拖架上设有接地螺栓。

(2)工作情况

QBC-80 型电磁启动器的电气原理如图 7.3.11 所示。

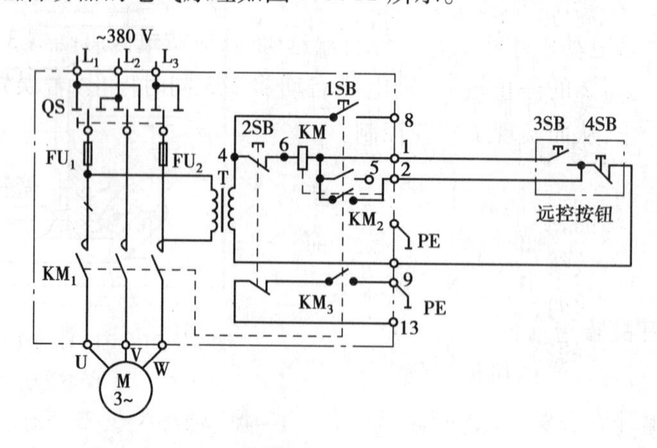

图 7.3.11 QBC-80 型电磁启动器电气原理图

QBC-80 型电磁启动器能实现就地控制(近控)、远方控制(远控)、联锁控制(也叫顺序控制)三种控制方式。下面分别介绍其工作原理:

1）就地控制

对于不经常启动且距电磁启动器不远的设备，可使用启动器本身的1SB、2SB按钮进行就地操作。

就地控制时，需打开主腔外盖，将安装在绝缘板前面的2、5号接线柱用导线短接。在接线腔中，将2、9号接线柱同时接PE接线柱，从而将1SB按钮接入控制回路实现就地控制。

2）远方控制

对于电磁启动器无法安放于靠近生产设备的地方，可采用在生产设备处的远方控制按钮进行控制。

远方控制时需要在控制地点另外接一组启动和停止按钮。首先将2、5接线柱断开，再将2接线柱与地线断开，1、2、9接线柱用三根控制电缆引出接到远控按钮上，将远控按钮3SB、4SB接入控制回路实现远方控制。

3）联锁控制

联锁控制用于几台生产设备的电动机联合工作的情况，实现按一定的顺序进行启动或停止的控制。如煤矿井下的多台输送机组，应逆煤流依次启动，顺煤流依次停止，否则可能造成堆煤，使电动机过载。这时可用联锁控制线路实现。

联锁控制的接线是将主控台KM_3触点串入受控台的控制回路中，即将受控台的9与地断开，将主控台KM_3两端的13与PE接线柱分别与受控台的9与PE接线柱连接，其电路连接如图7.3.12所示。图中开关1为开关2的主控台，开关2又为开关3的主控台。由于第二台启动器的9号线是通过第一台启动器的辅助线13及辅助触点KM_3连接成回路的，所以第一台不启动时，KM_3不闭合，第二台即使按下启动按钮也无法启动；只有第一台启动器中的接触器吸合（KM_3闭合），即第一台电动机启动后，第二台电动机才允许启动。同理，只有第二台电动机启动后，第三台电动机才能启动。停止输送机时，应按电磁启动器3、2、1的顺序停机。若先误按下电磁启动器2的停止按钮，则电磁启动器2、3同时停止；若误先按下1的停止按钮，则3、2、1同时停止，从而实现了联锁控制。

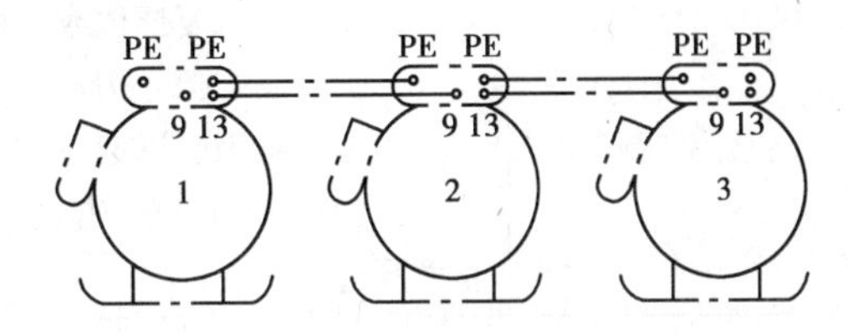

图7.3.12　电动机联锁控制原理接线图

（3）接线与调试

在电磁启动器使用前，必须根据电源电压调整变压器一次抽头为380 V或660 V；再根据所采用的控制方式进行接线。注意：根据《规程》的规定，接地线不得兼作他用。进行远方控制或联锁控制的线路连接时，必须采用专门的控制电缆芯线，不得利用接地线兼作控制芯线。此外，还需根据所选熔体的额定电流安装相应的熔体。如果熔断器熔体熔断3次以上，必须更换熔断管。

（4）常见故障处理

QBC-80型电磁启动器的常见故障及处理方法见表7.3.3。

表 7.3.3　QBC-80 型电磁启动器常见故障及处理方法

故障现象	故障原因	处理方法
按启动按钮时,开关不闭合	1. 电源没有电,刀闸开关未闭合; 2. 主回路 FU_1 或控制变压器 FU_2 熔体熔断; 3. 停止按钮未恢复原位或损坏; 4. 启动按钮损坏; 5. 变压器或吸引线圈烧坏; 6. 控制回路有接触不良现象或控制回路端子松动; 7. 控制芯线断线; 8. 电源电压太低; 9. 接触器主触点被卡。	1. 检查电源,包括重新扳动手柄,闭合刀闸开关; 2. 检查并更换熔断丝; 3. 修复停止按钮; 4. 修复启动按钮; 5. 检查更换部件; 6. 重新接线; 7. 更换控制芯线; 8. 调整电源电压; 9. 调整主触点位置。
启动后不能自保	1. 2 号线有断路或与 PE 接点未连通; 2. 自保触点接触不良或损坏; 3. 自保回路端子松动或远方操作线端子按钮接错。	1. 检查,重新接线; 2. 检查修理触点或弹簧; 3. 重新接线。
启动后不能停止	1. 启动按钮未复原位或损坏; 2. 1 号线与 9 号线短路; 3. 主触点被消弧罩卡住; 4. 主触点熔在一起,磁铁有剩磁或非磁性衬垫磨损过限。	1. 检查修复启动按钮; 2. 排除短路; 3. 检查、调整消弧罩位置; 4. 检查并修复触点,更换或修整衬垫。
吸合磁铁鸣叫声太大	1. 磁铁接触面不正或有脏物; 2. 磁铁上的短路环断裂或脱落; 3. 触点压力过大; 4. 固定衔铁及磁轭的螺钉松动或压力不足; 5. 电源电压太低,吸合不上; 6. 变压器二次线圈局部短路导致电压过低; 7. 线圈烧坏或局部短路。	1. 调正接触面,清除脏物; 2. 更换短路环; 3. 调节触点压力弹簧; 4. 修理松动部位; 5. 调整电源电压; 6. 检修或更换变压器; 7. 更换新线圈。
磁铁闭合缓慢	1. 电压过低(低于 85%); 2. 活动机构不灵活; 3. 磁铁初间隙过大。	1. 调整电压; 2. 检修活动机构; 3. 调整初间隙续。
开关闭合时上一级馈电开关跳闸	1. 开关的负荷侧有接地现象(包括人身触电),导致检漏继电器动作而跳闸; 2. 馈电开关过电流保护整定值选择不当; 3. 开关负荷侧有短路现象。	1. 检查开关、线圈和电机,找出接地点并处理; 2. 检查原因并重新整定; 3. 检查处理。
触点过热和灼伤	1. 触点弹簧压力太小; 2. 触点上有氧化膜或油污使触点接触不良; 3. 触点的超行程太小; 4. 触点的断开容量不够。	1. 调整弹簧压力; 2. 用砂布轻轻打磨或更换触点; 3. 调整行程; 4. 改用大容量启动器。

续表

故障现象	故障原因	处理方法
触点熔焊在一起	1. 触点操作太频繁； 2. 触点闭合时严重跳动； 3. 触点接触电阻太大，动、静触点错位。	1. 更换触点，尽量减少开关操作次数； 2. 更换触点，调整触点压力； 3. 更换触点，清除触点表面，增大触点接触面积。
线圈过热或线圈烧毁	1. 弹簧的反作用力太大； 2. 线圈使用电压不符，电源电压过高； 3. 线圈被外力碰伤或绝缘老化； 4. 线圈受潮或有导电尘埃使局部短路； 5. 磁铁终间隙过大或存在卡阻。	1. 调整弹簧压力； 2. 更换线圈或调整电压； 3. 修理或更换线圈； 4. 干燥线圈并注意保持线圈清洁； 5. 调磁铁终间隙或消除卡阻。
触点磨损较快	1. 触点弹簧失效，初压力不足； 2. 触点闭合时严重跳动； 3. 电源电压过高或过低而引起跳动。	1. 修换弹簧，调初压力； 2. 调整压力； 3. 调电压。

3.5.2 隔爆可逆型电磁启动器

工作面中的某些机械设备经常需要正反转，如上山绞车、调度绞车等。若用 QBC83-80 型启动器，则操作不方便且无法实现远距离反转控制。此时，可选用 QBC-80N 型隔爆电磁启动器。该启动器型号含义与 QBC-80 相同，其后“N”表示可逆，它能方便地进行远距离正反转控制。

(1)结构

QBC-80N 型电磁启动器的结构与 QBC-80 型的大体相同，如图 7.3.13 所示。不同的是其隔爆外壳内装了两套接触器及其控制电路，前后两面都有隔爆外盖，以便两侧检修，并将进线和出线两个隔爆接线盒合并为一个，设置在外壳的顶部。启动器外壳上只有一个停止按钮，以便实现与隔离开关的闭锁。外部另设远方控制正、反转启动按钮及停止按钮。由于它由两个接触器进行电动机换向，所以采用单投隔离开关。为预防两个接触器同时闭合，QBC83-80 型设有电气和机械闭锁装置。外盖与隔离开关手把、停止按钮与隔离开关手把之间也设有机械闭锁装置。

图 7.3.13 QBC-80N 型矿用隔爆可逆电磁启动器结构图

(2)工作过程

如图 7.3.14 所示，工作时首先应合上隔离开关 QS，需要正转时，按下正转启动按钮 1SB，其常开触点闭合接通如下回路：T→4SB→2KM3→1KM→1→2SB→1SB→3SB→PE→T。正转接触器 1KM 通电,其主触点 1KM1 闭合,电动机正转,同时 1KM2 闭合实现自保。而互锁触点 1KM3 断开 2KM 线圈,防止反转接触器吸合,实现互锁。同理,按下正转启动按钮 1SB 的同时,其常闭触点断开反转启动按钮 2SB,实现互锁,防止两个按钮同时按下造成的两相短路。

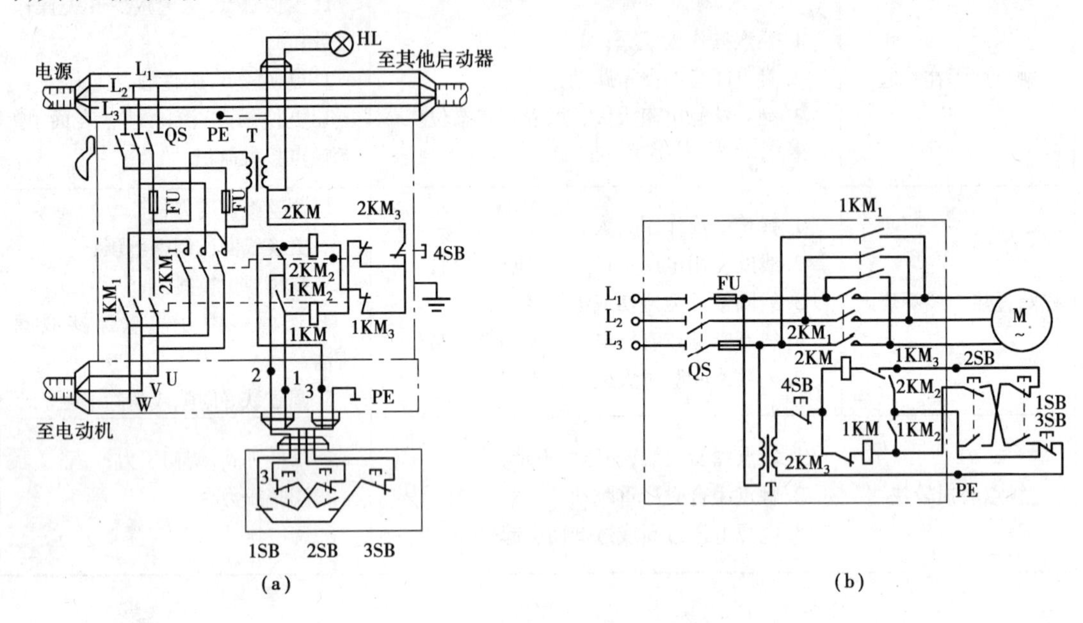

图 7.3.14　QBC-80N 型矿用隔爆可逆电磁启动器电路图

(a)安装接线图;(b)电气原理图

当电动机需要反转时,先按下停止按钮,使接触器线圈断电,主触点断开电动机,同时解除自保和互锁;再按下反转启动按钮 2SB,反转接触器 2KM 通电,其主触点 2KM1 闭合使电动机反转,2KM2 闭合自保。2KM3 断开,闭锁正转接触器 1KM 的线圈。

(3)常见故障处理

QBC-80N 电磁启动器的常见故障及处理方法见表 7.3.4。

表 7.3.4　QBC-80N 型电磁启动器常见故障及处理方法

故障现象	故障原因	处理方法
一个方向能启动而另一个方向不能启动	1. 能启动侧的常闭触点接触不良或损坏,无法解除互锁; 2. 能启动侧的主触点被消弧罩卡住或被熔焊不能复位,使互锁触点不能复位; 3. 不能启动侧的主触点被消弧罩卡住而不能闭合; 4. 不能启动侧的主控制线断线。	1. 检查更换或修理常闭触点; 2. 调整消弧罩,检查主触点; 3. 调整消弧罩; 4. 检查主控制回路接线。

3.5.3　QBZ 型系列隔爆真空型电磁启动器

传统的 QC83 型系列启动器使用空气接触器,其分断能力较小,触点易烧损和熔焊,甚至产生较为严重的电弧短路,而且保护系统也不够完善,给安全生产带来极大的隐患。所以,它的使用受到了一定的限制。《规程》规定:井下 40 kW 及以上的电动机,应采用真空电磁启动器控制。在真空电磁启动器中,控制主电路的通断是真空接触,它灭弧能力强,使用寿命长,另外再配置比较完善的保护系统,使得真空型电磁启动器的使用性能与传统的 QC83 型系列启动器相比较显现出很大的优越性。所以,对传统的 QC83 型系列启动器进行改装,由此而形成 QBZ 型系列隔爆真空型电磁启动器。下面介绍 QBZ-200 型电磁启动器。

(1)结构

QBZ-200 型真空电磁启动器隔爆外壳与 QC83-80 基本相同,只是将进、出线接线盒合并为一个,内部采用真空接触器和 JDB 电动机综合保护器,结构图如图 7.3.15 所示。

(2)工作过程

QBZ-200 型真空电磁启动器电路工作原理如图 7.3.16 所示。

1)启动前

QBZ-200 型真空电磁启动器的控制方式和 QC83-120(225)基本相同,也有就地控制、远方控制、联锁控制三种。它们的工作原理基本相同,故以就地控制为例介绍。启动前首先将 2、5 端子短接(有的启动器设置了远、近控开关,如图中的 SA 应置于近控位置),2、9 端子用导线连接或分别接地。然后合上隔离开关 QS,接通电源,控制变压器 TC 通电,副边输出 36 V 交流电,给控制和保护电路供电。其中,由 4#和 9#导线将 36 V 的交流电引入到 JDB 的 4#和 9#接线柱上,JDB 得电,3#和 4#开始工作,在正常情况下,JDB 内的保护执行继电器动作,常开触点闭合,将3#和4#接线柱短接,为启动器的启动提供条件。

图 7.3.15 QBZ-200 型真空电磁启动器结构图

2)正常启动电路

按下启动按钮 1SB,回路为:TC 的 4 端→K2 常开触点(4、3)→中间继电器线圈 KM→停止按钮 1SB→启动按钮 1SB→5、2 端→TC 的 9 端。中间继电器 KM 通电吸合,常闭触点 KM_3 断开漏电检测回路,以防主回路通电后使附加直流电源烧毁;常开触点 KM_1 闭合,使时间继电器 KT 线圈由 36 V 的交流电经 VD_3 ~ VD_6 桥式整流而通电动作,其延时常开触点 KT_1 延时(等待 KM_3 切除附加直流电源)闭合,继而 KMV 线圈由 36 V 交流电经 VD_1 ~ VD_4 桥式整流而接通并吸合,其触点动作:主触点 KMV 闭合,电动机启动;KMV_1 闭合实现自保;KMV_2 断开,整流电路输出半波直流,从而实现真空接触器线圈大电流吸合后小电流吸持的要求,以防长期大电流烧毁线圈。KMV_4 及 KT_2、KT_3 均断开,一方面作为 KM_3 的后备,另一方面加强主回路与漏电检测回路之间的绝缘。

3)停止电路

按下停止按钮 1SB,线圈 KM 断电,KM_1、KM_2 接点打开,线圈 KT、KMV 断电,所有触点均恢复常态。其中 KMV 主触点断开,电动机停止运转。KT_2、KT_3 触点延时(等待主回路的断电)闭合,将漏电闭锁电路接入。KT_1 的延时时间应大于主回路断开时电弧熄灭的时间,以防止交流经电弧串入直流回路。

4)反转

按下停止按钮 2SB 使电动机停止运转;反向扳动隔离开关,再按启动按钮即可实现反转。

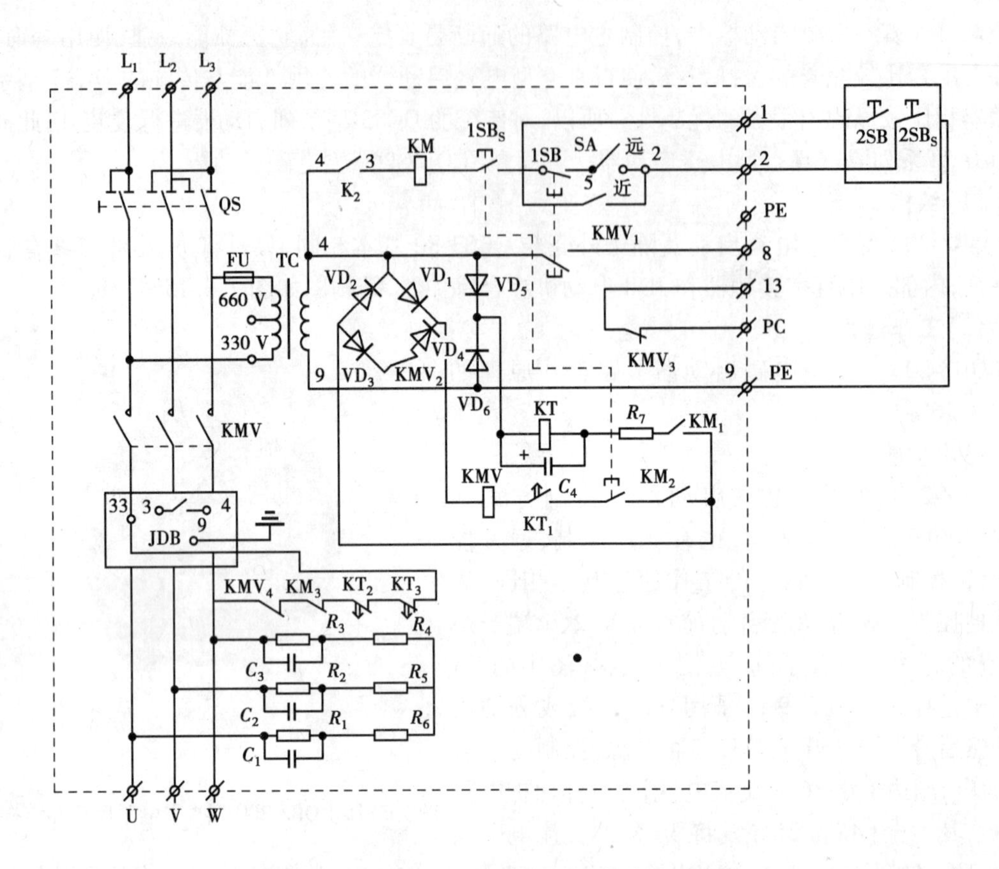

图 7.3.16　QBZ-200 型真空电磁启动器原理图

5)保护电路

该启动器的保护由 JDB 电动机综合保护器来实现。

JDB-120(225)型电动机综合保护器工作原理:JDB 综合保护器具有过载、短路、断相及漏电闭锁等项保护功能。此装置保护性能稳定可靠,抗干扰,安装使用方便,得到广泛的应用。

3.5.4　QJZ-200/1140 型矿用隔爆兼本质安全型真空电磁启动器

QJZ-200/1140 型矿用隔爆兼本质安全型真空电磁启动器(以下简称启动器)适用于含有爆炸气体(甲烷)和煤尘的煤矿中。主要用于直接启动或停止额定电压至 1 140 V、额定功率在 22 ~ 296 kW 范围内的矿用隔爆型三相笼型异步电动机。需要时还可进行远方控制,并可在停机时进行换向。

在必要时,允许使用机壳处的隔离换向开关(手动操作)断开电源(电压 1 140 V 时,电流分断能力为 945 A)。通过改换控制变压器的接线及拨动漏电转换开关至 660 V(或 380 V)位置,亦可控制额定电压为 660 V(或 380 V)的电动机。

启动器的外形如图 7.3.17 所示。它是由装在橇形底架上的方形隔爆外壳、壳内芯子装配和门上芯子装配三部分组成。外壳的前门为平面止口式。当前门右侧中部的机械闭锁解锁后,可以抬起启动器左侧固定于铰链上的操作手把,将门抬起约 30 mm(注意不要过于抬高)后,前门即可打开。关门时,用手提平铰链上的手把,转动前门即可关闭(转动前门时,注意操作手把的抬起高度,避免操作手把上部凸轮与铰链顶撞)。

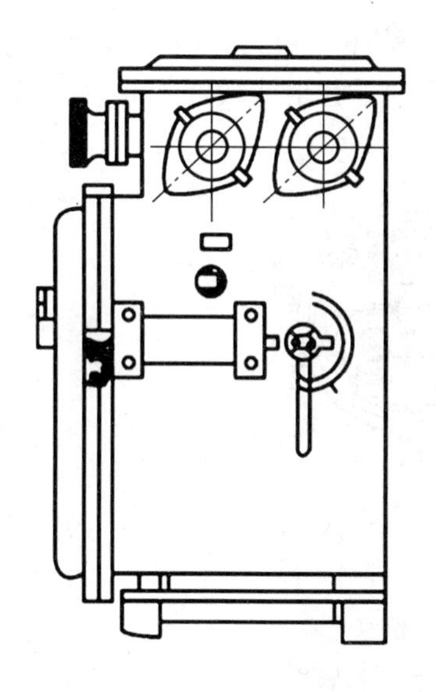

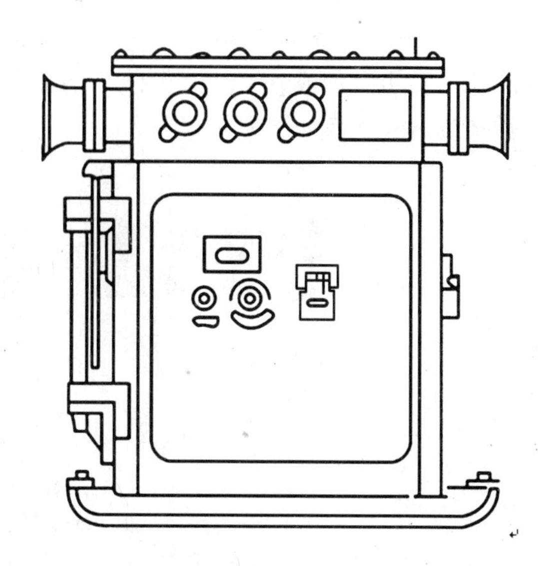

图7.3.17　QJZ-200/1140型真空电磁启动器外形图

打开前门后,先将前门上左右两侧中部的两个螺钉拆下来,将门上芯子装配向前拉动约18 mm后,门上芯子装配即可转动,以利维修。

拧下紧固壳上芯子四角的4个螺钉和6根主导线,同时将控制回路的插接件拔下,壳上芯子装配即可取出。

折页式门芯上装有电子保护插件。它具有漏电闭锁、过流、过载及断相保护功能;同时还具有程控及联控保护功能,电流整定、漏电选定及程控选定可通过该插件上的旋钮或开关来选定。取下紧固螺钉即可将该插件拔下。

3.6　井下电缆

3.6.1　常用电缆的类型及用途

动力电缆是电能输送的主要载体。矿用电缆是针对煤矿井下特殊工况条件而设计制造的专用电缆,它适用于有火灾和瓦斯煤尘爆炸危险、潮湿、淋水、空间狭小、易受机械损伤的井下电能输送的工作环境。在煤矿的地面工业广场内,架空输电线路受到空间条件等多种因素的限制,因此采用把电缆敷设在电缆沟内向各主要设备输电的方法。但是,电缆与架空线路相比,具有投资大、查找故障困难、维护检修不便等缺点,加之井下岩石冒落、机械压砸等原因容易产生短路、漏电,引发瓦斯煤尘爆炸、设备烧毁和人身触电事故。因此,必须能够正确地选择、安装、使用和维护矿用电缆。

(1)矿用电缆的分类

矿用电缆按电压等级可分为高压电缆(大于1 200 V)和低压电缆;按用途可分为动力电缆及照明、控制、通信等电缆。而动力电缆又分为铠装电缆、橡套电缆和塑料电缆。

1)铠装电缆

铠装电缆就是用钢丝或钢带把电缆铠装起来。其最大优点是绝缘强度高,适用作高压电缆,在井下多用于对固定设备和半固定设备供电。由于钢丝或钢带耐拉力强,所以钢丝铠装电缆多用于立井井筒或急倾斜巷道中;而钢带铠装电缆多用于水平巷道或缓倾斜巷道。铠装电缆的构造及截面图如图 7.3.18 所示。

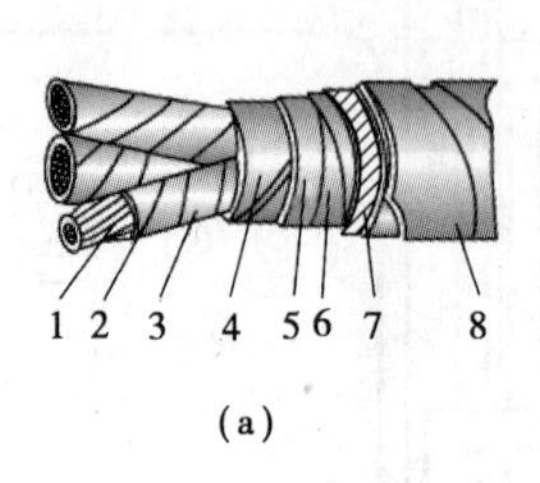

(a)

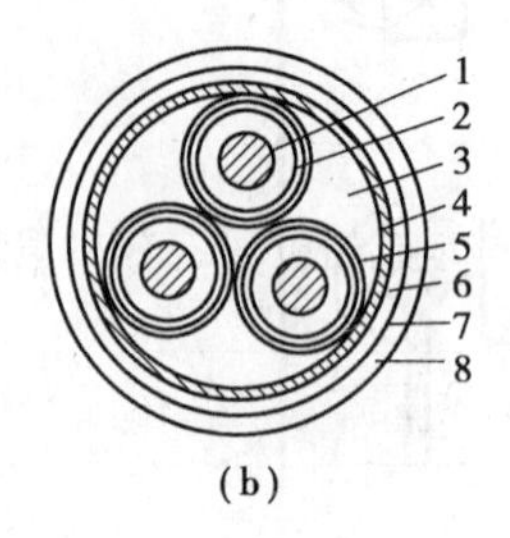

(b)

图 7.3.18 高压铠装电缆结构

(a)结构图;(b)截面图

1—主芯线;2—相间绝缘层;3—填料;4—统包绝缘层;

5—层内护套;6—防腐带;7—黄麻保护层;8—铠装层

铠装电缆的导线芯线分为铝芯和铜芯两种电缆。为了使电缆柔软,芯线多由多根细铝线或细铜线绞合而成。铝芯电缆的优点是质量轻,价格便宜。但铝芯的接头不好处理,容易氧化,造成接触不良而发热;特别是在出现短路故障时,由短路电弧产生的灼热铝粉,更容易引起矿井瓦斯和煤尘爆炸。因此,对煤矿井下特别是采区内的低压电缆,由于它们出现短路故障的机会较多,因而严禁采用铝芯电缆。

除了采用铅护套的铠装外,在矿井地面还广泛采用铝护套的铠装电缆,即铝包电缆。由于铝护套也要接裸露的接地线,因此井下使用非常危险。所以《规程》规定:井下严禁使用铝护套电缆。

为了防止电缆铠装部分被腐蚀,有的电缆还在铠装外面覆盖有黄麻护层。但黄麻护层是易燃物,一旦着火,火势将迅速蔓延,形成火灾。因此,在煤矿井下,特别是井下机电硐室和有木支架的巷道中,不得使用有外黄麻护层的铠装电缆。如果使用,必须将外黄麻护层剥落,并在铠装上涂以防锈漆。国产铠装电缆的型号、结构及应用见表 7.3.5。

表 7.3.5 国产铠装电缆的型号、规格及应用

型 号	电缆结构	使用场所
ZQ20	铜芯、油浸纸绝缘、铅包、裸钢带铠装	敷设在水平及倾角小于 45°的巷道中,具有可燃性支架场所及井下硐室内
ZLQ20	铝芯、油浸纸绝缘、铅包、裸钢带铠装	同 ZQ20,须符合铝芯电缆在井下使用范围
ZLP20	铜芯、干绝缘、铅包、裸钢带铠装	敷设在高差不大于允许高差的井巷(包括垂直巷道),须用中间支撑点
ZQP30	铜芯、干绝缘、铅包、裸细钢带铠装	敷设在水平及倾角小于 45°的巷道中,能承受拉力,垂直高度不大于 100 m,中间有支撑点
ZQP50	铜芯、干绝缘、铅包、裸粗钢带铠装	敷设在井筒中,高差在 100 m 以内。

续表

型　号	电缆结构	使用场所
ZLQP20	铝芯、干绝缘、铅包、裸钢带铠装	同 ZQ20，须符合铝芯电缆在井下使用范围
ZQD50	铜芯、不滴流、铅包、裸粗钢带铠装	敷设在井筒中
ZLQD30	铝芯、不滴流、铅包、裸细钢带铠装	敷设在水平及倾角小于45°的巷道中，须符合铝芯电缆在井下使用范围
ZLQD50	铝芯、不滴流、铅包、裸粗钢带铠装	敷设在井筒中，须符合铝芯电缆在井下使用范围

2）橡套电缆

橡套电缆分普通橡套电缆、阻燃橡套电缆和屏蔽橡套电缆三种。对于井下移动设备的供电，多采用柔软性好、能够弯曲的橡套电缆。

①普通橡套电缆。普通橡套电缆的结构如7.3.19所示。

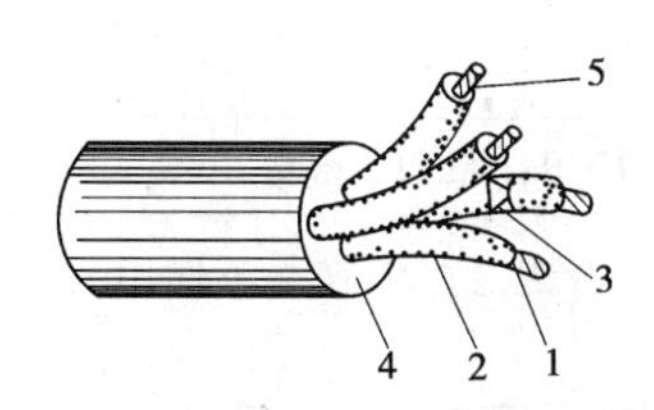

图7.3.19　普通橡套电缆的结构
1—导电芯线；2—橡胶分相绝缘；
3—防震橡胶垫芯；4—橡胶护套；
5—接地芯线

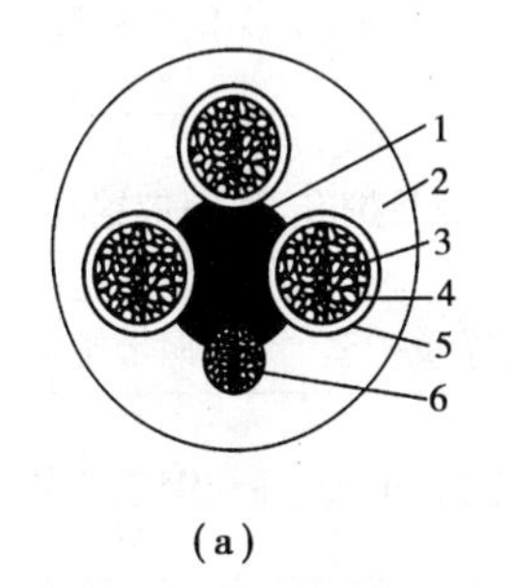

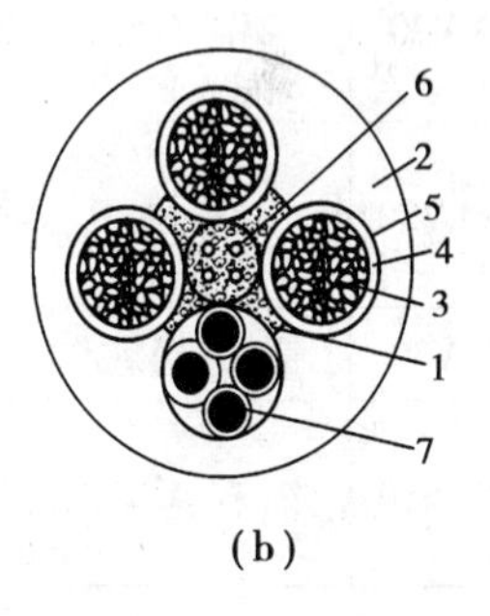

图7.3.20　矿用屏蔽电缆
(a)无控制芯线；(b)有控制芯线
1—导电橡胶垫芯；2—外护套；3—主芯线；
4—绝缘层；5—半导体绝缘层；6—接地芯线；
7—控制芯线

由于天然橡胶可以燃烧，而且燃烧时分解出的气体有助燃作用，容易造成火灾，所以在有瓦斯、煤尘爆炸危险的煤矿井下，不宜使用普通橡套电缆。

②阻燃橡套电缆。这种电缆的构造与普通橡套电缆相同，只是它的外护套采用氯丁橡胶制成。氯丁橡胶同样可以燃烧，但燃烧时分解产生氯化氢气体，可将火焰包围起来，使它与空气隔离而很快熄灭，不会沿电缆继续燃烧。因此，煤矿井下应使用这种阻燃橡套电缆。

③屏蔽电缆。一般矿用屏蔽电缆的结构图如图7.3.20所示。从图中可看出，它的结构与普通橡套电缆基本相同，其差别是每根主芯线的橡胶绝缘内护套的外面缠绕有用导电橡胶带制成的屏蔽层；接地芯线的外面没有橡胶绝缘，而是直接缠绕导电橡胶带；电缆中间的垫心也是用导电橡胶制作的。这样，当任一根主芯线的橡胶绝缘损坏时，主芯线就和它的屏蔽层相连接，并通过垫心和接地芯线外面的导电橡胶带与接地芯线相连。这就相当于一根主芯线通过一定的电阻接地，形成单相漏电，从而引起检漏保护装置动作，切断故障线路的电源。

屏蔽电缆主要用于采掘工作面，以提高工作的安全性。其屏蔽层材料有半导体材料和钢丝尼龙网材料两种。

屏蔽电缆的优点:避免了电缆主芯线绝缘破坏时造成相间短路的严重事故,避免了由于电缆损坏使人产生触电的危险。正由于屏蔽电缆与检漏继电器的配合有超前切断故障线路电源的作用,有效地防止了漏电火花和短路电弧的产生,所以它特别适用于有瓦斯或煤尘爆炸危险的场所和移动频繁的电气设备,即采掘工作面的供电系统。

3)塑料电缆

塑料电缆的主要结构与前两种电缆基本相同,只不过它的芯线绝缘和外护套都是用塑料(聚氯乙烯或交联聚乙烯)制成的。其优点是:允许工作温度高,绝缘性能好,护套耐腐蚀,敷设的落差不受限制等。若电缆外部有铠装的,则与铠装电缆的使用条件相同;若外部无铠装,则与橡套的使用条件相同。因此在条件许可时,应尽量采用塑料电缆,有关矿用塑料电缆型号及使用场所见表7.3.6。

表7.3.6　常用矿用塑料电缆型号及使用环境

型　号	电缆结构	使用场所
VV20	铜芯、聚氯乙烯绝缘及护套、裸钢带铠装	敷设在高差不大于允许高差的井巷(包括垂直巷道),但需要用中间支撑点(系四芯电缆)
VLV20	铝芯、聚氯乙烯绝缘及护套、裸钢带铠装	同VV20,须符合铝芯电缆在井下使用范围(四芯电缆)
VV30	铜芯、聚氯乙烯绝缘及护套、裸细钢带铠装	同ZQD30,(系四芯电缆)
VLV30	铝芯、聚氯乙烯绝缘及护套、裸细钢带铠装	同VV30,须符合铝芯电缆在井下使用范围(四芯电缆)

(2)矿用电缆的选择

1)低压电缆主芯线截面必须满足的条件

①正常工作时,电缆芯线的实际温度应不超过电缆的长时允许温度,所以应保证流过电缆的最大长时工作电流不得超过其允许持续电流。

②正常工作时,应保证供电网所有电动机的端电压在95%~105%的额定电压范围内,个别特别远的电动机端电压允许偏移8%~10%。

③距离远、功率大的电动机在重载情况下应保证能正常起动,并保证其启动器有足够的吸持电压。

④所选电缆截面必须满足机械强度的要求。

2)支线电缆截面的选择

支线电缆一般按机械强度初选,按允许持续电流校验后,即可确定下来。

根据不同的生产机械设备,橡套电缆满足机械强度要求的最小截面见表7.3.7。

表7.3.7　橡套电缆满足机械强度的最小截面　　mm²

用电设备名称	最小截面	用电设备名称	最小截面
采煤机组	35～50	调度绞车	4～6
可弯曲输送机	16～35	局部扇风机	4～6
一般输送机	10～25	煤电钻	4～6
回柱绞车	16～25	照明设备	2.5～4
装岩机	16～25		

3.6.2　电缆的使用及管理

(1)敷设方式选择及要求

《规程》对井下低压电缆的规定是:电缆应带有供保护接地用的足够截面的导体;必须选用经检验合格并取得煤矿矿用产品安全标志的阻燃电缆;电缆主线芯的截面应满足供电路负荷的要求;移动式和手持式电气设备应使用专用橡套电缆;采区低压电缆严禁采用铝芯。

(2)电缆敷设规定

①电缆必须悬挂。在水平巷道或倾角在30°以下的井巷中,电缆应用吊钩悬挂。在立井井筒或倾角在30°及其以上的井巷中,电缆应用夹子、卡箍或其他夹持装置进行敷设。

②水平巷道或倾斜井巷中悬挂的电缆应有适当的弛度,并能在意外受力时自由坠落。其悬挂高度应保证电缆在矿车掉道时不受撞击,在电缆坠落时不落在轨道或输送机上。电缆悬挂点间距,在水平巷道或倾斜井巷内不得超过3 m,在立井井筒内不得超过6 m。沿钻孔敷设的电缆必须绑紧在钢丝绳上,钻孔必须加装套管。

③电缆不应悬挂在风管或水管上,不得遭受淋水。电缆上严禁悬挂任何物件。电缆与压风管、供水管在巷道同一侧敷设时,必须敷设在管子上方,并保持0.3 m以上的距离。在有瓦斯抽放管路的巷道内,电缆(包括通信、信号电缆)必须与瓦斯抽放管路分挂在巷道两侧。盘圈或盘“8”字形的电缆不得带电,但给采、掘机组供电的电缆不受此限。

④井筒和巷道内的通信和信号电缆应与电力电缆分挂在井巷的两侧,如果受条件所限:在井筒内,应敷设在距电力电缆0.3 m以外的地方;在巷道内,应敷设在电力电缆上方0.1 m以上的地方。高、低压电力电缆敷设在巷道同一侧时,高、低压电缆之间的距离应大于100 mm。高压电缆之间、低压电缆之间的距离不得小于50 mm。电缆穿过墙壁部分应用套管保护,并严密封堵管口。

⑤照明线必须使用阻燃电缆,电压不得超过127 V,井下不得带电检修、搬迁电气设备、电缆和电线,在总回风巷和专用回风巷中不应敷设电缆。提升的进风倾斜井巷(不包括输送机上、下山)和使用木支架的立井井筒中敷设电缆时,必须有可靠的安全措施,溜放煤、矸、材料的溜道中严禁敷设电缆。

第8篇 矿井提升运输

采掘工作面产出的煤、矸需要运至地面工业广场,井下所需的材料需从地面运至作业地点,井下工作人员也需乘坐人车或罐笼到达工作场所。立井、斜井和采区上(下)山一般都安装提升机进行提升。本篇主要介绍提升、运输设备及其安全管理知识。

第1章 矿井提升

1.1 矿井提升设备

1.1.1 矿井提升设备的作用及组成

矿井提升运输是采煤生产过程中的重要环节。井下各工作面采掘出来的煤和矸石，经刮板输送机、桥式转载机、胶带输送机、电机车等运输设备运送到井底车场，然后再由提升设备提到地面。同时，生产所需的人员、材料、设备也通过提升设备从地面运送到井下。提升设备的作用就是完成地面与井底车场之间的物料运输。“运输是矿井的动脉，提升是矿井的咽喉”形象地描述了矿井提升运输的重要作用。

图 8.1.1 为一立井提升运输系统的示意图。采煤工作面 *A* 采出的煤和掘进工作面 *B* 采出的矸石，经运输巷道中的运输设备运到采区下部车场 6(或运输大巷 4)，再经石门 5 和大巷 4 的运输设备运到井底车场 3，最后经提升设备提到地面。而材料、设备则按相反的路线从地面运到井下指定地点。

矿井提升设备主要由提升机、提升钢丝绳、提升容器、天轮(或导向轮)、井架(或井塔)、辅助装置等组成。

提升机包括机械设备和拖动控制系统两部分，按其工作原理及结构不同分为缠绕式提升机和摩擦式提升机两大类。

提升容器按结构不同分为罐笼、箕斗、矿车、人车等。

根据使用的提升机不同，煤矿提升可分为摩擦提升、缠绕提升；根据使用的提升容器不同，可分为主井箕斗提升、副井罐笼提升、斜井串车提升；根据所处的井筒不同，可分为立井提升、斜井提升等。但不论哪一种提升，都是靠提升机拖动提升钢丝绳，从而拖动提升容器来实现提升货载的。所以首先要学习提升机的工作原理和结构。

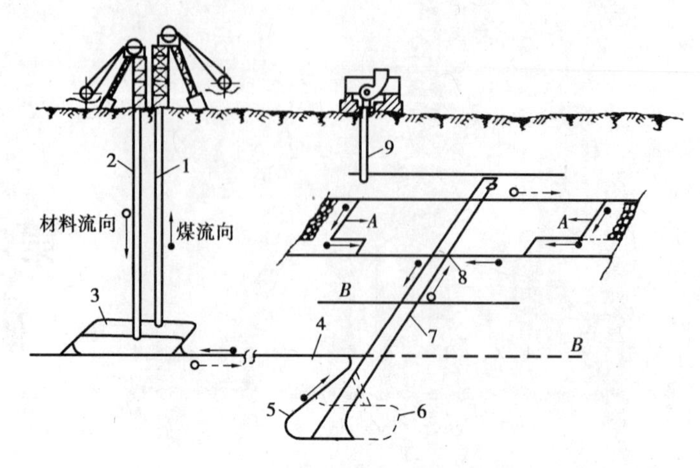

图 8.1.1　矿井提升运输系统示意图

1—主井;2—副井;3—井底车场;4—运输大巷;

5—石门;6—采区车场;7—采区上山;8—运输道;9—风井

1.1.2　提升机的工作原理和结构

(1)单绳缠绕式提升机

1)单绳缠绕式提升机的工作原理

单绳缠绕式提升机的提升钢丝绳一端固定在提升机滚筒上,另一端绕经井架上的天轮,固定在提升容器上。电动机经齿轮减速器带动主轴及滚筒以不同方向旋转时,提升钢丝绳在滚筒上缠入或放出,从而实现容器的提升或下放。

2)单绳缠绕式提升机的结构

单绳缠绕式提升机按其滚筒个数可分为单滚筒提升机和双滚筒提升机。单滚筒提升机一般用于产量较小的矿井,双滚筒提升机在矿山应用最多。国产的单绳缠绕式提升机有两个系列:JT 系列,滚筒直径为 0.8 ~ 1.6 m,一般称为绞车,有防爆和非防爆两种,主要用于斜井提升;JK 系列,滚筒直径为 2 ~ 5 m,一般称为提升机,主要用于立井提升。JK 系列提升机的外形如图 8.1.2 所示,其结构组成如图 8.1.3 所示。

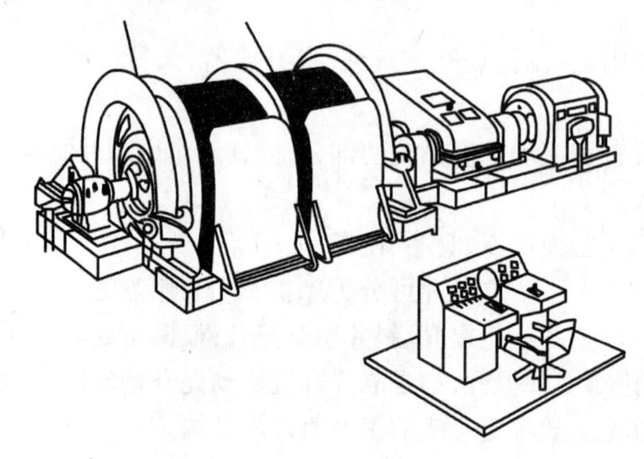

图 8.1.2　缠绕式矿井提升机

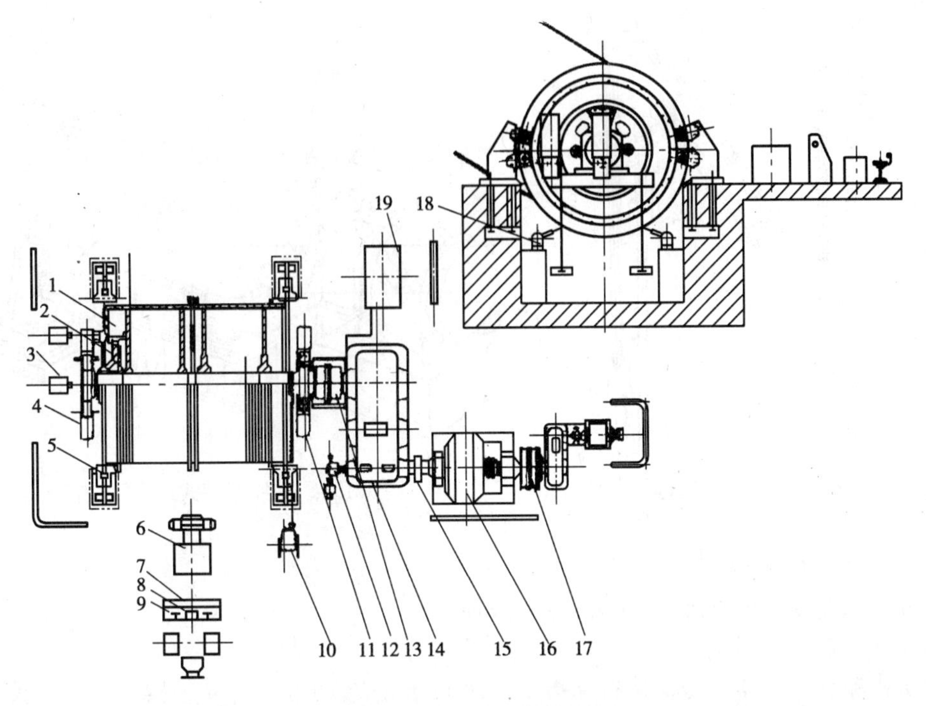

图 8.1.3　提升机结构图

1—主轴装置;2—径向齿块离合器;3—多水平深度指示器传动装置;4—左轴承梁;5—盘形制动器;6—液压站;7—操纵台;8—粗针指示器;9—精针指示器;10—牌坊式深度指示器;11—右轴承梁;12—测速发电机;13,15—联轴器;14—减速器;16—电动机;17—微拖装置;18—锁紧器;19—润滑站

(2)多绳摩擦式提升机

1)多绳摩擦式提升机工作原理

多绳摩擦式提升机工作原理如图 8.1.4 所示。主导轮 1(摩擦轮)安装在提升井塔上如图 8.1.4(a)(b)所示,或安装在地面机房,如图 8.1.4(c)所示,几根钢丝绳 3 等距离地搭在主导轮的衬垫上,钢丝绳两端分别与容器 4 相连,平衡尾绳 5 的两端分别与容器的底部相连后自由地悬挂在井筒中。当电动机带动主导轮转动时,衬垫与提升钢丝绳之间产生的摩擦力带动容器往复升降,完成提升任务。导向轮 2 用于增大钢丝绳在主导轮上的围包角或缩小提升中心距。

2)多绳摩擦式提升机的结构

多绳摩擦式提升机的结构如图 8.1.5 所示。

摩擦提升机有塔式和落地式两种。塔式布置紧凑省地,可省去天轮,全部载荷垂直向下,井塔稳定性好,钢丝绳不裸露在外经受风雨;但井塔造价高,抗地震能力不如落地式。我国生产的多绳摩擦式提升机主要有 JKM 系列、JKMD 系列、JKD 系列、JKMX 系列、JKMXD 系列。

(3)深度指示器

1)深度指示器的作用

深度指示器有以下作用:

①向司机指示容器在井筒中的位置;

②容器接近井口停车位置时发出减速信号;

③在减速阶段,通过限速装置进行限速保护;

④通过过卷保护装置进行过卷保护。

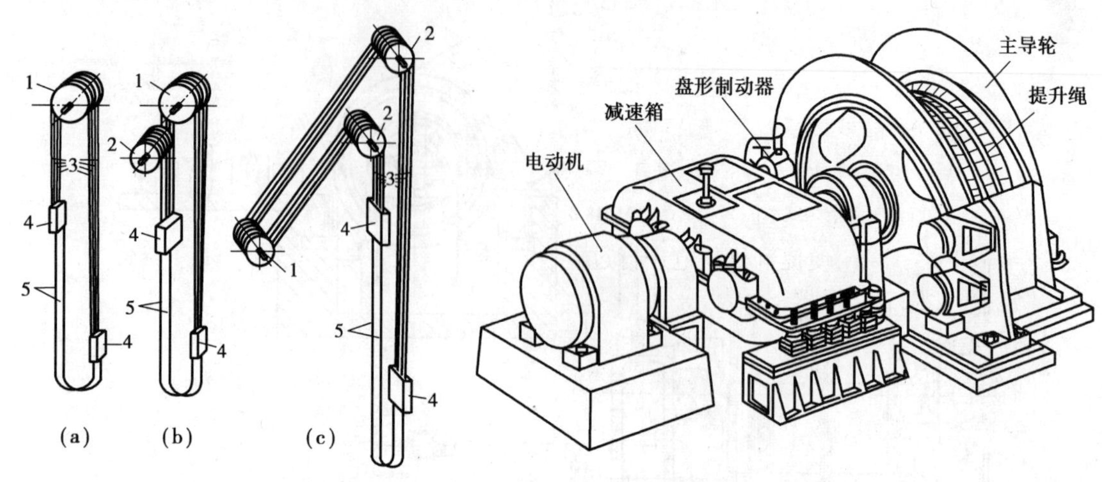

图 8.1.4　多绳摩擦提升机示意图

1—摩擦轮;2—导向轮;

3—钢丝绳;4—提升容器;5—尾绳

图 8.1.5　多绳摩擦式矿井提升机

深度指示器的种类有牌坊式和圆盘式两种。

2)牌坊式深度指示器

牌坊式深度指示器由传动装置和指示器两部分组成,两者通过联轴器相连接。其工作原理如图 8.1.6 所示。提升机主轴的旋转运动由传动装置传给深度指示器,经过齿轮对带动丝杆,使两根丝杆以相反的方向旋转。当丝杆旋转时,带有指针的两个梯形螺母也以相反的方向移动,即一个向上,一个向下。丝杆的转数与主轴的转数成正比,因而也与容器在井筒中的位置相对应。因此螺母上指针在丝杆上的位置也与容器位置相对应。

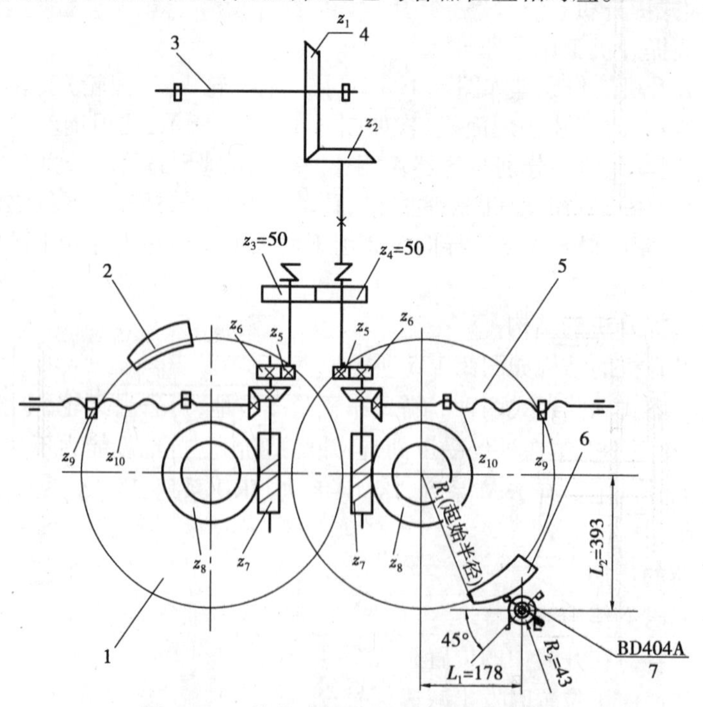

图 8.1.6　牌坊式深度指示器传动原理图

1—游动卷筒限速圆盘;2—游动卷筒限速板;3—提升机主轴;

4—主轴上大锥齿轮;5—固定卷筒限速圆盘;6—固定卷筒限速板;7—自整角机

梯形螺母上不仅装有指针，另外还装有掣子和碰铁。当提升容器接近井口停车位置时，掣子带动信号拉杆上的销子，将信号拉杆逐渐抬起。同时，销子在水平方向也在移动，当达到减速点时，销子脱离掣子下落，装在信号拉杆上的撞针敲击信号铃，发出减速信号。在信号拉杆旁边的立柱上安装有一个减速极限开关，当提升容器到达一定位置时，信号拉杆上的碰铁碰压减速极限开关的滚子进行减速，直至停车。若提升机发生过卷，则梯形螺母上的碰铁将把过卷极限开关压开，使提升机断电进行过卷保护。

3）圆盘式深度指示器

圆盘式深度指示器也是由传动装置和指示器两部分组成，但两部分之间靠自整角机连接。

圆盘式深度指示器的传动装置如图8.1.7所示。它由传动轴2，更换齿轮1，蜗杆蜗轮12，左右限速圆盘14、15，机座等组成。

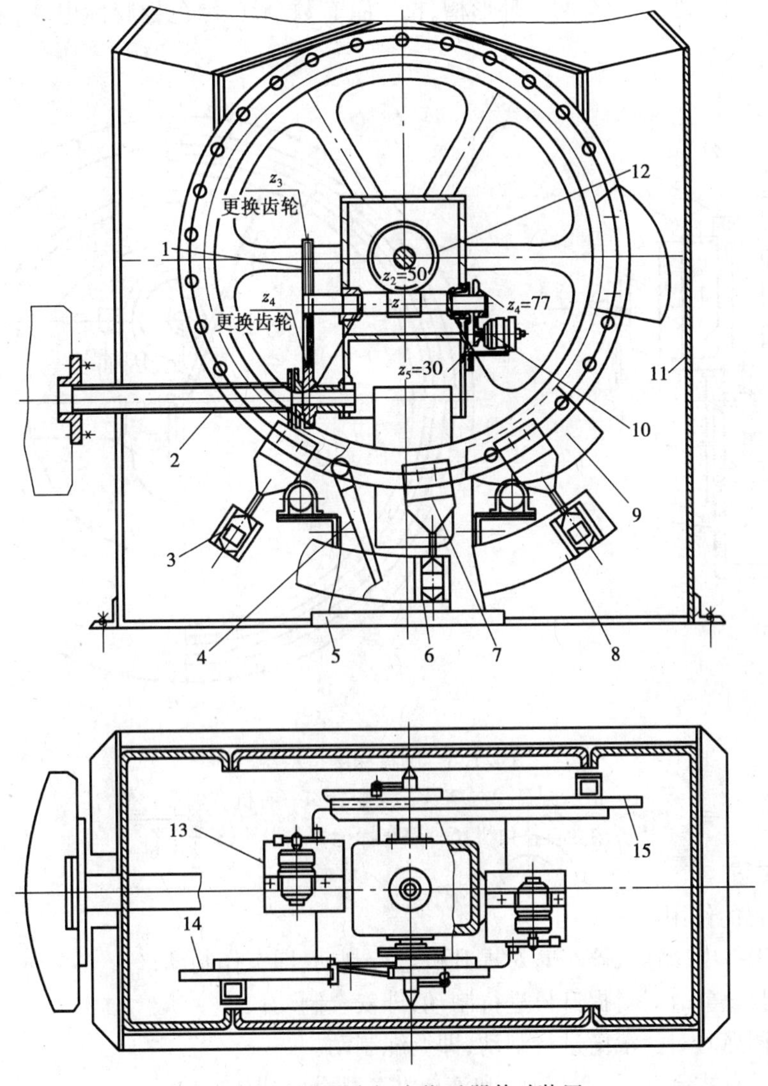

图8.1.7　圆盘深度指示器传动装置

1—更换齿轮；2—传动轴；3—过卷开关；4—右轮锁紧装置；5—机座；
6—减速开关；7—碰板装置；8—开关架装置；9—限速凸轮板；10—发送自整角机装置；
11—外罩；12—涡轮蜗杆；13—自整角机限速装置；14—右限速圆盘；15—左限速圆盘

提升机主轴的转动通过传动轴2、更换齿轮1、蜗杆蜗轮12带动左右限速圆盘旋转。左右限速圆盘上均装有碰板7和限速凸轮板9,但方向相反,对应提升机的正、反转,每次只有一个圆盘起作用。机座两侧与左右限速圆盘对应位置安装有减速开关6、过卷开关3和限速自整角机13。通过限速圆盘上的碰板碰压减速开关、过卷开关发出减速信号和进行过卷保护。通过限速凸轮板带动限速自整角机13进行限速保护。同时,提升机主轴的转动通过传动轴、更换齿轮、蜗杆、齿轮带动自整角机发送机10发出提升容器位置信号,经导线传送给指示器上的自整角机接收机。

圆盘指示器的结构如图8.1.8所示。它由指示圆盘1、精针2、粗针3、有机玻璃罩4、接收自整角机5、停车标记6、齿轮7、外壳8等组成。接收自整角机5接收到来自发送自整角机的信号后,经过3对减速齿轮带动粗针转动,进行粗针指示;经过1对减速齿轮带动精针转动,进行精针指示。指示圆盘上有两条环形槽,槽中备有数个红、绿色橡胶标记,用来表示减速或停车位置。

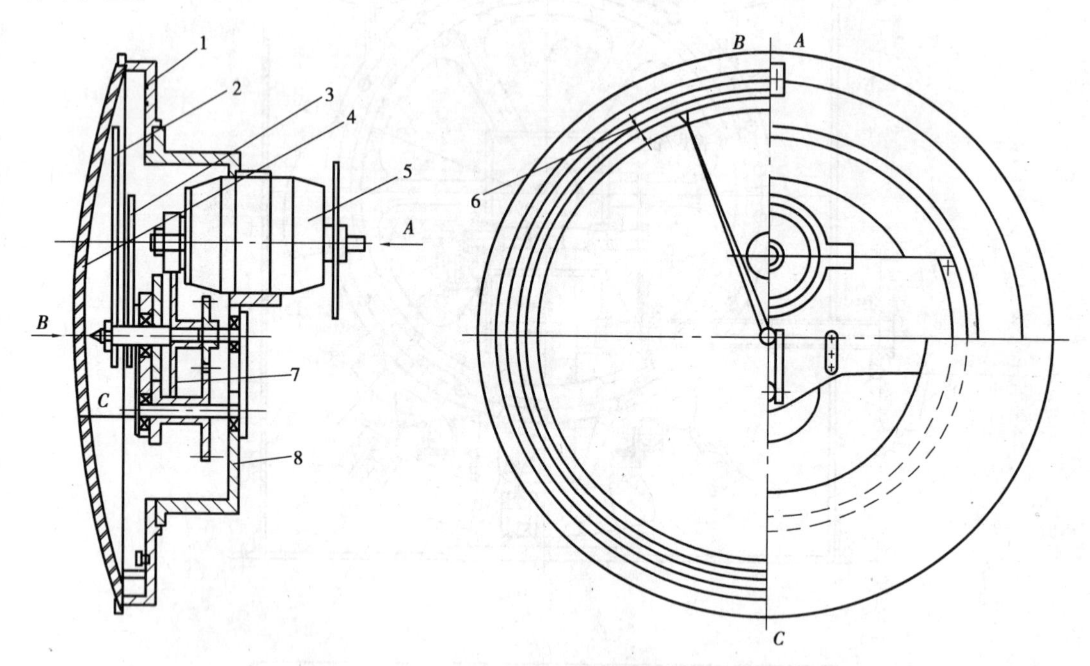

图8.1.8　圆盘深度指示器

1—指示圆盘;2—精针;3—粗针;4—有机玻璃罩;

5—接受自整角机;6—停车标记;7—齿轮;8—架子

(4)制动装置

1)制动装置的作用

①在正常工作中减速或停车时对提升机进行制动,即工作制动;

②在发生紧急事故时对提升机进行制动,即安全制动;

③在进行调绳时对活滚筒进行制动,即调绳制动。

制动装置由盘式制动器(盘形闸)和液压站两部分组成。

2)盘式制动器(盘形闸)的结构原理

盘式制动器的结构如图8.1.9所示。它由闸瓦26、带筒体的衬板25、碟形弹簧2和液压组件、连接螺栓12、后盖11、密封圈13、制动器体1等组成。液压组件由挡圈4,骨架式油封5,YX形密封圈22、8,液压缸21,调整螺母20,活塞10,密封圈14、16、17,液压缸盖9等组成。液压组件可单独整体拆下并更换。

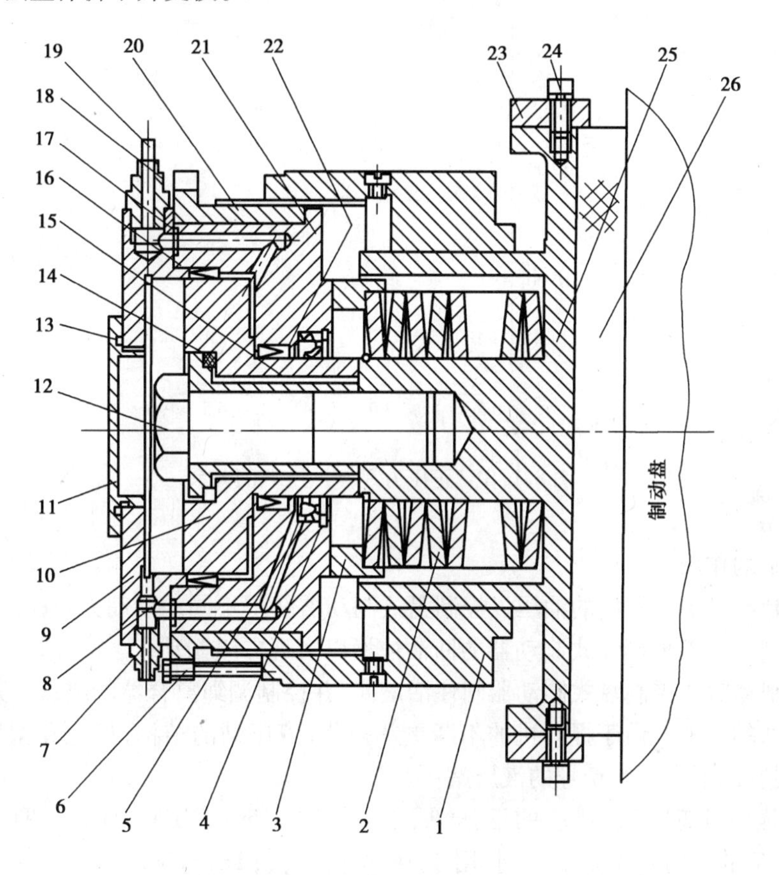

图8.1.9　液压缸后置盘式制动器

1—制动器体;2—锥形弹簧;3—弹簧座;4—挡圈;5—V形密封;6—螺钉;7—渗漏油管接头;8,22—YX形密封圈;9—液压缸盖;10—活塞;11—后盖;12—连接螺栓;13,14,16,17—密封圈;18—压力油管接头;19—油管;20—调节螺母;21—液压缸;23—压板;24—螺栓;25—带筒体的衬板;26—闸瓦

盘式制动器的制动力矩是靠闸瓦沿轴向从两侧压向制动盘产生的。为了使制动盘不产生附加变形,主轴不承受附加轴向力,盘式制动器都是成对使用,每一对为一副。根据所需制动力矩的大小,一台提升机可以同时布置两副、四副或多副盘式制动器。

盘式制动器是由碟形弹簧产生制动力,靠油压产生松闸力。制动状态时,闸瓦压向制动盘的正压力大小取决于液压缸内油压的大小。当缸内油压为最小值时,弹簧力几乎全部作用在闸瓦上,此时闸瓦压向制动盘的正压力最大,制动力矩也最大,呈全制动状态;当缸内油压为液压系统整定的最大值时,碟形弹簧被压缩,弹簧力被液压力克服,闸瓦压向制动盘的正压力为零,呈松闸状态。

正压力与油压的关系如图8.1.10所示。

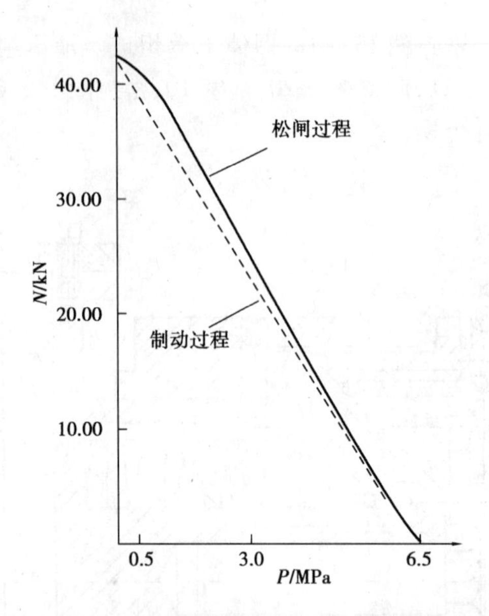

图 8.1.10　正压力 N 与油压 P 的关系

3)液压站

①液压站的作用:

a. 工作制动时产生不同的油压以控制盘式制动器获得不同的制动力矩;

b. 安全制动时能控制盘式制动器的回油快慢以实现二级制动;

c. 调绳制动时能控制盘式制动器闸住活滚筒,并控制调绳离合器的离、合,完成调绳。

②液压站的种类。由于提升机的不断更新换代,液压站的结构、性能和型号也在不断更新换代,现在有以下类型和型号的液压站:

a. 电气延时实现二级制动的液压站,有 B157、B159、TE130、TE131、TE132 等。其中 TE130 和 B157 的结构原理完全相同,用于 JK 型提升机;TE131 和 B159 的结构原理完全相同,用于多绳摩擦式提升机,B159 与 B157 的差别是没有调绳制动部分。TE132 是在 TE131 的基础上增加了两个压力继电器和一个压力传感器,这是与采用 PLC 控制系统相配套的液压站。

b. 液压延时实现二级制动的液压站,有 TE002,用于 JK 型提升机。TE003,用于多绳摩擦式提升机。TE003 与 TE002 的差别是没有调绳制动部分。

③液压站的组成与工作原理。B157 液压站的组成如图 8.1.11 所示。该液压站有两台叶片泵,一台工作,一台备用。两台泵替换工作时,由液动换向阀 13 自动转接到系统。

①工作制动。提升机正常工作时,电磁铁 G3、G4、G5 通电,G1、G2、G6 断电,叶片泵 4 输出的压力油经过滤器 5、液动换向阀 13 和电磁换向阀 11、17 进入各制动器,油压的大小通过司机操作制动手把控制电液调压装置 6 的电流大小来改变,从而达到调节制动力矩的目的。

同时,压力油经减压阀 9、单向阀 10、进入蓄能器 12,其压力由溢流阀 8 限定,达到一级油压值 $P_{1级}$。

②安全制动。当提升机因故障进行安全制动时,电动机 3 断电,液压泵 4 停止供油,电液调压装置线圈和电磁铁 G3、G4 断电,固定滚筒制动器的压力油经电磁换向阀 17 迅速流回油箱,实施抱闸,实现一级制动。活动滚筒制动器的压力油经电磁换向阀 11 一部分流到蓄能器

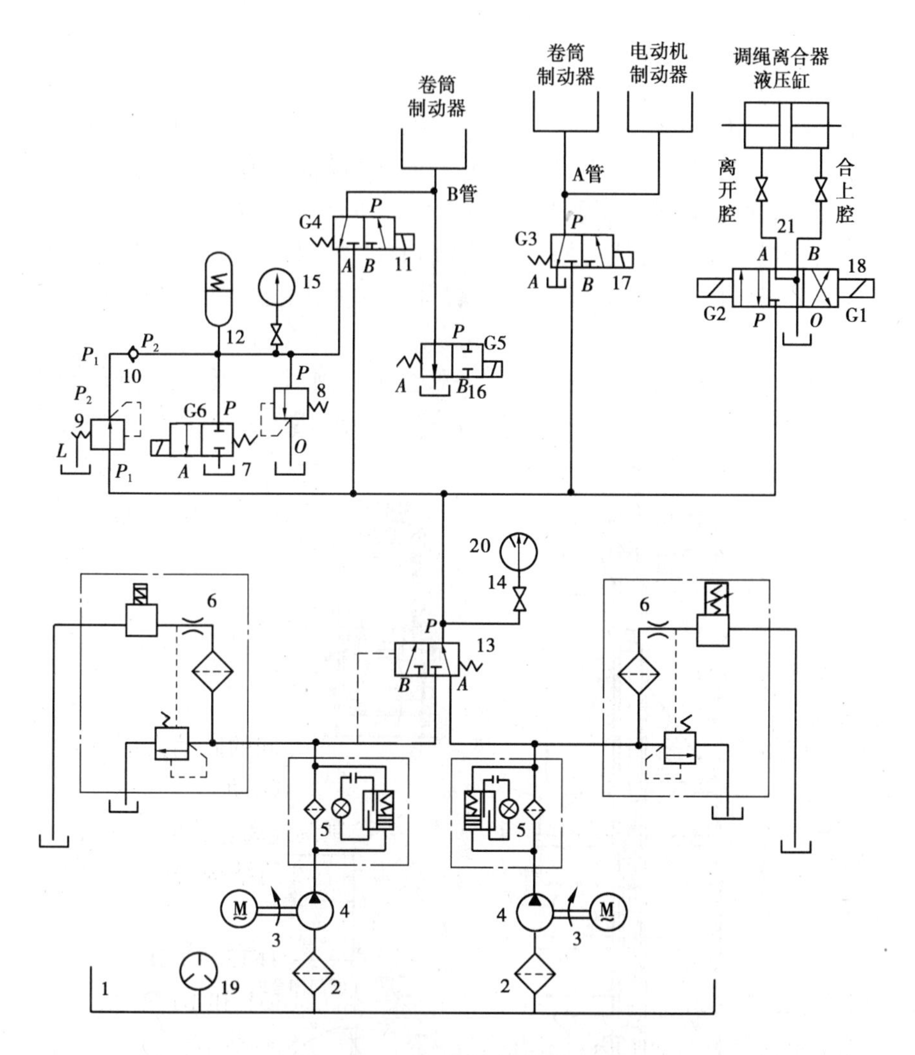

图 8.1.11　B157 液压站原理图

1—油箱;2—网式过滤器;3—电动机;4—油泵;5—纸质过滤器;6—电液调压装置;7—电磁换向阀;8—溢流阀;9—减压阀;10—单向阀;11—电磁换向阀;12—弹簧蓄力器;13—滚动换向阀;14—压力表开关;15—压力表;16,17,18—电磁换向阀;19—电接点压力式温度计;20—电接点压力表;21—截止阀

12 内,一部分经溢流阀 8 流回油箱,使活动滚筒制动器的油压保持为一级油压值 $P_{1级}$,暂时不能抱闸。经延时继电器延时后,电磁铁 G5 断电复位,使活动滚筒制动器的油流回油箱,实施抱闸,实现二级制动。

③调绳制动。调绳时,要求活动滚筒处于制动状态,调绳离合器处于离开状态,而固定滚筒应处于松闸状态。各阀的动作情况如下:

电磁铁 G1、G2、G3、G4、G5、G6 断电,盘式制动器全处于制动状态。打开截止阀 21,然后给 G2 通电,电磁换向阀 18 切换,压力油进入调绳离合器油缸离开腔,使活动滚筒与主轴脱开。接着再给 G3 通电,使压力油进入固定滚筒制动器,解除对固定滚筒的制动,即可进行调绳。

调绳结束后,G3 断电,固定滚筒制动,G2 断电、G1 通电,电磁换向阀 18 切换,压力油进入调绳离合器油缸合上腔,使活动滚筒与主轴接合。然后 G1 断电,电磁换向阀 18 切换回中位,断开油路。最后关闭截止阀 21。

1.1.3 提升容器和提升钢丝绳

(1)提升容器

提升容器是直接装运煤炭、矿石、矸石、人员、材料、设备的工具。按用途和结构不同,提升容器可分为箕斗、罐笼、矿车、吊桶等。箕斗又分立井箕斗和斜井箕斗,只用于提升煤炭或矿石,通常用于主井提升。罐笼既可用于升降人员和设备,又能用于提升煤炭和矸石,或下放材料,主要用于副井提升。矿车用于斜井串车提升。吊桶用于立井凿井时的提升。

1)箕斗

立井提升多采用底卸式箕斗。底卸式箕斗又分平板闸门箕斗和扇形闸门箕斗。平板闸门底卸式箕斗的结构如图 8.1.12 所示,主要由斗箱、框架、连接装置、闸门等组成。

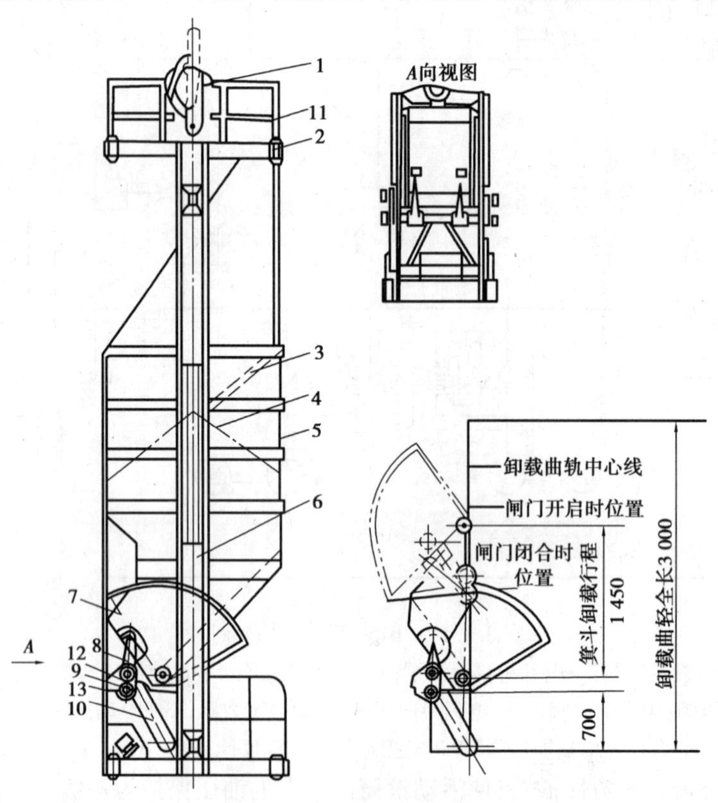

图 8.1.12 平板闸门底卸式箕斗

1—连接装置;2—罐耳;3—活动溜槽板;4—堆煤线;5—斗罐;6—框架;7—闸门;8—连杆;9—滚轮;10—曲轴;11—平台;12—滚轮;13—机械闭锁装置

其卸载原理为:当箕斗提升至地面煤仓时,卸载滚轮进入安装在井架上的卸载曲轨内;随着箕斗提升,固定在箕斗框架上的小曲轨同时向上运动,则滚轮在卸载曲轨作用下,沿着箕斗框架上的小曲轨向下运动,并转动连杆,使其通过连杆锁角为零的位置后,闸门就借助煤的压力打开,开始卸载。在箕斗下放时,以相反的顺序关闭闸门。

2)普通罐笼

罐笼分立井单绳罐笼和多绳罐笼两种。标准普通罐笼按固定车厢式矿车名义装载质量确定为 1 t,1.5 t,3 t 三种,每种都有单层和双层两种形式。单绳 1 t 单层普通罐笼结构如图

8.1.13所示。罐笼体是由横梁、立柱通过铆焊结合成的金属框架结构，两侧用钢板包围。罐笼顶部设有半圆弧形的淋水棚和可以打开的罐盖，以供运送长材料用。罐笼两端设有帘式罐门。罐笼通过主拉杆和双面夹紧楔形绳环与钢丝绳相连。

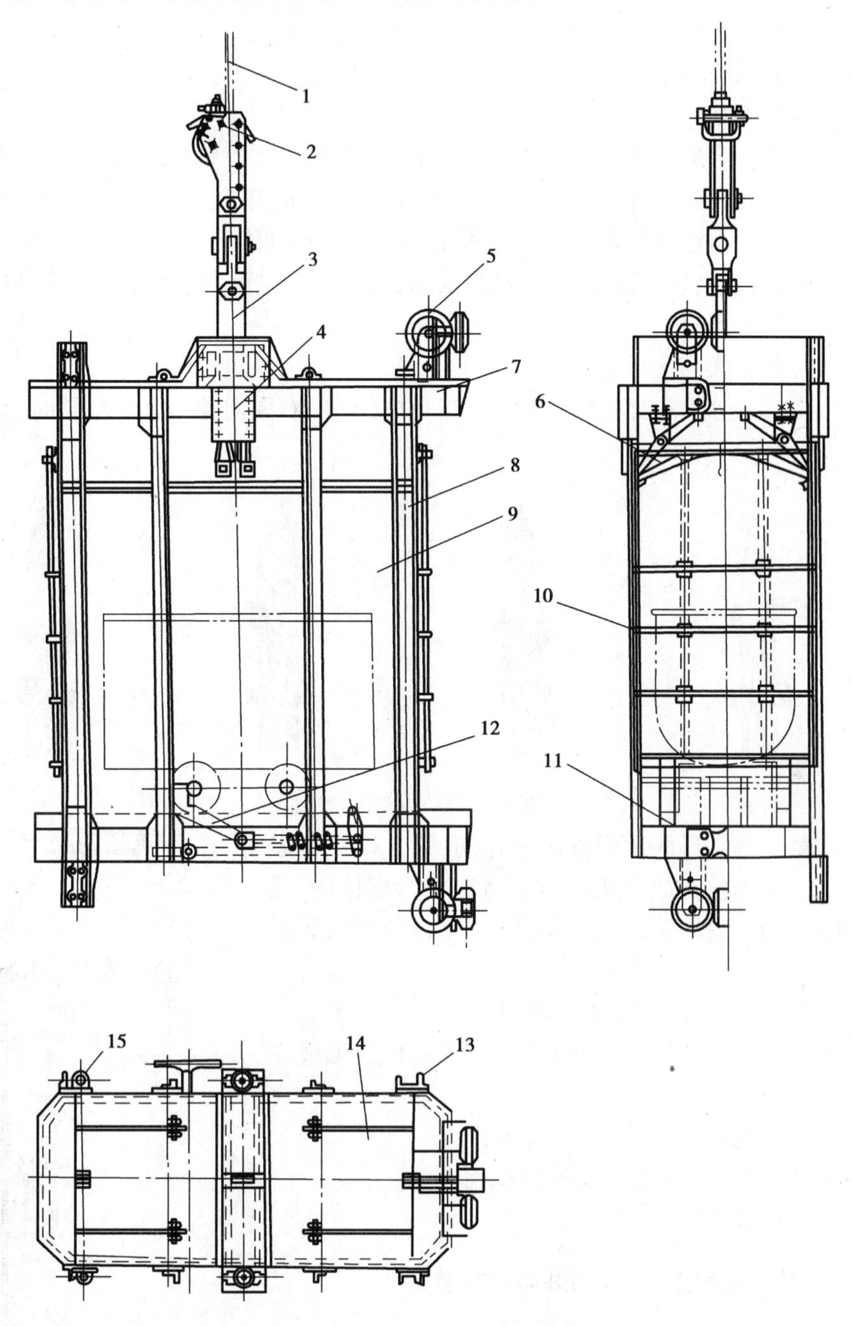

图8.1.13　单绳1 t单层普通罐笼结构

1—提升钢丝绳；2—双面夹紧楔形绳环；3—主拉杆；4—防坠器；5—罐耳；6—淋水棚；7—横梁；8—立柱；9—钢板；10—罐门；11—轨道；12—阻车器；13—稳罐罐耳；14—罐盖；15—套管罐耳

为了矿车进出罐笼,罐底敷设有轨道。为了防止提升过程中矿车在罐笼内移动,罐笼底部还装有阻车器及自动开闭装置。罐笼上还装有罐耳,为罐笼沿井筒内敷设的罐道运行进行导向。为了保证人员和生产的安全,升降人员的单绳罐笼顶部装有防坠器。

(2)提升钢丝绳

提升钢丝绳的作用是悬吊提升容器并传递动力。

1)钢丝绳的结构

钢丝绳是由一定数量的钢丝捻成股,再由若干股捻成绳。钢丝的公称抗拉强度越大,可弯曲性越差。钢丝表面可以镀锌,称为镀锌钢丝;未镀锌的称为光面钢丝。其标记代号为:光面钢丝 NAT;镀锌钢丝 ZAA、ZAB、ZBB。绳芯分金属芯和纤维芯,其作用是:支持绳股,减少钢丝绳的挤变形压;使钢丝绳富有弹性;储藏润滑油。绳芯的标记代号为:纤维芯 FC;天然纤维芯 NF;合成纤维芯 SF。

2)钢丝绳的分类与选择

钢丝绳按捻法分为右交互捻(ZS)、左交互捻(SZ)、右同向捻(ZZ)、左同向捻(SS)四种,如图 8.1.14 所示。

图 8.1.14　钢丝绳捻法标

代号中第一个字母表示钢丝绳的捻向,第二个字母表示股的捻向。按钢丝在股中相互接触情况分为点接触、线接触、面接触三种。按绳股断面形状分为圆形股绳、异形股绳。

选择钢丝绳结构时应考虑以下因素:

①单绳缠绕提升一般宜选用光面右同向捻的圆形或三角形股钢丝绳。

②对于斜井提升应选用交互捻钢丝绳。

③对于摩擦提升应选用镀锌同向捻钢丝绳。

④罐道绳最好用密封钢丝绳。

1.1.4　防坠器和挡车栏(斜井防跑车装置)

(1)防坠器

防坠器的作用是当提升钢丝绳断裂或脱离连接装置时,将提升容器卡在罐道或制动绳上,防止容器坠入井底。目前我国广泛采用的是 BF 型制动绳防坠器,其布置情况如图 8.1.15 所示。当提升钢丝绳断裂或脱离连接装置时,

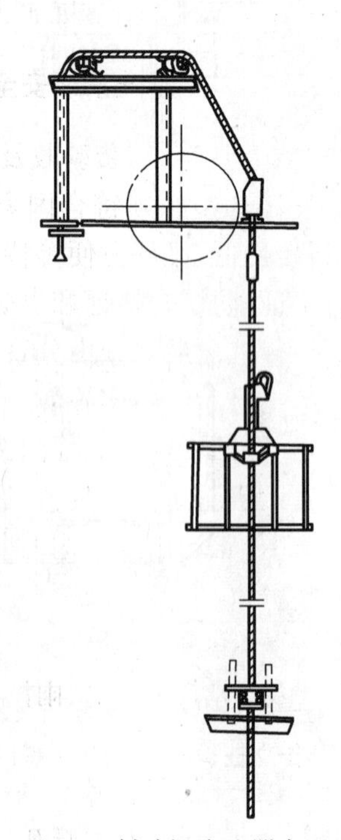

图 8.1.15　制动绳防坠器布置系统

提升容器上的抓捕机构动作将提升容器卡在制动绳上，防止容器坠入井底。

(2)挡车栏

挡车栏的作用是在斜井串车提升中，当提升钢丝绳断裂或连接装置断裂引起跑车时，挡车栏动作将失控的矿车挡住，以免发生重大安全事故。其原理如图8.1.16所示。

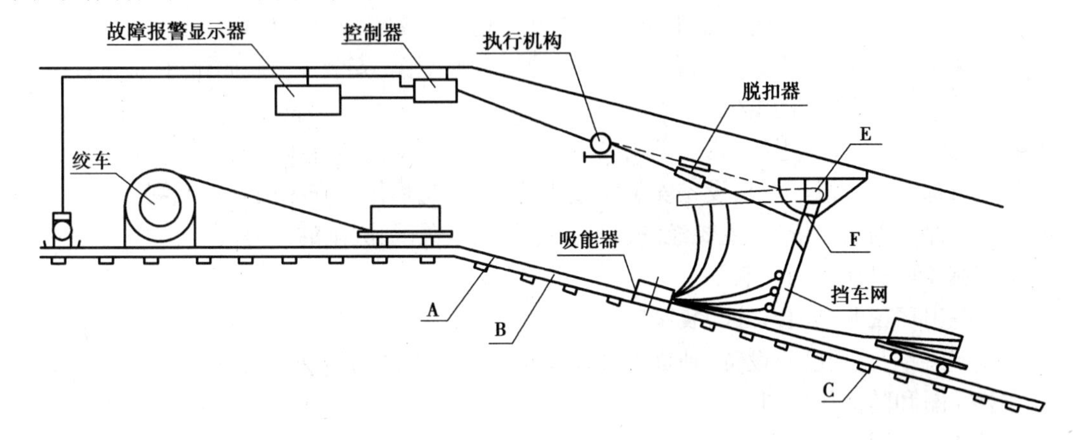

图8.1.16　斜井防跑车装置原理

当矿车以正常的速度到达距拦网门25 m左右的距离时，拦网门自动开启让矿车通过。当矿车全部通过后，拦网门将自动放下关闭；如果矿车出现跑车或脱轨等情况时，由于拦车网门始终处于常关闭状态，将矿车柔性拦住，保证了井下工作人员和设备的安全。

1.2　矿井提升安全管理

1.2.1　矿井提升系统安全技术管理规范

(1)设计选型、到货验收及保管

①设计选型必须符合国家有关技术政策，遵循技术先进、经济合理的原则，具备可靠性高、运行费用低、维修方便等特点。选购的设备应有鉴定证书和生产许可证，防爆设备必须有产品合格证、防爆合格证和煤矿矿用产品安全标志。

②设计选型后必须由分管领导组织有关部门进行设计审查通过后，按照有关规定报上级主管部门批准后组织实施。

③设备到货后，有关部门按设备装箱单和技术文件要求查验设备、附机、随机配件及技术资料。技术资料至少应具备以下9种：使用说明书；产品出厂合格证（防爆合格证）；基础图；设备总装图；制动装置结构图、系统图；易损零部件图；电气原理图、安装接线图；主要电气设备试验报告；主要部件的探伤报告。

④查验合格的设备应及时安装调试、投入使用。暂时不使用的设备必须入库妥善保管，定期维护保养，防止日晒、雨淋、锈蚀、损坏和丢失，并做好防火防盗工作。设备严禁拆套、拆件使用。

(2)设备安装及验收

设备安装验收依据《煤矿安装工程质量检验评定标准》，并编制设备安装工程验收大纲。

1)安装措施及技术要求

①设备安装前必须对矿建项目依据设计进行严格验收,以保证安装质量。

②工程计划开工前,必须制定施工安全技术措施,明确保证工程质量的要求事项,作为安装技术准则,内容包括以下几类。

a. 施工组织设计:应具备施工准备和科学组织施工的文件或书面材料。

b. 安装主要依据:由设计部门和厂家提供的设备装配图、安装图、基础图、平面布置图、原理图、关系图及方框图等图纸。

c. 设备安装:以安装程序、装配工艺要求、调试方法和注意事项作为安装指南。

d. 质量标准:以设计规范、设备安装验收规范、安全规程作为安装的基本准则。

e. 设备评定的主要依据:主要经济技术指标及性能调试、测试的试验报告。

2)安装验收的图纸及资料

①设备出厂说明书、合格证、装箱单。

②设备清单:包括已到设备、到货未安装设备和已订未到的设备。

③装配图和随机备件图。

④设计施工图。

⑤提升、制动、电气系统图。

⑥调试、测试报告。

⑦隐蔽工程检查验收记录。

⑧安装竣工图、竣工报告。

⑨安装工程质量检验评定表。

⑩施工预算及决算。

3)设备安装中的重点验收项目及内容

安装单位应主动邀请有关部门在安装过程中共同验收,并做好隐蔽工程记录,符合设计安装标准,以作为今后验收移交的凭证。

①滚筒(驱动轮)制动闸盘或闸轮无开焊、裂纹和变形。

②主轴水平度和多段轴的平行度。

③联轴器的同轴度。

④减速箱的技术测定。

⑤深度指示器的传动和变速装置的装配、润滑。

⑥制动闸盘粗糙度、端面跳动、不平行度。

⑦电气系统调试。

⑧主提升钢丝绳、尾绳的试验和悬挂。

4)工程竣工验收

工程安装完毕后,由安装单位按有关标准进行自检验收,合格后向主管部门提出申请,由矿业(集团)公司组织设计、施工、设备管理和使用等单位进行交接验收和评定。

①检验工程技术档案、竣工图、隐蔽工程记录、调试报告和设备清册等资料。

②对工程标准和安装质量进行抽检与复验。

③组织安装单位和使用单位编制试运转实施方案,检查试运转情况。

④对安装质量进行评定,填写工程竣工移交报告、移交验收鉴定书、质量认证意见。

(3)提升设备的检修、维护及安全运行

1)技术测定、整定及探伤

①载人提升机每年进行一次安全检测检验,其他提升机每三年进行一次检测检验。制动系统、连接装置每年探伤一次(已发现缺陷的三个月),由具备资质的单位进行探伤,并出具报告。矿机电矿长(副总工程师)对测定、探伤报告要审查、签字,对已发现的问题提出整改意见,报分管领导组织实施。

②仪表按规定时间效验:A级半年一次,B级一年一次进行校验,C级使用前鉴定一次。

③电控系统整定试验一年一次,其中安全保护继电器整定试验每半年一次。

④绞车运行速度图的测试、制动减速度计算、制动闸时间、空行程时间和贴闸压力测试有效期一年。

⑤闸瓦间隙测试整定有效期10天。

⑥负力提升及升降人员的绞车必须有电气制动,盘形闸绞车必须使用动力制动(变频调速绞车除外),并能自动投入或人工投入,正常使用。动力制动、制动力矩及二级制动必须有计算、整定资料。运行方式改变时,必须重新计算、整定,计算结果符合《规程》第432、433条规定。

⑦电动机、高压开关柜试验有效期为一年。

2)安全保护设施的试验周期、方法

①维修工试验项目。

a.过速保护:每天不动车试验继电器一次;

b.限速保护:每天不动车试验继电器一次;

c.深度指示器失效保护:每天模拟失效或低速开车试验一次;

d.满仓保护:每天模拟满仓试验一次;

e.后备保护器:后备2 m/s限速保护、后备过速保护、后备过卷保护、后备减速开关每周试验一次;

f.井口操车设备、安全门与信号闭锁:每天不动车试验一次;

g.换向器栅栏门闭锁:每天不动车试验一次;

h.信号闭锁:每天不动车试验一次;

i.松绳保护每天不动车试验一次,松绳后接受煤仓不放煤的闭锁和箕斗顺利通过卸载曲轨的显示装置每10天检查试验一次;

j.油压系统过、欠压保护:超温保护每周不动车试验一次。

以上a,b,c,d,f,g,h保护中如一种失灵,必须停车立即处理,合格后方可开车。e,i,j保护中如一种失灵,必须在当天处理合格。

②操作司机试验项目。

a.过卷保护:每班模拟过卷试验一次;

b.欠电压保护:每班不动车试验一次;

c.闸间隙保护(报警):每班不动车试验闸瓦磨损开关;

d.松绳报警:每班不动车试验一次;

e.紧急制动开关:每班不动车试验一次。

以上五种保护,必须灵敏可靠,任何一项保护不合格,均要停车并汇报,待修复合格后方可开车。

(4)提升系统其他设施管理

①选用的提升容器、人车(斜井、平巷)、矿车(包括连接链、插销)、罐笼、箕斗、连接装置、防坠器、托罐及防蹲罐缓冲装置等必须具备煤矿矿用产品安全标志。

②在提升速度大于3 m/s的提升系统内,必须设防撞梁和托罐装置,防撞梁不得兼作他用。防撞梁必须能够挡住过卷后上升的容器或平衡锤;托罐装置必须能够将撞击防撞梁后再下落的容器或配重托住,并保证其下落的距离不超过0.5 m。

③加强提升容器防坠保护设施的管理,做到定期试验,并形成正式报告,认真填写日期、地点、数据、结论等,经分管副矿长(副总工程师)签字后存档。

a. 立井罐笼防坠器:不脱钩检查性试验6个月一次,脱钩试验一年一次。

b. 斜井人行车防坠器:不摘钩的手动落闸试验每班一次,摘钩的人行车每次运行前应再进行一次手动落闸试验,静止松绳落闸试验一个月一次,重载全速脱钩试验一年一次。

④立井提升容器的罐耳在安装时同罐道之间所留的间隙以及罐道和罐耳的检查检修严格按《规程》第385条、386条规定执行。立井提升容器和井壁、罐道梁、井梁之间的最小间隙必须符合《规程》第387条的规定。

⑤斜井提升容器之间的有效间隙不得小于0.2 m;容器外侧距两帮的间隙应为:行人侧不小于0.8 m,非行人侧不小于0.3 m。

⑥楔形罐道、防撞梁、托罐装置和防蹲缓冲装置应每月检查一次,并做好记录。

⑦升降人员的立井井口、井底、中间水平及井口井底的二层平台必须设置安全可靠的安全门,安全门必须与罐位和提升信号联锁,其要求应符合《规程》第384规定。非进出人员侧,应设置防止人员进入罐内的设施;进人侧严禁出人,出人侧严禁进人。因检修井筒装备或处理事故需站在提升容器顶上工作时,容器上必须装有保险伞。

⑧当罐笼到位安全门打开后,发出调平和换层信号时,提升机应保证只能按0.5~1 m/s速度运行。

(5)提升信号系统

①提升信号必须采取逐级传递方式,即车场把勾工信号传递到井口,再由井口把勾工信号传递到绞车房。井口信号必须同绞车控制回路相闭锁。信号不能控制绞车的安全回路。

②信号控制装置所用按钮,“停止”钮应单独设置。停止信号可兼作紧急停车信号。各个地点的“停止”和“急停”信号直通绞车房。当“停止”信号发出,绞车停止运行后,无论容器在任何位置,未发“开车”信号,绞车就不能启动不起来,工作闸也不能松开。

③提升信号声光俱备,停车信号与工作信号声、光有区别。停车信号警铃必须使用单击电铃或电笛;停车信号和工作信号的指示灯必须分开设置,并有明显区别。一套提升装置供给几个水平提升时,各水平所发信号必须有区别。

④用多层罐笼升降人员或物料时,必须具有符合《规程》第395条所规定的信号闭锁。

⑤除常用的信号装置外,还必须具有备用信号。斜井提升时,如是专门提升物料系统,还需要一套由井底车场及各水平车场直通绞车房的紧急停车信号;如是专门升降人员的系统,还需有人行车泄漏通讯机;如是人物混提的系统,有井底车场及各水平车场直通绞车房的紧急停车信号和人行车泄漏通信机。

⑥斜井双勾串车提升时,必须设置错码(串勾)信号。

⑦井底车场和井口之间,井口和绞车房之间,必须装设直通电话或传话筒。

(6)提升钢丝绳的管理

①正确选用提升机钢丝绳。重要用途使用的钢丝绳不应采用点接触型。选用钢丝绳除严格执行《规程》第400条、407条、416条和具备煤矿矿用产品安全标志外,还应考虑以下因素:

a.立井提升宜采用同向捻镀锌钢丝绳,斜井串车提升宜采用交互捻钢丝绳。

b.当井筒中淋水较大或淋水的酸碱度较高,以及作为回风井的井筒提升时,应尽量选用镀锌钢丝绳。

c.斜井提升宜使用面接触钢丝绳或外层钢丝较粗的三角股钢丝绳,立井提升宜采用异型股钢丝绳和线接触钢丝绳。

d.摩擦式提升机必须采用规格相同左右捻各半数钢丝绳,尾绳宜选用不旋转钢丝绳。

e.罐道绳应选用密封钢丝绳。

②提升机钢丝绳的使用、检查与维修。

a.钢丝绳检验严格按《规程》第398条、399条、400条、401条、402条的规定执行。被检验绳头的截取长度不小于1.5 m,在用提升绳应在靠近容器端处截取绳头。用加热方法切割的绳头长度需加长200 mm。

b.摩擦式提升钢丝绳的使用期限不得超过2年,平衡钢丝绳的使用期限不得超过4年。如果钢丝绳的断丝、直径缩小和锈蚀程度不超过《规程》第405条、406条和408条的规定,可以继续使用,但不得超过1年。

c.提升及其他用途钢丝绳检查及记录,必须符合《规程》第404条规定。机电区长和机电管理部门负责人每旬对钢丝绳检查记录审查签字一次,机电管理部门组织每月分析总结一次,并有分析总结资料。

d.提升钢丝绳检查结果达到《规程》第405条、406条、407条、408条规定值时,必须立即更换。钢丝绳遭受猛烈冲击拉力时,应立即停止运转进行检查,在没有发现新的断丝和直径缩小等现象时,可以继续使用。如果由于急剧受力,钢丝绳使用长度较原来长度增长0.5%以上时,则应更换新绳。

⑤平衡钢丝绳的长度必须同提升容器过卷高度相适应,并防止过卷时损坏平衡钢丝绳。

⑥提升装置必须有试验合格的备用钢丝绳。对使用中的钢丝绳,根据井巷条件及锈蚀情况,至少每月涂油一次。摩擦式提升装置的钢丝绳,只准涂、浸专用钢丝绳油(增摩脂),否则可不涂油,但对不绕过摩擦轮部分,必须涂防腐油。

⑦立井提升容器与提升钢丝绳的连接,应采用楔形连接装置。每次更换钢丝绳时,必须对连接装置的主要受力部件进行探伤检验,合格后方可继续使用。楔形连接装置的累计使用期限:单绳提升不得超过10年,多绳提升不得超过15年。

⑧钢丝绳的保管存放:应在表面涂一层固体油脂并入库,防止锈蚀。

⑨钢丝绳在运输取放过程中不得碰伤或挤压。

⑩立井和斜井天轮应使用衬垫天轮,斜井轨道托滚也应使用带衬垫托滚。

(7)油质管理

①加强提升设备润滑管理,根据每台设备的特点和实际运行状况,建立润滑“五定”(定人、定质、定量、定点、定期)制度并做好用油换油记录。

②液压站用油至少一年更换一次,每半年必须化验取样一次;减速机润滑油要使用抗磨剂,每半年必须取样化验一次,每二年进行清洗、过滤或换油。

③润滑油剂需经检验合格后方能入库,并妥善保管和定量发放。

(8)特殊提升

①除了按正常“加速、等速、减速、停车”程序的提升方式外的提升为特殊提升。

②特殊提升需要解除某些保护或闭锁信号系统某些功能时,应制定可靠的安全措施,由矿机电矿长(副总工程师)及安监部门负责人、总工程师批准后执行。

③进行特殊提升时,其速度应符合下列规定:

a. 使用罐笼运送硝化甘油类炸药或雷管时,运行速度不得超过 2 m/s;运送其他火药时,不得超过 4 m/s。司机在启动和停止提升机运行时不得使提升容器发生震动。

b. 提升特殊大型设备(物品)及长材料时,其运行速度一般不应超过 1 m/s。

c. 人工验绳速度一般不大于 0.3 m/s。

d. 因检修井筒装备或处理事故人员需站在提升容器顶上工作时,其提升容器的运行速度一般为 0.3 ~0.5 m/s。

④提升或下放超过正常负荷的物件时,需重新计算制动力矩,验算钢丝绳、悬挂或连接装置的安全系数。符合要求后,应制定安全技术措施,并经机电矿长(副总工程师)及安监部门负责人、总工程师批准后方可实施。需要调整制动系统时,机电工区指定专人现场指挥、机电管理部门派人现场监督,提升完毕及时恢复。对超长尺寸、质量的设备的提升运输应事先进行同质量负荷、同尺寸的模拟试验。

⑤特殊提升必须执行正司机操作、副司机监护的工作制度。

(9)提升系统的检修工作

①各矿要根据每一提升系统运行特点及状态有计划地进行周期性检修。

②检修前应认真编制“检修任务书”、检修质量标准、安全技术措施、劳动组织以及施工网络图和施工进度图表,并组织全体检修人员学习。

③每项检修任务都应指定负责人,同一地点多单位同时作业时,必须明确一人统一指挥,并明确分工,重大检修项目应成立检修指挥组。

④检修计划时间应包括规定的试运转时间。检修后必须留有详细的记录,内容主要包括检修部件技术参数的变更及其原因并附有简图,形成正式报告并留档备查。

⑤提升系统日常维修,每天要保证 2 ~4 小时的检查维修时间和全年不少于 12 天的停产检修日。

(10)提升系统的操作及维修

①针对每一部提升机的设备性能及运行特点,制定技术操作规程,内容全面、程序清晰并同现场实际相符。

②司机必须经过培训,熟悉设备的结构、性能、技术特征、动作原理,掌握《规程》有关规定及绞车房各项规章制度,并经考试取得合格证后,持证上岗。

③提升系统维修工、钢丝绳检查工必须经过专业技术培训,考试合格后持证上岗。

④提升系统维修重点抓好以下工作:

a. 设备维修必须建立包机制,明确包机人员的职责。

b. 对各种保护装置和安全设施定期进行检查试验,达到灵敏可靠。

c. 应针对每部提升机的实际情况做好“三化”工作，即维护检查周期制度化、维护内容规律化、维护保养程序工艺化。

d. 认真编制设备有关使用维护的各种规章制度和标准，组织维修人员学习有关设备的结构、性能、使用、维护和安全技术等方面的业务知识，掌握《规程》及《机电设备检修标准》《机电设备完好标准》有关提升系统的各种规定，并进行理论和操作的考试。

e. 做好维护检查记录，内容包括检查项目、时间、发现问题的处理意见。机电区队技术负责人应每月检查签字。

(11)提升系统技术资料管理

健全技术档案，做到一台一档。

1)技术资料存档明细

①绞车原始设计、安装图(安装调试验收单)、使用说明书。

②设备改造安装图。

③制动装置结构图和系统图。

④易损零部件图。

⑤电气原理图和接线图。

⑥增设保护安装图和控制图。

⑦提升信号图。

⑧井筒装置图、布置图(包括井架、井底布置)。

⑨钢丝绳出厂合格证、试验报告和更新记录。

⑩防坠器试验报告。

⑪技术测定和整定、分析报告。

⑫制动力矩验算资料。

⑬探伤报告。

⑭提升装置年度检查报告和月停产检修记录(包括实测数据、零部件更换)。

⑮重大及以上机电事故分析报告。

⑯经济运行分析报告，运行单耗。

⑰相关联的煤矿矿用产品安全标志资料。

2)每一提升系统必须建立的制度

①要害场所管理制度(门口张挂)。

②岗位责任制度、包机制度(机房张挂)，信号工和把勾工岗位责任制度(井口、井底张挂)。

③交接班制度(机房张挂)。

④领导干部上岗制度(机房张挂)。

⑤操作规程(机房张挂)。

⑥安全保护装置日检查试验制度。

⑦设备定期检修制度。

⑧设备巡回检查制度。

3)每一提升系统要具有的记录

①日维护检查记录(机房存放)。

②电气保护日检查试验记录(机房存放)。

③钢丝绳日检记录(机房存放)。

④交接班、运转日志记录(机房存放)。

⑤干部上岗记录(机房存放)。

⑥井口操车设备、安全门闭锁与信号日试验记录(班组存放)。

⑦外来人员登记记录(机房存放)。

⑧提升系统事故记录(机房存放)。

⑨设备检修记录(机房存放)。

⑩钢丝绳试验、更换记录(存档)。

4)每一提升系统需在机房内张挂的图纸

①制动系统图。

②电气原理图。

③设备平面布置图。

④巡回检查图表。

⑤绞车总装图和技术特征卡片。

(12)提升系统备品、备件管理

①实行分类管理,对设备所需的专用件实行建账管理。

②做好备件的验收、入库、储存、保养工作。

③建立旧件回收制度,搞好旧件修理复用,修好的备件要交备件库另册登记入账。

1.2.2 上下超长材料安全管理规定

(1)一般规定

①下放超长材料时,一律利用副罐,不许用主罐;上下料必须制订专项措施,经程序审批后,传达贯彻后方可进行。

②严格执行井口管理制度。

③长材料运入井口后,应放在不影响人员行走及车辆通行的地方。

④凡要吊装的超长材料,必须抬到离罐笼较适宜的位置,基本对准罐笼提升中心线方能起吊。

⑤井口上下20 m以内不能堆放杂物,保证井口周围清洁卫生,要将罐笼清扫一次,防止杂物坠井。

(2)下放长材料的规定

①下放超出现定质量的设备时必须制定专门措施。

②下放长料必须用井口小绞车缓慢吊起入井筒中,用马蹬时操作人员要配安全保险带。

③下放带法兰的钢管,可将卸扣与法孔相连,再和钢丝绳鼻连接。下放不带法兰的钢管时,可利用钢丝绳穿过钢管,上下卡牢后起吊。

④升降大件设备、材料时,运送单位要提前将审批后的安全技术措施向井口工作人员传达贯彻,以保证按规定安全吊运。

⑤摘掉罐笼或在罐笼下方吊运大型材料时,必须有防止物料旋转的措施,吊运使用的钢丝绳套等连接装置必须符合《煤矿安全规程》规定的安全系数。

⑥下放钢轨(包括槽钢,工字钢)时,可在钢轨一端预先用氧气割孔,连接钢丝绳鼻。不论用什么材料起吊时,都必须捆在一起,并留有尾绳,在起吊过程中用人力配合起吊。

⑦下放直径 50 mm 以下钢管及长木板等质量较轻的材料时,可直接用人力装。此时把罐笼顶部活动门打开并装好之后,上下用绳捆牢,并用木楔使木料不能移动,并在两端放上横挡,连接好再使物料慢慢起高,当物料进入井筒停稳确认可靠后走钩。

(3)安全注意事项

①每次上下材料的规定:钢轨 18 kg/m 每次 4 根;24 kg/m(包括槽钢、工字钢)每次 2 根;管直径 135 mm 以下每次 4 根,直径 135 mm 及以上每次 1 ~2 根。

②所用起吊用具钢丝绳保证有 6 倍以上的安全系数,每次使用前要详细检查一遍,发现有绳鼻损伤、蚀锈、断丝等不符合规定时不能使用,钢丝绳鼻要有备用。

③井口工作的人员要戴安全帽,站在罐顶作业时要戴好保险带。

④在井口使用的撬棍工具要拴绳,并将留绳拴在可靠的地方,检修用的工具必须将留绳系在手腕上,严禁物体坠落井下。

⑤起吊前要把人员明确分工,并与打点工联系好,指挥人员要站在井口两侧。

⑥工作人员要精力集中,不准打闹嬉笑。

⑦每次需吊运的物体必须从大料堆中分离出来,搬到井口穿绳。

⑧在罐内下长料时,罐顶部的活动门打开必须用棕绳绑牢,以免碰到滚动罐耳。

⑨井上口吊装物料时 ,下口 15 m 范围内应设好警戒,不得有人员入内;下口托运物料时,上部人员不得走动。

⑩必须听从施工负责人统一指挥,并对提升绞车司机作出特殊安排。

1.2.3　斜巷运输管理规定

①斜巷各水平及上下口车场是重要的安全生产工作场所,严禁一切与工作无关的人员入内。所有工作人员必须持证上岗,做到坚守工作岗位,不得擅自离岗或睡岗。

②斜井巷道的设计和巷道两侧管、线、电缆的安装,必须符合《规程》中的有关规定,主要绞车道严禁行人。

③斜巷运输安全设施必须符合《规程》第 370 条的规定,绞车提升必须符合《规程》第 371 条的规定。

④各岗位工作人员必须严格遵守各项管理规定和安全生产责任制,严格执行交接班制度,认真按照操作规程的要求工作。

⑤必须明确一名把钩工担负当班本岗位安全生产的主要责任,一名挂钩工配合工作。调度绞车司机和推车工必须服从把钩工和挂钩工的正确指挥。

⑥各专业人员必须严格按照有关规定对巷道轨道、绞车、钢丝绳、人行车、车辆连接装置、保险装置和其他安全设施进行检查、维修和调试,保证这些设备和设施安全可靠。

⑦严格执行“行车不行人”和“行车不作业”制度。在行车时间内,任何人不准进入斜巷。如有特殊情况,必须经调度室和上口把钩工同意,待停车后,方可行人。

⑧挂钩工必须按照规定的数量连挂车辆,并挂好钩头和保险绳,同时还必须对钩头、保险绳、连接环、插销、车辆及其装载情况等进行全面检查。把钩工应严格进行复查、确认安全可靠、绞车无余绳,方可按规定发开车信号。上口车场由把钩工负责安全门,挂钩工负责挡车器,推车下放。下口及各水平车场的工作人员立即进入躲避硐。

⑨各车场使用调度绞车调配车辆时,其司机必须严格按照有关规定操作。采用小绞提升的斜巷,必须有安全措施,其司机要严格按照所制定的操作规程进行操作。

⑩运送超长、超宽、超高、超重和炸药、雷管等特殊物料,必须按照审批过的安全措施的要求运送。

⑪在斜巷内处理事故或进行其他作业时,必须制定相应的安全措施,报主管部门批准方可施工。

⑫信号装置必须声光俱备,信号标志以主钩头为准,一声停车,二短声提升,三短声下降,二长声提升,三长声下降。规定急速乱点为跑车和撞车事故信号。

⑬当发生跑车和撞车事故时,下口及各水平的工作人员应迅速进入躲避硐或安全地点。上口把钩工发出事故信号后及时回报。

⑭保证各工作场所和斜巷内的清洁卫生,及时清理,做到文明生产。

⑮严格按照有关规定进行洒水、清尘、开启喷雾水幕,严禁出现浮尘和浮煤。

1.2.4 斜巷提升运输管理制度

①斜巷提升运输必须设置"一坡三挡":即在井口上平坡处设置阻车器;井口变坡点下方20 m处设挡车器或挡车栏;掘进工作面上方设置坚固的遮挡。上述阻车器、挡车器(栏)必须经常处于关闭状态,只有矿车通过时方准打开。

②斜巷上、下人员必须走人行道,严格执行"行车不行人"制度,红灯灭时行走,红灯亮时立即进入躲避硐室。

③斜巷轨道敷设要符合下列要求:

a. 扣件齐全、牢固。

b. 轨道接头的间隙不得大于5 mm,高低和左右错差不得大于2 mm。

c. 两条轨道顶面的高低差不得大于5 mm。

d. 轨心不得有浮矸杂物。

④电雷管必须由放炮员亲自运送,严禁用车辆运送。

⑤斜巷提升运输中,严禁蹬钩、扒车或坐车。

⑥绞车司机必须由经过培训、考试合格的人员担任,并必须做到持证上岗作业。

⑦禁止矿车掉道运行,严禁不带电运行、放飞车。

⑧包机检修工至少每天全长检查一次提升钢丝绳的使用情况,绞车司机接班时要进行一次抽查,把钩工必须对老钩50 m长度进行检查,发现钢丝绳断头率超过10%、钢丝绳被碾轧、钩头插接松弛或钢丝绳锈蚀严重、点蚀麻坑形成沟纹、外层钢丝松动跳股时,不论断丝数或绳径变细多少等,都必须立即处理或更换。不得使用带接头的钢丝绳。使用中的钢丝绳应根据井巷条件及锈蚀情况定期涂油。

⑨每次提升前,把钩工要认真检查各处连结装置、车辆完好状况,提升车辆是否超挂,装载物料是否捆绑牢固以及是否存在超高、超宽等情况,确认无误后,方可通知信号工发出信号,开车运行。

⑩把钩工连车时要做到"五不准":即不准多连车;不准插错销子;不准用其他物体代替销子;不准用损坏的链环和矿车;不准连反链环。

⑪把钩工摘挂时要做到:拨准道岔;矿车过安全装置后,要及时关闭;送车起钩后,要认真听、看运行情况,听到异常声音要迅速躲开;动作要快、准,防止矿车碾绳、掉道、翻车。

第2章 矿井运输

2.1 矿井运输设备

2.1.1 刮板输送机

可弯曲刮板输送机是综合机械化采煤工作面的运输设备,它的主要任务是把采煤机破碎下来的煤从工作面内运送至顺槽转载机,再经可伸缩胶带输送机运送至采区煤仓;另外,可弯曲刮板输送机还要作为采煤机的运行轨道以及液压支架向前移动的支点。刮板输送机的启动和停止操作由布置在运输顺槽内的磁力启动器来进行控制。图8.2.1为可弯曲刮板输送机的外形图。

可弯曲刮板输送机的工作原理是:机头链轮带动一条无极的刮板链在上、下溜槽中做循环移动,将装在溜槽中的煤运到机头并卸下来。机头链轮是由电动机经液力偶合器和减速器来驱动的。机尾链轮可以是主动轮,也可以是导向轮。

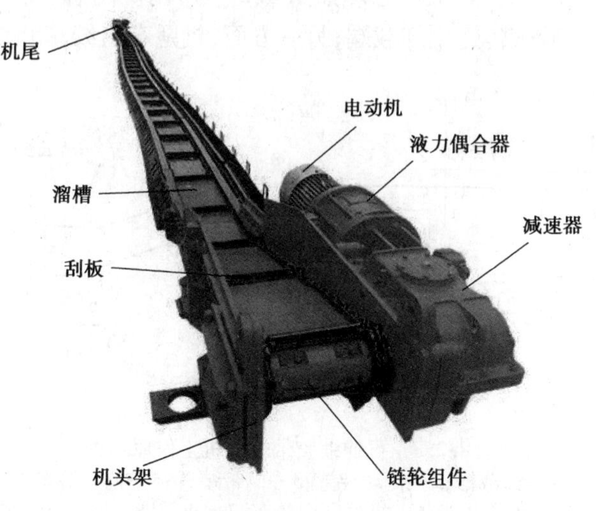

图8.2.1 可弯曲刮板输送机外形图

2.1.2 桥式转载机

桥式转载机是机械化采煤运输系统中普遍使用的一种中间转载设备,它安装在采煤工作面的下顺槽内,把采煤工作面刮板输送机运出的煤转运到顺槽可伸缩胶带输送机上。桥式转载机主要由机头部(包括传动装置、机头架、链轮组件和支撑小车)、悬拱段、爬坡段、水平段和机尾部等部分组成。

桥式转载机的工作原理如图 8.2.2 所示,桥式转载机的机尾安装在工作面可弯曲刮板输送机机头下面的顺槽底板上,接受从工作面运输出来的煤。机头安放在游动小车架上,小车放在胶带输送机机尾架的轨道上。这样,随着转载机的逐步移动,使其桥部与胶带输送机的机尾重叠起来,从而缩短了运输巷道的运输长度,减少了缩短胶带输送机的操作次数。

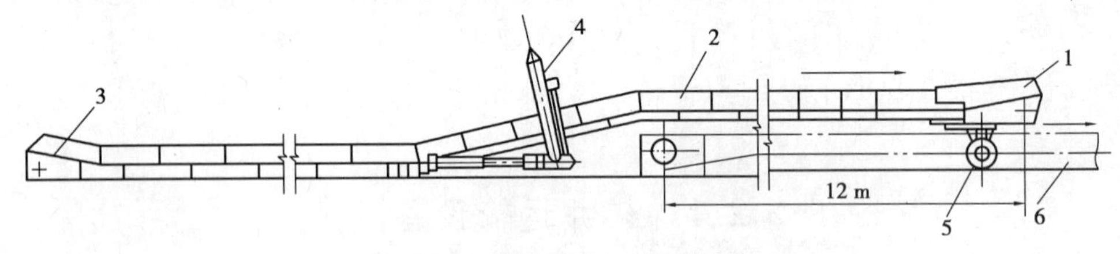

图 8.2.2 桥式转载机的工作原理

1—机头部;2—机身部;3—机尾部;4—拖移装置;5—行走部;6—可伸缩胶带输送机机尾

2.1.3 带式输送机

可伸缩胶带输送机是供顺槽运输的专用设备,它把由工作面运来的煤经顺槽桥式转载机卸载到可伸缩胶带输送机上,再经由可伸缩胶带输送机把煤从顺槽运到上、下山或装车站的煤仓中。

可伸缩胶带输送机和普通胶带输送机相比,增加了一个储带仓、一套储带装置和机尾牵引机构。其机身长度可根据需要进行伸长或缩短,其最大伸长量不应超过电动机的额定功率所允许的长度;最小缩短量可缩到机身不能再缩为止。

可伸缩胶带输送机是根据挠性体摩擦传动的原理,靠胶带与传动滚筒之间的摩擦力来驱动胶带运行,完成运输作业的,其工作原理如图 8.2.3 所示。随着工作面向前推进,一方面,由转载机运来的煤通过胶带传送到卸载端;另一方面,机尾牵引绞车和拉紧绞车动作,缩短输送机,收回多余的胶带。

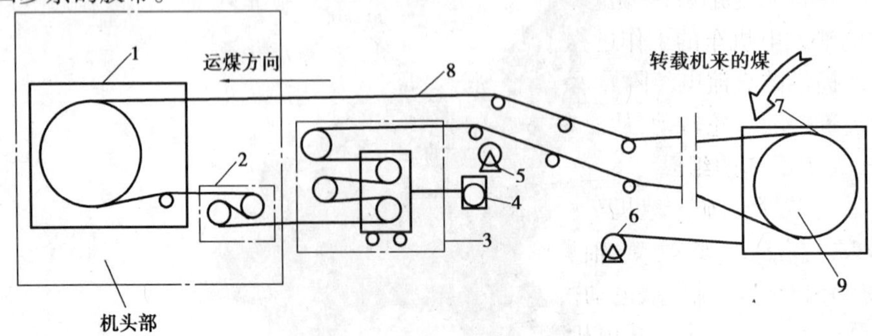

图 8.2.3 可伸缩胶带输送机工作原理图

1—卸载槽;2—传动装置;3—储带装置;4—拉紧绞车;
5—收放胶带装置;6—机尾牵引绞车;7—机尾;8—胶带;9—滚筒

目前,我国使用最广泛的可伸缩胶带输送机是 SD-150 型胶带输送机。

其含义是:

S——输送机;

D——带式;

150——电动机功率为 150 kW。

2.1.4　矿用电机车

(1) 矿用电机车的作用及种类

矿用电机车主要用于井下运输大巷和地面的长距离运输。它相当于铁路运输中的电气机车头,牵引着由矿车或人车组成的列车在轨道上行走,以完成对煤炭、矸石、材料、设备、人员的运送。

矿用电机车根据供电方式不同分为架线式和蓄电池式两种。架线式电机车由于其受电弓与架空线之间会产生火花,一般多用于煤矿地面运输。蓄电池式电机车根据其防爆性能不同,分为一般型、安全型、防爆特殊型三种。防爆特殊型适用于有瓦斯、煤尘爆炸危险的矿井运输。

(2) 矿用电机车的工作过程

1) 架线式电机车的工作过程

如图 8.2.4 所示,高压交流电经牵引变流所降压、整流后,正极接到架空线上,负极接到铁轨上。机车上的受电弓与架空线接触,将电流引入车内,再经空气自动开关、控制器、电阻箱进入牵引电动机,驱动电动机运转。电动机通过传动装置带动车轮转动,从而牵引列车行驶。从电动机流出的电流经轨道流回变流所。

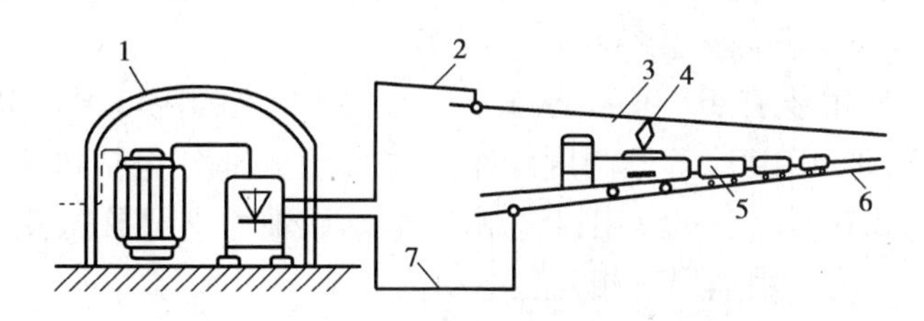

图 8.2.4　架线式电机车供电系统

1—牵引变流所;2—馈电线;3—架空线;4—受电弓;5—矿车;6—轨道;7—回电线

2) 蓄电池式电机车的工作过程

蓄电池提供的直流电经隔爆插销、控制器、电阻箱进入电动机,驱动电动机运转。电动机通过传动装置带动车轮转动,从而牵引列车行驶。

(3) 矿用电机车的组成

如图 8.2.5 所示,矿用电机车由机械部分和电气部分组成。

机械部分包括:车架、轮对、轴承箱、弹簧托架、制动装置、撒砂装置、连接缓冲装置等。

电气部分包括:直流串激电动机、控制器、电阻箱、受电弓、空气自动开关(架线式电机车)或隔爆插销、蓄电池(蓄电池式电机车)等。

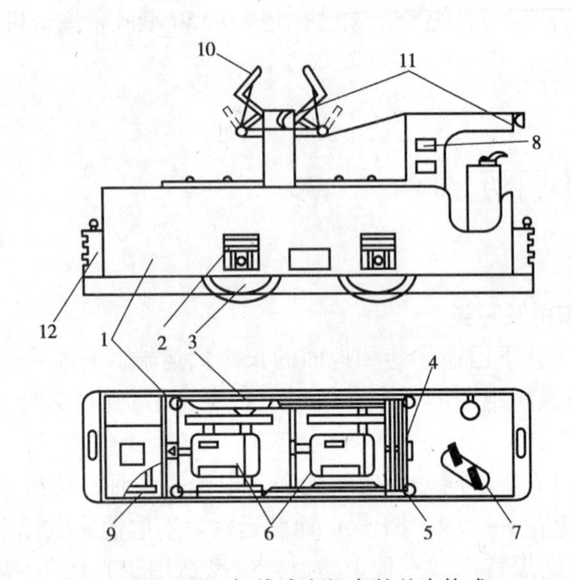

图 8.2.5　架线式电机车的基本构成

1—车架;2—轴承座;3—轮对;4—制动手轮;5 - 沙箱;6—牵引电动机;
7—控制器;8—自动开关;9—启动电阻;10—受电弓;11—车灯;12—缓冲器及连接器

2.1.5　调度绞车

调度绞车是用于调度车辆的一种小型绞车,常用于井下采区、煤仓及装车站调度室牵引矿车,也可用于其他辅助牵引作业。

调度绞车是一种全齿轮传动机械。调度绞车的传动齿轮既有内啮合圆柱齿轮传动,又有行星传动,所以调度绞车又称内齿轮行星传动绞车。

调度绞车常用型号主要有 JD-0.4(原 JD-4.5)、JD-1(原 JD-11.4)、JD-1.6(原JD-22)、JD-2(原 JD-25)、JD-3(原 JD-40)等。调度绞车的主要组成部分包括机座、电动机、滚筒、齿轮、制动装置,如图 8.2.6 所示。机座用铸铁制成,电动机轴承支架及闸带定位板等均用螺栓固定在机座上。电动机为专用隔爆三相笼型电动机。

绞车滚筒由铸钢制成,其主要功能是缠绕钢丝绳牵引负荷。滚筒内和大内齿轮下装有减速齿轮。绞车上共装有两组带式闸,即制动闸、工作闸。电动机一侧的制动闸用来制动滚筒,大内齿轮上的工作闸用于控制行星传动机构运转。

从传动系统图和结构图可知调度绞车的工作过程有下列三种情况:

①左边制动闸抱紧,右边工作闸松开,此时电机旋转,经两级齿轮减速带动大内齿轮输出旋转,绞车卷筒不转,呈非工作状态。

②右边工作闸抱紧,左边制动闸松开,电机旋转,经两级齿轮减速及行星轮系带动卷筒输出旋转。此时的绞车卷筒呈全速工作曳引状态。如果左右刹车是慢慢逐渐松开和抱紧,或逐渐抱紧和松开,则绞车即为启动和停车时的调速状态,也就是卷筒是由停到慢到快或由快到慢到停,而电动机可始终转动。

③左右刹车同时松开,电机旋转。此时绞车卷筒无输出呈自由状态。

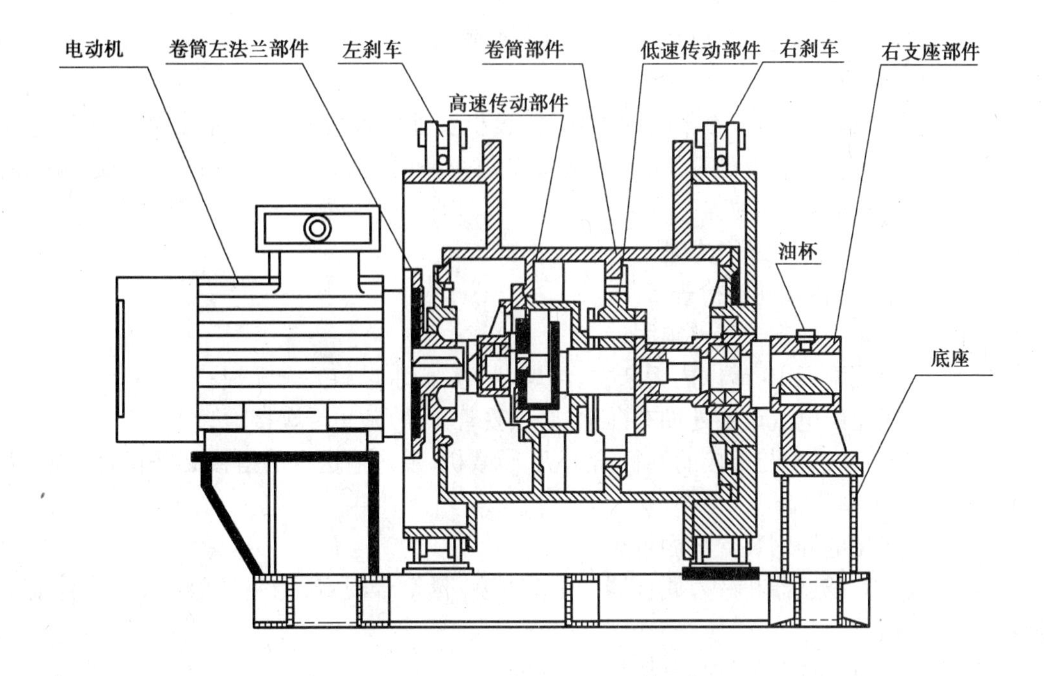

图 8.2.6 JD 型调度绞车结构

2.2 矿井运输安全管理

2.2.1 刮板运输机

(1)刮板输送机搬运、安装注意事项

①刮板输送机在装车时要按井下安装顺序、编号装车。对大件一定要固定牢靠,对联接面、防爆面、电器等怕砸、怕碰、怕尘、怕水的部件要管理好,并采取相应的保护措施。

②起吊时要检查起吊工具的完好情况和强度,在安全可靠的情况下装、卸车。

③运输中沿途各交叉点,上、下山等地点,要设专人指挥,防止在运输中发生事故。

④刮板输送机未进入工作面之前,要先检查铺设地点的煤壁和支护情况,要清理好底板,确实可靠后再进设备。

⑤为了减少搬运工作量,输送机一般是从回风巷开始安装。安装时要有专人指挥调运,防止在安装中出现挤、砸、压的事故。

⑥刮板输送机铺设要平。如底板有凸起时要整平,相邻溜槽的端头应靠紧,搭接平整无台阶。这是保证安全试运转的前提。

⑦安装及投入运转时要保证输送机的平、直、稳、牢,并注意刮板链的松紧程度。要根据链条的松紧情况及时张紧,防止卡链、跳牙、断链及底链掉道等事故。

⑧用液压支架或支柱,悬吊或支撑溜槽时,必须在槽下垫以木垛支撑,不得使用煤或矸石代替。降架悬吊溜槽时,应随时注意顶板情况,避免冒顶。

⑨工作面安装使用的绳扣、链环、吊钩都必须详细检查,确认可靠后方可使用。

⑩两部链板机成直接搭接时,上部运输机头要高于下部运输机 0.2 m,并前后交错 1 m;横竖搭接时要高出 0.3 m。

⑪检查刮板运输机道是否平直无杂物,安设机头处的顶板是否坚固,必要时必须有加强支柱;检查刮板运输机铺设是否平直;溜槽接口是否平正、连接是否牢固;支柱与运输机之间是否保持规定范围内的空隙。

(2)刮板输送机司机操作规程

1)刮板输送机运转前的检查

①机头、机尾处的支护完整牢固;

②机头、机尾附近 10 m 以内无杂物、浮煤、浮渣,洒水设施齐全无损;

③机头、机尾的电气设备处如有淋水,必须妥善遮盖,防止受潮接地;

④本台刮板输送机与相接的刮板输送机、转载机,带式输送机的搭接必须符合规定,无拉回头煤;

⑤机头、机尾的锚固装置牢固可靠;

⑥各部轴承、减速器和液力偶合器中的油(液)量符合规定、无漏油(液),易熔合金塞等是否正常良好;

⑦防爆电气设备完好无损,电缆悬挂整齐;

⑧各部螺栓紧固,联轴器间隙合理,防护装置齐全无损;

⑨牵引链无磨损或断裂,调整牵引链及传动链,使其松紧适宜;

⑩检查信号联络系统是否灵敏清晰可靠;

⑪检查转载点灭尘设施效果。

2)运行应做到的方面

①试运转:首先发出运转信号,先点动两次,然后再正式正常起动,刮板链运转半周后停机,检查已翻转到溜槽上的刮板链,同时检查牵引链紧松程度,看是否跳动、刮底、跑偏、漂链等。空载运转无问题后,再加负载试运转。

②试运转中发现问题应与班长、电钳工共同处理,处理问题时先发出停机信号,将控制开关的手把扳到断电位置并锁好,然后挂上停电牌。

③正式运转:发出开机信号,等前台刮板输送机开动运转后,点动两次后再正式开动,然后打开洒水开关。

④设备运转中,司机要随时注意电动机、减速器等各部运转声音是否正常,是否有剧烈震动,电动机、轴承是否发热(电动机温度不应超过 80 ℃,轴承温度不得超过 70 ℃),机头链轮有无卡、跳链现象,溜槽内有无过大煤矸、过长物料和火工品等,发现异常立即停机处理;回采工作面刮板机必须保持平直,不得过度弯曲,拉溜前应把机头机尾的浮煤清理干净,防止机头机尾翘起,溜槽最大弯曲率半径不超过厂家规定。

⑤一般情况下,刮板机不得超负荷停机,必须将刮板机上的煤运空,方可停机。停机时应先停回采工作面运输机,再停转载机。

⑥刮板机超负荷启动困难时,不得反复倒转启动,应查明原因并处理。

3)发现下列情况应停机并妥善处理后方可继续作业

①超负荷运转,发生闷机。

②刮板链出槽、漂链、掉链、跳齿。

③电气、机械部件温度超限或运转声音不正常。

④液力偶合器的易熔塞熔化或其油(液)质喷出。

⑤发现大木料、金属支柱、大块煤(矸)等异物快到机头。

⑥运输巷转载机或下台刮板输送机停止。

⑦信号不明或发现有人在刮板输送机上。

⑧回采工作面片帮冒顶,输送机内有过大煤(矸)或过长的物料。

⑨其他意外事故。

4)检查、检修设备时应注意的事项

①刮板输送机运行时,不准人员从机头上部跨越,不准清理转动部位的煤粉或用手调整刮板链。

②拆卸液力偶合器的注油(液)塞、易熔塞、防爆塞时,脸部应躲开喷油(液)方向,戴手套拧松几扣,待停一段时间和放气后再慢慢拧下。禁止使用不合格的易熔塞、防爆塞。

③检修、处理刮板输送机故障时,必须闭锁控制开关,挂上停电牌。

④进行掐链、接链、点动时,人员必须躲离链条受力方向。正常运行时,司机不准面向刮板输送机运行方向,以免断链伤人。

⑤检查齿轮箱等部件时,必须先清净盖板周围的一切杂物和煤(矸),防止煤(矸)及其他杂物进入箱体。

⑥检查机械时,手不要放在齿轮和容易转动的部位。

⑦检查后,必须保证松动的螺栓紧固齐全可靠,并认真清理现场和工具,无误后方可试运转。运转中先空载试运转,无异常情况时再重载试运转。

5)收尾工作

①班长发出收工命令后,应将刮板输送机内的煤全部运出,清扫机头、机尾附近的浮煤后,方可停机,然后关闭洒水开关并向下台刮板输送机发出停机信号。

②将控制开关把手扳到断电位置,并拧紧闭锁螺栓。

③清扫机头、机尾各机械、电气设备上的粉尘。

④现场向接班司机详细交待本班设备运转情况,包括出现的故障、存在的问题。升井后按规定填写本班刮板输送机工作日志。

(3)推移刮板输送机安全注意事项

①采煤机割煤时应保持顶、底板平直,不得丢底出现台阶,以免使推移工作困难。

②在普采工作面要设置液压推移装置推移输送机,推移装置必须完整可靠。不允许用单体液压支柱推移。因为单体柱不能水平工作,三用阀进液口容易被煤粉堵塞,煤粉进到缸体内会损坏密封和三用阀。

③进行推移工作时,工作面与输送机之间不得站人,支撑设备附近不得有其他人员。推移输送机之前,应尽可能将机道里的浮煤清理干净,为推移工作创造有利条件。

④推移刮板输送机前必须注意所有千斤顶的操纵阀芯是否处于中立位置。要注意支撑的牢靠,支撑处顶板要坚硬。千斤顶与输送机的接头正确牢固,相互间要垂直。推移时先慢慢地将千斤顶顶着输送机,观察支撑处及接头处有无移动,顶板有无异常,一切正常时再做推移动作。当推溜工发现推移困难时,不得强推,应检查处理。

⑤严禁从刮板输送机两端头开始向中间推移溜槽,以免发生中部溜槽凸翘事故。

⑥根据刮板输送机的设计要求,垂直弯曲度在 ±2°内,工作面底板的平整度应满足这一要求;水平弯曲度为2°左右,如果推移步距为0.6 m,弯曲段总长度不得小于9 m;推移步距为1 m时,弯曲段总长度不得小于14.5 m。推移工要注意这个限度,以防发生溜槽脱节事故。

⑦有人员进入溜槽或煤壁检查时,必须将推移操纵阀把手处于中立位置。

⑧液压支架推移千斤顶与溜槽连接的支座要完好,有开焊或磨损严重时应立即更换。

2.2.2 带式运输机

煤矿用带式输送机安全规范(GB 22340—2008):

①输送机必须装设打滑、烟雾、堆煤、温度保护及防跑偏、洒水等装置。

②在主要运输巷道内使用的输送机应装设输送带张紧力下降保护装置和防撕裂保护装置。

③输送机长度超过100 m时,应在输送机人行道一侧设置沿线紧急停车装置。

④所有会发生超速或逆转的倾斜输送机必须装设安全、可靠的制动装置或逆止装置。此类装置的性能要求应符合《ZBD 93008—90 煤矿井下用带式输送机技术条件》的规定。

⑤固定型大功率输送机应考虑采用慢速起动和等减速制动技术,以确保输送机的启(制)动加(减)速度在0.1~0.3 m/s^2 范围内。

⑥张紧装置应保证输送机启动、制动和正常运转时所需的张力。

⑦输送机电控系统应具有启动预告(声响或灯光信号)、启动、停止、紧急停机、系统联锁及沿线通信等功能,其他功能宜按输送机的设计要求执行。

⑧电气设备的主回路要求有电压、电流仪表指示器,并有欠压、短路、过流(过载)、缺相、漏电、接地等项保护及报警指示。

⑨输送机的前后配套设备应采用联锁装置,不允许任何一台设备向另一台非工作状态或已满载的设备供料。

⑩输送机可移动部件(如伸缩机构或张紧装置等)在极限位置上,必须设置安全挡块以限制其规定的行程。用于升降的移动部件及装置必须装有能防止意外降落的安全装置,并严禁人员进入其下方位置。

⑪输送机运动部件(如联轴器、输送带与托辊、滚筒等)易咬入或挤夹的部位,如果是人员易于接近的地方,都应加以防护。

⑫所有通道、扶梯、阶梯或平台最少应有0.5 m宽的通道,如果输送机的可移动部件与固定障碍物之间的通道宽度小于0.5 m,应设防护装置。

⑬高于地面1.5 m以上的平台、地板或类似结构物应设有固定的通道。其通道最好为带板条的斜坡或阶梯,阶梯与水平的夹角不超过60°,否则,梯子应装有坚实的扶手。

⑭如果设备下方净空高度小于1.9 m,建议采用跨越设备的通道。

⑮如果输送机设备伸进坑内或穿过楼层而出现孔口时,应在孔口处设保护栏杆和脚挡板。

⑯如输送机跨越工作台或通道上方,应设置适当的防护装置,防止输送物料意外掉落。

⑰重锤张紧装置附近必须采取防护措施,防止人员进入重锤下面的空间。

⑱防护罩应定位牢固,在移动或更换时不需拆卸其他零部件。

⑲所有通道、扶手拉杆、阶梯、梯子、护栅等均应在输送机投入使用以前装好。

⑳在输送机巷道内禁止烧焊，输送机机头、机尾前后 10 m 的巷道支护应用不燃性材料支护。

㉑输送机巷道内应敷设消防水管，机头、机尾和巷道每 50 m 处应设有消火栓，并配备水龙头和足够的灭火器。

㉒使用胶带运输机运送物料的最大倾角向上一般不大于 18°，向下一般不大于 15°，运输机最高点距顶板一般应大于 0.6 m。

㉓胶带运输机必须空载启动，专门运送物料的胶带运输机严禁乘人。

㉔定期检查胶带运输机是否具备胶带打滑、跑偏、逆转、过速、过载等保护，使用液力偶合器应经常检查充液情况并按规定使用易熔合金塞。

㉕检查煤矿井下是否按规定使用阻燃皮带。

㉖检查多点装料(矿)点和卸料(矿)点是否有电气保护及信号装置。

2.2.3 机车运输安全管理规定

定期检查机车安全装置是否齐全、灵敏、可靠；机车安全装置包括闸、灯、警铃(喇叭)、连接器、撒砂装置、过电流保护装置等，其中任何一项不正常或防爆部分失去防爆性能时即不得使用，应立即进行维修；检查机车的架线高度、悬点间距是否符合安全要求，即在不行人的巷道中架线高度不得低于 1.8 m，行人巷道不得低于 2.0 m，主要运输巷道架线高度不得低于 2.2 m，悬点间隔直线段不得小于 5 m，曲线段不得小于 3 m。

运送人员时，每班发车前应检查各车的连接装置、轮轴和车闸等，符合要求后方可运行。严禁同时运送有爆炸性、易燃性或腐蚀性的物品，也不得附挂物料车。经常检查人员上下的地点照明是否良好，上下车是否切断该区段架空线电源。

在用 2.5 T 型蓄电池式电机车时，牵引车数为 8 辆，10 T 架线式电机车时，牵引车数为 30 辆，不得超挂。如新增车型，须经制动距离试验后另行规定。

(1)电机车司机必须遵守的行车信号

①哨声信号：一声表示停车，二声表示前进，三声表示后退；

②固定信号灯：红色灯光表示禁止通行，绿色灯光表示可以通行；

③矿灯信号：灯光上下慢速晃动表示停车，灯光左右是表示前进，灯光划圈表示后退，灯光上下急速晃动为紧急停车信号；

④自动信号：绿灯表示可以通行，红灯表示禁止通行，黄灯表示特殊情况，暂不可通行。

开车、停车及调车信号要用红灯、绿灯或哨声，不可用口头命令代替。司机在开车前，必须检查车前、车后是否有障碍物。司机必须坐在司机座位上开车，要目视前方，身体任何部位不准探露车外，严禁在车外开车。

(2)电机车启动时的顺序

①合自动开关；

②当司机接到开车信号后，推动换向手柄到所需位置；

③响铃示警，铃声要表示行驶方向，两声前进，三声后退，然后将车闸松开；

④将控制器手把自零位顺时针转动，逐步加速，每个挡位停留时间约 3 s，不可一次滑过几个挡位；

⑤控制器手把推至两个电机串联最后位置和并联最后位置可以期停留外，其他位置不可

停留过久;

⑥严禁将控制器手把停留在两个挡位中间;

⑦如启动困难,应先断电后再找原因,修好后再按规定启动,不得强制开车;

⑧如果轨道太滑、坡度较大启动困难时,必须撒砂后再启动,不可在启动中撒砂。

列车运行时,电机车上必须有射向前方的照明灯且亮度充足,在最后一辆车上必须有红色尾灯。机车在运行中,司机必须集中精力,严格遵守行车信号,注意轨道及架空线情况,瞭望前方,严防追尾。必须注意电机车各部分运转情况,声音是否正常或有无特殊气味等。

使用蓄电池式电机车,应根据运行时间、牵引次数及照明灯亮度的强弱,判断蓄电池的放电情况,如放电达到规定限度应更换蓄电池或停车充电,不得使蓄电池放电超限。

当两机车或两列车在同一条线路上同向行驶时,必须保持不小于 100 m 的距离,严禁对开。

行车速度:拉煤或其他普通物料,不超过 4 m/s;接送人员不超过 3 m/s;调车时不超过 1.4 m/s;运送爆炸材料或超长、超重物料及机电设备时,不超过 2 m/s。运送大型设备时必须有专人护送,且制定专门的安全措施,明确行车速度。

(3)用电机车运送爆炸材料时必须严格执行的规定

①炸药和雷管在同一列车运输时,装有炸药、雷管的车辆及电机车,三车之间必须用三辆空矿车隔开。

②必须由专门的火药管理人员护送,除跟车护送人员和装卸人员外,其他人员严禁搭乘。

③装有爆炸材料的列车不准同时运送其他物品和工具。

④电机车行驶到检修架空线或轨道等处,必须听从修理人员的指挥。在行车中如出现自动开关跳闸,应立即将控制器把手拉回零位,重新启动,如再跳闸,应停车检明原因。在行车中如果突然停电,应立即将控制把手拉回零位,制动停车,等来电后再重新启动。

⑤在有列车通过的风门处,必须设有当列车通过时能发出在风门两侧都能接收到声光信号的装置。

⑥按《规程》的规定在巷道内装设路标和警标。机车行近巷道口、硐室口、弯道、道岔、坡度较大或噪声大等地段,以及前面有车辆、视线有障碍或前方有行人时,都必须减低车速,并发出警号。必须在弯道或司机视线受阻区段设置列车占线闭塞信号。

⑦严格执行《规程》第三百五十四条的规定,正确设置轨道绝缘点,保证其安全可靠,定期检查检修轨道回流线,定期测试回流电阻应符合规定。

⑧架空线高度必须符合《规程》第三百五十六条的规定,电气距离符合《规程》第三百五十七条的规定。

⑨非特殊情况,电机车的检修工作应在车库内进行。防爆型蓄电池电机车的电气设备,必须在车库内打开检修。

⑩电机车双线行驶,两列车将近交逢时,牵引空矿车的列车应减速。如发现对方列车有不正常情况,司机应用忽明忽暗的灯光提示给对方,使其停车检查。

⑪在行车时发现下列情况应立即停车:

a. 架空线或轨道有障碍物;

b. 电机车掉道、集电器跳落或架空线损坏时;

c. 车辆掉道或脱钩时。

(4)停车注意事项

①调整行车速度,可使用牵引电机串联或并联及停送电的方法进行调整,不可利用车闸控制行车速度。

②列车行近停车地点需停车时,应提前将控制器把手拉回零位,利用列车惯性减速,同时要响铃示警,在列车到达制动停车范围时,再施闸停车。

③电机车行驶中,如有撞车、撞人等危险情况,立即使用紧急停车,使用动力制动,使用车闸,同时撒砂,以保证在最短距离内停车。

④摘挂车时,司机必须把车停稳,扳紧车闸,等挂钩人员安全操作完毕并接到开车信号后方可开车。

⑤列车制动距离的规定:在拉煤、矸及普通物料时,不超过40 m;运送人员时不超过20 m,每年定期对电机车进行制动距离试验。如电机车制动系统大修后,必须做制动距离试验后,方可投入使用。

(5)车闸正常操作方法及注意事项

①在运行和调整车速时禁止使用车闸;

②制动时,必须先将控制器手把拉到零位后方可施闸;

③非特殊情况时,不准突然施闸过紧;

④机车速度较快或路轨较滑时,司机要根据坡度的大小、牵引车辆数,选择适当的距离停电减速,临近停车地点时再施闸。

(6)电机车有下列情况时应禁止使用

①缺少碰头或碰头损坏;

②连接装置有损坏;

③制动装置有损坏;

④撒砂装置有损坏或砂箱内无砂子;

⑤前后照明灯及尾灯不亮;

⑥警铃不响;

⑦防爆电机车的电气设备失去防爆性能。

(7)其他注意事项

①电机车因调车特殊情况允许顶车外,正常运行时,电机车必须在列车的最前端牵引。

②电机车除调车外,严禁逆行车路线行驶,以免发生事故。

③打倒车时,必须等电机车完全停止后,方可转动换向把手。

④电机车或车辆在运行中发生脱轨故障时,必须采用复轨设备就地复轨或人工拿道后方可运行,严禁硬拉。

⑤跟车工必须坐在规定的位置,其他人员严禁乘坐。如处理事故必须乘坐电机车时,应制订安全措施报矿总工程师批准。乘坐人员的位置不得影响司机视线,不得将身体探出车外。

⑥同一区段轨道上,不得行驶非机动车辆,如果需要行驶时,必须经运输调度站同意。

2.2.4 调度绞车安全操作要求

(1)开车前的检查试验

①检查调度绞车周围顶帮情况有无异常,绞车固定是否牢靠,清除杂乱异物,便于瞭望。

②检查绞车制动闸和工作闸,闸带必须完整无裂纹,磨损余厚不得小于 3 mm,铜或铝铆钉不得磨闸轮,闸轮表面应光洁平整,无明显沟痕,无油泥;各部螺栓、销、轴、拉杆螺栓及背帽、限位螺栓等应完整、齐全;施闸后,闸把位置在水平线以上即应闸住,综合块式制动闸把手工作行程不超过全行程的 3/4 即应闸住。

③检查钢丝绳:要求无弯折、硬伤、打结和严重锈蚀,直径符合要求,断丝不超限,在滚筒上应排列整齐,无严重咬绳、爬绳现象;缠绕绳长不得超过规定允许容绳量;保险绳直径与主绳直径应相同,并连结牢固;绳端连接装置应符合《规程》规定;绞车应有可靠的护绳板。

④检查绞车的控制开关,操纵按钮、电动机、电铃等应无失爆现象;信号必须声光兼备,声音清晰,准确可靠。

⑤空车启动时,应无异响和震动,无甩油现象。

⑥通过以上检查,发现问题必须向上级汇报,处理好后方可开车。

(2)启动

①听到清晰、准确的信号后,首先应打开红灯,向行人示警;闸紧制动闸,松开工作闸,按信号指令方向启动绞车空转。

②缓缓压紧工作闸把,同时缓缓松开制动闸把,使绞车滚筒慢转,平稳启动加速,最后压紧工作闸把,松开制动闸,达到正常运行速度。

③操作工必须在护绳板后操作,严禁在绞车侧面或滚筒前面操作;严禁一手开车,一手处理爬绳。

④下放矿车时必须反转电动机,与把钩工配合好,边推车边放绳,不准松绳,以免车过变坡点时突然加速崩断钢丝绳,更不得无电运行放飞车。

⑤工作中禁止两个闸把同时闸紧,以防烧坏电动机。

⑥如遇启动困难时,应查明原因,处理好后再开车,不准强行启动。

(3)运行

①绞车运行中,绞车操作工应集中精力,注意信号,观察钢丝绳,手不离闸把,如收到不明信号应立即停车查明原因。

②绞车运行中操作工不得与他人交谈。

③注意绞车各部情况,发现下列情况时必须立即停车,采取措施,待处理好后再运行。

a. 有异响、异味、异状;

b. 钢丝绳异常跳动,负载增大,或突然松弛;

c. 稳定绞车支柱有松动现象;

d. 有严重咬绳、爬绳现象;

e. 电动机单向运转或冒烟;

f. 突然停电或有其他险情时。

(4)停车

①接近停车位置,应先慢握紧制动闸,同时逐渐松开工作闸,使绞车减速,听到停车信号

后，闸紧制动闸，松开工作闸，停车、停电。

②上提矿车，车过上端变坡点后，操作工应停车准确，严禁过卷或停车不到位。

③正常停车后（指较长时间停止运行），应拉灭示警红灯；操作工离开岗位时，必须将供电的启动器停电闭锁。

(5)其他要求

①严禁超载挂车、蹬钩、扒车，行车时严禁行人。

②矿车掉道，禁止用绞车硬拉复位。

③因处理事故或其他原因，车辆在斜巷中停留时，司机应集中精力，注意信号，手不离闸把，严禁离岗；如需松绳处理事故时，必须由施工人员采取措施，固定矿车。

④如在斜巷中施工，或运送支架以及超长、超大物件时，应制定专项提升措施，确保安全。

第 9 篇 矿井瓦斯抽采

早期煤矿将瓦斯抽出后予以排空，后来逐步对抽出的瓦斯进行综合利用。目前，国家明确规定矿井瓦斯(煤层气)为能源资源，抽采瓦斯还须办理相关手续。国家安监总局从灾害治理的角度规定，高瓦斯和煤与瓦斯突出矿井必须进行瓦斯抽采。本篇主要介绍煤矿瓦斯抽采的技术、工艺与管理方法。

第1章
煤层瓦斯抽采技术及方法

1.1 概　述

1.1.1 瓦斯抽采的目的、条件及意义

矿井瓦斯抽采,是指为了减少和解除矿井瓦斯对煤矿安全生产的威胁,利用机械设备和专用管道造成的负压,将煤层中存在或释放出来的瓦斯抽出来,输送到地面或其他安全地点的方法。它对煤矿的安全生产具有重要的意义。

(1)抽采瓦斯的目的

①预防瓦斯超限以确保矿井安全生产。矿井、采区或工作面用通风方法将瓦斯冲淡到《规程》规定的浓度在技术上不可能,或虽然可能但经济上不合理时,应考虑抽采瓦斯。

②开采保护层并具有抽采瓦斯系统的矿井,应抽采被保护层的卸压瓦斯。抽采近距离保护层的瓦斯,可减少卸压瓦斯涌入保护层工作面和采空区,保证保护层安全顺利地回采。抽采远距离被保护层的瓦斯,可以扩大保护范围与程度,并于事后在被保护层内进行掘进和回采时,瓦斯涌出量会显著减少。

③无保护层可采的矿井,预抽瓦斯可作为区域性或局部防突措施来使用。

④开发利用瓦斯资源,变害为利。

(2)抽采瓦斯的条件

①一个采煤工作面的瓦斯涌出量大于5 m^3/min或一个掘进工作面的瓦斯涌出量大于3 m^3/min,用通风方法解决瓦斯问题不合理。

②矿井的绝对瓦斯涌出量达到以下条件:

a. 大于或等于40 m^3/min;

b. 年产量1.0~1.5 Mt的矿井,瓦斯涌出量大于30 m^3/min;

c. 年产量0.6~1.0 Mt的矿井,瓦斯涌出量大于25 m^3/min;

d. 年产量0.4~0.6 Mt的矿井,瓦斯涌出量大于20 m^3/min;

e. 年产量小于或等于0.4 Mt的矿井,瓦斯涌出量大于15 m^3/min。

③开采保护层时应考虑抽采被保护层瓦斯。

④开采有煤与瓦斯突出危险煤层的。

(4)抽采瓦斯的意义

①瓦斯抽采是消除煤矿重大瓦斯事故的治本措施。

②瓦斯抽采能够解决矿井仅靠通风难以解决的问题,降低矿井通风成本。

③瓦斯抽采能够利用宝贵的瓦斯资源。

1.1.2 瓦斯抽采的方法

(1)按抽采瓦斯来源分类

可分为本煤层瓦斯抽采、邻近层瓦斯抽采、采空区瓦斯抽采和围岩瓦斯抽采。

(2)按抽采瓦斯的煤层是否卸压分类

可分为未卸压煤层抽采瓦斯和卸压煤层抽采瓦斯。

(3)按抽采瓦斯与采掘时间关系分类

可分为煤层预抽瓦斯、边采(掘)边抽和采后抽采瓦斯。

(4)按抽采工艺分类

可分为钻孔抽采、巷道抽采和钻孔巷道混合抽采。

1.2 本煤层瓦斯抽采

本煤层瓦斯抽采,又称为开采层抽采,目的是为了减少煤层中的瓦斯含量和降低回风流中的瓦斯浓度,以确保矿井安全生产。

1.2.1 本煤层瓦斯抽采的原理

本煤层瓦斯抽采就是在煤层开采之前或采掘的同时,用钻孔或巷道进行该煤层的抽采工作。煤层回采前的抽采属于未卸压抽采,在受到采掘工作面影响范围内的抽采,属于卸压抽采。

1.2.2 本煤层瓦斯抽采的分类

本煤层瓦斯抽采按抽采的机理分为未卸压抽采和卸压抽采;按汇集瓦斯的方法分为钻孔抽采、巷道抽采和巷道与钻孔综合法三类。

(1)本煤层未卸压抽采

决定未卸压煤层抽采效果的关键性因素,是煤层的自然透气性系数。

①岩巷揭煤时,由岩巷向煤层施工穿层钻孔进行抽采。

②煤巷掘进预抽时,在煤巷掘进工作面施工超前钻孔进行抽采。

③采区大面积预抽时,由开采层机巷、风巷或煤门等施工上向、下向顺层钻孔;由石门、岩巷、邻近层煤巷等向开采层施工穿层钻孔;由地面施工穿层钻孔等进行抽采。

(2)本煤层卸压抽采

本煤层卸压抽采分为:

①由煤巷两侧或岩巷向煤层周围施工钻孔进行边掘边抽。

②由开采层机巷、风巷等向工作面前方卸压区施工钻孔进行边采边抽。

③由岩巷、煤门等向开采分层的上部或下部未采分层施工穿层或顺层钻孔进行边采边抽。

1.2.3　本煤层瓦斯抽采的布置形式及特点

(1)本煤层未卸压钻孔预抽

本煤层未卸压钻孔预抽瓦斯是钻孔打入未卸压的原始煤体进行抽采瓦斯,其抽采效果与原始煤体透气性和瓦斯压力有关。煤层透气性越小,瓦斯压力越低,越难抽出瓦斯。对于透气性系数大或没有邻近卸压条件的煤层,可以预抽原始煤体瓦斯。该法按钻孔与煤层的关系分为穿层钻孔和顺层钻孔。按钻孔角度分上向孔、下向孔和水平孔。

1)穿层钻孔抽采

穿层钻孔抽采是在开采煤层的顶底板岩石巷道(或煤巷)或邻近煤层巷道中,每隔一段距离开一长约10 m的钻场,从钻场向煤层施工3~5个穿透煤层全厚的钻孔,封孔或将整个钻场封闭起来,装上抽瓦斯管并与抽采系统连接进行抽采。图9.1.1为抚顺龙凤矿穿层钻孔抽采瓦斯的示意图。

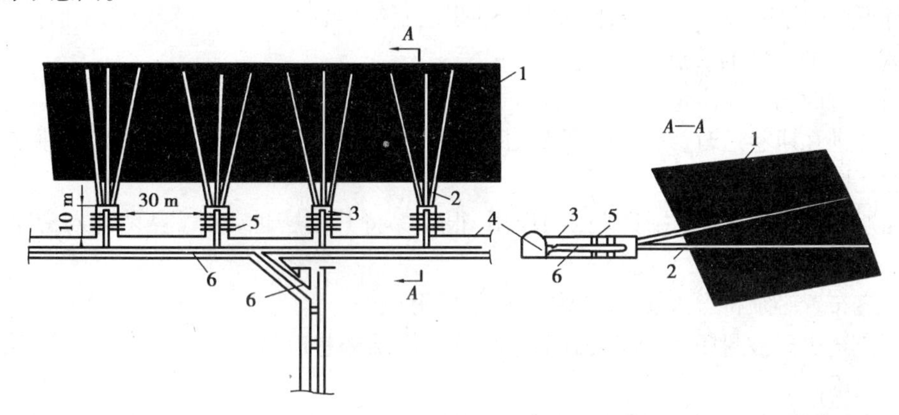

图9.1.1　穿层钻孔抽采瓦斯的示意图

1—煤层;2—钻孔;3—钻场;4—运输大巷;5—封闭墙;6—瓦斯管路

此种抽采方法的特点是施工方便,可以预抽的时间长。如果是厚煤层分层开采,第一分层回采后,还可以在卸压的条件下抽采未采分层的瓦斯。它主要适用于煤层的透气性系数较大、有较长预抽时间的近距离煤层群或厚煤层。

2)顺层钻孔抽采

顺层钻孔是在巷道进入煤层后再沿煤层所打的钻孔,可以用于石门见煤处、煤巷及回采工作面。在我国采用的多是回采工作面,主要是在采面准备好后,于开采煤层的机巷和回风巷沿煤层的倾斜方向施工顺层倾向钻孔,或由采区上、下山沿煤层走向施工水平钻孔,封孔安装上抽采管路并于抽采系统连接进行抽采。钻孔布置形式如图9.1.2所示。

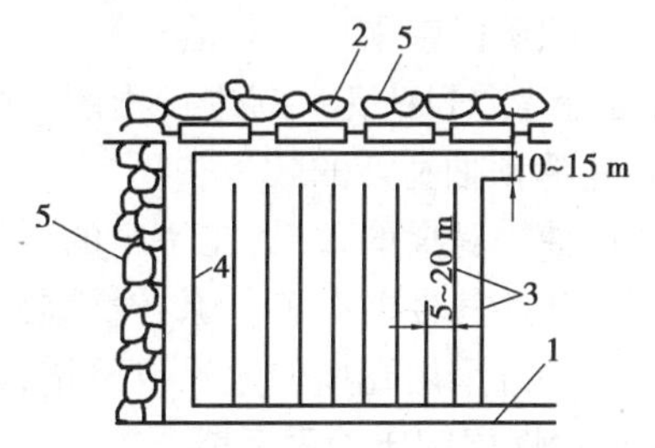

图9.1.2　未卸压顺层钻孔抽采开采煤层示意图

1—运输巷;2—回风巷;3—钻孔;

4—采煤工作面;5—采空区

此种抽采方法的特点是常受采掘接替的限制,抽采时间不长,影响了抽采效果。它主要适用于煤层赋存条件稳定、地质变化小的单一厚煤层。

(2)巷道预抽本煤层瓦斯(未卸压)

巷道预抽是20世纪50年代初,我国抚顺矿区成功试验本煤层预抽瓦斯时最初采用的一种抽采瓦斯方式:在采区回采之前,按照采区设计的巷道布置,提前把巷道掘出来并构成系统,然后将所有入、排风口都加以密闭,同时,在各排风口密闭处插管并铺设抽采瓦斯管路,将煤层中的瓦斯预先抽采出来。经过一段时期的抽采,待瓦斯浓度降低至规定的范围后,即可回采。抽采瓦斯巷道的设计与布置,除必须完全适应将来开采需要外,还要充分利用瓦斯流动的特性,既能抽采本采段的煤层瓦斯,又能截抽下段煤层瓦斯。基于这一考虑,一般都将瓦斯巷道布置在煤层顶分层和上、下段之间的阶段煤柱中。

1)巷道预抽瓦斯的优点

①可以提前将采区的准备巷道掘出来,不影响生产正常接替。

②煤壁暴露面积大,有利于瓦斯涌出和抽采。

③在掘进瓦斯巷道时,对该区的瓦斯涌出形式、地质构造等能进行进一步了解,有利于采取对策,实现安全生产。

④对下段(或下一个水平)采区和邻区的煤层瓦斯,可起到一定的释放和截抽作用。

2)巷道预抽瓦斯的缺点

①掘进时的瓦斯涌出量大,施工困难。

②在掘进瓦斯巷道时,约有占煤层总瓦斯量20%的瓦斯释放出来随风流排掉,减少了可供抽采的瓦斯量。

③瓦斯巷道中的密闭,由于矿压的作用,很难保持其气密性,空气容易进入密闭空间内,使抽出瓦斯浓度降低。

④巷道布置必须符合采煤工作要求,不能随意改变。

⑤巷道至少要被封闭2~3年时间,给后期采煤维修巷道增加了工作量,也给煤层顶板管理带来一定困难。

从技术、经济和安全等因素综合分析,虽然巷道法抽采瓦斯也具有一些优点,但由于存在的缺点已使其优越性显得不足了,因而随着抽采瓦斯技术的发展,已被其他抽采瓦斯方法替代。虽然已不再被用作主要的抽采瓦斯方法,但仍有一些矿井将其作为辅助方法应用。如有的矿井已经建立抽采瓦斯系统,并进行正常抽采,而部分煤巷暂时不用或有的巷道瓦斯涌出量较大,这时即可进行密闭抽采,这样既可减少矿井瓦斯涌出量,也可增加抽采瓦斯量。

在抚顺矿区曾采用过巷道—钻孔混合法,即利用采区已掘出的主要巷道,布置钻场和钻孔,然后将巷道和钻孔一起进行密闭抽采,也取得了很好的效果。

3)巷道预抽瓦斯的效果

巷道抽采瓦斯的效果,在一定的煤层条件下与煤巷暴露的煤壁面积大小有关,同时与煤层的厚度和透气性能有关。除在抚顺矿区外,在淮南潘一矿以及淮北芦岭矿等矿井进行过的巷道法预抽开采层瓦斯的效果也不错,这些矿区的煤层是中厚及厚煤层,透气性都较好。

(3)本煤层卸压抽采瓦斯

在受回采或掘进的采动影响下,引起煤层和围岩的应力会重新分布,形成卸压区和应力集中区。在卸压区内,煤层膨胀变形,透气性系数增加,在这个区域内打钻抽采瓦斯,可以提高抽采量,并阻截瓦斯流向工作空间。这类抽采方法现场称为随掘随抽和随采随抽。

1)边掘边抽

在掘进巷道的两帮,随掘进巷道的推进,每隔40～50 m施工一个钻机窝,每个钻机窝内沿巷道掘进方向施工4个50～60 m深的抽采钻孔;在掘进迎头每次施工12～16个、孔深16～20 m的抽采钻孔,钻孔布置形式见图9.1.3所示。掘进迎头及两帮钻场的钻孔在终孔时上排施工至煤层顶板,下排施工至煤层底板,钻孔控制范围为巷道周界外4～5 m,孔底间距为2～3 m,钻孔直径为75 mm,封孔深度为3～5 m,封孔后连接于抽采系统进行抽采。掘进迎头钻孔做到"打一个孔、封一个孔、合一个孔、抽一个孔",待最后一个钻孔抽采16小时后方可进行措施效果检验。巷道周围的卸压区一般为5～15 m,个别煤层可达15～30 m,经封孔抽采后,降低了煤帮及掘进迎头的瓦斯涌出量,保证了煤巷的安全掘进。

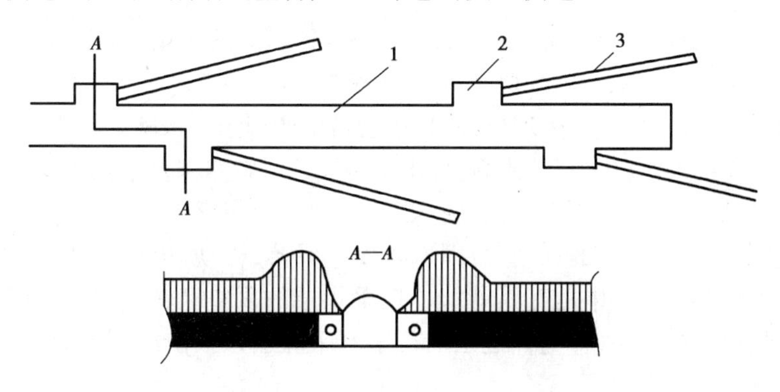

图9.1.3　随掘随抽的钻孔布置

1—掘进巷道;2—钻窝;3—钻孔

此种抽采方法经在淮南潘一矿高瓦斯掘进工作面使用情况分析,抽采浓度为6%～30%,抽采流量为0.5～1.5 m^3/min,抽采率能达到20%～30%。它的特点是能控制掘进巷道迎头的煤层赋存状况,既保证了掘进巷道迎头的瓦斯抽采,又能降低巷道两帮的瓦斯涌出量,在巷道掘进期间能继续抽采巷道两帮的卸压瓦斯,保证了高突煤巷的安全掘进。

2)边采边抽

如图9.1.4所示,在采煤工作面前方一定距离有一个应力集中带,并随工作面的向前推进而同时前移。在应力集中带与采煤工作面之间有一个约10 m的卸压带,在此区域内可以抽采瓦斯。布置钻孔时,抽采孔需提前布置在煤层内,当卸压带接近前开始抽采瓦斯;当卸压带移至钻孔时,瓦斯抽出量增大;之后,当工作面推进到距钻孔1～3 m时,钻孔处于煤面的挤压带内,大量空气开始进入孔隙,使抽出的瓦斯浓度降低。这种抽采方式,因钻孔截断了工作面前方瓦斯向采场涌出,故能有效地降低工作面瓦斯涌出量。同时,由于工作面不断推进,使每一个钻孔抽采卸压瓦斯的时间较短,所以抽采率不高。

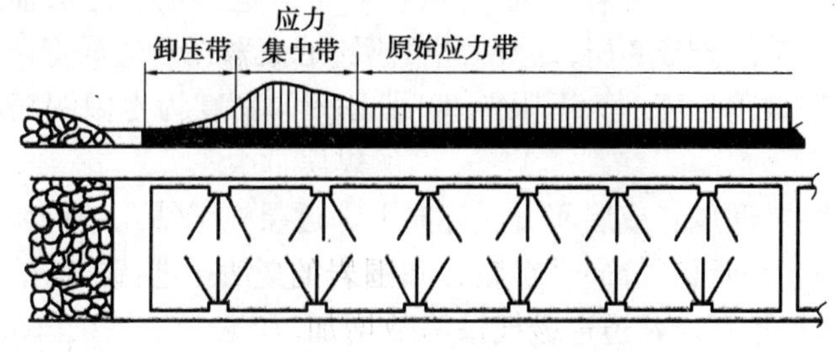

图9.1.4　随采随抽钻孔布置

此种抽采方法的特点是利用回采工作面前方卸压带透气性增大的有利条件,提高了抽采率。在下行分层工作面,钻孔应靠近底板;上行分层工作面,钻孔应靠近顶板。它主要适用于局部地区瓦斯含量高、时间紧、采用该方式解决本层瓦斯涌出量大问题。

本煤层瓦斯抽采由于单孔抽采流量较小,当煤层透气性差时,钻孔工程量大;在巷道掘进期间由于瓦斯涌出量大,掘进困难。

1.3 邻近层瓦斯抽采

邻近层瓦斯抽采技术在我国瓦斯矿井中已经得到广泛的应用,从20世纪50年代起,先后在阳泉、天府、中梁山等矿务局取得了较好的效果,但近距离的上、下邻近层抽采仍沿用一般的邻近层抽采技术,不仅效果欠理想,而且还会给生产带来一些麻烦。"八五"以来,学者对近距离邻近层瓦斯抽采难题进行了研究,提出了不同开采技术条件下的近距离邻近层瓦斯抽采方法,取得了较好的效果。

开采煤层群时,回采煤层的顶、底板围岩将发生冒落、移动、龟裂和卸压,透气系数增加,回采煤层附近的煤层或夹层中的瓦斯就能向回采煤层的采空区转移。这类能向开采煤层采空区涌出瓦斯的煤层或夹层,称为邻近层。位于开采煤层顶板内的邻近层称上邻近层,底板内的称下邻近层。

1.3.1 邻近层瓦斯抽采原理和分类

在煤层群开采时,由于开采层的采动影响,使其上部或下部的围岩及煤层卸压并引起这些煤岩层的膨胀变形和透气性的大幅度提高,引起这些煤层的瓦斯向开采层采掘空间涌出。为了防止和减少邻近层的瓦斯通过层间的裂隙大量涌向开采层,可采用抽采的方法处理这一部分瓦斯,这种抽采方法称邻近层瓦斯抽采。目前认为,这种抽采是最有效和被广泛采用的抽采方法。

邻近层瓦斯抽采按邻近层的位置分为上邻近层(或顶板邻近层)抽采和下邻近层(或底板邻近层)抽采;按汇集瓦斯的方法分为钻孔抽采、巷道抽采和巷道与钻孔综合抽采三类。

(1)上邻近层瓦斯抽采

上邻近层瓦斯抽采即是邻近层位于开采层的顶板,通过巷道或钻孔来抽采上邻近层的瓦斯。根据岩层的破坏程度与位移状态可把顶板划分为冒落带、裂隙带和弯曲下沉带,底板划分为裂隙带和变形带。冒落带高度一般为采厚的5倍,在距开采层近、处于冒落带内的煤层,随冒落带的冒落而冒落,瓦斯完全释放到采空区内,很难进行上邻近层抽采。裂隙带的高度为采厚的8~30倍,此带因充分卸压,瓦斯大量解吸,是抽采瓦斯的最好区带,抽采量大,浓度高。因此,上邻近层取冒落带高度为下限距离,裂隙带的高度为上限距离。上邻近层瓦斯抽采分为:

①由开采层运输巷、回风巷或层间岩巷等向上邻近层施工钻孔进行瓦斯抽采。

②由开采层运输巷、回风巷等向采空区方向施工斜交钻孔进行瓦斯抽采。

③在上邻近层掘汇集瓦斯巷道进行抽采。

④从地面施工钻孔进行抽采。

(2)下邻近层瓦斯抽采

下邻近层瓦斯抽采即是邻近层位于开采层的底板，通过巷道或钻孔来抽采下邻近层的瓦斯。根据上述三带原理，由于下邻近层不存在冒落带，所以不考虑上部边界，至于下部边界，一般不超过60～80 m。下邻近层瓦斯抽采可分为：

①由开采层运输巷、回风巷或层间岩巷等向下邻近层施工钻孔进行瓦斯抽采。

②由开采层运输巷、回风巷等向采空区方向施工斜交钻孔进行瓦斯抽采。

③在下邻近层掘汇集瓦斯巷道进行抽采。

④从地面施工钻孔进行抽采。

1.3.2　钻孔抽采

(1)钻孔布置的方式

目前国内外广泛采用钻孔法，即由开采煤层进、回风巷道向邻近层打穿层钻孔抽采瓦斯，或由围岩大巷向邻近层打穿层钻孔抽采瓦斯。当采煤工作面接近或超过钻孔时，岩体卸压膨胀变形，透气系数增大，钻孔瓦斯的流量有所增加，就可开始抽采。钻孔的抽出量随工作面的推进而逐渐增大，达最大后能以稳定的抽出量维持一段时间(几十天到几个月)。由于采空区逐渐压实，透气系数逐渐恢复，抽出量也将随之减少，直到抽出量减少到失去抽采意义，便可停止抽采。采用井下钻孔抽采邻近煤层瓦斯，要考虑煤层的赋存状况和开拓方式。钻孔布置方式主要有两种。

1)由开采层层内巷道打钻

其适应条件为缓倾斜或倾斜煤层的走向长壁工作面，具体又可分为以下几种：

①钻场设在工作面副巷内，由钻场向邻近煤层打穿层钻孔。阳泉四矿、包头五当沟矿、六枝大用矿均采用这种方式，如图9.1.5、图9.1.6、图9.1.7所示。

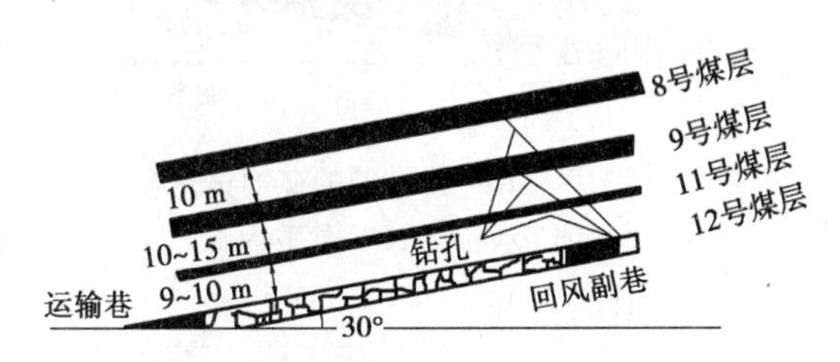

图9.1.5　阳泉四矿抽采上邻近层瓦斯层内副巷布孔方式

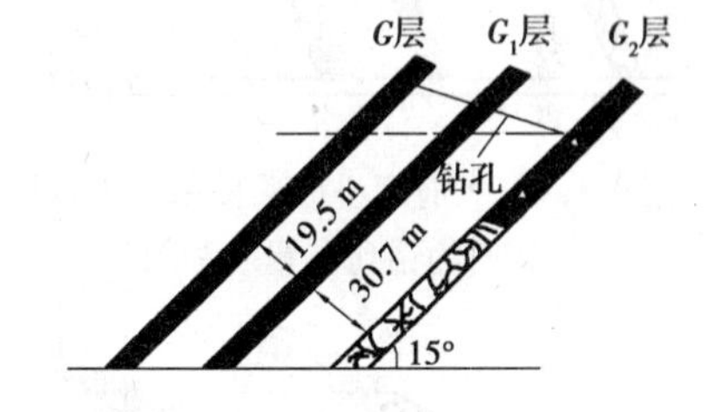

图9.1.6　包头五当沟矿抽采上邻近层瓦斯层内副巷布孔方式

这种方式多用于抽采上邻近层瓦斯，它的优点是：

a. 抽采负压与通风负压一致，有利于提高抽采效果，尤其是低层位的钻孔更为明显；

b. 瓦斯管道设在回风巷，容易管理，有利于安全。

缺点是增加了抽采专用巷道的维护时间和工程量。

②钻场设在工作面进风正巷内，由钻场向邻近层打穿层钻孔。此方式多用于抽采下邻近层瓦斯。南桐矿务局鱼田堡矿开采3号煤层抽采4号煤层瓦斯时就是这种布置，如图9.1.8所示。与钻孔布置在回风水平相比，其优点是：

a. 运输水平一般均有供电及供水系统，打钻施工方便；

b. 由于开采阶段的运输巷即是下一阶段的回风巷，不存在由于抽采瓦斯而增加巷道的维

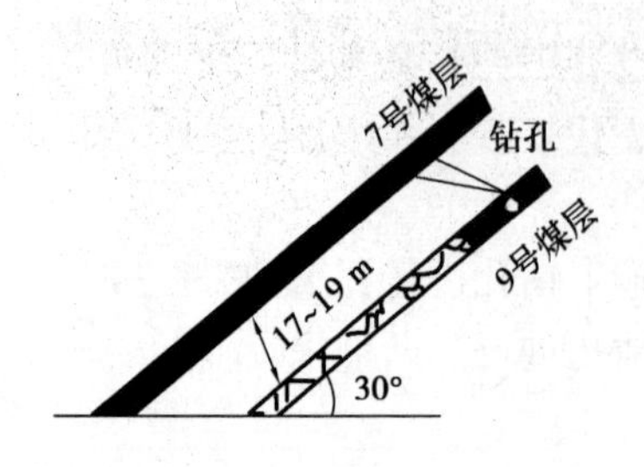

图 9.1.7　六枝大用矿抽采上邻近层瓦斯层内副巷布孔方式

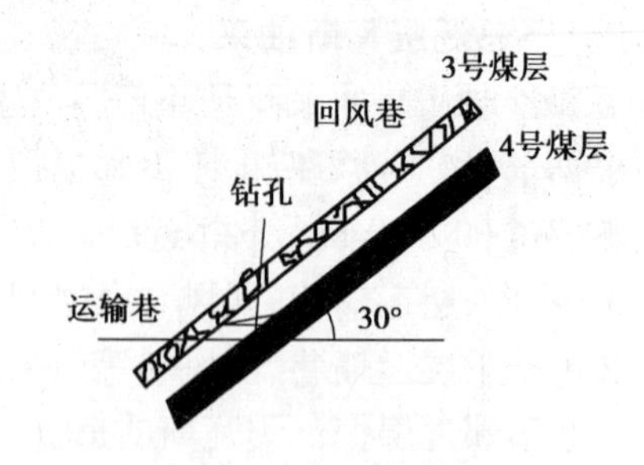

图 9.1.8　南桐鱼田堡矿抽采上邻近层瓦斯层内运输巷布孔方式

护时间和工程量的问题。

上述布孔方式,每个钻场内一般打 1 ~2 个钻孔,也有多于 2 个的,钻孔方向与工作面平行或斜向采空区。

2)在开采层层外巷道打钻

其适应条件为不同倾角的煤层和不同采煤方法的回采工作面。钻孔布置方式又分为:

①钻场设在开采层底板岩巷内,由钻场向邻近层打穿层钻孔,多用在抽采下邻近层瓦斯。天府磨心坡矿、淮北芦岭矿、淮南谢二矿和松藻打通一矿均是这种布置方式,如图 9.1.9、图 9.1.10、图 9.1.11、图 9.1.12 所示。

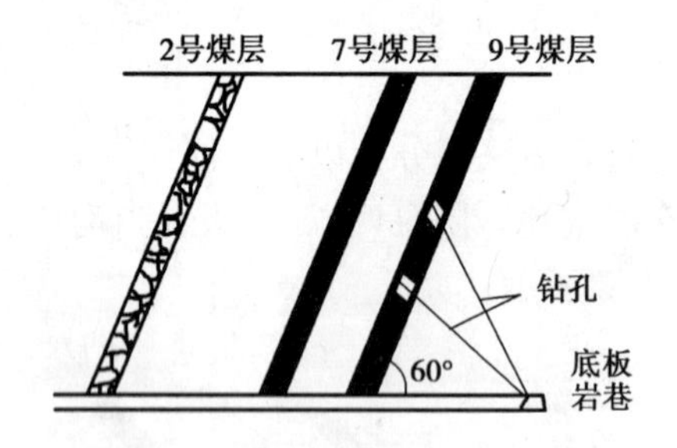

图 9.1.9　天府磨心坡矿抽采下邻近层瓦斯的钻孔布置示意图

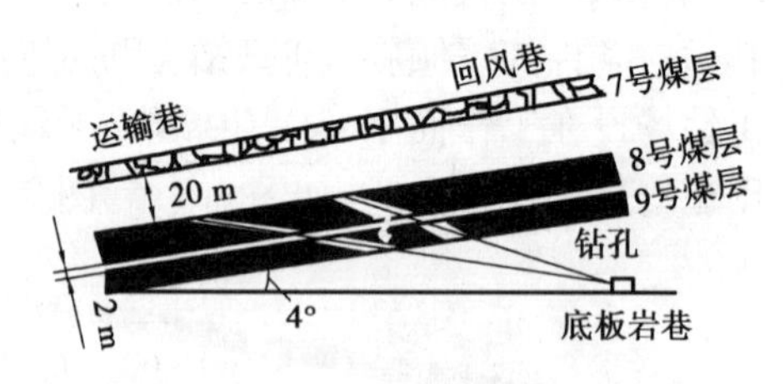

图 9.1.10　淮北芦岭矿抽钻孔布置示意下邻近层瓦斯图

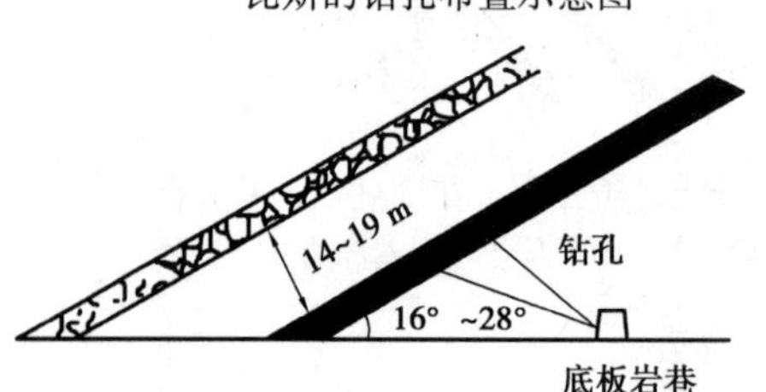

图 9.1.11　淮南谢二矿抽采下邻近层瓦斯的钻孔布置示意图

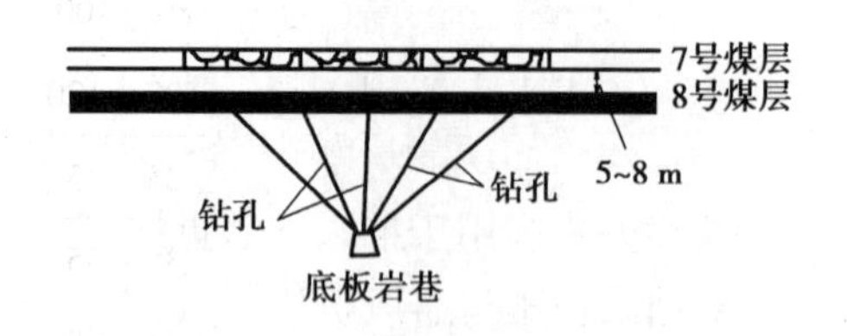

图 9.1.12　松藻打通一矿抽采下邻近层钻孔布置示意图

这种方式的优点是:

a. 抽采钻孔一般服务时间较长,除抽采卸压瓦斯外,还可用作预抽和采空区抽采瓦斯,不受回采工作面开采的时间限制;

b. 钻场一般处于主要岩石巷道中,相对减少了巷道维修工程量,同时对于抽采设施的施工和维护也较方便。

②钻场设在开采层顶板岩巷,多用于抽采上邻近层瓦斯。根据中梁山煤矿的应用,如图9.1.13所示,同样是开采 K_2 煤层时抽采 K_1 煤层瓦斯,与在开采层内布孔的方式相比,抽采效果大大提高,巷道工程量并不增加多少,只是石门稍向煤层顶板延伸即可。由于石门之间有相当间距,要使钻孔有效抽采两个石门间的瓦斯,每一钻场的钻孔应采用多排扇形布置。

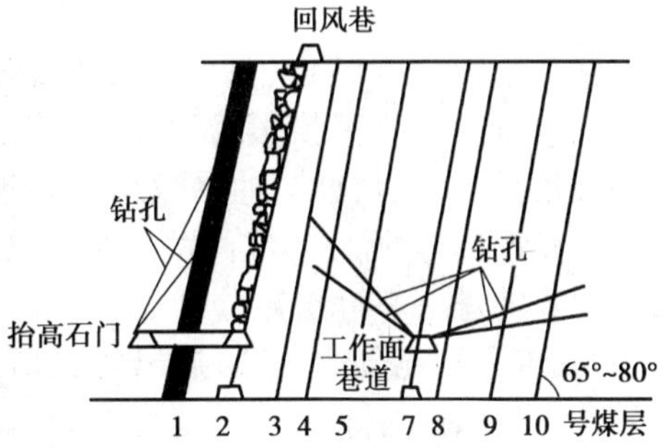

图9.1.13　中梁山煤矿南矿抽采上下邻近层瓦斯的钻孔布置

上述各种布孔方式,都是只针对一个采面考虑,并且基本均是打仰角孔,这是受原有的试验和应用条件所限,一般认为是抽采钻孔的有效抽采范围不是太大,且俯角孔易积水而影响抽采瓦斯效果。

(2)钻孔布置的主要参数

1)钻孔间距

决定钻孔间距的原则是工程量要少,抽出瓦斯要多,且不干扰生产。一般说来,上邻近层抽采钻孔间距应大些,下邻近层抽采的钻孔间距应小些;近距离邻近层钻孔间距小些,远距离的大些。通常采用钻孔距离为1~2倍层间距。根据国内外抽采情况,钻场间距多为30~60 m。一个钻场可布置一个或多个钻孔。

此外,如果一排钻孔不能达到抽采要求,应在运输水平和回风水平同时打钻抽采,在较长的工作面内,还可由中间平巷打钻。钻孔间距取值可参考表9.1.1。

表9.1.1　钻孔间距经验值

层间距/m		有效抽采距离/m	可抽距离/m	合理孔距/m
上邻近层	10	30~50	10~20	16~24
	20	40~60	15~25	20~28
	30	50~70	20~30	27~36
	40	60~80	25~35	32~41
	60	80~100	35~45	42~50
	80	100~120	45~55	50~60
下邻近层	10	25~45	10~15	12~24
	20	35~55	15~20	18~32
	30	45~60	20~25	23~41
	40	70~90	30~35	36~50
	80	110~130	50~60	54~63

2)钻孔角度

钻孔角度是指倾角(钻孔与水平线的夹角)和偏角(钻孔水平投影线和煤层走向或倾向的夹角)。钻孔角度对抽采效果关系很大。抽采上邻近层时的仰角,应使钻孔通过顶板岩石的裂隙带进入邻近层充分卸压区。仰角太大,钻孔进不到充分卸压区,抽出的瓦斯浓度虽然高,但流量小;仰角太小,钻孔中段将通过冒落带,钻孔与采空区沟通,必将抽进大量空气,也大大降低抽采效果。如图9.1.14所示,下邻近层抽采时的钻孔角度没有严格要求,因为钻孔中段受开采影响而破坏的可能性较小。

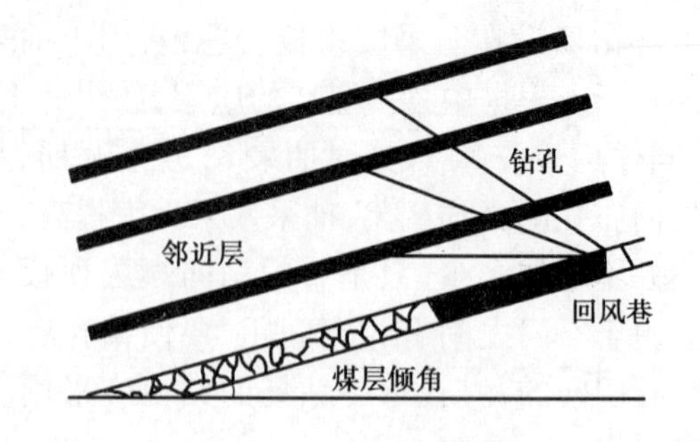

图9.1.14 抽采上邻近层瓦斯回风巷钻孔布置图

3)钻孔直径

抽采邻近煤层瓦斯的钻孔的作用主要是作引导卸压瓦斯的通道。由于抽采的层位不同,钻孔长度不等,短的只有十多米,长的数十米,而一般钻孔瓦斯抽采量只是1~2 m^3/min,少数为4~5 m^3/min。因此,孔径对瓦斯抽出量影响不大,无需很大的孔径,即可满足抽采的要求。目前国内外抽采邻近层瓦斯钻孔直径,一般都采用75 mm。

4)钻孔抽采负压

开采层的采动使上下邻近层得到卸压,卸压瓦斯将沿层间裂隙向开采层采空区涌出。在布置有抽采钻孔时,抽采钻孔与层间裂隙形成网形并联的通道,在自然涌出的状态下,卸压瓦斯将分别向钻孔及裂隙网涌出,若对钻孔施以一定负压进行抽采,则有助于改变瓦斯流动的方向,使瓦斯更多地流入钻孔。如阳泉二矿将抽采负压由4.2 kPa提高到9.4 kPa时,瓦斯抽采量由20.61 m^3/min提高到27.9 m^3/min,当负压提高到15.4 kPa时,抽采量达31.1 m^3/min。由于该井基本上都是邻近层瓦斯抽采,因此可以看出,提高抽采负压对提高邻近层瓦斯抽采的作用效果还是明显的。实际抽采中,应针对各矿的具体条件,在保证一定的抽出瓦斯浓度条件下,适当地提高抽采负压。一般孔口负压应保持在6.7~13.3 kPa以上,国外多为13.3~26.6 kPa。

1.3.3 巷道抽采

巷道抽采主要是指,在开采层的顶部处于采动形成的裂隙带内挖掘专用的抽瓦斯巷道(高抽巷),用以抽采上邻近层的卸压瓦斯。巷道可以布置在邻近煤层或岩层内。抽采瓦斯巷道分走向抽采巷和倾斜抽采巷两种,如图9.1.15、图9.1.16及图9.1.17所示。

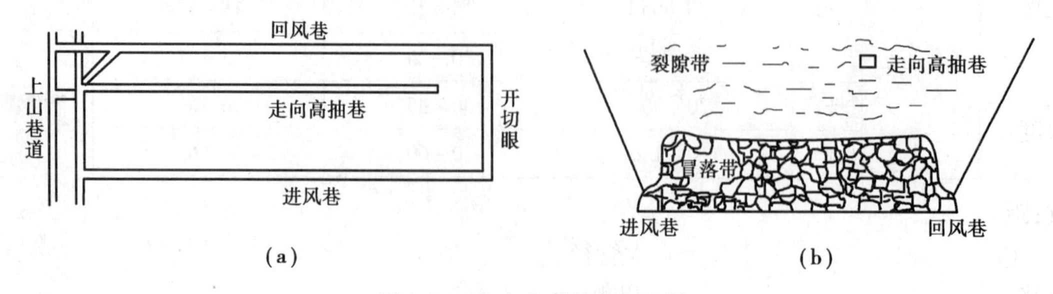

图9.1.15 走向高抽巷布置图

(a)平面;(b)剖面

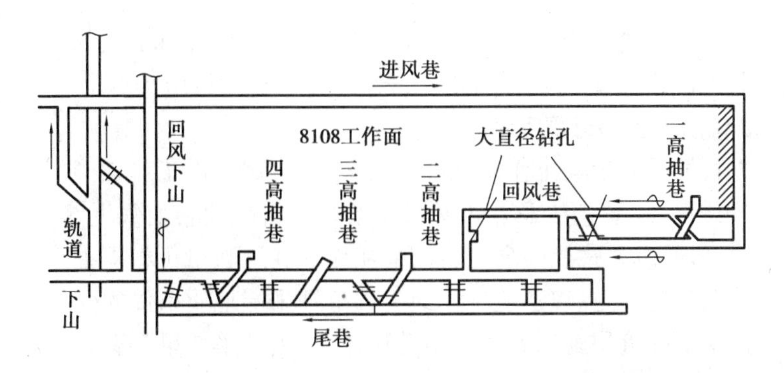

图9.1.16　阳泉五矿8018综放面平面布置图

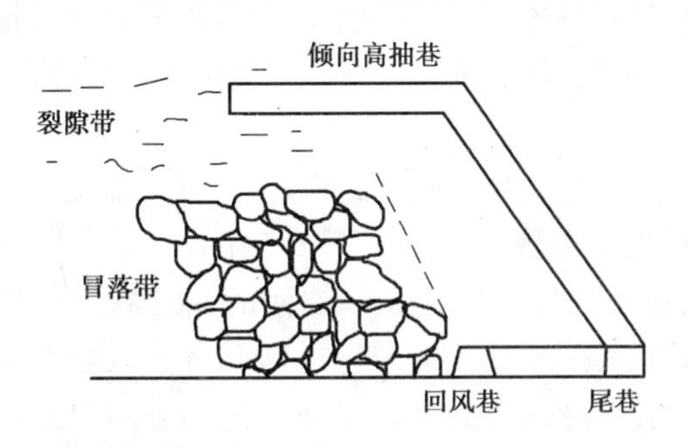

图9.1.17　倾向高抽巷剖面布置图

这种抽采方式是随着我国采煤机械化的发展、采煤工作面长度的加长、推进速度的加快、开采强度的加大，回采过程中瓦斯涌出量骤增、原有的钻孔抽采邻近层瓦斯方式已不能完全解决问题的情况下，开始试验和应用的，并取得了较好效果。它具有抽采量大、抽采率高等特点，目前已在不少矿区扩大试验和推广应用。

(1)走向高抽巷抽采上邻近层瓦斯

要使抽采邻近层瓦斯效果好，高抽巷的层位选择非常重要。首先应考虑的因素是应处于邻近层密集区（或邻近层瓦斯涌出密集区），且该区位煤岩体裂隙发育较好，在抽采起作用时间内不易被岩层垮落所破坏。一般来讲，走向顶板岩石高抽巷布置太低，处于冒落带（或称垮落带）范围内，在综放工作面推进后很快即能抽出瓦斯，但也很快被岩石冒落所破坏而与采空区沟通，抽采瓦斯为低浓度采空区瓦斯。如果布置层位太高，工作面采过后，顶板卸压瓦斯大量涌向采场空间，高抽巷截流效果差。抽采不及时，即使能够抽出大量较高浓度的瓦斯，但对解决工作面瓦斯涌出超限问题效果较差，不能保证工作面生产安全。因此，走向高抽巷既能保证大量抽出瓦斯，又能在工作面推进过后保持相当一段距离不被破坏。

大量的现场实践证明，应用高抽巷要考虑以下主要因素：

①高抽巷层位要处于采空区裂隙带内，此区域内透气性好，处于瓦斯富集区，有充足的高浓度瓦斯源。

②高抽巷水平投影距回风巷水平距离宜控制在15～20 m范围内，距离过近，巷道漏气严重；距离过远，巷道端头不处在瓦斯富集区，效果不好。

③应用高抽巷，抽采系统要首选大管径、大流量。可以采用地面永久系统，也可以采用井下移动系统，管路宜选择内径10 mm以上，也可采取多路并联。

④高抽巷要封闭严密，保证不漏气，施工时要做到封闭墙周围掏槽，见硬帮、硬底，并且要

施工双层封闭。双层封闭之间距离应大于0.5 m,并注浆充填,抽采口位置距离封闭墙要大于2 m,高度应大于巷道高度的2/3,应设有不能进入杂物的保护设施。

(2)倾斜高抽巷抽采上邻近层瓦斯

倾斜式顶板岩石抽采巷道与工作面推进方向平行,在尾巷沿工作面倾斜方向向工面上方爬坡至抽采层后,再打一段平巷抽采上邻近层瓦斯。倾斜高抽巷抽采上邻近层瓦斯,工作面一般应采用"U+L"形通风方式。倾高抽巷抽采瓦斯的巷道数量可根据抽采巷道有效抽采距离和工作面开采走向长度确定,以适应工作面上邻近抽采层地质条件的变化。

倾斜高抽巷抽采上邻近层瓦斯方法与钻孔法相比,在抽采效果上有如下特点:

①巷道开凿时可以避免因顶板冒落而出现的岩层破坏带,可以以曲线方式进入抽采层,能减少空气的漏入,防止被错动岩层切断而堵实,达到连续抽采瓦斯的目的。

②巷道是开在邻近层内的,比钻孔穿过煤层揭露面积大,有利于引导煤层卸压瓦斯进入抽采系统。

③巷道比钻孔的通道面积大,可以减少阻力,便于瓦斯流动。

(3)顶板抽采巷道的主要参数

影响顶板巷道抽采瓦斯效果的因素是多方面的,关键是巷道在空间上的位置。原则上讲,合理的巷道位置应处在开采形成的充分卸压区和冒落带以上的裂隙带内,同时要结合邻近层的赋存和层间岩性情况、通风方式和采场空气流动方向以及巷道的有效抽采距离、布置方式等综合考虑。

1)巷道离开采层的垂距

根据国内部分试验和应用矿井的一些经验参数,我国考虑顶板巷道位置的原则是:要布置在冒落带之上的裂隙带内,并尽可能设在上邻近层内,这样既有利于抽采邻近层卸压瓦斯,也可降低掘进费用。为此,各矿都应确切掌握不同开采煤层的冒落带和裂隙带的范围,通过实际考察和测算取得;若无实测资料时,可参考我国部分矿井的煤层开采后上覆岩层的破坏带高度,见表9.1.2。

表9.1.2 我国部分矿井上覆岩层的破坏带的高度

煤层倾角	岩性	冒落高度与煤层采高比值	裂隙高度与煤层采高比值
缓倾斜	坚硬	5~6	18~28
	中硬	3~4	12~16
倾斜	软	1~2	9~12
	坚硬	6~8	20~30

注:冒落高度和裂隙带高度均从煤层顶板算起。

2)巷道在工作面倾斜方向的投影距离

国外都是指走向顶板抽采巷而言的,国内采用的方式除走向顶板巷外,还有倾向顶板巷,后者就要考虑巷道伸入工作面的距离。两种方式的顶板巷道都是靠近工作面回风侧的,这主要是考虑了采场通风的空气流动。因为任何一种采场通风方式,都会有一部分空气流经采空区而再经回风巷排出,而沿着空气流动的方向,在采空区内瓦斯浓度将逐渐增高。我国目前采面的通风方式,多数是U形通风方式的一进一回或者再加上一条尾巷的一进二回方式,这样,靠近回风巷的采空区内容易积聚高浓度的瓦斯。顶板巷道处在开采层上部的裂隙带内,随着采动的作用,巷道周围的裂隙不断扩展,会与邻近煤层和采空区连通。所以顶板巷道抽采时,除主要截抽上邻近层卸压瓦斯外,也还可能抽出一部分采空区瓦斯,尤其是低层位的巷道。若巷道靠近进风侧,则抽进漏入的基本上是空气,势必降低抽采效果,相反,巷道靠近回风侧,则对抽采瓦斯有利。

目前国内走向顶板巷基本都是处于工作面回风侧的1/3或更近。倾向顶板巷主要在阳泉矿务局采用,巷道伸入工作面的距离一般为40~50 m,还不到工作面长度的1/3。

因此,顶板巷道沿倾向的位置,可取靠近回风侧为工作面长度的1/3为上限,其下限应按卸压角划定的界线再适当地向工作面以里延伸一点。

3)巷道离工作面开切眼的距离

采面回采后,顶板不会沿切眼垂直往上冒落,而有一个塌陷角。在塌陷角以外的区域属未卸压区,因此,顶板巷道应位于塌陷角以里,这样才能有效地抽采卸压瓦斯。走向顶板巷的终端和第一倾向顶板巷的位置应按此确定。

阳泉矿务局按下式计算:

$$s = \frac{h}{\tan \gamma} \tag{9.1.1}$$

式中　s——顶板巷距工作面开切眼的距离,阳泉一矿 s 值取35~40 m;

h——顶板巷离开采层的垂距,m;

γ——塌陷卸压角,°。

4)顶板巷道的有效抽采距离

我国采用走向顶板巷抽采瓦斯的矿井,都是只布置一条瓦斯抽采巷,对巷道的有效抽采距离虽未作专门考察,但从对邻近层瓦斯抽采率看,都是较高的。阳泉五矿在采面长150~180 m的条件下,抽采率可达90%以上,说明巷道抽采的有效距离至少在100 m以上。再从倾向顶板巷看,在阳泉开采15号层时可达280 m以上。不同煤层开采时的倾向顶板巷的间距见表9.1.3。

表9.1.3　倾向顶板巷的间距

矿井和煤层	倾向顶板巷间距/m
一矿3号煤层	200~250
一矿12号煤层	150~170
五矿15号煤层	230~240

5)巷道规格

我国多数矿井的顶板抽瓦斯巷道断面取4 m²,基本满足了掘进时的通风、行人、运料和打钻的要求。有的矿井对巷道也进行了简易的支护,对巷道口的密闭都采取了强化措施,包括密闭墙四周深掏槽、两道墙间黄土填实和墙喷浆封闭等。

(4)上邻近层底板瓦斯抽排巷穿层布置形式及特点

淮南潘一矿采用上邻近层底板瓦斯抽排巷穿层钻孔抽采与下保护层开采相结合,解决了上邻近层2121(3)、2322(3)采煤工作面回采期间的瓦斯问题。在瓦斯抽采过程中,底板瓦斯抽采巷的抽采瓦斯浓度为40% ~80%,抽采瓦斯流量达15 ~25 m^3/min,瓦斯抽采率达到50%以上,使2121(3)、2322(3)采煤工作面的瓦斯含量由12 m^3/t降为5 m^3/t,保证了2121(3)、2322(3)采煤工作面的高产高效。它的布置形式如下:

1)底板瓦斯抽采巷的布置

在上邻近层2121(3)、2322(3)采煤工作面的底板和开采层2352(1)工作面的顶板之间布置一条瓦斯抽采巷,抽采巷布置在距2121(3)、2322(3)采煤工作面的底板18 ~20 m、赋存比较稳定的岩层中,沿倾斜方向布置在上邻近层工作面上、下顺槽中间。

2)抽采钻场的布置

①被保护范围内抽采钻场的布置。由于开采层在回采过程中,顶板不断冒落,上邻近层煤体卸压膨胀变形,透气性系数增大,煤体大量瓦斯卸压涌出,使上邻近层得以保护。为拦截上邻近层涌出的大量卸压瓦斯,在底板瓦斯抽采巷的被保护范围内,钻孔的抽采半径为20 m,因此每隔30 ~40 m施工一个钻场。钻场垂直于底板瓦斯抽采巷布置,每个钻场长度为5 m,宽度为3 m,高度为2.6 m,净断面为6 m^2,采用锚喷支护。

②未被保护范围内。抽采钻场的布置底板瓦斯抽采巷的未被保护范围内,在钻孔的抽采半径约为5 m。因此,每隔10 m施工一个钻场。钻场垂直于底板瓦斯抽采巷布置,每个钻场长度为4 ~5 m,宽度为3 m,高度为2.6 m。

3)抽采钻孔的布置

①被保护范围内抽采钻孔的布置,如图9.1.18所示。在被保护范围的每个钻场内沿煤层倾向方向布置4个抽采钻孔,钻孔的抽采半径为20 m,孔直径为91 mm,钻孔间距为40 m(相邻钻孔于煤层中厚面交点的距离),沿煤层走向方向施工一个抽采钻孔,钻孔施工至两个钻场中间。钻孔开孔位置位于钻场顶部,终孔位置为进入上邻近层煤层顶板0.5 m。

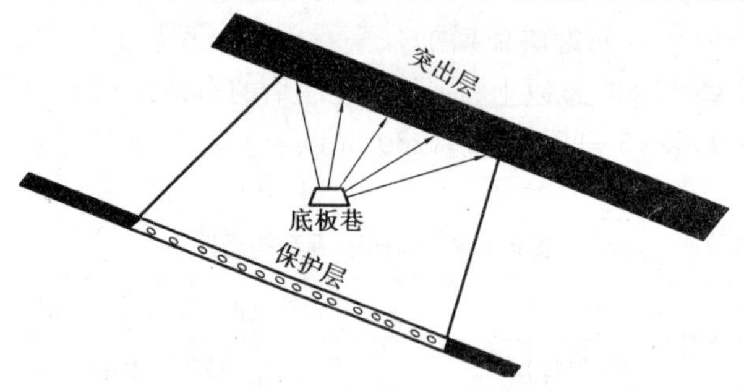

图9.1.18　被保护范围内抽采钻孔的布置

②未被保护范围内抽采钻孔的布置。在未被保护范围的每个钻场内沿煤层倾向方向布置16 ~20个抽采钻孔,钻孔的抽采半径为5 m,孔直径为91 mm,钻孔间距为10 m(相邻钻孔于煤层中厚面交点的距离)。钻孔开孔位置位于钻场顶部,终孔位置为进入上邻近层煤层顶板0.5 m。

1.4　采空区瓦斯抽采

1.4.1　概况

采空区瓦斯的涌出，在矿井瓦斯来源中占有相当的比例。这是由于在瓦斯矿井采煤时，尤其是开采煤层群和厚煤层条件下，邻近煤层、未采分层、围岩、煤柱和工作面丢煤中都会向采空区涌出瓦斯。不仅在工作面开采过程中涌出，并且工作面采完密闭后也仍有瓦斯继续涌出。一般，新建矿井投产初期，采空区瓦斯在矿井瓦斯涌出总量中所占比例不大，随着开采范围的不断扩大，采空区瓦斯的比例相应地也逐渐增大。特别是一些开采年限久的老矿井，采空区瓦斯多数可达 25% ~30%，少数矿井达 40% ~50%，甚至更大。对这一部分瓦斯如果只靠通风的办法解决，显然是增加了通风的负担，而且不经济。通过国内外的实践，对采空区瓦斯进行抽采，不仅可行，而且也是有效的。

目前，采空区瓦斯抽采已成为几种主要方法之一，特别是在国外，都非常重视这类瓦斯的抽采，抽出的瓦斯量在总抽采量中占有较大的比重，如德国及日本均达 30% 左右。目前，我国开始注意采空区瓦斯的抽采，逐步将其纳入矿井综合抽采瓦斯的一个方面加以考虑。

1.4.2　采空区抽采方法

采空区瓦斯抽采方式多种多样。按开采过程划分，可分为回采过程中的采空区抽采和采后密闭采空区抽采；按采空区状态划分，可分为半封闭采空区抽采和全封闭采空区抽采。按采空区瓦斯抽采方法划分，可分为钻孔抽采法和巷道抽采法。

(1)钻孔抽采法

①利用在开采层顶板中掘进的巷道向采空区顶部施工钻孔进行抽采，终孔高度不小于 4 ~5 倍采高。

②回风巷或上阶段运输巷一段距离(20 ~30 m)向采空区冒落拱顶部施工钻孔进行瓦斯抽采。

③回风巷向工作面顶板开凿钻门钻场，迎着工作面的方向向冒落带上方施工顶板走向钻孔进行抽采，钻孔平行煤层走向或与走向间有一个不大的夹角。

④采空区距地表不深时，也可以从地表向采空区打钻孔进行抽采。

(2)巷道抽采法

①利用上阶段回风水平密闭接瓦斯管路进行抽采。

②专门掘瓦斯尾巷或高抽巷，通过瓦斯尾巷或高抽巷接瓦斯管路进行抽采。

1.4.3　采空区瓦斯抽采的布置形式及特点

(1)开采煤层顶板走向钻孔瓦斯抽采

通过施工顶板走向钻孔进行瓦斯抽采，切断了上邻近层瓦斯涌向工作面的通道，同时对采空区下部赋存的瓦斯起到拉动作用，改变了采煤工作面上隅角瓦斯积聚区的流场分布，在采空区流场上部增加汇点，使瓦斯通过汇点流出。

1)钻场施工

在开采煤层工作面上风巷每隔 100 m 左右施工一个钻场,为了使钻孔开孔能够布置在岩层相对稳定的层位中,钻场在上风巷下帮拨门按 30°向上施工,距开采煤层顶板 5 m 后变平,再施工 4 m 平台。钻场巷道的底板为开采煤层的顶板,为钻孔提供了相对稳定的开孔位置。

2)钻孔施工

为了使钻孔能够布置在相对稳定的层位中,并能在切顶线前方不出现钻孔严重变形和垮孔现象,根据冒落带、裂隙带的发育高度,决定钻孔的终孔应布置在裂隙带的下部、冒落带的上部。钻孔深度为 130 ~ 150 m,钻孔终孔高度位于煤层顶板向上 15 ~ 20 m 左右,倾斜方向在工作面上出口向下 3 ~ 30 m 左右。钻孔布置见图 9.1.19 所示。

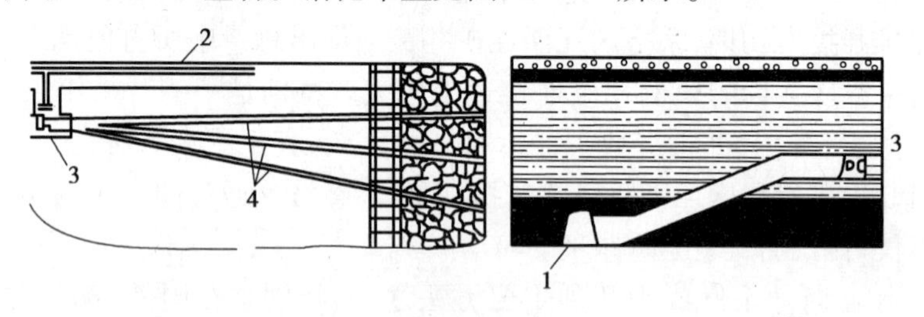

图 9.1.19　开采煤层顶板走向钻孔布置

1—回风巷;2—抽采管;3—钻场;4—钻孔

此种抽采方法尚需解决以下问题:一是顶板走向钻孔过地质破碎带时的施工问题;二是采煤工作面在钻场接替期间由于瓦斯抽采量降低,从而造成回风流瓦斯超限问题。

(2)高抽巷瓦斯抽采

此种方法即是指:在开采煤层采煤工作面阶段上山沿走向方向先施工一段高抽巷平巷,与工作面回风水平距离内错 15 ~ 20 m,然后起坡施工至距开采煤层顶板 15 ~ 20 m 变平,再施工至工作面走向边界,通过在高抽巷外口打密闭墙穿管抽采采空区积存的瓦斯。高抽巷的布置见图 9.1.20 所示。

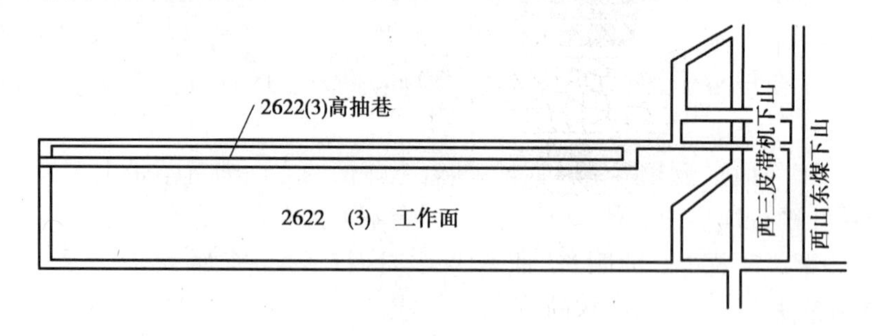

图 9.1.20　高抽巷瓦斯抽采示意图

高抽巷施工时应注意以下问题:一是高抽巷的层位要处于采空区裂隙带内,此处透气性好,又处于瓦斯富集区,能抽到高浓度瓦斯;二是高抽巷的水平投影距回风巷的水平投影距回风巷的水平距离要控制在 15 ~ 20 m 封闭墙范围内,距离过近,巷道漏气严重,距离过远,抽采巷道端头不处在瓦斯富集区,抽采效果不好;三是高抽巷要封闭严实,保证不漏气,施工时要做到封闭墙周边掏槽,要见硬帮、硬底,并要施工双层封闭,双层封闭之间距离大于 0.5 m,并注浆充填;四是抽采口位置距离封闭墙里墙面要大于 2 m,高度应大于巷道高度的 2/3,抽采口应设有不能进入杂物的保护设施。高抽巷抽采解决了顶板走向钻孔抽采方法中钻场接替期间抽采效果较差的难题，是解决采空区瓦斯涌出的有效途径。它主要适用于无煤层自燃发火或发火期较长的回采工作面。

(3)后退式老塘埋管瓦斯抽采

将抽采瓦斯管路通过上风巷预先埋在紧靠上风侧的采空区里，当抽采管埋入工作面老塘20 m时，将新埋的管路与抽采系统合茬，即管路每40 m切换一次。通过抽采使积聚在采空区上隅角的瓦斯在没有进入回风流前被抽出。

采煤工作面采用后退式老塘埋管方法进行抽采瓦斯，瓦斯抽采浓度为8%～30%，瓦斯抽采混合流量为20～40 m^3/min，取得了较好的效果。

(4)尾抽巷瓦斯抽采

根据回采工作面巷道布置状况，在工作面回采初期利用尾抽巷来抽采瓦斯。在尾抽巷预设瓦斯抽采管路，当工作面开始回采前，在尾抽巷构筑封闭墙，墙上要留管子孔。封闭墙要严密不漏风。当工作面开始回采时，即可利用预设的抽采管路合茬进行抽采。

(5)利用贯通上阶段切眼与下阶段上风巷进行瓦斯抽采

当工作面推进至上阶段工作面开采切眼30 m时，在工作面上风巷施工一条煤巷与上阶段工作面开采切眼进行贯通。当工作面推进至该巷道位置时，利用上阶段上风巷封闭墙处预埋的瓦斯管路进行抽采。通过采用该方法，能有效地解决工作面上隅角的瓦斯问题。

(6)向冒落拱上方打钻抽采

钻孔孔底应处在初始冒落拱的上方，以捕集处于冒落破坏带中的上部卸压层和未开的煤分层或下部卸压层涌向采空区的瓦斯，如图9.1.21所示。

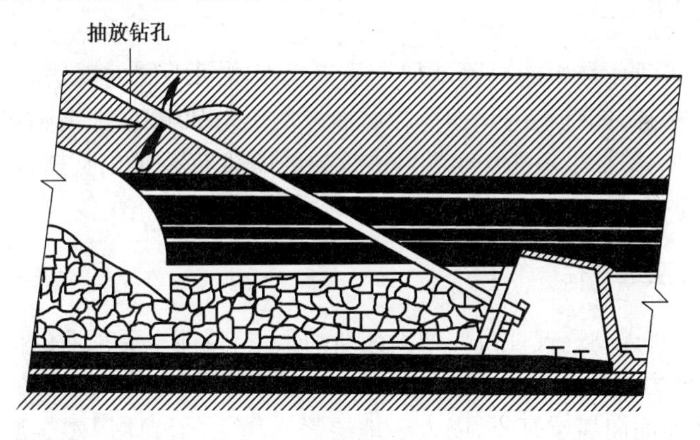

图9.1.21　向冒落拱上方打钻孔抽采采空区的瓦斯示意图

这种抽采方式，有的可以抽出较高浓度的瓦斯，钻孔的单孔瓦斯流量可达2～4 m^3/min，可使采区瓦斯涌出量降低20%～35%。

(7)地面钻孔抽采法

地面钻孔抽采采空区瓦斯在国外应用得多些。这种抽采瓦斯的钻孔布置方式，在国内部分矿井试验和应用过，抽采的效果还是好的。但就发展趋势而言，地面钻孔抽采瓦斯必将成为抽采瓦斯技术的发展方向，随着采煤工作面高产高效的需求，采煤工作面走向增大至2 000～3 000 m，而与之对应的专用抽采瓦斯巷道由于单进低，不可能做到与采煤工作面回采巷道同时竣工，严重制约生产力的发展。因此，采用地面钻孔替代专用抽采瓦斯巷道将是行之有效的途径，同时，地面钻孔较专用抽采瓦斯巷道有施工速度快、成本低的优点。

1.4.4 采空区抽采注意事项

①采空区抽采前应加固密闭墙、减少漏风。

②抽采时要及时检查抽采负压、流量、抽采瓦斯成分与浓度,发现问题及时调整。

③发现一氧化碳浓度有异常变化时,说明有自然发火倾向,应立即停止抽采,采取防范措施。

1.5 提高瓦斯抽采量的途径

我国多数煤层属低透气性煤层,对低透气性煤层进行预抽瓦斯困难较多。虽然多打钻孔,长时间进行抽采可以达到一定的目的,但由于打钻工作量大,长时间提前抽采与采掘工作有矛盾,因此必须采用专门措施增加瓦斯的抽采率。这些措施主要有:

1.5.1 增大钻孔直径

目前各国的抽采钻孔直径都有增大的趋势。我国阳泉矿试验表明,预抽瓦斯钻孔直径由73 mm 增至300 mm,抽出瓦斯量约增加3倍。日本亦平煤矿钻孔直径由65 mm 增至120 mm,抽出瓦斯量约增加3.5倍。德国鲁尔区煤田也得到类似效果。

1.5.2 提高抽采负压

业界对提高抽采负压是否能显著增加抽采量还存在着不同的看法。一些矿井提高抽采负压后抽采量明显增加,如日本内和赤平煤矿抽采负压由20 kPa 提高到47 ~67 kPa,抽出量增加2 ~3倍。我国鹤壁抽采负压由3.3 kPa 提高到10.6 kPa,抽出瓦斯量增加25%。其他一些矿井也测得类似的结果。

1.5.3 增大煤层透气性

对低透气性煤层,提高透气性可以增大瓦斯抽出量,目前主要采取的措施有:

(1)地面钻孔水力压裂

水力压裂是从地面向煤层打孔,以大于地层静水压力的液体压裂煤层,以增大煤层的透气性,提高抽采率。压裂液是清水加表面活性剂的水溶液、酸溶液,掺入增添剂。压裂钻孔间距一般为250 ~300 m。

实践证明,当煤层瓦斯含量大于470 ~7 000 kPa(在有高空隙围岩时,瓦斯压力大于980 kPa),瓦斯含量高于10 m^3/t,进行水力压裂是适宜的。

(2)水力破裂

水力破裂是指在井下巷道向煤层打钻,下套管固孔,注入高压水,破裂煤体,提高瓦斯抽采率。它与水力压裂的区别在于影响范围小,工作液内不加其他增添剂。一般破裂半径可达40 ~50 m,因此应根据破裂半径在煤层内均匀布孔使煤层全面受到破裂影响。当煤层破裂后(有时可见附近巷道或钻孔涌出压裂水),排出破裂液,在破裂区另打抽采钻孔与破裂孔联合抽采瓦斯,抽采率可达50% ~60%,抽采孔间距不应大于40 m。若只用水力破裂孔抽采瓦斯，抽采率仅为10%～20%。破裂煤体后，预抽瓦斯的时间可以缩短到四个月之内。

(3)水力割缝

水力割缝是用高压水射流切割孔两侧煤体（即割缝），形成大致沿煤层扩张的空洞与裂缝。增加煤体的暴露面，造成割缝上、下煤体的卸压，增大透气性。此法是抚顺煤科分院与鹤壁煤业集团合作进行的研究。鹤壁四矿在硬度为0.67的煤层内，用8 MPa的水压进行割缝时，在钻孔两侧形成深0.8 m、高0.2 m的缝槽，钻孔百米瓦斯涌出量由0.01～0.079 m^3/min增加到0.047～0.169 m^3/min，使原来较难抽采的煤层变成可抽采的煤层。

(4)交叉钻孔

交叉钻孔是除沿煤层打垂直于走向的平行孔外，还打与平行钻孔呈15°～20°夹角的斜向钻孔，形成互相连通的钻孔网。其实质相当于扩大了钻孔直径，同时斜向钻孔延长了钻孔在卸压带的抽采时间，也避免了钻孔坍塌而对抽采效果的影响。焦作九里山煤矿的试验表明，这种布孔方式较常规的布孔方式相比，相同条件下可提高瓦斯抽采量0.46～1.02倍。

第2章
矿井瓦斯抽采设计及施工

2.1 矿井瓦斯抽采设计

2.1.1 设计基础参数和资料

加强瓦斯抽采参数（抽采量、抽采浓度、负压、正压、大气压、温度）测定，有条件的矿井可安装自动检测系统；人工测定时，泵房内每小时测定一次，井下干管、支管每周测定一次。抽采量要统一用大气压101.325 kPa，温度为20 ℃标准状态下的数值。

抽采瓦斯矿井必须有下列图纸和技术质料：

(1)图纸

这包括抽采瓦斯系统图，泵站平面与管网（包括闸门、安全装备、检测仪表等）布置图，抽采钻场及钻孔布置图。

(2)记录

这包括抽采工程和钻孔施工记录、抽采参数测定记录、泵房值班记录。

(3)报表

这包括抽采工程年、季、月报表，抽采量年、季、月报表。

(4)台账

这包括抽采设备台账、抽采工程台账、抽采量台账。

(5)报告

这包括矿井和采区抽采工程设计文件及竣工报告，瓦斯抽采总结与分析报告。

2.1.2 矿井瓦斯抽采设计的原则及内容

(1)瓦斯抽采管路布置的原则

当一个矿井需要抽采瓦斯时，就需要在井上、下敷设完整的管路系统，以便将瓦斯抽出并输送至地面或特定地区。在选择抽采管路系统时，应根据抽采钻场的分布、巷道布置形式、利用瓦斯的要求，以及发展规划等状况，综合加以考虑，尽量避免和减少以后在主干系统上的频繁改动。因此，瓦斯抽采管路系统的选择是矿井瓦斯抽采工作的一项重要工作，直接影响着整个矿井的生产安全和职工的生命安全。为此，在瓦斯抽采管路系统选择中必须满足下列原则：

①瓦斯抽采管路要敷设在曲线最少、距离最短的巷道中；

②瓦斯抽采管路应安装在不易被矿车或其他物体撞坏的巷道或位置上；

③当抽采设备或管路一旦发生故障，抽采管路内的瓦斯应不至于流进采掘工作面；

④应考虑运输、安装和维修工作上的不便。

此外，瓦斯抽采管路的敷设还需遵守以下要求：

①瓦斯管路须涂防腐剂，以防锈蚀。

②管路底部应垫木垫，垫起高度不低于 30 cm，以防底膨胀损坏管路。

③对于倾斜巷道的瓦斯管路，应用卡子将管子固定在巷道支架上，以免下滑。在倾角 28°以下的巷道中，一般应每隔 15 ~20 m 设一个卡子固定。

④管路敷设要求平直，避免急弯。

⑤主要运输巷道中的瓦斯管路架设高度不得小于 1.8 m。

⑥管路敷设时，要求坡度尽量一致，避免高低起伏，低洼处需安装放水器。

⑦新敷设管路要进行气密性检查。

除符合井下管路有关要求外，地面敷设管路尚需符合如下要求：

①冬季寒冷地区应采取防冻措施。

②瓦斯主管路距建筑物的距离大于 5 m，距动力电缆大于 1 m，距水管和排水沟大于 1.5 m，距铁管路大于 4 m，距木电线杆大于 2 m。

(2) 矿井瓦斯抽采设计的内容

①选择瓦斯抽采方法。

②确定瓦斯抽采管路路线及瓦斯抽采管路的附属装置。

③合理选择钻机并进行钻孔设计。

④选择瓦斯管道的直径、管材、强度。

⑤计算抽采管路的总阻力。

⑥选择瓦斯泵及安全装置。

2.2　瓦斯抽采钻孔及施工

2.2.1　钻探工具

(1) 钻机的类别

目前，煤矿井下常用的钻机类别主要有杭州钻探机械厂的 SGZ 系列钻机、煤炭科学研究总院西安分院生产的 MK 系列钻机及煤炭科学研究总院重庆分院生产的 ZYG 系列钻机等。

(2) 钻机的性能

各种钻机的性能见表 9.2.1。

表 9.2.1　钻机性能参数

名　称	型　号	生产厂家	主要参数及性能
钻机	SGZ-IA/B	杭州钻探机械制造厂	钻孔深度 150 m;钻杆直径 42 mm;立轴行程 400 mm;电机功率 11 kW
	SGZ-100	杭州钻探机械制造厂	钻孔深度 100 m;钻杆直径 42 mm;立轴行程 400 mm;电机功率 11 kW
	SGZ-IIIA	杭州钻探机械制造厂	钻孔深度 300 m;钻杆直径 42 mm;立轴行程 400 mm;电机功率 15 kW
	MK-3	煤炭科学研究总院西安分院	钻孔深度直径 150 m,钻杆 42 mm;钻孔深度 100 m,钻杆直径 50 mm;给进行程 650 mm;油箱容积 85 L;电动机功率 15 kW
	MK-5A	煤炭科学研究总院西安分院	钻孔深度 400 m;钻杆直径 50 mm;给进行程 1 200 mm;油箱容积 94 L;电动机功率 30 kW
	MKD-5	煤炭科学研究总院西安分院	钻孔深度 100 m;钻杆直径 73 mm;给进行程 600 mm;油箱容积 94 L;电动机功率 30 kW
	ZYG-150	煤炭科学研究总院重庆分院	钻孔深度 100 ~ 150 m;钻杆直径 50 mm;给进行程 720 mm;油箱容积 150 L;电动机功率 37 kW

(3)钻机的构造及优缺点

1)MK、ZYG 系列钻机

①主要用途:主要用于煤矿井下钻进地质勘探孔、抽采瓦斯孔、注水孔及其他工程用孔,既适用于硬质合金钻进,又可使用冲击器进行冲击——回转钻进。

②结构分为主机、泵站、操作台三大部分;泵站由电动机、油泵、油箱组成;主机由回转器、夹持器、给进装置、机架组成。

③优点:结构合理、技术先进、转速范围宽、工艺适应性强、操作省力、安全可靠、解体性好、搬运方便。

2)SGZ 系列钻机

①主要用途:适用于工程钻孔和地质勘探取芯钻孔,该机机身小,尤其适应于水电钻廊道内和煤矿井下作业。

②结构由动力机和主机两部分组成。其主机由离合器、变速箱、卷扬机、回转器、机架和液压系统等组成。回转器采用合箱式。立轴给进操作阀设有停止、上升、下降三个位置。节流阀全部打开时,立轴全速下降,全部关闭时,立轴停止不动。

③优点:通过液压控制,可调节给进速度和给进力,还可控制液压卡盘的松紧,操作方便、安全、省力,钻进速度较高。此外,液压给进装置还可作起重机用。煤巷施工边抽边掘钻孔、挪移安装方便。

④缺点:给进行程短、操作费力。

2.2.2　钻孔设计

(1)钻孔直径的确定

钻孔直径大,钻孔暴露煤的面积亦大,则钻孔瓦斯涌出量也较大。根据测定结果表明,钻孔直径有73 mm提高到300 mm,钻孔的暴露面积增大至4倍,而钻孔的抽采量增加到2.7倍。钻孔直径应根据钻机性能、施工速度与技术水平、抽采瓦斯量、抽采半径等因素确定。目前,一般采用抽采瓦斯钻孔直径为60~110 mm。

(2)钻孔深度的确定

根据实测结果表明,单一钻孔的瓦斯抽采量与其孔长基本成正比关系。因此,在钻机性能与施工技术水平允许的条件下,尽可能采用长钻孔以增加抽采量和效益。目前,高突掘进工作面一般使用SGZ-I型钻机,掘进迎头的钻孔深度可施工16~20 m,巷道两帮钻场内的钻孔深度可施工50 m;高瓦斯回采工作面一般使用MK系列钻机,钻孔深度可施工150 m。

(3)钻孔有效排放半径的确定

钻孔有效排放半径是指在规定的时间内,在该半径范围内的瓦斯压力或瓦斯含量降到安全允许值。钻孔排放瓦斯有效半径决定于钻孔排放瓦斯的目的,如果为了防突,应使钻孔有效范围内的煤体丧失瓦斯突出能力;如果为了防瓦斯浓度超限,应使钻孔有效范围内的煤体瓦斯含量或瓦斯涌出量降到通风可以安全排放的程度。因此,钻孔排放瓦斯半径可根据瓦斯压力或瓦斯流量的变化来确定。根据测定,钻孔有效排放半径一般为0.5~1.0 m,钻孔的有效抽采半径一般为1.0~2.0 m。

(4)钻孔间距的确定

钻孔间距的确定见表9.2.2。

表9.2.2　钻孔间距选用参考值表

煤层透气性系数/($m^2 \cdot MPa^{-2} \cdot d^{-1}$)	钻孔间距/m
$<10^{-3}$	—
$10^{-3} \sim 10^{-2}$	2~5
$10^{-2} \sim 10^{-1}$	5~8
$10^{-1} \sim 10$	8~12
>10	>10

钻孔孔底间距应小于或等于钻孔有效排放半径的2倍,抽采时间短而煤层透气性系数低时取小值,否则取大值。

2.2.3　钻孔施工

(1)瓦斯抽采钻孔施工注意事项

①钻孔要严格按照标准的孔位及施工措施中规定的方位、角度、孔深进行施工,严禁擅自改动。

②安装钻杆时应注意以下问题:

a.先检查钻杆,应不堵塞、不弯曲及丝扣未磨损,严禁使用不合格的钻杆;

b. 连接钻杆时要对准丝扣,避免歪斜和漏水;

c. 装卸钻头时,应严防管钳夹伤硬质合金片、夹扁钻头和岩芯管;

d. 安装钻杆时,必须在安好第一根后再安装第二根。

③钻头送入孔内开始钻进时,压力不宜太大,要轻压慢转,待钻头下到孔底工作平稳后,压力再逐渐增大。

④采用清水钻进时,开钻前必须供水,水返回后才能给压钻进,不准钻干孔。孔内岩粉多时,应加大水量,切实冲好孔后方可停钻。

⑤钻进过程中要准确测量距离,一般每钻进 10 m 或换钻具时必须量一次钻杆,以核实孔深。

⑥钻进过程中的注意事项如下:

a. 发现煤壁松动、片帮、来压、见水,或孔内水量、水压突然加大或减小以及顶钻时,必须立即停止钻进,但不得拔出钻杆;

b. 钻孔透采空区发现有害气体喷出时,要停钻、加强通风并及时封孔;

c. 钻孔钻进时出现瓦斯急剧增大、顶钻等现象时,要及时采取措施进行处理。

⑦临时停钻时,要将钻头退离孔底一定距离,防止煤岩粉卡住钻杆;停钻 8 小时以上时应将钻杆拉出来。

⑧出钻具时的注意事项如下:

a. 提钻前,要丈量机上余尺;

b. 提钻前,必须用清水冲孔,排净煤、岩粉。

(2)钻孔施工中常见安全事故

钻孔施工中常见安全事故有:在钻孔施工过程中发生夹钻、埋钻事故;在钻孔施工过程中发生煤与瓦斯突出事故;在钻孔施工过程中由于电气设备失爆而造成电气伤人事故;钻孔施工作业场所由于片帮冒顶而造成伤人事故;钻孔施工作业人员由于操作钻机不熟练而造成钻杆搅人及牙钳伤人事故;在钻孔施工过程中由于排屑不及时,孔内出现冒烟、着火等。

(3)钻孔施工安全措施

①为了防止钻孔施工过程中发生瓦斯超限事故,钻孔施工作业场所必须要有良好的通风,并安设瓦斯自动报警断电仪。对于瓦斯涌出量大的作业场所,钻孔必须装有防止瓦斯大量泄出的防喷装置,实行“边钻边抽”。

②在钻孔施工过程中,必须安置专职瓦斯检查员加强对钻孔施工处的瓦斯等气体的检查,严禁瓦斯超限作业,施工作业人员在钻孔施工过程中还必须佩带便携式瓦斯自动报警仪。为了防止在钻孔内发生瓦斯燃烧、爆炸和熏人事故,采用风力排屑时,必须保证钻孔排屑畅通,施工地点必须配备足够数量的灭火器材。采用水力排屑时,钻孔直径应比钻杆直径大50%以上,并在钻孔施工过程中,严禁用铁器敲砸钻具。

③为了防止在钻孔施工过程中发生煤和瓦斯突出事故,在突出煤层中打钻时,钻孔施工时必须用厚度不小于 50 mm 的木板一次性背严、背实迎头,并在背板外侧用直径不小于180 mm的圆木(不少于2 根)紧贴背板打牢,圆木向上插入顶板不得少于200 mm,向下插入底板不得少于300 mm。在钻孔施工过程中,若发现有突出预兆及异常现象时,测气员和施工负责人要迅速地将所有人员撤至安全地带,同时切断该巷道内所有电气设备的电源,并及时向矿总工程师、矿调度所及有关单位汇报,待经过处理和瓦斯等有害气体的浓度恢复正常后,方

可继续施工。

④为了防止钻孔施工作业场所发生片帮冒顶事故,必须加强钻孔施工作业场所及周围巷道的支护,严禁空帮空顶。

⑤为了防止在钻孔施工过程中发生电气伤人事故,施工钻孔的所有电气设备的防爆质量必须符合《规程》中的有关规定,加强电气设备的检查与维护,严禁电气设备失爆,确保设备完好。另外,施工钻孔的电气设备的电源必须和作业场所的局扇和瓦斯探头实行风、电闭锁和瓦斯、电闭锁。

⑥为了防止在钻孔施工过程中发生机械伤人事故,施工钻孔前,必须将钻机摆放平稳,打牢压车柱,吊挂好风水管路及电缆。钻孔施工过程中,钻杆前后不准站人,不准用手托扶钻杆,所有施工人员要将工作服穿戴整齐,佩戴好护袖或将袖口扎牢。

⑦钻孔施工过程中,操作人员要按照钻机操作规程和钻孔施工参数要求精心施工,严格控制钻进速度。钻机不得在无人看管的情况下运转。人工取下钻杆及加钻杆过程中,钻机的控制开关必须处在停止位置,严禁违章作业。为了防止在钻孔施工过程中发生煤尘事故,在钻孔施工过程中,采用风力排屑时,必须采取内喷雾或外喷雾等有效的灭尘措施。

2.2.4 钻孔的封孔

(1)瓦斯抽采钻孔的封孔方法

瓦斯抽采钻孔的封孔应满足密封性能好、操作方便、速度快、材料便宜等要求。对成孔效果好、服务期不长的钻孔可用机械式封孔器(施工方便,封孔器可重复使用);对于煤岩强度不高、封孔深度较长的钻孔可用充填材料封孔。封孔长度,岩石孔一般不少于2~5 m,煤孔一般不少于4~10 m。

1)机械式封孔器封孔

机械式封孔器形式较多,但是基本结构相似,目前较常用的是CPW-Ⅱ型矿用封孔器。使用时将封孔器送入钻孔内,然后用高压水管向封孔器里注水,使之产生径向膨胀将钻孔封闭。此种封孔方式适用于成孔效果较好的钻孔,若用于成孔效果不好的钻孔时,由于钻孔形状难以保持规则的圆形及孔壁破碎,封孔效果往往不好。

2)充填材料封孔

充填材料封孔用于钻孔形状规则或不规则的岩孔和煤孔中,充填材料主要有水泥、砂浆和聚氨酯等。

聚氨酯封孔具有密封性好、硬化快、质量轻、膨胀性强的优点。它由甲、乙两组药液混合而成,甲组药液占总重的37.52%,乙组药液占总重的62.48%。封孔时,按比例将甲、乙两组药液倒入容器内混合搅拌1 min,当药液有原来的黄色变为乳白色时,将混合液倒在塑料编织带上并缠在抽采管上送入钻孔,经5 min开始发泡膨胀,逐渐硬化成聚氨酯泡沫塑料,它在自由空间内约膨胀20倍,在钻孔内可借此膨胀性能将钻孔密封。此种封孔方法的缺点是不适宜于较深的钻孔。

水泥、砂浆封孔目前主要借助于KFB型矿用封孔泵进行封孔,封孔材料为水泥、水和砂子。封孔时,首先在钻孔内插入套管,同时在孔壁与套管之间插入一根注浆管。为了提高封孔质量,防止注浆时有气泡产生,还要插入一根排气管,然后用高压软管将注浆管与注浆泵连接。此种封孔方法的主要优点是封孔深度不受限制,适宜于较深的钻孔。

(2)钻孔封孔注意事项

①封孔前必须清除孔内煤、岩粉。

②封孔时需拆下套管,套管可采用钢管或抗静电硬质塑料管。

③封孔时先把套管固定在钻孔内,固定方法可采用木塞或锚固剂等,套管要露出孔口100~150 mm。

④用封孔器封仰角时,操作人员不得正对封孔器,以防封孔器下滑伤人。

2.3 瓦斯抽采管路及计算

2.3.1 瓦斯抽采系统的选择原则及系统布置

瓦斯抽采管路系统主要由主管、分管、支管和附属装置组成。其中,主管用于抽排或输送整个矿井或采区的瓦斯,分管用于抽排或输送一个采区或一个阶段的瓦斯,支管用于抽排或输送一个回采工作面或掘进区的瓦斯,附属装置主要包括用于调节、控制、测量管路中瓦斯浓度、流量、压力等的装置和用于防爆炸、防回火、防空管及防水等安全装置。

井下瓦斯抽采管网的布置形式具有较大的灵活性,可根据矿井的开拓部署和生产巷道的变化不同而作不同选择。在满足管路系统选择原则的前提下,应视抽采矿井的具体条件而定。

2.3.2 瓦斯抽采管径、管材、强度的选择及计算

(1)瓦斯管直径

瓦斯管直径选择的恰当与否对抽采瓦斯系统的建设投资及抽采效果均有影响。直径太大,投资就多;直径过细,阻力损失大。故一般采用式(9.2.1)计算,并参照抽采泵的实际能力使之留有备用量,同时尚需考虑运输和安装的方便。

$$D = 0.145\,7\sqrt{Q/V} \tag{9.2.1}$$

式中 D——瓦斯管内径;

Q——管内气体混合流量,m^3/min;

V——管内气体经济合理平均流速,取 $V = 5 \sim 15$ m/s。

矿井瓦斯管路直径,在采区工作面内一般选用100~150 mm,大巷的干管选用150~250 mm,井筒和地面选用250~400 mm。

(2)瓦斯管道管材

瓦斯管管材一般选用国家定型产品,如热轧无缝钢管、冷拔无缝钢管和焊接钢管等。另外,也可采用钢板卷制,壁厚为3~6 mm,并需进行0.2~0.5 MPa的水压实验,合格后方可使用。抗静电塑料管、玻璃钢管和纳米管较钢管轻、耐腐蚀、成本低,近年来使用逐渐增多。

瓦斯管接头多半采用法兰盘连接,现在也有部分使用煤科总院抚顺分院研制的快速接头连接。

(3)瓦斯管强度

抽采瓦斯管内的压力一般较管材的强度低得多,但考虑到在运输、安装和使用过程中可

能出现碰撞、挤压、被砸等现象，故对其强度也要有一定的要求。鉴于目前尚无统一的标准，因此，多取排水管强度的数据。

(4)瓦斯管路阻力计算

管路阻力计算方法和通风设计时计算矿井总阻力一样，即选择阻力最大的一路管路，分别计算各段的摩擦阻力和局部阻力，累加起来计算整个管道系统的总阻力。

各段的摩擦阻力可用式(9.2.2)计算：

$$H_m = 9.81\frac{Q_2\gamma L}{KD^5} \tag{9.2.2}$$

式中　H_m——瓦斯管道的摩擦阻力，Pa；

L——管道的长度，m；

D——瓦斯管内径，cm；

γ——混合气体对空气的相对密度，见表9.2.3；

Q——管内混合气体的流量，m^3/h；

K——系数，见表9.2.4；

C——管内混合气体中瓦斯浓度的百分值。

表9.2.3　在0 ℃及1标准大气压时，不同浓度甲烷与空气的混合气体对空气的相对密度

甲烷浓度/%	0	1	2	3	4	5	6	7	8	9
0	1	0.996	0.991	0.987	0.982	0.978	0.973	0.969	0.964	0.960
10	0.955	0.951	0.947	0.942	0.938	0.933	0.929	0.924	0.920	0.915
20	0.911	0.906	0.902	0.898	0.893	0.889	0.884	0.880	0.875	0.871
30	0.866	0.862	0.857	0.853	0.848	0.844	0.840	0.835	0.831	0.826
40	0.822	0.817	0.813	0.808	0.804	0.799	0.795	0.791	0.786	0.782
50	0.777	0.773	0.768	0.764	0.759	0.755	0.750	0.746	0.742	0.737
60	0.733	0.728	0.724	0.719	0.715	0.710	0.706	0.701	0.697	0.693
70	0.688	0.684	0.679	0.675	0.670	0.666	0.661	0.657	0.652	0.648
80	0.644	0.639	0.635	0.630	0.626	0.621	0.617	0.612	0.608	0.603
90	0.599	0.595	0.590	0.586	0.581	0.577	0.572	0.568	0.563	0.559
100	0.554									

表9.2.4　管路系数K值

管径/cm	3.2	4.0	5.0	7.0	8.0	10.0	12.5	15.0	>15.0
K	0.050	0.051	0.053	0.056	0.058	0.063	0.068	0.071	0.072

局部阻力一般不进行个别计算，而是以管道总摩擦阻力的10%～20%作为局部阻力。管道的总阻力为：

$$H_j = (1.1 \sim 1.2)\sum H_m \tag{9.2.3}$$

式中　H_m——各段管道的摩擦阻力,Pa。

2.3.3　瓦斯抽采管路的附属装置

(1)阀门

在瓦斯管路(主管、分管、支管)上和钻场、钻孔的连接处,均需安设阀门。主要用来调节与控制各个抽采点的抽采负压、瓦斯浓度、抽采量等;同时,修理和更换瓦斯管时可关闭阀门切断通路。常用的阀门为截止阀和闸阀。

(2)测压嘴

在瓦斯主管、分管、支管以及钻孔连接装置上均应设置测压嘴,以便经常观测管内压力。多数矿井都是在安装管路之前预先焊上测压嘴。测压嘴的高度一般小于100 mm,其内径为4~10 mm,平常用密封罩罩住或用细胶管套紧捆死,以防漏气。

测压嘴还可作为取气样孔,以便取出气样进行气体成分分析或测其瓦斯浓度。

(3)钻孔连接装置

钻孔(钻场)与管路相连的部分称连接装置,连接装置所用的胶管多选用输气胶管和吸水胶管。

(4)放水器

抽采瓦斯管路工作时,不断有水积存在管路的低洼处,为减少阻力保证管路安全有效的工作,应及时排放积水。因此,在瓦斯抽采管路中每200~300 m最长不超过500 m的低洼处应安设一只放水器。

常用的放水器如图9.2.1所示。管道正常抽瓦斯时,打开阀门1,关闭阀门2、3,管道里的水流入水箱。放水时,关闭阀门1,打开阀门2、3,管道里的水流入水箱。放水时,关闭阀门1,打开阀门2、3,将水排出箱外。

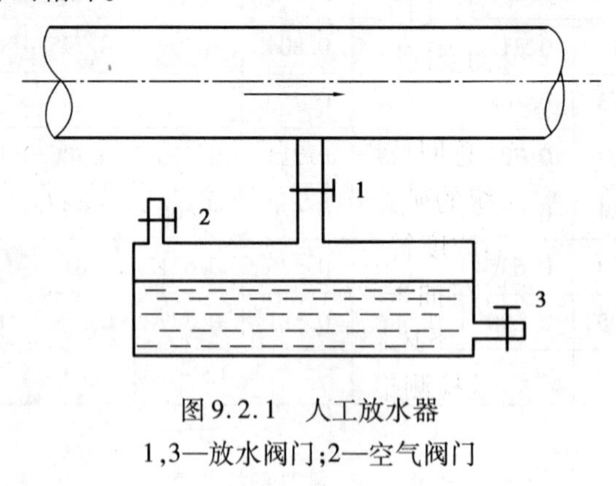

图9.2.1　人工放水器

1,3—放水阀门;2—空气阀门

2.4　瓦斯抽采设备及安全装置

瓦斯抽采系统主要由瓦斯泵、管路、闸阀、流量计、安全装置等组成。根据抽采系统的位置及使用时间,可分为井下移动抽采系统和地面永久抽采系统。

2.4.1　瓦斯抽采泵站

(1)地面固定式瓦斯抽采泵房

地面固定式瓦斯抽采泵房设施应符合下列要求:

①地面泵房必须用不燃性材料建筑,并必须有防雷电装置。其距进风井口和主要建筑物的距离不得小于50 m,并用栅栏或围墙保护。

②地面泵房和泵房周围20 m范围内,禁止堆积易燃物和有明火。

③抽采瓦斯泵及其附属装置,至少应有1套备用。

④地面泵房内电气设备、照明和其他电气仪表都应采用矿用防爆型,否则必须采取安全措施。

⑤泵房必须有直通矿调度室的电话和检测管道瓦斯浓度、流量、压力等参数的仪表或自动监测系统。

⑥干式抽采瓦斯泵吸气侧管路系统中,必须装设有防回火、防回气和防爆炸作用的安全装置,并定期检查,保持性能良好。抽采瓦斯泵站放空管的高度应超过泵房房顶3 m。

⑦泵房必须有专人值班,经常检测各参数,做好记录。当抽采瓦斯泵停止运转时,必须立即向调度室报告。如果要利用瓦斯,在瓦斯泵停止运转后和恢复运转前,必须通知使用瓦斯的单位,取得同意后,方可供应瓦斯。

(2)井下临时抽采瓦斯泵站

设置井下临时抽采瓦斯泵站时,应遵守下列规定:

①临时抽采瓦斯泵站应安设在抽采瓦斯地点附近的新鲜风流中。

②泵站安装地点巷道的高度、长度、宽度等应符合安装瓦斯泵的参数要求,巷道支护情况应良好,以免瓦斯泵长期运转过程中遇到巷道出现异常变形后而搬迁设备,影响抽采工作。泵站安装时,应考虑其使用期限。若使用时间较长,应同时安装有同等型号的备用瓦斯泵,以免运行泵在使用过程中出现故障而及时切换使用。瓦斯泵的安装要符合运转平稳、供排水系统齐全、噪音小的原则。

③抽出的瓦斯可引排到地面、总回风巷或分区回风巷,但必须保证稀释后风流中的瓦斯浓度不超限。在建有地面抽采系统的矿井,临时泵站抽出的瓦斯可送至永久抽采系统的管路内,但必须使矿井抽采系统的瓦斯浓度符合有关规定。

④抽出的瓦斯排入回风巷时,在抽采管路出口处必须设置栅栏、悬挂警戒牌等。栅栏设置的位置是上风侧距管路出口5 m、下风侧距管路出口30 m,两栅栏间禁止任何作业。

⑤在下风侧栅栏外必须设甲烷检测报警仪,巷道风流中瓦斯浓度超限报警时,应断电、停止抽采瓦斯,进行处理。

2.4.2　瓦斯泵及安全装置

(1)瓦斯泵

常用的瓦斯泵有水环真空泵、离心式鼓风机和回转式鼓风机。

瓦斯泵的选择原则与选择通风机相似,一是瓦斯泵的容量必须满足矿井瓦斯抽采期间所预计的最大瓦斯抽采量;二是瓦斯泵所产生的负压能克服抽采瓦斯管道系统的最大阻力,并在钻孔口造成适当的抽采负压;三是抽采瓦斯浓度低于25%的矿井,不得选用干式瓦斯抽采设备。瓦斯泵的选型计算包括泵的流量和压力两个主要方面。

瓦斯泵的流量计算:

$$Q_{泵} = 100Q_{抽} K/C \quad (9.2.4)$$

式中 $Q_{泵}$——瓦斯泵的流量,m^3/min;

$Q_{抽}$——预计的最大瓦斯抽出量,m^3/min;

C——瓦斯泵入口的瓦斯浓度,%

K——备用系数,取1.2。

瓦斯泵的压力计算:

瓦斯泵的压力就是要克服瓦斯从井下钻孔口起,经瓦斯管路到抽采泵,再送到用户或放空所产生的全部阻力损失。

$$h_{泵} = h_{阻} + h_{孔} \quad (9.2.5)$$

式中 $h_{泵}$——瓦斯泵的流量;

$h_{阻}$——管道总阻力;

$h_{孔}$——要求孔口抽采负压。

上述泵压是指泵站距用户小于5 km、混合瓦斯流量不超过50 m^3/min时,输气压力一般不超过10 kPa的条件下,由瓦斯泵直接送至用户而进行计算的。

根据计算的瓦斯泵所需要流量和压力,即可按泵的特性曲线选择瓦斯泵。

1)水环式真空泵的优缺点及使用条件

水环式真空泵的优点是真空度高;结构简单,运转可靠;工作叶轮内有水环,没有爆炸危险。它的缺点是流量较小;正压侧压力低;轴磨损、外客磨损较大。主要适用于瓦斯抽出量较小、管路较长和需要抽采负压较高的矿井或区域;还适用于瓦斯浓度变化较大,特别是浓度较低的矿井。

由于水环真空泵安全性好,抽采负压大,所以使用较为广泛。目前较常用的水环式真空泵主要为武汉特种水泵厂和佛山水泵厂生产的2BE1系列水环式真空泵,它的性能规格见表9.2.5。

表9.2.5 2BE1系列水环式真空泵性能规格表

型号	转速/(r·min⁻¹)	轴功率/kW	最低吸入绝压/mbar	气量				
				吸入绝压60 mbar饱和空气	吸入绝压100 mbar饱和空气	吸入绝压200 mbar饱和空气	吸入绝压400 mbar饱和空气	泵重/kg
2BE1-203	1 170	39	33	1 230	1 270	1 320	1 290	410
2BE1-253	880	75	33	2 600	2 700	2 850	2 800	890
2BE1-303	790	115	33	3 920	4 100	4 200	4 130	1 400
2BE1-353	660	154	33	5 380	5 700	5 880	5 700	2 000
2BE1-355	660	160	160	6 200	6 260	6 600	6 680	2 200
2BE1-405	565	236	160	8 600	9 000	9 500	9 650	3 400
2BE1-505	472	310	160	11 800	12 250	12 750	13 150	5 100
2BE1-605	398	428	160	16 500	17 100	17 900	18 250	7 900
2BE1-705	330	590	160	23 500	24 400	25 600	26 000	11 500

2)回转式瓦斯泵的优缺点及适用条件

回转式瓦斯泵的优点是抽采流量不受阻力变化的影响;运行稳定,效率较高,便于维护保养;在同功率、流量与压力条件,瓦斯泵价格为离心式瓦斯泵的50%左右。它的缺点是检修工艺要求高,叶轮之间以及与机壳之间间隙必须适当,间隙过小,易摩擦发热,间隙过大,漏气大,效率降低;运转中噪音大;压力高时,气体漏损较大,磨损较严重。它适用于流量要求稳定而阻力变化大和负压较高的抽采瓦斯矿井;可以同时兼作负压抽采与正压送气矿井。

3)离心式瓦斯泵的优缺点及适用条件

离心式瓦斯泵的优点是运转可靠,不易出故障;运行稳定,供气较均匀;磨损小,寿命长;流量高,噪音低。它的缺点是价格高、效率低;两台瓦斯泵并联运转性能较差。它适用于瓦斯抽出量大(20～1 200 m^3/min)、管道压力不高(4～5 kPa)的瓦斯抽采矿井。

4)2BE1系列瓦斯泵常见故障分析与处理(见表9.2.6)

表9.2.6　2BE1系列瓦斯泵常见故障分析与处理见

故　障	原　因	处理方法
启动困难	1.较长时间停机,泵内生锈	1.用手扳动泵转子数次,除锈
	2.填料太干、太硬	2.松开填料,注入石墨润滑脂或更换填料
	3.启动水位过高	3.检查自动排水阀
	4.皮带过紧	4.适度松弛皮带
轴功率增大	1.填料压得过紧	1.放松填料压盖,使填料含有水、如线流出
	2.吸入侧吸入固体颗粒	2.定期清洗泵,在吸入管路中增设滤网
	3.叶轮被脏物卡住	3.拆泵清除污物,返修摩擦面
	4.泵内生锈	4.检查泵体材料与工作介质是否相适应。必要时更换泵体
	5.结垢或淤积	5.用盐酸冲洗,必要时拆泵清理,或用软水作工作液
	6.工作液超过规定量	6.控制水量,按规定量供水
	7.排气压力增高	7.检查排气管路,阀门直径是否过小
气量减少	1.间隙不适应,泄漏量太大	1.检查泵间隙是否太大,必要时车短泵体
	2.内部泄漏	2.拆开泵检查密封面密封材料的稳定性。如已失效,应重新密封
	3.分配板、阀板有缺陷	3.更换分配板、阀板
	4.自动排水阀泄漏	4.更换阀球
	5.填料密封泄漏	5.稍拧紧填料压盖
	6.吸入侧泄漏	6.检查观察孔盖、吸入法兰、进气、进水管路密封
	7.工作水过少或工作水温过高	7.增大供水量,降低工作水温
轴承部位发热	1.电机、减速机、泵安装不对中	1.重新对中
	2.轴承安装不当	2.重新调整轴承位置
	3.润滑不良,油脂干涸或太多	3.改善润滑条件
	4.轴承被锈蚀,滚道划伤	4.更换轴承
	5.V型轴封圈与轴承内压盖压得过紧	5.适当调整V型圈的位置,减轻压力

(2)安全装置

1)流量计

为了全面掌握与管理井下瓦斯抽采情况,应经常测定钻场、支管和总管的瓦斯流出量。测量管道中气体流量的方法很多,常用的有孔板流量计、浮子流量计和煤气表等,孔板流量计比较简单、方便。目前矿井一般采用孔板流量计,如图9.2.2所示。

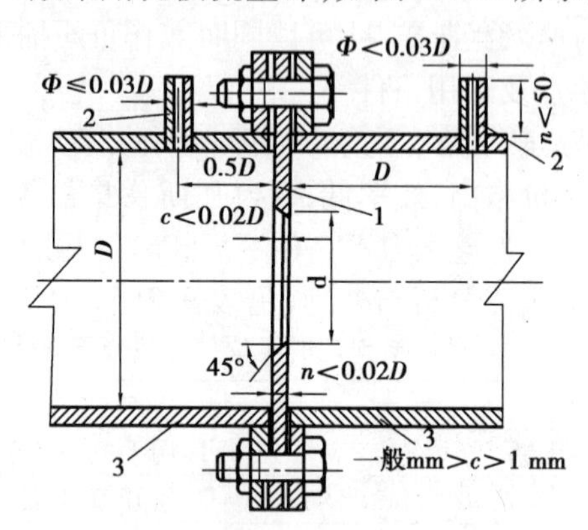

图9.2.2 孔板流量计

1—孔板;2—测量嘴;3—钢管

孔板流量计要安装在管道的直线段内,孔板前后最好有5 m以上的直线段,孔板圆孔与管道要同一圆心,端面与管道轴线垂直。

2)防回火网

防回火网如图9.2.3所示,它是由5层不生锈的铜丝网(网孔约0.5 mm)构成,装在地面泵站附近管道内。它的作用是一旦泵站附近发生瓦斯燃烧或爆炸事故时,火焰与铜丝网接触,由于网的散热作用,使火焰不能透过铜网,从而切断火焰的蔓延。

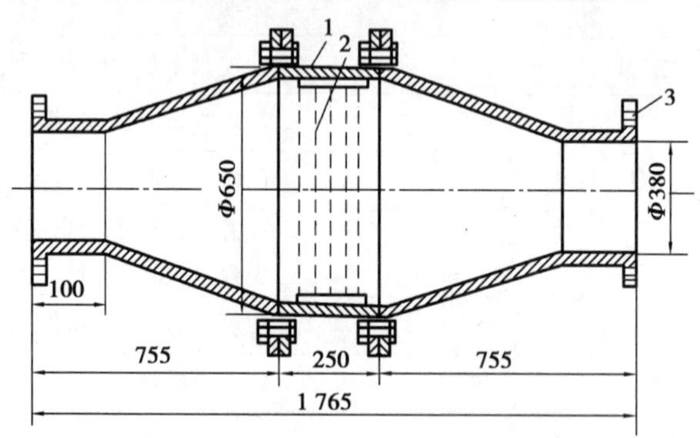

图9.2.3 防回火网

1—挡圈;2—铜丝网;3—法兰盘

3)水封防爆箱

水封防爆箱如图9.2.4所示,装在瓦斯泵进口附近。正常工作时,井下瓦斯由进气管1进入,从水内流出,再由排气管3通往瓦斯泵。一旦泵站、泵体内或排气管发生瓦斯爆炸,爆炸波冲进箱体,将安全盖6冲开,爆炸波消失。同时,箱内的水可以阻隔爆炸火焰向进气管方向的传播。

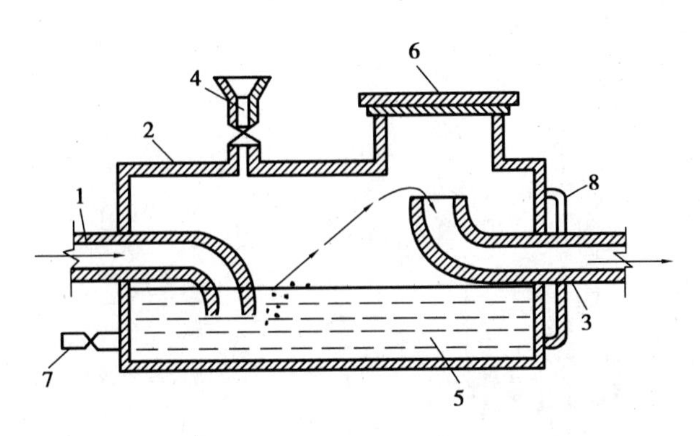

图 9.2.4　水封防爆箱

1—进气管;2—箱体;3—排气管;4—注水管;

5—水;6—安全盖;7—放水口;8—玻璃管水位表

4)放空管、避雷管

放空管设在瓦斯泵的进气端和排气端,其作用是当瓦斯泵发生故障或检修时,将进气端放空管打开,以使井下瓦斯继续排放。当瓦斯利用系统管路发生故障时,将泵的排气端放空管打开,以使泵正常抽采。为了安全,放空管高度应高出瓦斯泵房 3 m 以上,并远离其他建筑物。为了避免雷击引燃放空瓦斯,放空管顶部应设避雷针。

第3章 矿井瓦斯抽采管理

3.1 瓦斯抽采日常管理制度

矿井瓦斯抽采日常管理制度包括以下主要内容：

①抽采矿井必须建立、完善瓦斯抽采管理制度和各部门责任制。矿长对矿井瓦斯抽采管理工作负全面责任。矿总工程师对矿井瓦斯抽采工作负全面技术责任，应定期检查、平衡瓦斯抽采工作，解决所需设备、器材和资金，负责组织编制、审批、实施、检查抽采瓦斯工作规划、计划和安全技术措施，保证抽采地点正常衔接和实现"抽、掘、采"平衡。矿各职能部门负责人对本职范围内的瓦斯抽采工作负责。

②抽采矿井必须设有专门的抽采队伍，负责打钻、检测、安装等瓦斯抽采工作。

③抽采矿井必须把年度瓦斯计划指标列入矿年度生产、经营指标中进行考核。

④矿井采区、采掘工作面设计中必须有瓦斯抽采专门设计，投产验收时同时验收瓦斯抽采工程，瓦斯抽采工程不合格的不得投产。

⑤瓦斯抽采系统必须完善、可靠，并逐步形成以地面抽采系统为主、井下移动抽采系统抽采为辅的格局。

⑥抽采系统能力应满足矿井最大抽采量需要，抽采管径应按最大抽采流量分段选配。地面抽采泵应有备用，其备用量可按正常工作数量的60%来考虑。

⑦抽采管路应具有良好的气密性、足够的机械强度，并应满足防冻、防腐蚀、阻燃、抗静电的要求；抽采管路不得与电缆同侧敷设，并要吊高或垫高，离地高度不小于300 mm。

⑧抽采管路分岔处应设置控制阀门，在管路的适当部位设置除渣装置，在管路的低洼、钻场等处要设置放水装置，在干管和支管上要安装计量装置(孔板计量应设旁通装置)。

⑨井下移动抽采泵站应安装在抽采瓦斯地点附近的新鲜风流中，当抽出的瓦斯排至回风道时，在抽采管路排出口必须采取设置栅栏、悬挂警戒牌、安设瓦斯传感器等安全措施。

⑩抽采泵站必须有直通矿井调度室的电话，必须安设瓦斯传感器。

⑪抽采泵站内必须配置计量装置。

⑫坚持预抽、边掘边抽、随采随抽并重原则。

⑬煤巷掘进工作面,对预测突出指标超限或炮后瓦斯经常超限或瓦斯绝对涌出量大于 3 m^3/min 的,必须采用迎头浅孔抽采、巷帮钻场深孔连续抽采等方法。

⑭采煤工作面瓦斯绝对涌出量大于 30 m^3/min 的,必须采用以高抽巷抽采、顶板走向钻孔抽采等为主的综合抽采方法。

⑮采煤工作面瓦斯绝对涌出量大于 30 m^3/min 的,瓦斯抽采率应达到 60% 以上;瓦斯绝对涌出量达到 20 ~ 30 m^3/min 的,瓦斯抽采率应达到 50% 以上,其他应抽采煤工作面的瓦斯抽采率应达到 40% 以上。

⑯尽量提高抽采负压,孔口负压不小于 13 kPa。

⑰必须定期检查抽采管路质量状况,做到抽采管路无破损、无泄露,并按时放水和除渣,各放水点实行挂牌管理,放水时间和放水人员姓名必须填写在牌板上。

⑱抽采泵站司机要持证上岗,按时检测、记录抽采参数和抽采泵运行状况。

⑲加强瓦斯抽采基础资料管理。抽采基础资料包括:抽采台账、班报、日报、旬报、月报、季度分解计划、钻孔施工设计与计划、钻孔施工记录与台账等。

⑳抽采矿井必须按月编制分解瓦斯抽采实施计划(包括瓦斯抽采系统图)。

㉑抽采矿井每月由矿总工程师牵头组织安监部门参加,检查验收瓦斯抽采量(抽采率)和抽采钻孔量。

3.2 钻孔施工参数与瓦斯抽采参数的管理

3.2.1 钻孔施工参数的管理

①钻孔施工人员必须严格按钻机操作规程及钻孔施工参数精心施工,保证施工的钻孔符合设计要求,确保钻孔施工质量。

②钻孔施工人员当班必须携带皮尺、坡度规、线绳等量具。

③钻孔施工前,钻孔施工人员必须按设计参数要求,在现场标定钻孔施工位置,并悬挂好钻孔施工图板。

④钻孔必须在标定位置施工,钻孔倾角、方位、孔深符合设计参数要求,做到定位置、定方向、定深度。钻孔施工时,孔位允许误差 ±50 mm;煤层钻孔施工时,中排钻孔孔深允许误差 ±100 mm,上排、下排钻孔分别施工至本煤层顶、底板方可终孔,并不得比设计孔深少 2 m。

⑤钻孔施工人员必须认真填写好当班的施工记录,记录内容包括孔号、孔深、倾角、钻杆数量及钻孔施工情况等。

⑥加强钻孔施工验收制度,顶板走向钻孔或底板穿层钻孔终孔时,必须要有验收人员现场跟班验收。

⑦抽采钻孔必须要有施工和验收原始记录可查。

⑧钻孔布置应均匀、合理。从岩石面开孔,开孔间距应大于 300 mm;从煤层面开孔,开孔间距应大于 400 mm;岩石孔封孔长度不小于 4 m,煤层孔封孔长度不小于 6 m;当采用穿层孔抽采时,钻孔的见煤点间距不应超过 8 m;当采用顺层孔抽采时,钻孔的终孔间距不超过 10 m。

3.2.2　瓦斯抽采参数的管理

①每个抽采系统必须每天测定一次抽采参数,数据要准确,做到填、报、送及时,测定时仪器携带齐全,并熟知仪器性能及使用方法。

②当采煤工作面距抽采钻场 30 m 时,要每天观测一次钻场距工作面的距离,并保证系统完好。

③使用 U 形压力计观测数据时,必须保持 U 形压力计内的液体清洁、无杂物。

④观看压力计时,要将压力计垂直放置,使两柱液面持平。

⑤安装压力计时,应按规定将压力计的胶管与管道上的压力接孔联接,并使其稳定 1 ~2 min,然后读取压力值。

⑥在测定流量或负压时,如 U 形压力计内的液面跳动不止,应检查积水情况,并采取放水措施。

⑦每次观测后,应将有关参数填写在记录牌上,并保证牌板、记录和报表三对照。

⑧抽采钻场(钻孔)必须实行挂牌管理。牌板内容为:钻场编号,设计钻孔孔号及其参数(角度、深度),实际施工钻孔参数(角度、深度),各钻孔抽采浓度,钻场总抽采浓度、负压、流量等。

⑨泵站必须逐步推广自动检测计量系统,井下移动泵站暂不安设自动检测计量系统的,必须安设管道高浓度瓦斯传感器和抽采泵开停传感器。人工检测时,泵站每小时检测一次,井下干管、支管、钻场每天检测一次。

⑩抽采量的计算要统一用大气压为 101.325 kPa、温度为 200 ℃标准状态下的数值。自动计量的,通过监控系统打印抽采日报;孔板计量的,每班应计算抽采总量,再根据三班抽采量等情况编报抽采日报。

⑪抽采台账、班报必须由队长审签;抽采日报由区长、通风副总审签;抽采旬报、月报由总工程师、矿长审签。

第10篇
矿井安全监控

本篇主要介绍安全监控系统、布置规范、监控设备及其维护与管理知识。

第 1 章 安全监控系统

1.1 安全监控系统结构

1.1.1 工业总线型煤矿安全监控系统组成

数字化监控技术是信息产业和工业领域的一种先导性技术，是计算机网络和软件技术，以及数字通信技术、微电子技术的集成和发展。在煤矿安全领域引入这一技术，通过在集团公司、省市县等一定范围内的联网，可以对所辖区域内所有煤矿瓦斯防治情况，包括井下瓦斯浓度、风机开停状态及设备状态及设备送电断电情况等，实施集中监控、远程监控和实时监控，针对突发情况及时采取调整作业方式、停止生产、人员撤离等措施。同时，通过远程监控系统，还可以对井下采掘工作面的位置进行跟踪，防止越界越层开采。目前，全国矿井基本都装备了此类监控系统。数字化监控系统结构示如图 10.1.1 所示。

由图 10.1.1 可以看出，煤矿安全监控系统一般由传感器、执行机构、分站、电源箱（或电控箱）、主站（或传输接口）、主机（含显示器）、打印机、模拟盘、多屏幕、UPS 电源、远程终端、网络接口电缆和接线盒等组成。

(1) 传感器

传感器将被测物理量转换为电信号的设备，如瓦斯浓度传感器就是将矿井巷道中瓦斯浓度转换成电信号，信号经工控设备处理后最终得到人们能识别的数字。

(2) 执行机构（含声光报警及显示设备）

控制信号被转换为被控物理量，使用矿用电缆与分站相连，通过执行机构可实现远程的断、复电操作。

(3) 分站

分站接收来自传感器的信号，并按预先约定的复用方式（时分制或频分制等）远距离传送给主站（或传输接口），同时接收来自主站的（或传输接口）多路复用信号（时分制或频分制）。分站还具有线性校正、超限判别、逻辑运算等简单的数据处理能力，对传感器输入的信号和主站（或传输接口）传输来的信号进行处理，控制执行机构工作。简单地说，分站就是地面监控

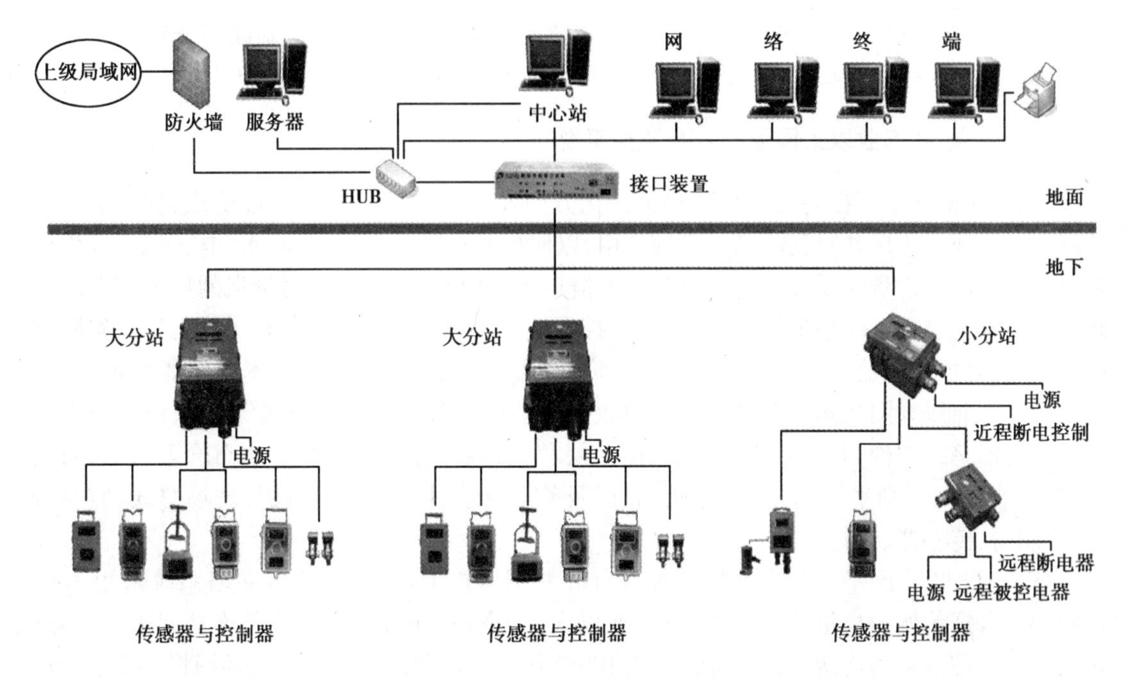

图10.1.1　监控系统结构示意图

主机与井下传感器信息的交换处理中心。

(4)电源箱

电源箱将井下交流电网电源转换为系统所需的本质安全型直流电源,给分站及传感器设备供电,同时具有维持电网停电后正常供电不小于2 h的蓄电池。

(5)主站(或传输接口)

主站的主要作用是在分站与监控主机间进行信号格式的转换。主站(或传输接口)主要完成地面非本质安全型电器设备与井下本质安全型电气设备的隔离,控制分站的发送与接收,多路复用信号的调制与解调、系统自检等功能。

(6)主机

主机一般选用工控微型计算机或普通台式微型计算机,可双机或多机备份。主机主要用来接收监测信号、校正、报警判别、数据统计、磁盘存储、显示、声光报警、人机对话、输出控制、控制打印输出、与管理网络联接等。

(7)投影仪、模拟盘、大屏幕、多屏幕、电视墙等

这些设备用来扩大显示面积,以便于在调度室远距离观察。

(8)管理工作站或远程终端

管理工作站一般设置在矿长及总工办公室,以便随时了解矿井安全及生产状况。

(9)数据服务器

数据服务器是主机与管理工作站及网络其他用户交换监控信息的集散地。

(10)路由器

路由器用于企业网与广域网、电话线入网等协议转换等。

煤矿安全监控系统结构一般分为井下层和地面层。井下层主要由分站、传感器和执行机构构成,传感器和执行机构采用星型网络结构与分站相连、单向模拟传输。分站和地面主站

间采用树形、环形或树形与星形混合网络结构,多路复用(时分制、频分制或码分制)、单工或双工(个别系统采用单向)、串行数字传输或频带传输、异步传输或同步传输。

1.1.2 矿井工业以太网煤矿安全监控系统

当前,煤矿开采正在向高产高效和集约化方向发展。全矿井的生产自动化、管理信息化技术在一些现代化矿井得到越来越多的应用,以使矿井在“采、掘、运、风、水、电、安全”等生产环节和管理环节逐步实现综合自动化与管理信息化。为此,国内技术力量强的厂家都在开发新型“工业以太环网+现场总线煤矿综合监控系统”,并在一些大型现代化煤矿得到了实际推广应用,使监控系统技术性能跃上了新的台阶,也代表了国内煤矿监控技术的发展趋势。

矿井工业以太网技术是基于以太网协议的工业网络技术。系统整体架构采用工业以太环网+现场总线架构,并划分为管理层、监控层和设备层三层。管理层:地面管理局域网;监控层:工业以太环网平台、各监控主机、数据服务器、接入网关等;设备层:现场总线、监控分站、控制器、传感器、执行器等。

整个工业以太网平台分为井上监控部分和井下监控部分,井上部分网络系统采用100/1 000 M(根据传输信息量的大小选择)工业以太环网将地面各个监控设备连接起来,再通过防火墙与管理信息网连接。井下部分采用100/1 000 M矿井防爆工业以太环网将各个监控设备连接起来,以矿用阻燃单模光缆作为主传输介质。所有工业网络交换机和光纤环网共同汇集到监控指挥中心的核心交换机上。系统物理结构拓扑图如图10.1.2所示。

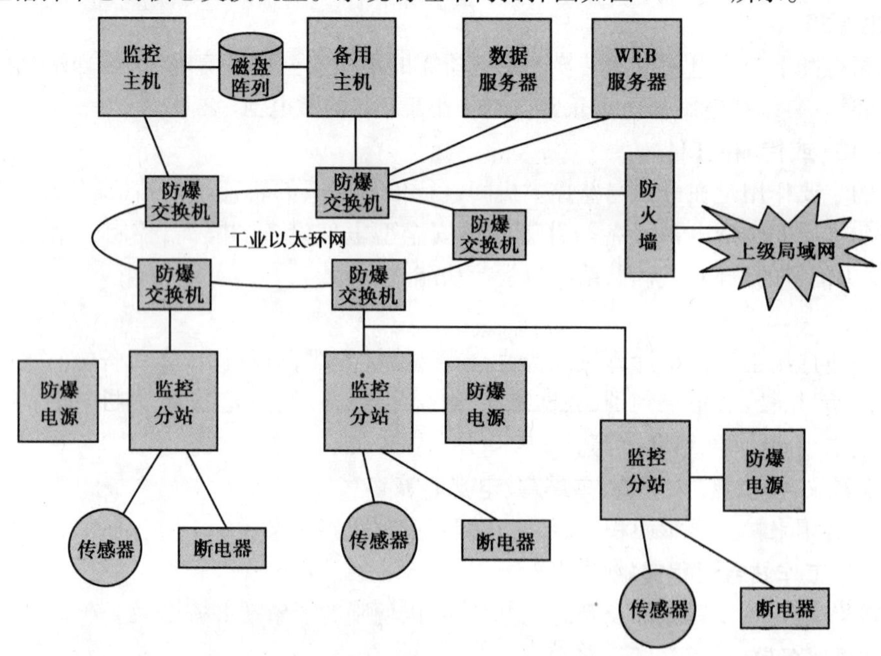

图10.1.2 工业以太环网煤矿综合监控系统结构示意图

1.1.3 瓦斯监控系统

从严格意义上来说,现在没有单纯的瓦斯监控系统,“煤矿瓦斯监控系统”的说法源于历史原因。监控系统以前主要在国有大矿使用,且基本靠进口设备,由于设备昂贵,一般煤矿只对危害最大的瓦斯进行监控,但也仅仅实现基本的监测和闭锁功能。

近十年来由于国内技术的发展加上国家对煤矿安全的重视,所有的煤矿都安装了国产监控系统,并对瓦斯、一氧化碳、温度、风速、风压、设备运转等物理量进行监测。从监测的物理量可看出这已不仅仅是单纯的"瓦斯监控系统",而是一个综合的煤矿安全监控系统。但由于历史原因,习惯上还是把它称为"瓦斯监控系统",并与瓦斯抽放、人员定位、运输等监控系统进行区分。

瓦斯监控系统的系统结构目前主要采用"工业总线型煤矿安全监控系统"和"矿井工业以太网煤矿安全监控系统"的网络结构。

1.1.4　人员定位系统

国家对煤矿安全的日益重视和监管力度的不断加强,为确保安全生产的需要,管理人员需要实时知道井下人员分布、出入井的准确人数、领导跟班情况及特殊工种人员的活动轨迹等情况。人员定位系统可实现:日常的考勤;井下发生异常情况时,实时知道人员的分布位置数量;发生事故后,为事故调查提供参考依据。

人员定位系统主要由监控计算机、WEB终端计算机、系统软件、传输平台、人员定位分站、动态目标识别器、人员标识卡和传输线路等组成。其结构如图10.1.3所示。

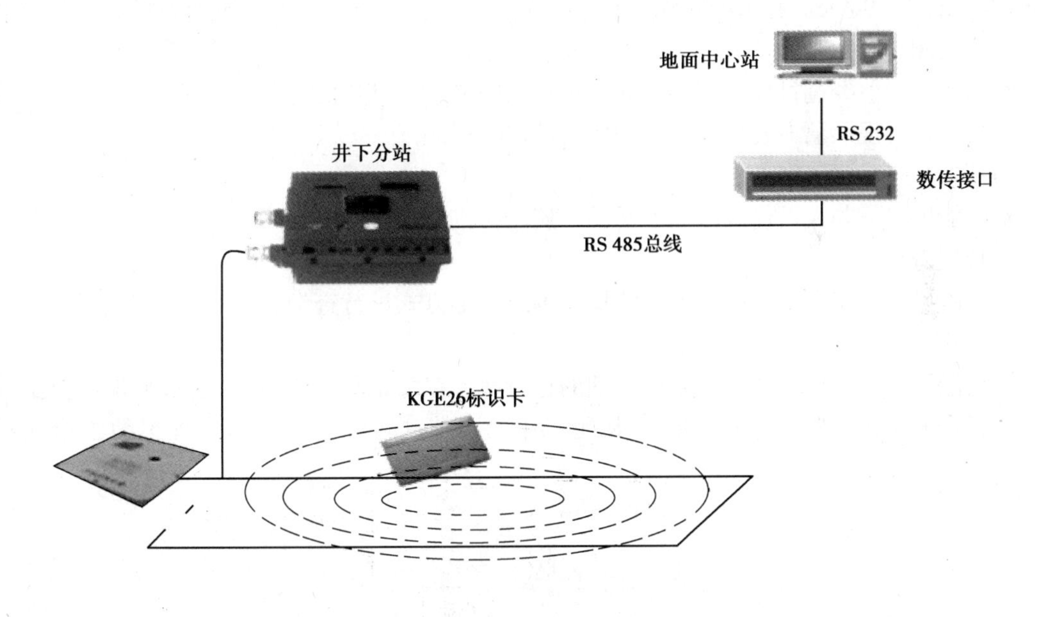

图10.1.3　人员定位系统结构示意图

(1)监控中心站

监控中心站负责整个系统设备及人员检测数据的管理、分站实时数据通信、统计存储、屏幕显示、查询打印、画面编辑、网络通讯等任务。

(2)分站

分站通过与动态目标识别器的有线通信,实时获取人员编码数据,并负责与监控主机通信。

(3)动态识别器

动态识别器接收标识卡发出的无线人员编码信号。

(4)标识卡

人员标识卡有矿帽式、矿灯式、胸卡、腰卡等四种方式。其主要功能为:

1)中断取数

井下人员跟踪定位分站与地面中心站失去联系时,分站仍能独立工作,自动存储人员监测数据,当通信恢复后,监控主机可提取数据自动完成数据修复。

2)门禁

根据需要在煤矿井下限制员工进入特殊区域。如果有未经许可人员接近该区域可发出声光报警信号,同时地面监控主机也会发出报警信号。

3)报警

可以对下井人员限制出入时间及地点,如果超授权时间或进入未经授权的地点都会触发报警设备发出警示,以便控制人员迅速作出反应,采取安全措施。

4)选择跟踪

本功能对任意指定编号或者姓名的员工进行实时跟踪(可对跟踪人员进行增减);指定人员一旦在井下移动了位置,可以第一时间进行自动报告。这对于监督特殊工种当前的作业状况非常实用,是调度人员有用的跟踪工具。

5)实时跟踪

本功能对当前经过目标识别器的人员进行实时显示,可以知道当前指定时间内处于活动状态的员工。直观形象地表示出人员的实时流动状况。

6)活动轨迹查询

本功能可对下井人员任意时间的活动轨迹进行查询。

7)位置查询

本功能可对指定人员当前井下位置按文本或图形方式进行查询。

8)轨迹回放

本功能可实现将任一员工在指定日期的运行轨迹在背景图上进行回放,形象地反映了其当天所行走的轨迹,既给出了图形表示,也提供了数据报表,是一个非常理想的图形演示工具。

1.2 安全监控系统功能

该部分以《AQ6201-2006 煤矿安全监控系统通用技术要求》为基础,结合实际情况说明安全监控系统的主要功能。

1.2.1 数据采集

①系统必须具有甲烷浓度、风速、风压、一氧化碳浓度、温度等模拟量采集、显示及报警功能。

②系统必须具有馈电状态、风机开停、风筒状态、风门开关、烟雾等开关量采集、显示及报

警功能。

③系统必须具有瓦斯抽采(放)量监测、显示功能。

1.2.2　控制

①系统必须由现场设备完成甲烷浓度超限声光报警和断电/复电控制功能。

甲烷浓度达到或超过报警浓度时,声光报警;甲烷浓度达到或超过断电浓度时,切断被控设备电源并闭锁;甲烷浓度低于复电浓度时,自动解锁;与闭锁控制有关的设备(含甲烷传感器、分站、电源、断电控制器、电缆、接线盒等)未投入正常运行或故障时,切断该设备所监控区域的全部非本质安全型电气设备的电源并闭锁;当与闭锁控制有关的设备工作正常并稳定运行后,自动解锁。

②系统必须由现场设备完成甲烷风电闭锁功能。

掘进工作面甲烷浓度达到或超过1.0%时,声光报警;掘进工作面甲烷浓度达到或超过1.5%时,切断掘进巷道内全部非本质安全型电气设备的电源并闭锁;当掘进工作面甲烷浓度低于1.0%时,自动解锁;掘进工作面回风流中的甲烷浓度达到或超过1.0%时,声光报警、切断掘进巷道内全部非本质安全型电气设备的电源并闭锁;当掘进工作面回风流中的甲烷浓度低于1.0%时,自动解锁;被串掘进工作面入风风流中甲烷浓度达到或超过0.5%时,声光报警、切断被串掘进巷道内全部非本质安全型电气设备的电源并闭锁;当被串掘进工作面入风风流中甲烷浓度低于0.5%时,自动解锁;局部通风机停止运转或风筒风量低于规定值时,声光报警、切断供风区域的全部非本质安全型电气设备的电源并闭锁;当局部通风机或风筒恢复正常工作时,自动解锁;局部通风机停止运转,掘进工作面或回风流中甲烷浓度大于3.0%时,必须对局部通风机进行闭锁使之不能起动,只有通过密码操作软件或使用专用工具方可人工解锁;当掘进工作面或回风流中甲烷浓度低于1.5%时,自动解锁;与闭锁控制有关的设备(含分站、甲烷传感器、设备开停传感器、电源、断电控制器、电缆、接线盒等)故障或断电时,声光报警、切断该设备所监控区域的全部非本质安全型电气设备的电源并闭锁;与闭锁控制有关的设备接通电源1 min内,继续闭锁该设备所监控区域的全部非本质安全型电气设备的电源;当与闭锁控制有关的设备工作正常并稳定运行后,自动解锁。严禁对局部通风机进行故障闭锁控制。

③安全监控系统必须具有地面中心站手动遥控断电/复电功能,并具有操作权限管理和操作记录功能。

④安全监控系统应具有异地断电/复电功能。

1.2.3　调节

系统宜具有自动、手动、就地、远程和异地调节功能。

1.2.4　存储和查询

系统必须具有以地点和名称为索引的存储和查询功能。这包括:

甲烷浓度、风速、负压、一氧化碳浓度等重要测点模拟量的实时监测值;模拟量统计值(最大值、平均值、最小值);报警及解除报警时刻及状态;断电/复电时刻及状态;馈电异常报警时刻及状态;局部通风机、风筒、主要通风机、风门等状态及变化时刻;瓦斯抽采(放)量等累计量值;设备故障/恢复正常工作时刻及状态等。

1.2.5 显示

①系统必须具有列表显示功能。

模拟量及相关显示内容包括:地点;名称;单位;报警门限;断电门限;复电门限;监测值;最大值;最小值;平均值;断电/复电命令;馈电状态;超限报警;馈电异常报警;传感器工作状态等;开关量显示内容包括:地点;名称;开/停时刻;状态;工作时间;开停次数;传感器工作状态;报警及解除报警状态及时刻等;累计量显示内容包括:地点、名称、单位、累计量值等。

②系统应能在同一时间坐标上,同时显示模拟量曲线和开关状态图等。

③系统必须具有模拟量实时曲线和历史曲线显示功能,在同一坐标上用不同颜色显示最大值、平均值、最小值等曲线。

④系统必须具有开关量状态图及柱状图显示功能。

⑤系统必须具有模拟动画显示功能。显示内容包括:通风系统模拟图;相应设备开停状态;相应模拟量数值等还应具有漫游、总图加局部放大、分页显示等方式。

⑥系统必须具有系统设备布置图显示功能。显示内容包括:传感器;分站;电源箱;断电控制器;传输接口和电缆等设备的设备名称;相对位置和运行状态等。若系统庞大而使一屏容纳不下,可漫游、分页或总图加局部放大。

1.2.6 打印

系统必须具有报表、曲线、柱状图、状态图、模拟图、初始化参数等打印功能(定时打印功能可选)。报表包括:模拟量日(班)报表;模拟量报警日(班)报表;模拟量断电日(班)报表;模拟量馈电异常日(班)报表;开关量报警及断电日(班)报表;开关量馈电异常日(班)报表;开关量状态变动日(班)报表;监控设备故障日(班)报表;模拟量统计值历史记录查询报表等。

1.2.7 人机对话

系统必须具有人机对话功能,以便于系统生成、参数修改、功能调用、控制命令输入等。

1.2.8 自诊断

系统必须具有自诊断功能。当系统中传感器、分站、传输接口、电源、断电控制器、传输电缆等设备发生故障时,系统报警并记录故障时间和故障设备,以供查询及打印。

1.2.9 双机切换

系统必须具有双机切换功能。系统主机必须双机备份,并具有手动切换功能或自动切换功能。当工作主机发生故障时,备份主机投入工作。

1.2.10 备用电源

系统必须具有备用电源。当电网停电后,备用电源投入工作,以保证对甲烷、风速、风压、一氧化碳、主要通风机、局部通风机开停、风筒状态等主要监控量继续监控。

1.2.11　数据备份

系统必须具有数据备份功能。

1.2.12　模拟报警和断电

传感器应具有现场模拟测试报警和断电功能。

1.2.13　防雷

系统必须具有防雷功能，应分别在传输接口、入井口、电源等采取防雷措施。

1.2.14　其他

系统应具有网络通信功能；软件自监视功能；软件容错功能；实时多任务功能，能实时传输、处理、存储和显示信息，并根据要求实时控制，能周期地循环运行而不中断。

1.2.15　软件功能

软件除完成对上述内容的支持外应完成查询、打印报表等功能。

1.3　安全监控系统布置规范

《AQ1029-2007 煤矿安全监控系统及检测仪器使用管理规范》对安全监控系统布置有以下主要规定和要求：

1.3.1　瓦斯传感器的布置

(1) 瓦斯传感器布置要求

由于瓦斯的密度小于空气，故一般巷道上方的瓦斯浓度大于下方。因此，传感器的布置的总体要求如下：

①瓦斯传感器安置在粉尘较少的环境。

②距离煤壁不小于 300 mm。

③距离顶板不得大于 300 mm。

④距巷道侧壁不得小于 200 mm。

(2) 高、低瓦斯矿井瓦斯传感器布置规则

①低瓦斯矿井的采煤工作面，矿井的煤巷、半煤岩巷和有瓦斯涌出的岩巷掘进工作面，必须在工作面设置瓦斯传感器。

②高瓦斯和煤(岩)与瓦斯突出矿井的采煤工作面必需设置瓦斯传感器；矿井的煤巷、半煤岩巷和有瓦斯涌出的岩巷掘进工作面，必须在工作面及其回风巷中设置瓦斯传感器，在工作面上隅角设置瓦斯检测报警仪；高瓦斯矿井进风的主要运输巷道内使用架线电机车时，装煤点、瓦斯涌出巷道的下风流中必须设置瓦斯传感器。

③煤(岩)与瓦斯突出矿井采煤工作面的瓦斯传感器不能控制其进风巷内全部非本质安

全型电气设备,则必须在进风巷设置瓦斯传感器。

④高、低瓦斯矿井的掘进工作面采用串联通风时,必须在被串掘进工作面的局部通风机前设瓦斯传感器;采煤工作面采用串联通风时,被串工作面的进风巷必须设置瓦斯传感器;在回风流中的机电设备硐室的进风侧必须设置瓦斯传感器。

⑤瓦斯抽放泵站、抽放泵输入管路中必须设置瓦斯传感器。利用瓦斯时,还应在输出管路中设置瓦斯传感器。

⑥非长壁式采煤工作面瓦斯传感器的布置按照前面的基本规则进行。但低瓦斯矿井的采煤工作面至少设置1个瓦斯传感器,高瓦斯矿井的采煤工作面至少设置2个瓦斯传感器。

(3)采煤工作面瓦斯传感器的布置规则

1)长壁采煤工作面瓦斯传感器布置

①U形通风方式采煤工作面瓦斯传感器的布置,如图10.1.4所示。

a.低瓦斯、高瓦斯和煤与瓦斯突出矿井都必须在工作面设置瓦斯传感器T1及工作面回风巷设置瓦斯传感器T2。布置T1是为了检测采煤工作面当然瓦斯释放量,保证采煤工作面的安全。设置T2是为了检验回风效果是否良好,保证井下通风、瓦斯排放的正常。

b.低瓦斯和高瓦斯矿井采煤工作面采用串联通风时,被串工作面的进风巷应设置瓦斯传感器T4。布置T4是为了检测井下串联通风运行是否正常,以免携带过多的瓦斯进入工作面,导致瓦斯超限。

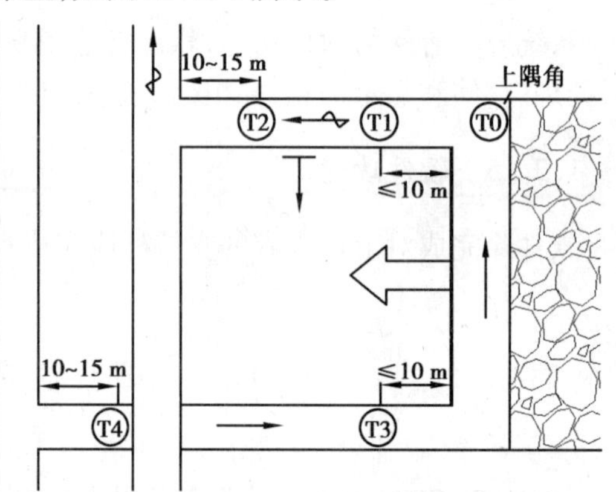

图10.1.4　U形通风方式采煤工作面瓦斯传感器布置

c.矿井的采煤工作面上隅角必须设置瓦斯传感器T0。由于瓦斯密度小于空气,故聚集在巷道的上面,为了检测瓦斯涌出量大小,所以在上隅角布置瓦斯传感器T0。

d.煤(岩)与瓦斯突出矿井的瓦斯传感器T1不能控制采煤工作面进风巷内全部非本质安全型电气设备,则在进风巷设置瓦斯传感器T3。

②Z形通风方式采煤工作面瓦斯传感器的布置,如图10.1.5所示。

a.低瓦斯、高瓦斯和煤与瓦斯突出矿井都必须设置工作面瓦斯传感器T1及工作面回风巷设置瓦斯传感器T2。

b.煤(岩)与瓦斯突出矿井的瓦斯传感器T1不能控制采煤工作面进风巷内全部非本质安全型电气设备,则在进风巷设置瓦斯传感器T3。

③Y形通风方式采煤工作面瓦斯传感器的布置,如图10.1.6所示。

a.低瓦斯、高瓦斯和煤与瓦斯突出矿井都必须设置工作面瓦斯传感器T1及工作面回风巷设置瓦斯传感器T2。

b.煤(岩)与瓦斯突出矿井的瓦斯传感器T1不能控制采煤工作面进风巷内全部非本质安全型电气设备,则在进风巷设置瓦斯传感器T3。

④H形通风方式采煤工作面瓦斯传感器的布置,如图10.1.7所示。

a.低瓦斯、高瓦斯和煤与瓦斯突出矿井都必须设置工作面瓦斯传感器T1及工作面回风

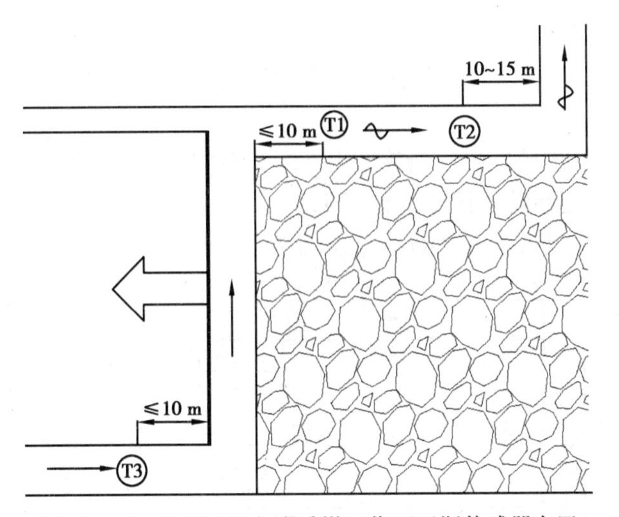

图10.1.5　Z形通风方式采煤工作面瓦斯传感器布置

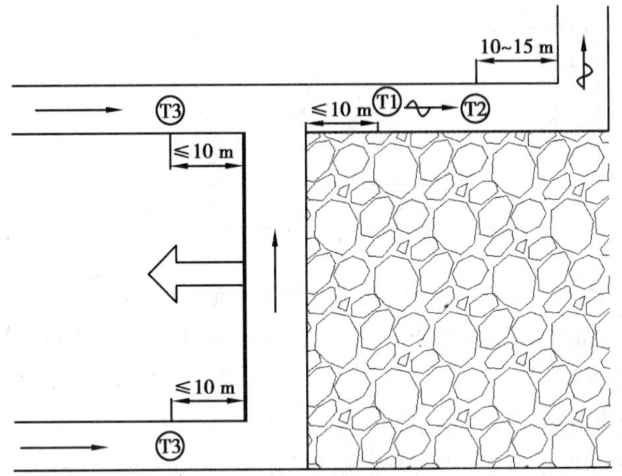

图10.1.6　Y形通风方式采煤工作面瓦斯传感器布置

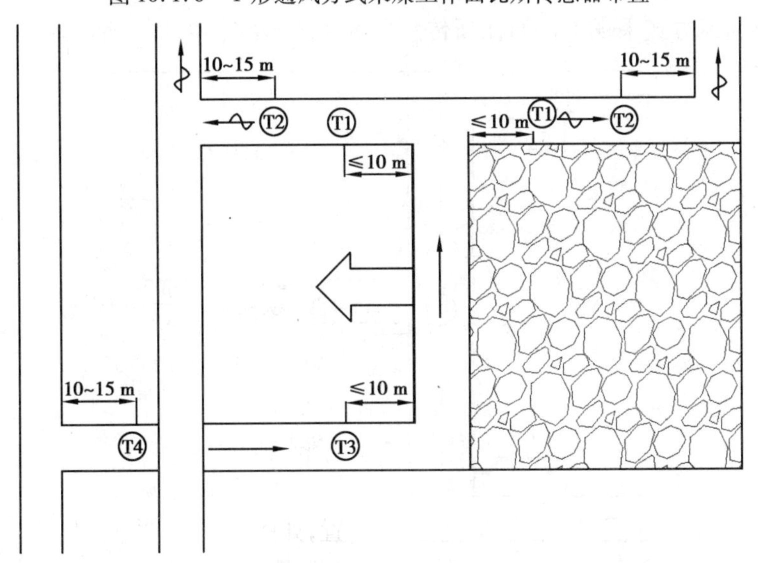

图10.1.7　H形通风方式采煤工作面瓦斯传感器布置

巷设置瓦斯传感器T2。

b. 低瓦斯和高瓦斯矿井采煤工作面采用串联通风时,被串工作面的进风巷设置瓦斯传感器T4。

c. 煤(岩)与瓦斯突出矿井的瓦斯传感器T1不能控制采煤工作面进风巷内全部非本质安全型电气设备,则在进风巷设置瓦斯传感器T3。

⑤W形通风方式采煤工作面瓦斯传感器的布置,如图10.1.8所示。

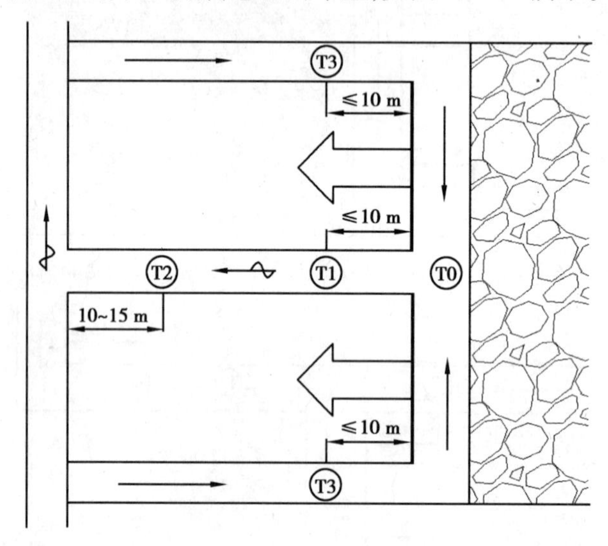

图10.1.8　W形通风方式采煤工作面瓦斯传感器的设置

a. 低瓦斯、高瓦斯和煤与瓦斯突出矿井都必须设置工作面瓦斯传感器T1及工作面回风巷设置瓦斯传感器T2。

b. 采煤工作面上隅角必须设置瓦斯传感器T0。

c. 煤(岩)与瓦斯突出矿井的瓦斯传感器T1不能控制采煤工作面进风巷内全部非本质安全型电气设备,则在进风巷设置瓦斯传感器T3。

⑥双Z形通风方式采煤工作面瓦斯传感器的布置,如图10.1.9所示。

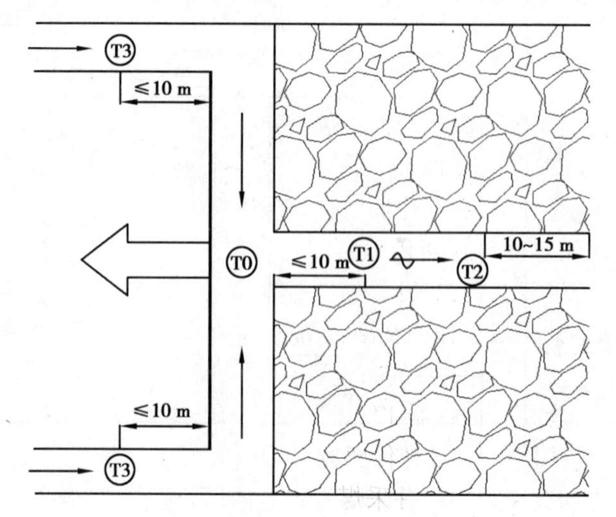

图10.1.9　双Z形通风方式采煤工作面瓦斯传感器的设置

a. 低瓦斯、高瓦斯和煤与瓦斯突出矿井都必须设置工作面瓦斯传感器 T1 及工作面回风巷设置瓦斯传感器 T2。

b. 采煤工作面上隅角必须设置瓦斯传感器 T0。

c. 煤(岩)与瓦斯突出矿井的瓦斯传感器 T1 不能控制采煤工作面进风巷内全部非本质安全型电气设备,则在进风巷设置瓦斯传感器 T3。

⑦长壁采煤工作面瓦斯传感器的参数设置见表 10.1.1。

表 10.1.1　长壁采煤工作面瓦斯传感器设置

瓦斯传感器设置地点	传感器编号	报警浓度	断电浓度	复电浓度	断电范围
采煤工作面上隅角	T0	≥1.0% CH_4	≥1.5% CH_4	<1.5% CH_4	工作面及其回风巷内全部非本质安全型电气设备
低瓦斯和高瓦斯矿井的采煤工作面	T1	≥1.0% CH_4	≥1.5% CH_4	<1.0% CH_4	工作面及其回风巷内全部非本质安全型电气设备
煤与瓦斯突出矿井的采煤工作面	T1	≥1.0% CH_4	≥1.5% CH_4	<1.0% CH_4	工作面及其进、回风巷内全部非本质安全型电气设备
采煤工作面回风巷	T2	≥1.0% CH_4	≥1.0% CH_4	<1.0% CH_4	工作面及其回风巷内全部非本质安全型电气设备
高瓦斯、煤与瓦斯突出矿井回采工作面进风巷	T3	≥0.5% CH_4	≥0.5% CH_4	<0.5% CH_4	进风巷内全部非本质安全型电气设备
采用串联通风的被串采煤工作面进风巷	T4	≥0.5% CH	≥0.5% CH_4	<0.5% CH_4	被串采煤工作面及其进回风巷内全部非本质安全型电气设备

2)采用两条巷道回风的采煤工作面瓦斯传感器布置(如图 10.1.10 所示)

瓦斯传感器 T0、T1、T2、T3 和 T4 的设置方法和 U 形通风方式一致。

为了检测井下通风总效果,在工作面混合回风流处设置瓦斯传感器 T5;为了检测风巷的通风效果,在第二条回风巷设置瓦斯传感器 T6、T7。采用三条巷道回风的采煤工作面,第三条回风巷瓦斯传感器的设置与第二条回风巷一致。各种传感器参数设置见表 10.1.2。

3)有专用排瓦斯巷的采煤工作面瓦斯传感器布置(如图 10.1.11 所示)

瓦斯传感器 T0、T1、T2、T3 和 T4 的布置同长壁采煤工作面布置一致。

在专用排瓦斯巷设置瓦斯传感器 T7,以检测专用排瓦斯巷道瓦斯排放效果,在工作面混合回风流处设置瓦斯传感器 T8。各种传感器参数设置见表 10.1.2。

注意:高瓦斯和煤与瓦斯突出矿井采煤工作面的回风巷长度大于 1 000 m 时,必须在回风巷中部增设瓦斯传感器。

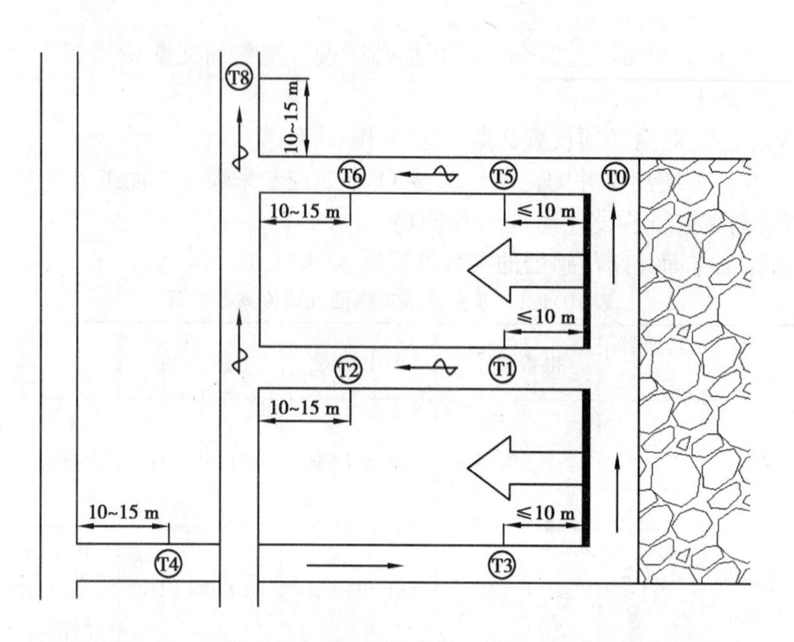

图 10.1.10　采用两条巷道回风的采煤工作面瓦斯传感器的设置

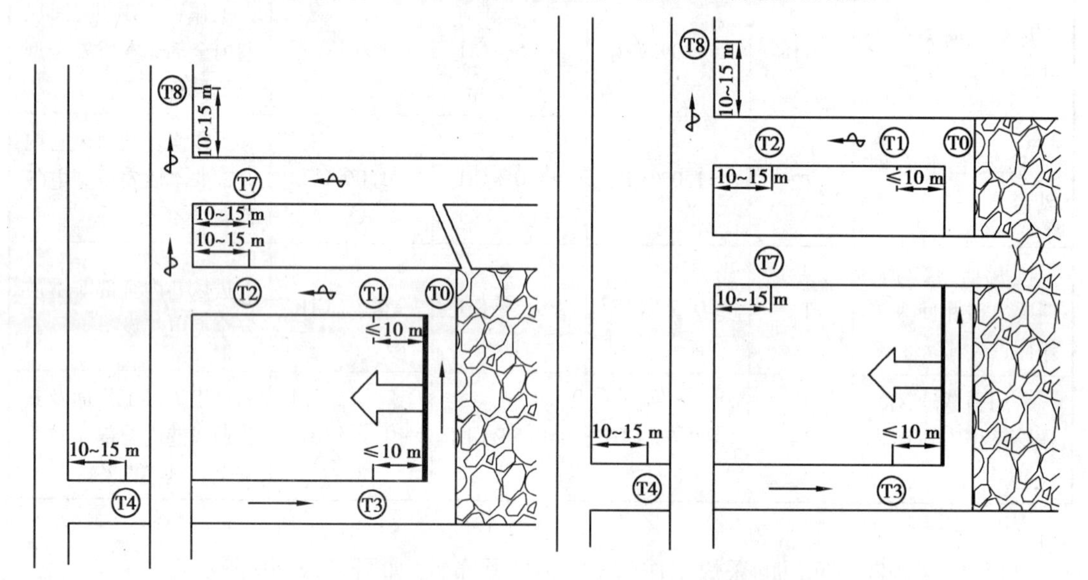

图 10.1.11　有专用排瓦斯巷的采煤工作面瓦斯传感器布置

表 10.1.2　传感器参数设置

瓦斯传感器设置地点	传感器编号	报警浓度	断电浓度	复电浓度	断电范围
采用两条以上巷道回风的采煤工作面第二、第三条回风巷	T5	≥1.0% CH_4	≥1.5% CH_4	<1.0% CH_4	工作面及其回风巷内全部非本质安全型电气设备
	T6	≥1.0% CH_4	≥1.0% CH_4	<1.0% CH_4	

续表

瓦斯传感器设置地点	传感器编号	报警浓度	断电浓度	复电浓度	断电范围
专用排瓦斯巷	T7	≥2.5% CH_4	≥2.5% CH_4	<2.5% CH_4	工作面内全部非本质安全型电气设备
有专用排瓦斯巷的采煤工作面混合回风流处	T8	≥1.0% CH_4	≥1.0% CH_4	<1.0% CH_4	工作面内及其回风巷内全部非本质安全型电气设备
高瓦斯、煤与瓦斯突出矿井采煤工作面回风巷中部		≥1.0% CH_4	≥1.0% CH_4	<1.0% CH_4	工作面及其回风巷内全部非本质安全型电气设备
采煤机		≥1.0% CH_4	≥1.5% CH_4	<1.0% CH_4	采煤机电源

(4)掘进工作面瓦斯传感器的布置

①瓦斯矿井的煤巷、半煤岩巷和有瓦斯涌出岩巷的掘进工作面瓦斯传感器布置，如图10.1.12所示。

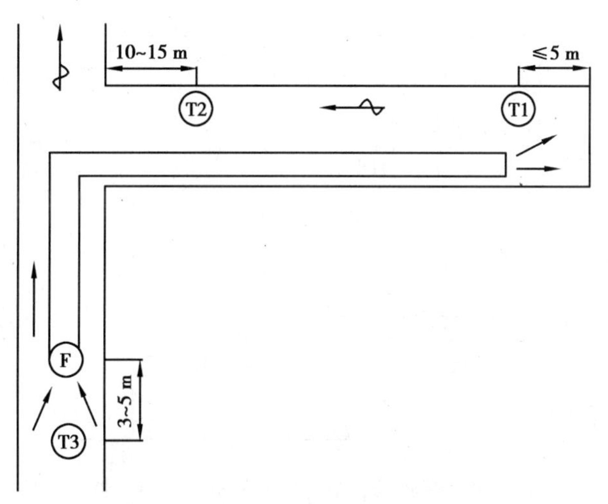

图10.1.12　掘进工作面瓦斯传感器的布置

在工作面混合风流处设置瓦斯传感器T1，在工作面回风流中设置瓦斯传感器T2；采用串联通风的掘进工作面，必须在被串工作面局部通风机前设置掘进工作面进风流瓦斯传感器T3。各传感器参数设置如表10.1.3所示。注意T3的设置有两个不同的断电值，当达到0.5% CH_4 时切断掘进巷道内的全部非本质安全型电气设备，当达到1.5% CH_4 时还要切断局扇电源。由于传感器只能设置一个断电值，此时要实现功能只有通过报警值对应的控制动作完成。

②高瓦斯和煤与瓦斯突出矿井双巷掘进瓦斯传感器的布置，如图10.1.13所示。

在掘进工作面及回风巷设置瓦斯传感器T1和T2；工作面混合回风流处设置瓦斯传感器T3。各传感器参数设置见表10.1.3。

③高瓦斯和煤与瓦斯突出矿井的掘进工作面长度大于800 m时，必须在掘进巷道中部增

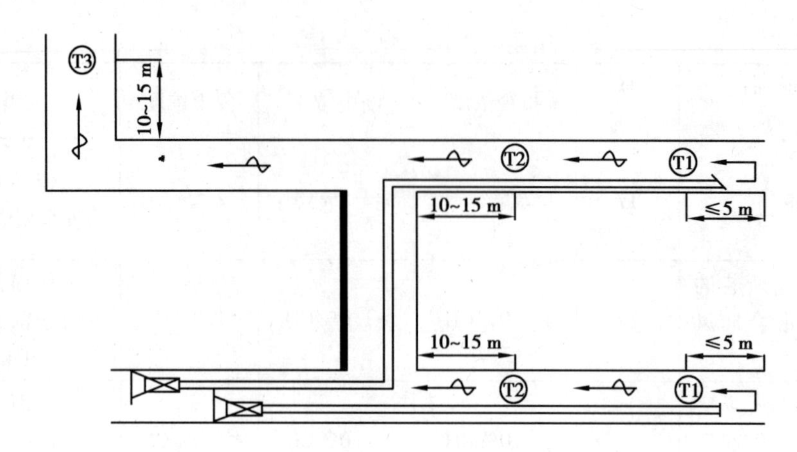

图 10.1.13　双向掘进工作面瓦斯传感器的设置

设瓦斯传感器。

④掘进机必须设置机载式瓦斯断电仪或便携式瓦斯检测报警仪。

(5)其他工作面瓦斯传感器布置规则

①采区回风巷、一翼回风巷、一个水平的回风巷及总回风巷的测风部必须设置瓦斯传感器。

②在回风流中的机电硐室进风侧必须设置瓦斯传感器,如图 10.1.14 所示。

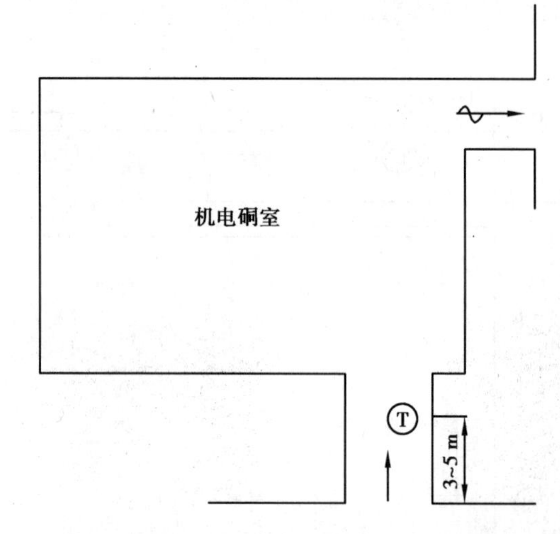

图 10.1.14　在回风流中的机电硐室瓦斯传感器的布置

③使用架线电机车的主要运输巷道内,装煤点处必须设置瓦斯传感器,如图 10.1.15 所示。

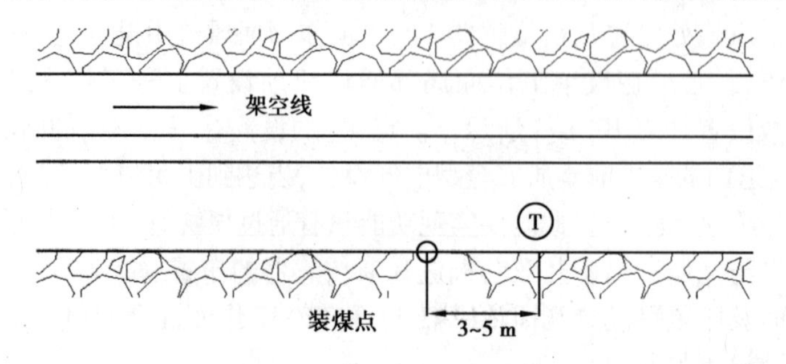

图 10.1.15　架线电机车的主要运输巷道内传感器的布置

④高瓦斯矿井进风的主要运输巷道使用架线电机车时，在瓦斯涌出巷道的下风流中必须设置瓦斯传感器，如图10.1.16所示。

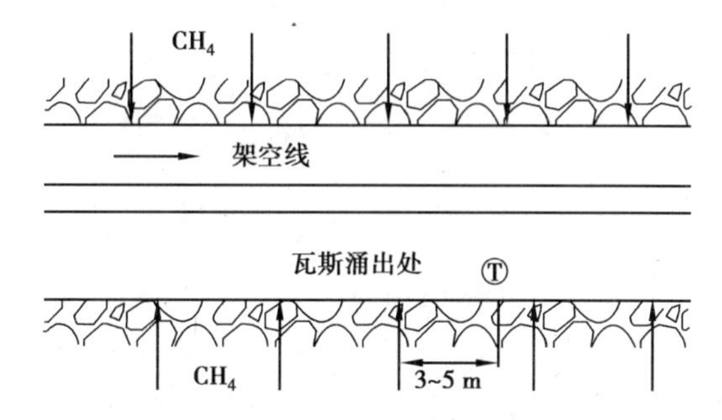

图10.1.16 高瓦斯矿井进风的主要运输巷道使用架线电机车传感器布置

⑤已封闭的采掘工作面密闭墙外应设置瓦斯传感器。

⑥对于回风系统中的临时工程，在电气设备的上风侧应设置瓦斯传感器。

⑦井下煤仓、地面洗选厂机房内上方应设置瓦斯传感器。

⑧封闭的地面洗选厂机房内上方应设置瓦斯传感器。

注意：采煤机必须设置机载式瓦斯断电仪或便携式瓦斯检测报警仪；矿用防爆特殊型蓄电池电机车必须设置机载式瓦斯断电仪或便携式瓦斯检测报警仪；矿用防爆型柴油机车必须设置便携式瓦斯检测仪。

表10.1.3 传感器参数设置

瓦斯传感器设置地点	传感器编号	报警浓度	断电浓度	复电浓度	断电范围
煤巷、半煤岩巷和有瓦斯涌出岩巷的掘进工作面	T1	≥1.0% CH_4	≥1.5% CH_4	<1.0% CH_4	掘进巷道内全部非本质安全型电气设备
煤巷、半煤岩巷和有瓦斯涌出岩巷的掘进工作面回风流中	T2	≥1.0% CH_4	≥1.0% CH_4	<1.0% CH_4	掘进巷道内全部非本质安全型电气设备
采用串联通风的被串掘进工作面局部通风机前	T3	≥0.5% CH_4	≥0.5% CH_4	<0.5% CH_4	掘进巷道内全部非本质安全型电气设备
		≥1.5% CH_4	≥1.5% CH_4	<0.5% CH_4	包括局部通风机在内的掘进巷道内全部非本质安全型电气设备
高瓦斯矿井双巷掘进工作面混合回风流处	T3	≥1.5% CH_4	≥1.5% CH_4	<1.0% CH_4	包括局部通风机在内的全部非本质安全电源

续表

瓦斯传感器设置地点	传感器编号	报警浓度	断电浓度	复电浓度	断电范围
高瓦斯和煤与瓦斯突出矿井掘进巷道中部		≥1.0% CH_4	≥1.0% CH_4	<1.0% CH_4	掘进巷道内全部非本质安全型电气设备
掘进机		≥1.0% CH_4	≥1.5% CH_4	<1.0% CH_4	掘进机电源
采区回风巷		≥1.0% CH_4	—	—	
一翼回风巷及总回风巷		≥0.75% CH_4	—	—	
回风流中的机电硐室的进风侧		≥0.5% CH_4	≥0.5% CH_4	<0.5% CH_4	机电硐室内全部非本质安全型电气设备
使用架线电机车的主要运输巷道内装煤点处		≥0.5% CH_4	≥0.5% CH_4	<0.5% CH_4	装煤点处上风流100 m内及其下风流的架空线电源和全部非本质安全型电气设备
高瓦斯矿井进风的主要运输巷道内使用架线电机车时,瓦斯涌出巷道的下风流处		≥0.5% CH_4	≥0.5% CH_4	<0.5% CH_4	瓦斯涌出巷道上风流100 m内及其下风流的架空线电源和全部非本质安全型电气设备
矿用防爆特殊型蓄电池电机车内		≥0.5% CH_4	≥0.5% CH_4	<0.5% CH_4	机车电源
矿用防爆特殊型柴油机车内		≥0.5% CH_4	≥0.5% CH_4		
兼做回风井的装有带式输送机的井筒		≥0.5% CH_4	≥0.7% CH_4	<0.7% CH_4	井筒内全部非本质安全型电气设备
回风巷道内电气设备上风侧		≥1.0% CH_4	≥1.0% CH_4	<1.0% CH_4	回风巷道内全部非本质安全型电气设备
井下煤仓上方、地面选煤厂煤仓上方		≥1.5% CH_4	≥1.5% CH_4	<1.5% CH_4	储煤仓运煤的各类运输设备

续表

瓦斯传感器设置地点	传感器编号	报警浓度	断电浓度	复电浓度	断电范围
封闭的地面选煤厂内		≥1.5% CH_4	≥1.5% CH_4	<1.5% CH_4	选煤厂内全部电气设备
封闭的带式输送机地面走廊内，带式输送机滚筒上方		≥1.5% CH_4	≥1.5% CH_4	<1.5% CH_4	带式输送机地面走廊内全部电气设备
地面瓦斯抽放泵站室内		≥0.5% CH_4	—	—	—
井下瓦斯抽放泵站内		≥0.5% CH_4	≥0.5% CH_4	<0.5% CH_4	切断抽放泵站电源
地面瓦斯抽放泵站输出利用管路中		≤30% CH_4	—	—	—
不利用瓦斯、采用干式抽放瓦斯设备的瓦斯抽放泵站输出管路中		≤25% CH_4	—	—	—
井下临时抽放泵站下风侧栅栏外		≥1.0% CH_4	≥1.0% CH_4	<1.0% CH_4	抽放瓦斯泵电源

1.3.2 其他传感器的布置与设置

(1)一氧化碳传感器的布置与设置

1)一氧化碳传感器布置规则

①开采容易自燃、自燃煤层的采煤工作面必须至少设置一个一氧化碳传感器，地点可设置在上隅角、工作面或工作面回风巷，报警浓度为不小于0.002 4% CO，如图10.1.17所示。

②带式输送机滚筒下风侧10～15 m处宜设置一氧化碳传感器，报警浓度为0.002 4% CO。

③自然发火观测点、封闭火区防火墙栅栏外宜设置一氧化碳传感器，报警浓度为0.002 4% CO。

④开采容易自燃、自燃煤层的矿井，采区回风巷、一翼回风巷、总回风巷应设置一氧化碳传感器，报警浓度为0.002 4% CO。

2)一氧化碳传感器布置

根据煤矿提供的采区设计、采掘作业规程、安全技术规范和一氧化碳传感器的布置规则合理布置传感器，并在采区设计图中标明布置的传感器，并对其进行编号。根据传感器的安

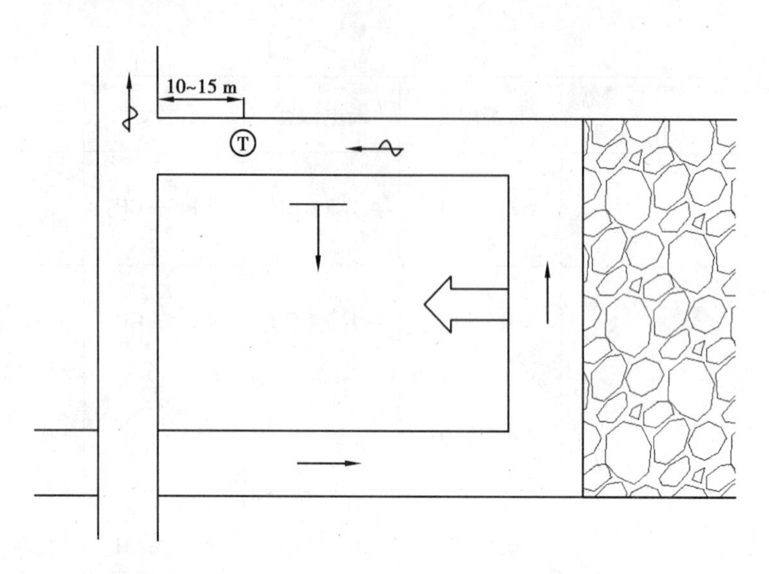

图 10.1.17　回采工作面回风巷一氧化碳传感器的设置

装位置对布置的各传感器进行描述并形成文档:传感器的位置、接线、断电范围、报警值、断电值、复电值、传输电缆、供电电缆、到主航道的距离等,以便确定它的测点定义。

3)一氧化碳传感器的安装

一氧化碳传感器应垂直悬挂,距顶板(顶梁)不得大于 300 mm,距巷壁不得小于 200 mm,并应安装在维护方便、不影响行人和行车的地方。

(2)烟雾传感器的布置与设置

带式输送机滚筒下风侧 10 ~ 15 m 处应设置烟雾传感器。

(3)风流压力传感器布置

在主要通风机的风硐应设置风压传感器。

(4)温度传感器的布置与设置

在容易自燃煤层的矿井装备矿井安全监控系统时,应设置温度传感器。温度传感器应布置垂直挂在巷道的上方,并应不影响行人和行车,安装维护方便,距顶板(顶梁)不得大于 300 mm,距巷道侧壁不得小于 200 mm。温度传感器的报警值为 30 ℃,温度传感器除用于环境监测外还可用于自然发火预测。自然发火可根据每天温度平均值的增量来预测,若增量为正,则具有自然发火的可能。为保证能正确反映监测环境的温度,温度传感器应设置在风流稳定的位置,如图 10.1.18 所示。机电硐室内应设置温度传感器,报警值为 34 ℃。

(5)风速传感器的布置与设置

采区回风巷、一翼回风巷和总回风巷的测风站应设置风速传感器。风速传感器应设置在巷道前后 10 m 内无分支风流、无拐弯、无障碍、断面无变化、能准确计算测风的地点,并且风速换能器进风口距离巷道顶部 25 ~ 35 cm。当风速低于或超过《规程》的规定值时,应发出声、光报警信号。

(6)开关量传感器的布置与设置

①主要通风机、局部通风机必须设置设备开停传感器。

②矿井和采区主要进回风巷道中的主要风门必须设置风门开关传感器。当两道风门同

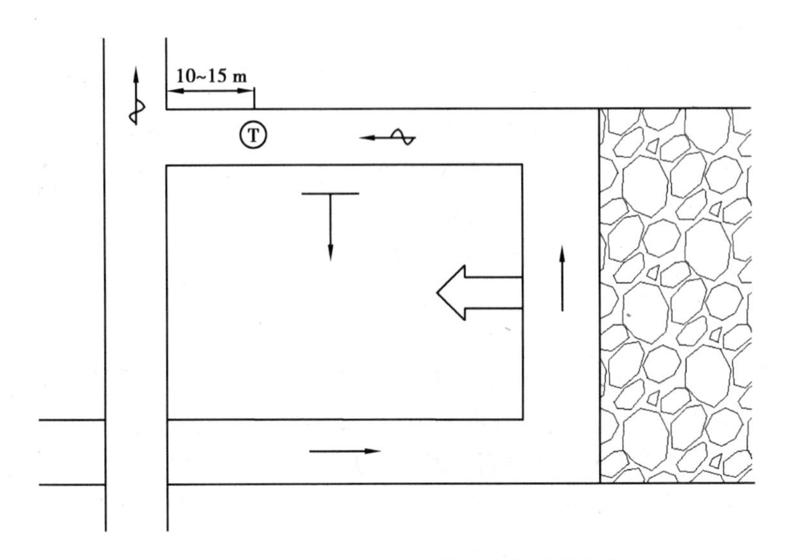

图10.1.18　回采工作面回风巷温度传感器的设置

时打开时,发出声光报警信号。

③掘进工作面局部通风机的风筒末端宜设置风筒传感器。

④为监测被控设备瓦斯超限是否断电,被控开关的负荷侧必须设置馈电传感器。

1.3.3　执行器的选择及布置

为了保证井下施工的安全,根据井下工作面机电设备布置情况、机电设备的开关控制回路类型、离分站的距离远近(近程断电、远程断电)选择、布置断电控制器,并对该断电器进行编号,标明断电控制器的位置、接线、断电范围、传输电缆、供电电缆、控制关联等,进行测点定义。

1.3.4　分站的选择及布置

①分站的布置:传感器和执行器与分站的距离最多不能超过2 km,与地面中心站的距离不大于25 km,但根据线缆和损耗的大小,实际确定距离。传感器与执行器之间应合理布局分站。

②分站的选择:根据周围传感器和执行器的多少选择大、中、小分站。

③分站的编号:根据分站的总体布局,对分站进行编号,并结合前面传感器和执行器的布局,对分站的端口进行测点定义和关联设计。

④井下分站应设置在便于人员观察、调试、检验及支护良好、无滴水、无杂物的进风巷道或硐室中,安设时应垫支架,或吊挂在巷道中,使其距巷道底板不小于300 mm。

1.3.5　线缆的选择与布置

(1)线缆的选用及使用要点

①从调度监控室到井筒(竖井)之间如果距离很长,可先用MHY32(1×4×1.0)主传输电缆(又名“信号电缆”);假如其间距离不是很长,则用MHYBV(1×4)的钢丝铠装井筒电缆,一直延续到矿井下比较干燥(在无水滴、空气流通好)的环境;然后用绝缘胶布带将线头封固。

②提升井筒(竖井)的电缆线在放到位时,必须将该电缆固定到井筒壁(或相关的设施)上,以防长时间垂挂将电缆线拉断。

③上述两部分电缆最好使用电缆对接器连接,或在确定没有枝杈时用本安二通接线盒将其连接。

④井下的巷道呈斜坡(<45°)或平巷时,一律选用 MHY32(1×4×1.0)主传输电缆,直至达到监控站(或 PIC 柜)(这段电缆与井筒电缆相连接)。

⑤分站(包括分站供电电源)的出线部分一律先用 MHYVV(1×4×7/0.38)优传感器专用电缆(又名"通信电缆")。如果传感器本身带有电缆,则用本安二通接线盒将各个线头对应连接。

(2)线缆的布置规则

系统传输电缆与动力电缆"分道"走线;即使无法分离,最近间距需不小于 1 m;传输电缆尽量选用四芯电缆,以便将其余两根线作为"屏蔽层"使用,所有电缆的屏蔽层尽量拧接在一起;传输设施一定要动力线缆和动力电器设备;高压及所有非本安设备的接线盒一定要做到线头与外界隔离,且所有含电路的设备应尽量安放在远离滴水、通风良好、空气温度低、温度适宜的环境中。

1.3.6 控制中心站的规划和设计

煤矿安全监控系统的主机及系统联网主机必须双机或多机备份,24 h 不间断运行。当工作主机发生故障时,备份主机应在 5 min 内投入工作。中心站应双回路供电并配备不小于 2 h 在线式不间断电源。中心站设备应有可靠的接地装置和防雷装置。联网主机应装备防火墙等网络安全设备。中心站应使用录音电话。煤矿安全监控系统主机或显示终端应设置在矿调度室内。地面尽量用"抗静电"材料的地板铺设;各种电线电缆不许拧绞在一起,尤其是传输电缆;现场 220 V 线路的布线必须先出"草图";整个系统要求"单点接地",即从机房引出地线,并且连接到室外的"地线"坑,而不允许与其他设备共用地线。

第2章 安全监控设备

2.1 常见传感器

2.1.1 传感器的作用及意义

目前人类社会已进入信息时代，传感器是构成现代信息技术的三大支柱之一。人们在利用信息的过程中，首先要获取信息，而传感器是获取信息的主要手段和途径。

在煤矿瓦斯监控系统中，所需监测的物理量大多数是非电量（如瓦斯、风速、温度等），这些物理量不宜直接进行远距离传输。为了便于传输、存储和处理，就必须对这些物理量变换，变换成便于传输、存储和处理的物理量。目前，最能满足这些要求的物理量是电信号。电信号的测量、传输、存储和处理手段最为成熟，便于信号的放大、传输、存储和计算机处理。因此，需要使用传感器将被监测的非电量信号转换为电信号。传感器作为监控系统的"电感官"，完成着信息的获取和转换功能，其性能的好坏直接影响着系统的监控精度。

2.1.2 传感器的结构及分类

(1) 传感器的基本结构

传感器的作用是把被测的非电量转换成电量输出，所以传感器一般由敏感元件、转换元件、测量电路和辅助电源组成，如图10.2.1所示。在矿井监控领域又将敏感元件和转换元件统称为传感元件。

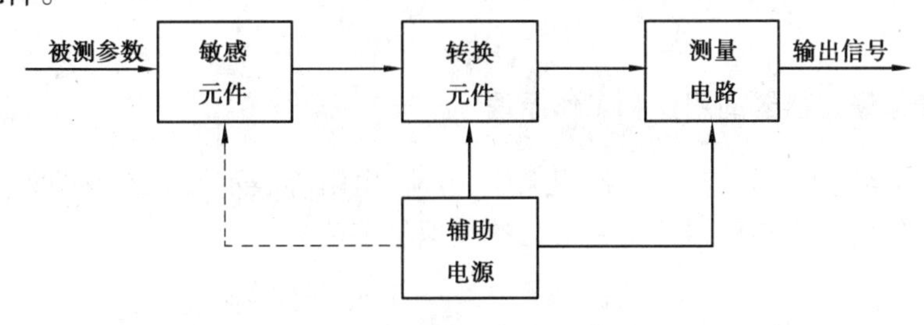

图10.2.1 传感器基本结构图

1)敏感元件

它是直接感受被测量,并把感受的被测非电量转换成电量(电压、电流或脉冲)或中间量输出(电阻、电容、电感和频率等参数的变化)的元件。因为并不是所有的非电量都可以直接转换成电量,这时需要先把非电量转换成易于变换为电量的某一中间非电量。

2)转换元件

敏感元件的输出就是转换元件的输入,转换元件就是把输入的中间非电量转换成电路参数输出的元件。因为有些被测非电量可以直接被转换成电路参数,所以这时传感器中的敏感元件和转换元件就合二为一了。例如,矿用超声波旋涡式风速传感器首先通过敏感元件将风速转换为与风速成正比的旋涡频率,然后再通过转换元件将与风速成正比的旋涡频率转换为电脉冲频率。有时,敏感元件同时兼作转换元件,这时被测的非电量被直接转换为电量,例如热催化式瓦斯传感器的传感元件。

3)转换电路

转换元件输出的电路参数常常难以直接进行显示、记录、处理和控制,这时需要将其进一步转换成可以直接利用的电信号。传感器完成这一功能的部分称为转换电路。当转换元件输出为电信号时,测量电路就是一般的放大器;否则,就需要通过电桥先将这些参数变换成电信号,然后再进行放大。测量电路除完成上述功能外,一般还应具有非线性补偿、阻抗和电平匹配等功能。随着集成电路集成度的提高,微处理机芯片的应用在智能传感器里测量电路还具有信号的预处理等功能。

4)辅助电源

有的传感器还需要辅助电源,其功能是负责给转换元件及转换电路供电。

(2)传感器的分类

传感器的原理各种各样,检测对象门类繁多,因此其分类方法甚多,至今尚无统一规定。但为了更好地在煤矿瓦斯监控系统中掌握、应用和维护传感器,一般对传感器按以下方法进行分类。

①按输入量分类,明确指出了传感器所能监测的物理量,便于使用者选择,但不便于了解传感器的变换原理和性能,如瓦斯、风速、负压等传感器。

②按变换原理分类,说明了传感器的变换原理,便于使用者了解传感器的变换原理和专业维护人员进行维护,如电化学、热催化等传感器。

③按输出信号分类,便于使用者选择传感器和专业维护人员进行维护,如模拟量和开关量传感器。

为了便于煤矿安全监控系统的传感器设置与调试,基本采用模拟量和开关量分类方法,再融合上述两种分类方法进行细分,如热导式、热催化瓦斯传感器,超声波漩涡式风速传感器等。

2.1.3 模拟量传感器的用途和工作原理

模拟量传感器输出的是连续信号,用电压、电流、电阻等表示被测参数的大小。比如温度传感器、压力和气体浓度传感器等都是常见的模拟量传感器。

(1)智能低浓度瓦斯传感器

1)用途

智能低浓度瓦斯传感器是为满足我国煤矿监测井下瓦斯的需要而研制的。它可以连续自动地将井下瓦斯浓度转换成标准电信号输送给关联设备,并具有显示瓦斯浓度值、超限声光报警及断电等功能。可与国内各类型监测系统及断电仪、风电瓦斯闭锁装置配套,适宜在煤矿采掘工作面、机电硐室,回风巷道等浓度瓦斯环境固定使用。主要用于监测煤矿井下环境气体中的瓦斯浓度,是煤矿预防瓦斯突出和瓦斯爆炸必不可少的测量仪表。

2)工作原理

智能低浓度瓦斯传感器采用热催化原理测量瓦斯浓度。热催化元件与电阻、调零电位器组成测量电桥。工作时,被测环境中的瓦斯以扩散方式进入传感器探头气室与敏感元件发生反应并产生与瓦斯浓度相应的电信号,该信号经放大后进入转换器进行模数转换,然后送往中央处理单元单片微机进行数据处理后发往与之相连的井下监控分站以及地面中心站,实现井下联网监测、监控及就地数字显示和声光报警。

(2)智能高低浓度瓦斯传感器

1)用途

智能高低浓度瓦斯传感器用于监测瓦斯的浓度变化情况,可在煤矿井下的采掘工作面、机电峒室、回风巷道等高浓度瓦斯环境连续工作,能在有瓦斯爆炸危险场所使用。

2)工作原理

智能高低浓度瓦斯传感器采用热催化及热导原理测量瓦斯浓度,由敏感元件与电阻、调零电位器等组成测量系统。工作时,被测环境中的瓦斯以扩散方式进入传感器探头气窗与敏感元件发生反应并产生与瓦斯浓度相应的电信号。该信号经放大后进入 A/D 转换器进行模数转换,然后送往中央处理单元单片机进行数据处理后发往与之相连的井下监控分站以及地面中心站,实现井下联网监测、监控及就地数字显示和声光报警。

(3)一氧化碳传感器

1)用途

一氧化碳传感器主要用于煤矿井下的一氧化碳监测,适用于井下巷道、工作面瓦斯投放管道等有必要进行一氧化碳监测的场所。

2)工作原理

一氧化碳传感器采用三电极 CO 敏感元件。实际测量时,当第三元件接触到环境中扩散的 CO 气体通过过滤尘罩经 CO 第三元件透气膜扩散进入具有恒定电位的电极上,在电极催化剂作用下与电解液中水发生阳极氧化反应。在工作电极上所释放的电子产生与 CO 浓度成正比的电流,经检测电路温度补偿再经 A/D 转换器转换后,进入单片机处理成与被测一氧化碳值线性一致的频率(电流)信号送往井下系统分站,同时实现本机就地一氧化碳数字显示。送达分站的一氧化碳信号经专用通信接口装置和电缆送到地面控制中心站实现井下一氧化碳的连续实时监控。

(4)风流压力传感器

1)用途

风流压力传感器是一种专门用于监测煤矿井下巷道及瓦斯抽放管道负压的模拟量传感器,对于监测井下风压变化,确保矿井正常通风、配风及瓦斯抽放管路安全等方面有着重要作用。它是用于老塘漏风、隔墙密闭质量连续监测的重要传感器,能就地数字显示风压或管道压力变化,适用于井下煤尘巷道、回风巷的通风配风、瓦斯抽放管道的负压监测。

2)工作原理

风流压力传感器采用阻变测力原理监测井下被测环境中的负压状况。探头为压阻扩散硅组成的全桥,当被测环境中的风压变化量进入探头后,测量电桥及相关电路即将该变化量转换为对应电压信号,然后经 A/D 变换后送入单片机处理,最终实现就地风压数字显示,同时以频率信号的形式送往相联的井下监控系统分站,经通信接口装置和电缆,将风压数据送达地面中心站,从而实现负压的连续实时遥测。

(5)管道流量传感器

1)用途

管道流量传感器主要用于监测煤矿井下或地面瓦斯抽放管道标况流量,适用于煤矿井下或地面瓦斯抽放管道。

2)工作原理

当被测流体介质流过三角柱旋涡发生体时,会产生有规律的卡门旋涡,通过测定漩涡频率即可得出流体的平均速度。在旋涡发生体中装有检测探头检测旋涡频率,通过相关电路处理给传感器输出电信号。该信号经 A/D 转换器转换后,再由单片机进行数据处理,并完成传感器就地显示,传感器同时输出 200 ~ 1 000 Hz(线性对应 0 ~ 100 m^3/min)频率信号。

(6)温度传感器

1)用途

温度传感器主要用于煤矿井下的温度监测,适用于井下巷道、工作面瓦斯抽放管道等有必要进行温度监测的场所。

2)工作原理

温度传感器以贵金属铂为温度敏感元件。实际测量时,与铂电阻构成的电桥电路将检测环境或物体的温度变化量转换成相应的电压信号。此信号经 A/D 转换器转换后进入单片机处理成与被测温度值线性一致的频率(电流)信号送往井下系统分站,同时实现本机就地温度数字显示。送达分站的温度信号经专用通信接口装置和电缆送到地面控制中心站实现井下温度的连续实时监控。

(7)风速传感器

1)用途

风速传感器主要用于煤矿井下进回风巷道通风风速的监测。煤矿井下有毒有害气体通过通风方式排出井口外,所以通风的监测是保证矿井安全生产的重要手段。

2)工作原理

流体中插入一非流线体(旋涡体),当流速大于基本值后,在旋涡体的两边产生两列方向相反交替出现的旋涡,这两列旋涡被称为卡门涡街。产生的旋涡频率与流速成线性关系,只要测到旋涡频率即可得到流速值。在旋涡体一定距离内垂直于旋涡体轴线方向设置一对压电超声换能器,发射换能器发出等幅连续的超声波,当旋涡经过时,使等幅连续的超声波束发生折射、反射和偏转,即旋涡频率被超声波束调制。传感器在接收到调制声波后,输出已调制的电信号。这个被调制后的信号经放大滤波整形变成直流脉冲信号。

(8)液位传感器

1)用途

液位传感器是一种全密封潜入式扩散硅测量仪表。该传感器具有结构简单、测量精度高、使用维护方便的特点,可在有瓦斯、煤尘爆炸危险场所使用。

传感器主要用于井下水仓、中央泵房和工业水塔水位(包含液体液位)的监测。该传感器主要由压阻式传感头和主机组成,可就地显示也可输出1~5 mA或200~1 000 Hz信号。

2)工作原理

该传感器主要由压阻式传感头和主机组成,压阻式传感头采用全密封潜入式扩散硅式传感器,主机机箱采用防水防爆机箱。传感器对液位测量的基本原理,就是把液体深度成正比的液体静压力,通过传感器转换成电流(或电压)信号输出,以建立起输出电信号与液体深度成线性对应关系,实现对液位的测量。

注意:被测的液体须通大气,即是开放式的,不能密闭,导气电缆气管也必须通大气,否则测量结果没有意义。

2.1.4　开关量传感器的分类及工作原理

开关量传感器发出的信号是接点信号,有断开和闭合两种状态,外加设备故障状态。开关量传感器给用户一个明确的提示,指出设备是处于哪个状态。比如液位传感器开关就是一种常见的开关量传感器,当液位传感器低于设定值时,液位传感器开关断开(无信号);当液位传感器高于设定值时,开关闭合(有信号)。

(1)烟雾传感器

1)用途

烟雾传感器用于煤矿井下有瓦斯和煤尘爆炸危险及火灾危险的场所,能对烟雾进行就地检测、遥测和集中监视,能输出标准的开关信号,并能与国内多种生产安全监测系统及多种火灾监控系统配套使用,亦可单独使用于带式输送机巷火灾监控系统。

2)工作原理

当火灾场所发生的烟雾进入传感器内的检测电离室,位于电离室中的检测源镅241放射α射线,使电离室内的空气电离成正负离子。当无烟雾进入时,内外电离室因极性相反,所产生的离子电流保持相对稳定,处于平衡状态;火灾发生时,当释放的气溶胶亚微粒子及可见烟雾大量进入检测电离室,吸附并中和正负离子,使电离电流急剧减少,改变电离平衡状态而输出检测电信号,经后级电路处理识别后,发出报警,并向配套监控系统输出报警开关信号。

(2)风门开闭传感器

1)用途

风门开闭传感器主要用于监测煤矿井下风巷风门开闭状态。

2)工作原理

该传感器采用电磁感应原理,灵敏度高、可靠性好,体积小,安装方便,能长时间连续在井下工作。

(3)设备开停传感器

1)用途

开停传感器是一种用于监测煤矿井下机电设备(如风机、水泵、局扇、采煤机、运输机、提升机等)开停状态的固定式监测仪表,能将检测到的设备开停状况转换成各种标准信号并传送给矿井生产安全监测系统,最终实现矿井机电设备开停状态自动监测、控制的功能。该传感器系矿用本质安全型结构,具有设计新颖合理、安装使用方便、性能稳定可靠、功耗低等特点。

2)工作原理

传感器运用磁场感应的测试原理,采取感应的方式,连续监测被控设备的开停状态,并随时将监测到的设备开停状况转换成标准电信号送往井下分站。

2.2 分站设备

2.2.1 分站的作用及分类

分站是整个监控系统的核心设备,在系统中起到采集各传感器的监测数据,并将数据处理结果传输给地面监控中心的作用。分站除了是系统的数据处理中心外,同时还为各感器提供本安(本质安全)工作电源,并能根据采集数据的限制要求对井下机电设备执行断电和复电控制动作。

2.2.2 分站外观结构

分站与其配套的电源箱均采用箱体式结构,两者采用组合式设计。分站与电源箱可组合为一体,也可分开分体使用。其外形结构如图10.2.2所示。

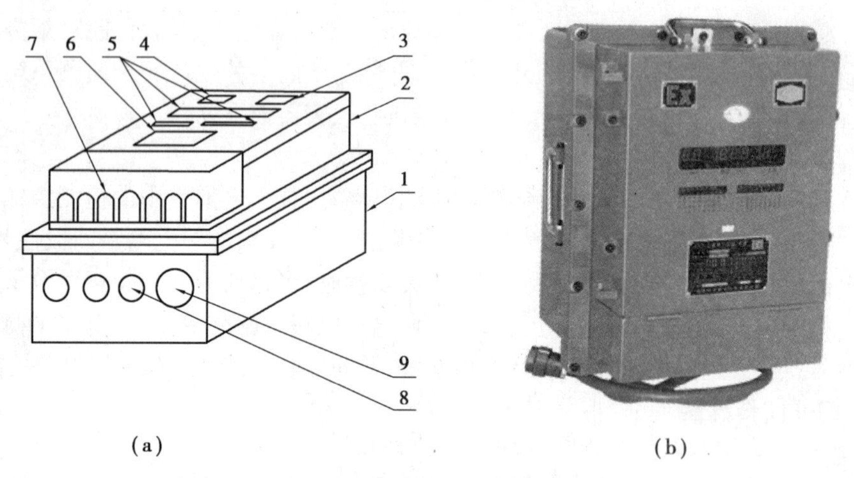

图10.2.2 井下分站外形结构图

1—分站电源隔爆箱体;2—分站本安箱体;3—安全标志MA;4—防爆标志EX;
5—显示和状态指示窗;6—参数铭牌;7—航空插座引入端;
8—电源开关;9—电缆(隔爆)引入端(喇叭口)

分站箱体表面的显示窗是反映分站工作状态的重要部件。显示窗分为数码管显示窗和发光二极管显示窗两部分。数码管显示窗在分站正常工作时会循环显示分站所有传感器通道的工作情况。如图10.2.3所示为分站的2号传感器通道采集数据0.63,对应传感器类型为A。当分站处于调试模式时,数码管显示窗将显示相关调试参数。发光二极管显示窗由20个发光二极管组成,它们通过发光来反映分站的控制、通信、电源和供电方式等状态,工作中可通过观察排除部分故障。发光二极管从左至右依次表示为:1～8表示分站的8路控制输出的控制执行情况,亮起表示已执行控制动作;9表示电源的供电方式,不亮为交流供电,亮起为直流供电;10表示与地面监控中心的通信情况,正常情况应为有规律的闪烁;11表示是否开启风电瓦斯闭锁功能,亮起为开启,反之为关闭(现在的分站都具有闭锁功能,即使不开启功能同样能实现闭锁)此指示灯主要在分站独立作闭锁使用时起作用;12表示分站本身工作的12 V电源是否正常,正常时指示灯亮,起反之熄灭;13～20表示传感器的18 V电源供电是否正常,每个灯对应接在一个接口的两个传感器。

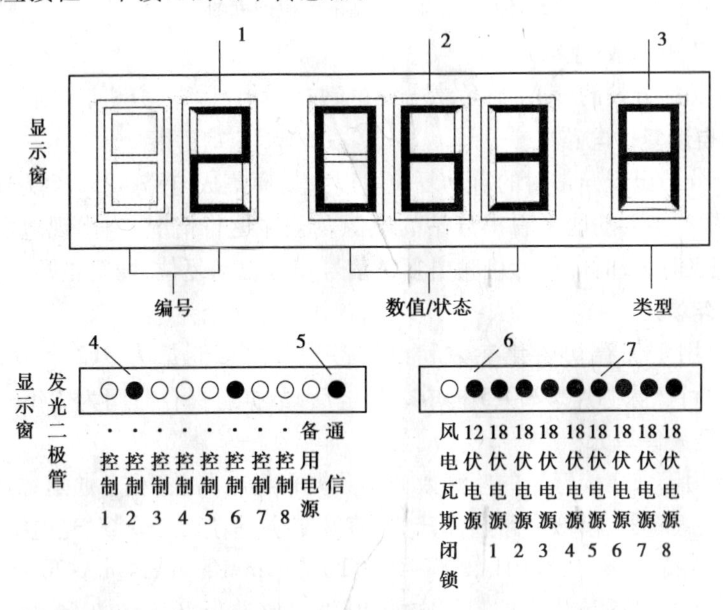

图10.2.3　分站面板示意图

1—传感器编号;2—传感器测量值;3—传感器类型;4—控制状态指示;
5—信号通信状态;6—分站12 V电源状态;7—分站18 V电源状态

2.2.3　分站工作原理

分站是一个以单片机为核心的微型计算机系统,主要由单片机、看门狗自动复位、参数保存、输入数据采集、控制输出、通信数值及状态显示、隔离电源、手动设置等电路组成。

分站工作时,首先根据分站各输入通道上所挂接的传感器类型,利用DPSK或RS485两种通信方式接收地面中心站初始化数据对分站的各个通道分别进行定义、设置(也可用红外遥控器就地手动完成)。工作中,分站通过数据采集电路对输入通道进行不间断地循环信号采集,使系统内部的各模拟开关根据设立、定义的指令自动切换到相应的转换电路上。当分站对挂安各类传感器的输入通道进行连续、不间断数据采集时,来自传感器的频率或电流信号在经过相应的交换后进入施密特整形及分频电路进行二次处理,最后送至定时器供单片机进行采集、运算、分析、判断。具体电路原理如图10.2.4所示。

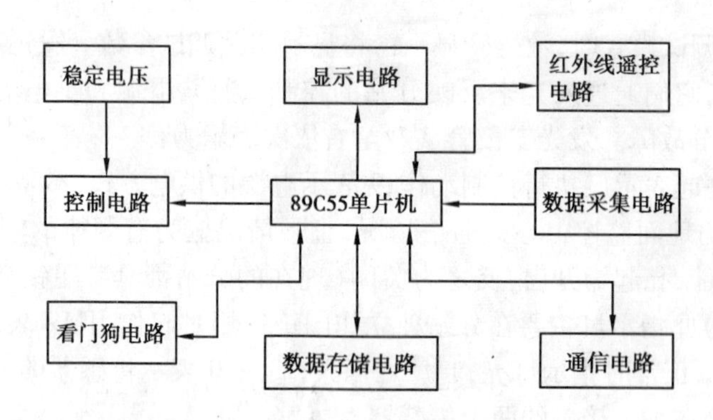

图 10.2.4　分站电路原理框图

(1)89C55CPU 中央处理单元

中央处理单元是分站的核心,它负责分站的数据采集、运算、分析、判断的处理。

(2)看门狗自动复位电路

本电路用于分站出现异常时的自动复位。以大规模集成电路 X25045 为主体的看门狗电路单元,在工作中的主要功能是看护分站的电源及程序运行情况,当出现电源过低或因意外造成分站程序跑飞时,及时向单片机输出复位信号使之自动复位,恢复正常工作。

(3)参数保存单元

本单元主要用于保存初始化参数和设置参数 ,由存储量为 512 字节、可擦写次数为 100 000次的带电可擦除芯片 X25015 构成。掉电后,数据可保存时间为 2 年。

(4)输入数据采集单元

本单元主要用于采集传感器的监测数据。数据采集电路共 16 个通道,分别由取样电阻、滤波及限幅保护、跟随器、模拟多路选择开关、信号变换、整形、二分频、光电隔离等电路组成。通过跳线可设置支持 200 ~ 1 000 Hz,200 ~ 2 000 Hz,1 mA/5 mA,4 mA/20 mA 等不同的信号制式。同时也可由 89C55 单片机控制相应的 4051 多路选择开关和 4066 选择开关进行输入通道和信号制式的切换。

频率型信号经过 74HC14 施密特整形电路、74HC74D 触发器二分频电路、光电隔离电路进入单片机的定时器输入端,非频率型信号需经过 LM331 进行 V/F 变换,再经过 74HC14 施密特整形电路、74HC74D 触发器一分频电路、光电隔离电路进入单片机的定时器输入端。此时,单片机就能测到输入信号值。如果在智能口接入智能传感器,通过 485 通信接口将传感器信号采集到分站,智能口采集的数据经过 CPU 处理后的数据通过主 CPU 传输到地面中心站。

(5)控制输出单元

本单元主要用于分站的控制信号输出。分站共有 8 路信号控制输出。工作时,8 路信控制信号分别由 89C55 的 I/O 口 PB 并行输出,经 7404 反相器反相后,前 4 路输往分站电源箱,驱动电源箱中的继电器完成对本地用电设备的断电控制;后 4 路就地驱动分站主板上的微功率继电器,以驱动信号的方式驱动外接断电器,实现远程或本地用电设备的断电控制。

(6)通信单元

本单元主要完成分站与地面接口的数据通信。通信单元中的 DPSK 方式经由通信板,通过 KJJ46 数据传输核口(DPSK 型)与地面中心站进行实时通信,通信速率为 2 400 波特,通信方式为两线半双工,最远传输距离为25 km。分站在发送状态时,通信板的发送电路将89C55发出的异步通信信号转化差分二相码,经驱动电路驱动、变压器耦合,再经传送线传送至地面中心站的数据传输接口装置。分站在接收状态时,通信板将中心站的差分二相码信号,经变压器耦合主收端、主接收放大电路将其放大整形,再由接收电路将其还原为异步通信信号,送至89C55通信接收端。

RS485方式为半双工基带有极性通信。该部分电路已直接设计在分站主板上,无需专门的通信板,只经由线驱动及信号变换MAXIM1487芯片,通过KJJ46数据传输接口(RS485型)与地面中心站进行实时通信,通信速率为2 400波特,通信方式为两线有极性半双工,最远传输距离为15 km。分站在发送状态时,由发送电路将89C55发出的异步通信信号转化为差分信号,经驱动电路、保护电路、光电隔离电路、传送线传送至地面中心站的数据传输接口装置。分站在接收状态时,通信电路将中心站的差分信号,经光电隔离电路,然后经接收端放大电路将其放大整形,再由接收电路将其还原为异步通信信号,送至89C55通信接收端。

(7)显示单元

本单元主要负责分站的数值及状态显示。显示电路主要由数码显示管、显示电路及状态显示电路组成,核心器件为MAXIM7219控制芯片,采用串行的显示方式。数码显示电路负责显示所挂接的传感器的遥控信号、传感器的类型、工作状态及实测参数。状态显示电路以指示灯的方式显示分站各通道的控制状态、供电状态、通信状态及输入分站的信号制式和各路电源的工作情况。

(8)初始化设置单元

本单元主要用于使用红外遥控器对分站进行初始化设置时的控制管理。分站的初始化设置除了可在系统地面中心站用软件对分站进行定义设置外,还可以通过分站主板上以BL9149为核心的遥控电路,使用红外遥控器对分站进行就地手动初始化设置保存。

(9)电源隔离单元

本单元用于保证分站的用电安全。分站的核心是单片机电路,单片机电路对电源要求较高。为了提高分站的可靠性,在电路中设计了电源隔离变换单元。它主要由稳压器和AC/DC隔离电路组成,主要功能是确保单片机、数字电路、模拟电路为核心电路单元与电源间的有效隔离,提高井下分站工作时的可靠性。

2.2.4 分站技术参数

(1)防爆类型与标志

防爆形式为本质安全兼隔爆型;防爆安全标志规定为Exd[ib]I。

(2)交流输入电压与电源

交流输入电压为660/380/220/127 VAC,波动范围为75~110%。输出电压偏离值不应超过标称值的5%。分站备用电源采用内置备用电池。

(3)信号类型

模拟量信号:系统的模拟量信号为200~1 000 Hz的频率量信号,高电平大于3 V,低电平小于0.2 V,脉冲宽度0.3 ms。井下分站数据处理精度不大于1%(不包括传感器误差)。

开关量信号:系统的开关量信号为1 mA/5 mA的电流信号。电流≤1.2 mA时表示停,电流≥4 mA时表示开。

控制量信号:控制采用无源机械接点,本安触点为 5 V/100 mA,非本安触点为 36 V/5 A。

(4)断电控制功能

手动控制:在监控主机上进行人为控制操作,系统在 AQ 标准规定的 30 s 时间内控制执行动作,系统中心站主机进行相应的显示和声光报警。

自动控制:初始化设置后,当模拟量和开关量发生异常或与超限设置参数一致时,系统在 AQ 标准规定的 15 s 时间内自动控制执行器动作,系统中心站主机进行相应的显示和声光报警。

异地控制:当某台分站控制输出不够用时,通过此分站控制其他分站设备执行控制动作,在规定的 50 s 时间内被控的异地控制执行器动作,系统中心站主机进行相应的显示和声光报警。

(5)风电甲烷闭锁功能系统

当与锁控制有关的监控设备未正常投入工作或出现异常情况时,监控设备所监控区域的全部非本质安全型电气设备的电源将被监控制执行器切断;当与闭锁控制有关的监控设备工作正常或异常情况得到解决,并且工作稳定后,监控系统的闭锁装置才自动解锁,恢复正常。风电甲烷闭所系统如图 10.2.5 所示。

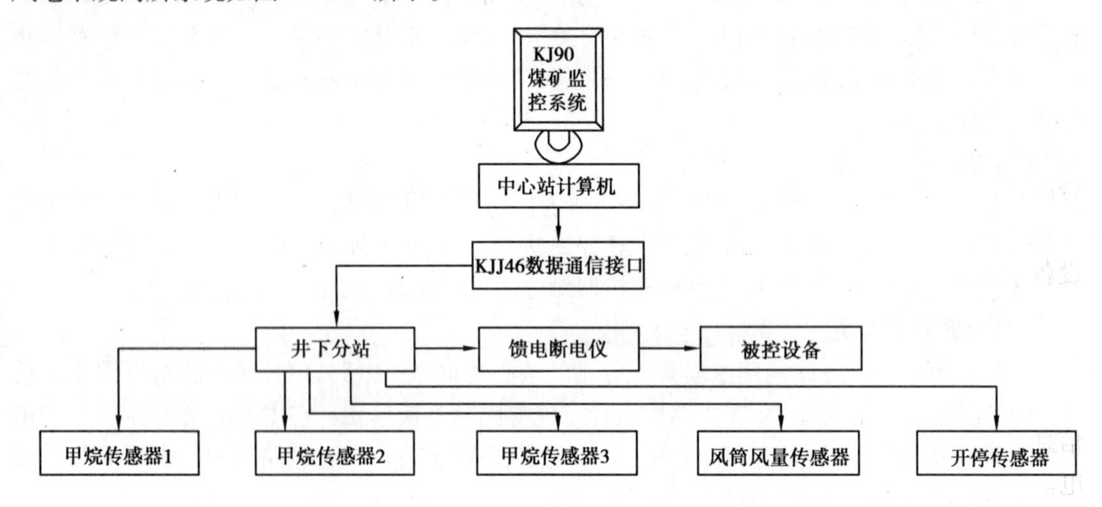

图 10.2.5　风电甲烷闭锁功能系统图

2.3　断电仪

2.3.1　分站远程断电和近程断电的作用及特点

当分站采集到传感器检测的值超过或低于对应的限值时,控制磁力启动器和馈电开关等装置,启动或关停煤矿井下设备的低压开关回路控制井下机电设备的运行,从而保护井下所有具有爆炸危险场所的生产安全。

分站的断电分为近程断电和远程断电:当井下机电设备距离分站 30 m 以内,可以采用分站的近程断电直接控制机电设备的开关回路,如图 10.2.6(a)、(c)所示;当距离超过 30 m

时，需要通过分站的控制口连接断电控制器，再连接到防爆开关的低压开关控制回路控制机电设备的运行，如图10.2.6(b)、(c)所示。

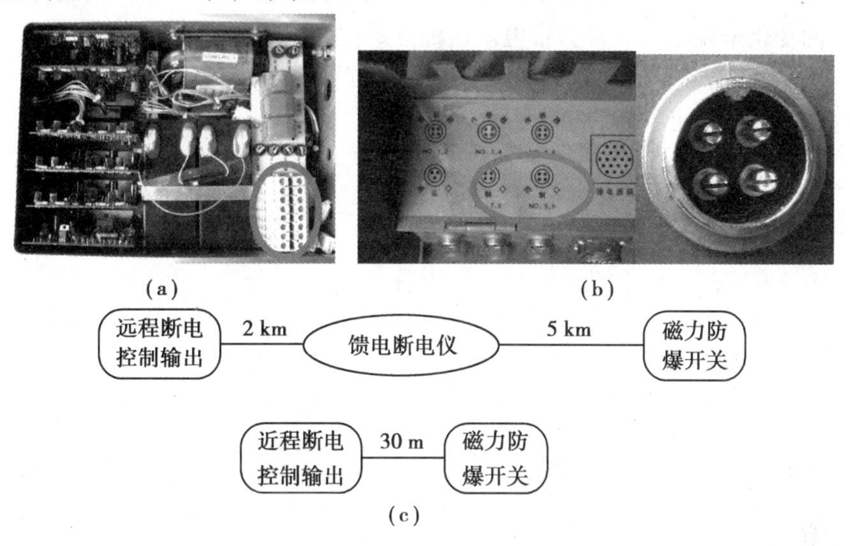

图10.2.6　远、近程断电连接示意图

2.3.2　控制回路常开、常闭的意义及作用

常开、常闭是指电路中的接点(如继电器的接点)，在常态(不通电)情况下处于断开或闭合的状态。在常态情况下处于断开状态的触点叫常开触点，处于闭合状态的叫常闭触点。

在监控系统中，机电设备既有常开设备，也有常闭设备。为了适应各种常开、常闭的机电设备，并控制井下机电设备的正常启动和停止。

2.3.3　矿用隔爆兼本安型馈电断电器

它主要用于监控磁力开关或馈电开关是否带电，也可用于其他需要监控的设备，并将该信息传送至分站。它具有远程断电功能，可用于开关的控制回路线圈，实现主回路的自动断电。它具有两路馈电功能，接线方便，信号准确；两路断电功能，高低压均可控制；性能可靠、稳定宜于维护；继电器为军工级产品，性能可靠，使用寿命长；性价比高等特点。

(1)仪器外观与结构

矿用隔爆兼本安型馈电断电器外观结构如图10.2.7所示。

图10.2.7　矿用隔爆兼本安型馈电断电器外观结构图

(2)工作原理

它主要由两路馈电及两路断电部分组成,馈电部分采用直接接线至监测电源处,通过光敏电阻阻值的变化来判断开关是否带电。这种方式性能可靠,去除了原有感应式馈电传感器抗干扰能力差、虚假信号多的缺点,能有效防止井下假断电。断电部分采用了军工级高压继电器,电平、触点方式均可控制,性能可靠。

第3章 安全监控系统维护与管理

3.1 监控系统的维护与管理

3.1.1 维护

①井下安全监测工必须24 h值班,每天检查煤矿安全监控系统及电缆的运行情况;使用便携式甲烷检测报警仪与甲烷传感器进行对照,并将记录和检查结果报地面中心站值班员。当两者读数误差大于允许误差时,先以读数较大者为依据,采取安全措施,并必须在8 h内将两种仪器调准。

②下井管理人员发现便携式甲烷检测报警仪与甲烷传感器读数误差大于允许误差时,应立即通知安全测控部门进行处理。

③安装在采煤机、掘进机和电机车上的机(车)载断电仪,由司机负责监护,并应经常检查清扫,每天使用便携式甲烷检测报警仪与甲烷传感器进行对照。当两者读数误差大于允许误差时,先以读数最大者为依据,采取安全措施,并立即通知安全监测工,在8 h内将两种仪器校准。

④炮采工作面设置的甲烷传感器在放炮前应移动到安全位置,放炮后应及时恢复设置到正确位置。对需要经常移动的传感器、声光报警器、断电控制器及电缆等,由采掘班组长负责按规定移动,严禁擅自停用。

⑤井下安全使用的分站、传感器、声光报警器、断电控制器及电缆等由所在采掘区的区队长、班组长负责管理和使用。

⑥传感器经过调校检测误差仍超过规定值时,必须立即更换;安全测控仪器发生故障时,必须及时处理,在更换和故障处理期间必须采用人工监测等安全措施,并填写故障记录。

⑦低浓度甲烷传感器经大于4%的甲烷冲击后,应及时进行调校或更换。

⑧电网停电后,备用电源不能保证设备连续工作1 h时,应及时更换。

⑨使用中的传感器应经常擦拭,清除外表积尘,保持清洁。采掘工作面的传感器应每天除尘;传感器应保持干燥,避免洒水淋湿;维护、移动传感器应避免摔打碰撞。

3.1.2 报废

安全测控仪器符合下列情况之一者,可以报废:设备老化、技术落后或超过规定使用年限的;通过修理,虽能恢复精度和性能,但一次修理费用超过原价80%以上的严重失爆,不能修复的;遭受意外灾害,损坏严重,无法修复的;国家或有关部门规定应淘汰的。

3.1.3 煤矿安全监控系统及联网信息处理

(1)地面中心站的装备

①煤矿安全监控系统的主机及系统联网主机必须双机或多机备份,24 h 不间断运行。当工作主机发生故障时,备份主机应在 5 min 内投入工作。

②中心站应双回路供电,并配备不小于 8 h 在线式不间断电源。

③中心站设备应有可靠的接地装置和防雷装置。

④联网主机应装备防火墙等网络安全设备。

⑤中心站应使用录音电话。

(2)煤矿安全监控系统信息的处理

①地面中心站必须24 h 有人值班。值班人员应认真监视监视器所显示的各种信息,详细记录系统各部分的运行状态,接收上一级网络中心下达的指令并及时进行处理,填写运行日志,打印安全监控日报表,报矿主要负责人和矿井主要技术负责人审阅。

②系统发出报警、断电、馈电异常信息时,中心站值班人员必须立即通知矿井调度部门,查明原因,并按规定程序及时报上一级网络中心。处理结果应记录备案。

③调度值班人员接到报警、断电信息后,应立即向矿值班领导汇报,同时按规定指挥现场人员停止工作,断电时撤出人员。处理过程应记录备案。

④当系统显示井下某一区域瓦斯超限并有可能波及其他区域时,中心站值班员应按瓦斯事故应急预案手动遥控切断瓦斯可能波及区域的电源。

(3)联网信息的处理

①煤矿安全监控系统联网实行分级管理。国有重点煤矿必须向矿务局(公司)安全监控网络中心上传实时测控数据,国有地方和乡镇煤矿必须向县(市)安全监控网络中心上传实时测控数据。网络中心对煤矿安全监控系统的运行进行监督和指导。

②网络中心必须24 h 有人值班。值班人员应认真监视测控数据,核对煤矿上传的隐患处理情况,发现异常情况要详细查询,按规定进行处理;填写运行日志,打印报警信息日报表,报值班领导审阅。

③网络中心值班人员发现煤矿瓦斯超限报警、馈电状态异常情况等,必须通知煤矿核查情况,按应急预案进行处理。

④煤矿安全监控系统中心站值班人员接到网络中心发出的报警处理指令后,要立即处理落实,并将处理结果向网络中心反馈。

⑤网络中心值班人员发现煤矿安全监控系统通信中断或出现无记录情况,必须查明原因,并根据具体情况下达处理意见,处理情况记录备案,上报值班领导。

⑥网络中心每月应对瓦斯超限情况进行汇总分析,报当地煤炭行业主管部门和煤矿安全监察分局。

3.1.4　管理制度与技术资料

矿井应建立安全测控管理机构。安全测控管理机构由煤矿主要技术负责人领导，配备足够的人员。煤矿还应制定瓦斯事故应急预案、安全测控岗位责任制、操作规程、值班制度等规章制度。从事安全测控仪器管理、维护、检修、值班的人员应经培训合格，持证上岗。

①煤矿应建立以下账卡及报表：安全测控仪器台账、安全测控仪器故障登记表、检修记录、巡检记录、传感器调校记录、中心站运行日志、安全测控日报、报警断电记录月报、甲烷超限断电闭锁和甲烷风电闭锁功能测试记录、安全测控仪器使用情况月报等。

②安全测控日报应包括以下内容：表头；打印日期和时间；传感器设置地点；所测物理量名称；平均值；最大值及其时刻；报警次数；累计报警时间；断电次数；累计断电时间；馈电异常次数；馈电异常累计时间等。

③报警断电记录月报应包括以下内容：表头；打印日期和时间；传感器设置地点；所测物理量名称；报警次数；断电次数；馈电异常次数；对应时间；解除时间；累计时间；每次报警的最大值；对应时刻及平均值；每次断电累计时间；断电时刻及复电时刻；平均值；最大值及时刻；每次采取措施时间及采取措施内容等。

④甲烷超限断电闭锁和甲烷风电闭锁功能测试记录应包括以下内容：表头；打印日期和时间；传感器设置地点；断电测试起止时间；断电测试相关设备名称及编号；校准气体浓度；断电测试结果等。

⑤煤矿必须绘制煤矿安全测控布置图和断电控制图，并根据采掘工作的变化情况及时修改。布置图应标明传感器、声光报警器、断电控制器、分站、电源、中心站等设备的位置，以及接线、断电范围、报警值、断电值、复电值、传输电缆、供电电缆等；断电控制图应标明甲烷传感器、馈电传感器和分站的位置，以及断电范围，被控开关的名称和编号，被控开关的断电接点和编号等。

⑥煤矿安全测控布置图和断电控制图应报当地煤炭行业主管部门、煤矿安全监察分局和上级网络中心备案。

⑦煤矿安全监控系统和网络中心应每3个月对数据进行备份，备份的数据介质保存时间应不少于2年。

⑧图纸、技术资料的保存时间应不少于2年。

3.2　传感器调校

3.2.1　调校的总体要求

(1)校准气体

①甲烷校准气体宜采用分压法原理配制，选用纯度不低于99.9%的甲烷、氮气和氧气作原料气，对混合气瓶抽真空处理后，按配气要求的比例和程序，控制压力和流量，依次向混合气瓶充入甲烷、氮气和氧气原料气。配制好的甲烷校准气体应以标准气体为标准，用气相色谱仪或红外线分析仪分析定值，其不确定度应小于5%。

②甲烷校准气体配气装置应放在通风良好,符合国家有关防火、防爆、压力容器安全规定的独立建筑内。配气气瓶应分室存放,室内应使用隔爆型的照明灯具及电器设备。

③高压气瓶的使用管理应符合国家有关气瓶安全管理的规定。

(2)调校

①安全测控仪器设备必须定期调校。

②安全测控仪器使用前和大修后,必须按产品使用说明书的要求测试、调校合格,并在地面试运行24~48 h后方能下井。

③采用催化燃烧原理的甲烷传感器、便携式甲烷检测报警仪、甲烷检测报警矿灯等,每隔10 d必须使用校准气体和空气样,按产品使用说明书的要求调校一次。调校时,应先在新鲜空气中或使用空气样调校零点,使仪器显示值为零,再通入浓度为1%~2%的甲烷校准气体,调整仪器的显示值与校准气体浓度一致,气样流量应符合产品使用说明书的要求。

④除甲烷以外的其他气体测控仪器应每隔10 d采用空气样和标准气样进行调校。风速传感器选用经过标定的风速计调校。温度传感器选用经过标定的温度计调校。其他传感器和便携式检测仪器也应按使用说明书要求定期调校,使各项指标符合规定。

⑤安全测控仪器的调校包括零点、显示值、报警点、断电点、复电点、控制逻辑等。

⑥为保证甲烷超限断电和停风断电功能准确可靠,每隔10 d必须对甲烷超限断电闭锁和甲烷风电闭锁功能进行测试。

⑦安全测控仪器在井下连续运行6~12个月,必须升井检修。

3.2.2 瓦斯传感器常规调校流程

瓦斯传感器在工作一段时间后,零点要发生漂移。为了保证测量的精确性,需要对传感器进行日常维护调校。监控系统瓦斯传感器每10天调校一次,可在地面或井下进行。

(1)配备器材

这包括1%~2% CH_4 校准气体、配套的减压阀、气体流量计和橡胶软管,空气样(井下调校需要,地面调校不需要)。

(2)调校

①按要求正确连接好传感器,接通电源,使传感器进入正常的工作状态。在地面调校,需使传感器预热10 min;在井下调校,空气样用橡胶软管连接传感器气室。

②调校零点时,范围控制在0.00~0.03% CH_4 之内。若不在此范围,按前面介绍的零点调校操作方法对不同类型的传感器进行零点调校。

③精度调校:校准气瓶流量计出口用橡胶软管连接传感器气室,调校采用前面的基本操作方法。

④打开气瓶阀门,先用小流量向传感器缓慢通入1%~2% CH_4 校准气体,在显示值缓慢上升的过程中观察报警值和断电值;然后调节流量控制阀把流量调节到传感器说明书规定的流量,使其测量值稳定显示,持续时间大于90 s。使显示值与校准气浓度值一致(按前面介绍的精度调校方法调校)。若超差,应更换传感器,预热后重新测试。

⑤在通气的过程中观察报警值、断电值是否符合要求,注意声、光报警和实际断电情况。

⑥当显示值小于1.0% CH_4 时,测试复电功能。测试结束后关闭气瓶阀门。

(3)填写调校记录并由测试人员签字

3.2.3　新甲烷传感器使用前与在用甲烷传感器大修后调校流程

(1)配备仪器及器材

这包括催化燃烧式甲烷测定器检定装置、秒表、温度计、校准气(0.5%、1.0%、3.0% CH_4)、直流稳压电源、声级计、频率计、系统分站等。

(2)调校

①检查甲烷传感器外观是否完整,清理表面及气室积尘。

②甲烷传感器与稳压电源、频率计(或分站)连接,通电预热10 min。

③在新鲜空气中调仪器零点,零值范围控制为0~0.03% CH_4,按传感器类型选择零点调校方法。

④精度调校:按说明书要求的气体流量,向气室通入2.0% CH_4 校准气,调校甲烷传感器精度,使其显示值与校准气浓度值一致,反复调校,直至准确。在基本误差测定过程中不得再次调校。

⑤基本误差测定:按校准时的流量依次向气室通入0.5%、1.0%、3.0% CH_4 校准气各约90 s,每种气体分别通入3次,计算平均值,用平均值与标准值计算每点的基本误差。

⑥在每次通气的过程中同时要观察测量报警点、断电点、复电点和声、光报警情况。以上内容也可以单独测量。

⑦声、光报警测试:报警时报警灯应闪亮,声级计距蜂鸣器1 m处,对正声源,测量声级强度。

⑧测量响应时间:用秒表测量通入3.0% CH_4 校准气,显示值从零升至最大显示值90%时的起止时间。

⑨测试过程中记录分站或频率计的传输数据:误差值不超过0.01% CH_4 或2 Hz。

⑩数字传输的传感器,必须接分站测量传输性能。

(3)填写调校记录并由测试人员签字

第 11 篇
矿山救护

本篇主要介绍矿山应急救援体系、矿山救护队伍建设和矿井六大安全避险系统等方面的内容。

第 1 章 矿山应急救援

1.1 矿山应急救援体系

国家矿山应急救援体系按照统一领导、分级管理、条块结合、属地为主、统筹规划、合理布局、依托现有的建设原则，从救援管理系统、救援队伍系统、技术支持系统、装备保障系统、通信信息系统和应急救援机制等 6 个方面建立和完善国家矿山应急救援体系，如图 11.1.1 所示。

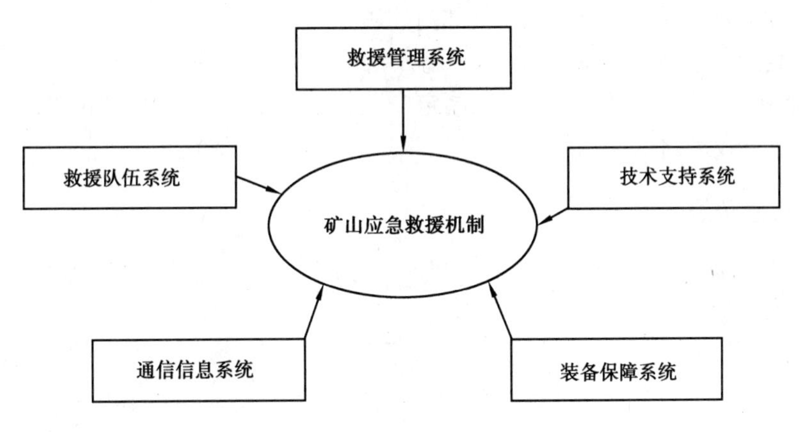

图 11.1.1 国家矿山救援体系

1.1.1 应急救援管理系统

矿山应急救援工作应在国家和各级地方政府的领导下，由矿山企业应急救援管理部门或指挥机构负责日常工作。矿山应急救援管理系统如图 11.1.2 所示。

(1) 国家安全生产监督管理总局矿山救援指挥中心

它在国家安全生产应急救援指挥中心的领导下，负责组织协调全国矿山应急救援工作。

(2) 省级矿山救援指挥中心

目前全国已建立了 18 个省级矿山救援指挥中心，在各省(自治区、直辖市)安全生产监督

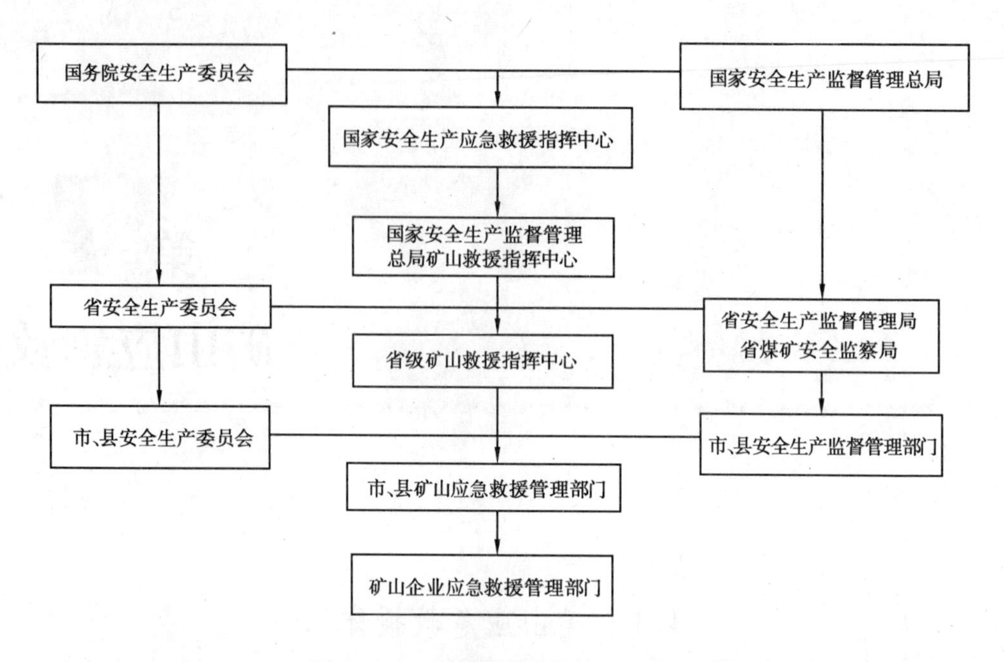

图 11.1.2　矿山应急救援管理系统

管理局、煤矿安全监察局的领导下,负责组织、指导和协调本省(自治区、直辖市)的矿山应急救援工作,业务上接受国家安全生产监督管理总局矿山救援指挥中心的领导。

(3)市、县矿山应急救援管理部门

它在市、县矿山安全生产监督管理部门的领导下,负责组织、指导和协调所辖区域的矿山应急救援工作,业务上接受上级应急救援部门的领导。

(4)矿山企业应急救援管理部门

它负责建立企业内部应急救援组织、制定应急救援预案、检查应急救援设施、储备应急救援物资、组织应急救援训练等。

1.1.2　应急救援队伍

矿山应急救援队伍由国家级矿山救援基地、区域矿山救援骨干队伍和基层矿山救护队组成,如图 11.1.3 所示。

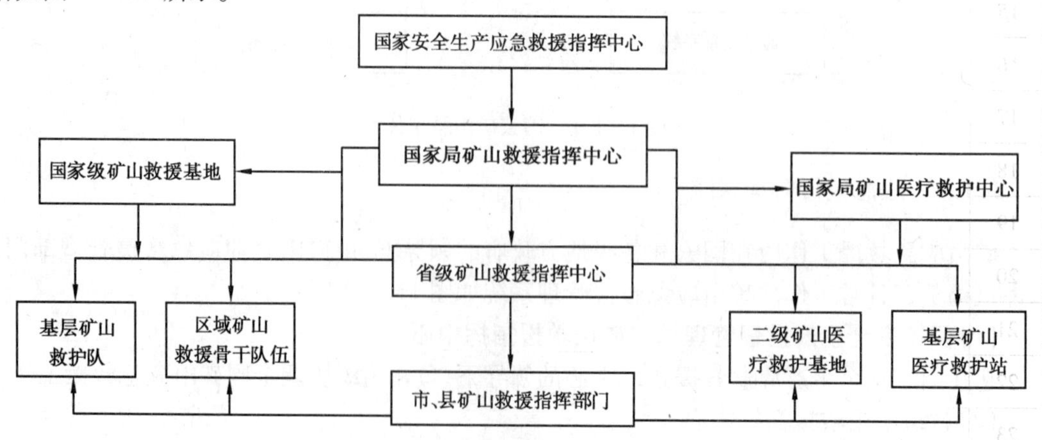

图 11.1.3　矿山应急救援队伍系统

（1）国家级矿山救援基地

国家级矿山救援基地是国家矿山事故应急救援的骨干力量，业务上接受国家安全生产监督管理总局矿山救援指挥中心的协调和指挥。国家级区域矿山救援基地的任务是为全国矿山特别重大事故和复杂矿山事故救援提供装备、技术支持，必要时参与应急救援工作；支持所在区域地下商场、地下油库、隧道等大型封闭空间事故的应急救援。为提高应对特大矿山事故的综合能力，已规划建立26个国家级区域矿山救援基地（见表11.1.1），其中煤矿20个，非煤矿山6个。

表11.1.1　国家矿山救援基地名单

序号	基地名称	依托单位	所在地
1	国家矿山救援开滦基地	开滦（集团）有限责任公司	河北唐山
2	国家矿山救援大同基地	大同煤矿集团有限责任公司	山西大同
3	国家矿山救援平庄基地	平庄煤业（集团）有限责任公司	内蒙古赤峰
4	国家矿山救援鹤岗基地	鹤岗矿业集团有限责任公司	黑龙江鹤岗
5	国家矿山救援淮南基地	淮南矿业（集团）有限责任公司	安徽淮南
6	国家矿山救援兖州基地	兖州矿业（集团）公司	山东济宁
7	国家矿山救援平顶山基地	平顶山煤业（集团）公司	河南平顶山
8	国家矿山救援华锡基地	华锡集团有限责任公司	广西柳州
9	国家矿山救援芙蓉基地	芙蓉集团实业有限责任公司	四川宜宾
10	国家矿山救援六枝基地	六枝工矿集团公司	贵州六盘水
11	国家矿山救援铜川基地	铜川煤业有限公司	陕西铜川
12	国家矿山救援金川基地	金川集团有限公司	甘肃金昌
13	国家矿山救援新疆基地	新疆维吾尔自治区煤炭工业局	新疆乌鲁木齐
14	国家矿山救援峰峰基地	峰峰集团有限公司	河北邯郸
15	国家矿山救援汾西基地	山西汾西矿业（集团）有限责任公司	山西晋中
16	国家矿山救援鄂尔多斯基地	中国神华能源股份有限公司神东煤炭分公司	内蒙古鄂尔多斯
17	国家矿山救援沈阳基地	沈阳煤业（集团）有限责任公司	辽宁沈阳
18	国家矿山救援江铜基地	乐平矿务局	江西景德镇
19	国家矿山救援郴州基地	资兴矿业公司	湖南郴州
20	国家矿山救援天府基地	重庆天府矿业有限责任公司	重庆市
21	国家矿山救援东源基地	云南东源煤业集团有限公司	云南昆明
22	国家矿山救援靖远基地	靖远煤业有限责任公司	甘肃白银
23	国家矿山救援宁煤基地	神华宁夏集团有限责任公司	宁夏银川

续表

序号	基地名称	依托单位	所在地
24	国家油气田救援川东北基地	中国石化中原油田普光气田开发项目管理部	四川达州
25	国家油气田救援广汉基地	四川石油管理局	四川广汉
26	国家油气田救援南疆基地	中国石油化工股份有限公司西北分公司	新疆巴州

(2)区域矿山救援骨干队伍

区域矿山救援骨干队伍是我国矿山应急救援的主要力量,业务上接受省级矿山救援指挥中心的领导,负责相邻省区重特大事故的应急救援,支持所在省区地下商场、地下油库以及隧道等大型封闭空间的应急救援。规划建立110个区域矿山救援骨干队伍。

(3)基层矿山救护队

各采矿市、县和矿山企业建立的矿山救护队是矿山应急救援的基本力量,平时为本地、本企业的安全生产服务,在事故发生后的第一时间到达事故现场并实施救援。

1.1.3 应急救援技术支持系统

矿山抢险救灾工作具有技术性强、难度大,情况复杂多变、处理困难等特点。为了保证矿山抢险救灾的有效、顺利进行,最大限度地减少灾害损失,必须建立矿山救援技术支持系统。

(1)矿山救援技术专家

国家矿山救援技术专家组是国家安全生产专家组的重要组成部分,工作内容包括:为国家矿山应急救援工作的发展战略与规划,以及矿山应急救援法规、规章、技术标准的制(修)订提供专家意见;为特大、复杂矿山灾变事故的应急处理提供专家支持,包括现场救灾技术支持和通过远程会商视频系统等方式的技术支持;总结和评价矿山救援和事故抢险救灾工作经验等。

(2)矿山救护专业委员会

矿山救护专业委员会主要负责开展矿山救护调研活动,参与各种法规、规章、政策的制定和矿山救护比武,为矿山应急救援体系和矿山事故的应急救援提供技术支持。

(3)国家矿山救援技术研究中心

国家矿山救援技术研究中心负责研究重大灾害成因、防治技术、抢救技术、鉴定技术等;在重特大事故抢险救灾时提供技术支持。国家矿山救援技术研究中心业务上接受国家安全生产监督管理总局矿山救援指挥中心的领导,完成国家安全生产监督管理总局矿山救援指挥中心委托的任务,必要时对矿山事故的应急救援提供现场技术支持。

(4)国家矿山救援技术培训中心

国家矿山救援技术培训中心负责全国救护中队以上指挥员的定期、强制培训。培训内容包括:矿山安全知识(包括煤矿和非煤矿山)、政策法规、灾变通风、救护技术与战例、创伤急救、决策指挥等。

1.1.4 应急救援装备保障系统

为了保证矿山抢险救灾的及时、有效,救援装备具备重大、复杂灾变事故的应急处理能力，必须建立矿山应急救援装备保障系统，形成全方位抢险救灾装备支持。

①中央政府、地方政府需投资购置先进的、具备较高技术含量的救灾装备，储存于国家级、二级区域矿山救援基地，用于支持重大、复杂矿山事故的抢险救灾。

②各矿山企业要保证对矿山救援队伍资金的投入，并根据法律、法规和规程要求，配备必要的装备，保持装备的完好性。

③将已有的唐山、江西、峰峰、济南、河南、四川6个排水站纳入国家矿山应急救援体系，储备各种矿井排水设备，用于矿井发生重大水灾事故时的应急救援。

1.1.5　应急救援通信信息系统

这是指建立完善的矿山抢险救灾通信信息系统，使国家安全生产监督管理总局矿山救援指挥中心与国家生产安全救援指挥中心，国家安全生产监督管理总局调度中心以及省级矿山救援指挥中心，各级矿山救护队，各级矿山医疗救护队，各矿山救援技术研究、培训中心，矿山应急救援专家组，地（市）、县（区）应急救援管理部门和矿山企业之间，建立并保持畅通的通信通道，并逐步建立起救灾移动通信和远程视频系统。

1.1.6　应急救援体系运行机制

（1）法制基础

这是指依据《中华人民共和国安全生产法》《中华人民共和国矿山安全法》制定相应的配套法规、政策，如《矿山救护队资质认定管理规定》《矿山救护规程》等，促进矿山应急救援法律、法规体系的完善，使矿山应急救援体系依法建立，依法运作。

（2）资金保障机制

矿山应急救援工作既是矿山企业安全生产过程中的一部分，也是重要的社会公益性事业，关系到国家财产和人民生命安全。为此，矿山应急救援体系的资金保障应实行国家、地方、企业和社会保险共同投资的机制。

①国家将国家安全生产监督管理总局矿山救援指挥中心的建设、通信信息、救援基金及运行费用等列入财政，对救援技术及装备的研制开发给予资金支持，对国家级和二级区域矿山救援基地的装备进行定期更新和改造。

②地方政府应投入资金建设区域内矿山应急救援体系，对区域内矿山救援队伍的人员经费、基本装备的更新改造给予支持。

③矿山企业应保证对所属矿山救护队资金的投入，确保救护队伍的稳定和装备的落实。

④设立矿山应急救援基金，以应对矿山重大灾变事故，支付矿山救护队跨区域调动及救援费用，并对矿山抢险救灾有功的单位和个人实行奖励。矿山应急救援基金主要来自国家财政，辅之以工伤保险基金支持和社会捐赠。

（3）应急救援工作机制

矿山救护队必须接受国家矿山救援指挥中心、省级矿山救援指挥中心或市、县应急救援管理部门的业务指导和管理。

①矿山救援队伍必须经过资质认定，达到标准的方可从事矿山应急救援工作。

②矿山救护队必须接受各级矿山救援指挥中心（部门）的监督管理和监察。

③建立矿山救援人员的培训制度。国家级培训机构负责救护中队长以上的指挥员的培

训,省级培训部门负责救护小队长和矿山救护队员的培训。

④建立矿山救援竞赛机制。国家及各省(市、自治区)每两年组织1次矿山救护比武。

⑤建立奖励机制。国家对矿山事故抢险救灾有功的矿山救护队和人员实行奖励制度。同时,对矿山救护队引入优胜劣汰机制,战斗力强、战术素养高、符合条件的矿山救护队,可以确定为区域性矿山救护队,国家将予以重点扶持,委以更多的任务;对于战斗力下降、战术素养低的矿山救护队可降低资质,直至取消矿山救护资格。

⑥建立应急响应机制,以分级响应、属地为主的原则组织实施矿山应急救援。矿山发生事故后,企业救护队在进行自救的同时,应报上一级矿山救援指挥中心(部门)及政府。救护能力不足以有效地抢险救灾时,应立即向上级矿山救援指挥中心明确要求增援。各级矿山救援指挥中心对事故情况迅速向上一级汇报,并根据事故的大小、处理的难易程度等决定调集相应救援力量实施救援。

1.2 矿山应急救援预案

1.2.1 应急救援预案

应急救援是为预防、控制和消除事故与灾害对人类生命和财产灾害所采取的反应行动。矿山重大事故应急救援工作是在预防为主的前提下,贯彻统一指挥、分级负责、区域为主、矿山企业自救和社会救援相结合的原则。其中,预防工作是事故应急救援工作的基础,平时应做好事故的预案管理,避免或减少事故的发生外,落实好救援工作的各项准备措施,做到预有准备,一旦发生事故就能及时实施救援。

应急救援预案是针对可能发生的事故,为迅速、有序地开展应急行动而预先制定的行动方案。应急救援预案是针对可能发生的重大事故所需的应急准备和响应行动而制定的指导性文件;是开展应急救援行动的行动计划和实施指南。应急救援预案实际上是一个透明和标准化的反应程序,使应急救援活动能按照预先周密的计划和最有效的实施步骤有条不紊地进行。应急预案应该有系统完整的设计、标准化的文本文件、行之有效的操作程序和持续改进的运行机制。

矿山应急救援预案应包括以下主要内容:应急救援的组织机构;应急救援预案;应急培训和演习;应急救援行动;现场清除;事故后的恢复和善后处理。

1.2.2 应急救援预案体系

应急预案应形成体系,由综合应急预案、专项应急预案和现场处置方案组成。针对各级各类可能发生的事故和所有危险源制订专项应急预案和现场应急处置方案,并明确事前、事发、事中、事后的各个过程中相关部门和有关人员的职责。生产规模小、危险因素少的生产经营单位,综合应急预案和专项应急预案可以合并编写。

(1)综合应急预案

综合应急预案是从总体上阐述处理事故的应急方针、政策,应急组织结构及相关应急职责,应急行动、措施和保障等基本要求和程序,是应对各类事故的综合性文件。综合应急预案的主要内容有以下11个方面：

1）总则

①编制目的：简述应急预案编制的目的、作用等。

②编制依据：简述应急预案编制所依据的法律法规、规章，以及有关行业管理规定、技术规范和标准等。

③适用范围：说明应急预案适用的区域范围，以及事故的类型、级别。

④应急预案体系：说明本单位应急预案体系的构成情况。

⑤应急工作原则：说明本单位应急工作的原则，内容应简明扼要、明确具体。

2）危险性分析

①生产经营单位概况：主要包括单位地址、从业人数、隶属关系、主要原材料、主要产品、产量等内容，以及周边重大危险源、重要设施、目标、场所和周边布局情况，必要时可附平面图进行说明。

②危险源与风险分析：主要阐述本单位存在的危险源及风险分析结果。

3）组织机构及职责

①应急组织体系：明确应急组织形式，构成单位或人员，并尽可能以结构图的形式表示出来。

②指挥机构及职责：明确应急救援指挥机构总指挥、副总指挥、各成员单位及其相应职责。应急救援指挥机构根据事故类型和应急工作需要，可以设置相应的应急救援工作小组，并明确各小组的工作任务及职责。

4）预防与预警

①危险源监控：明确本单位对危险源监测监控的方式、方法，以及采取的预防措施。

②预警行动：明确事故预警的条件、方式、方法和信息的发布程序。

③信息报告与处置：按照有关规定，明确事故及未遂伤亡事故信息报告与处置办法。

信息报告与通知：明确24小时应急值守电话、事故信息接收和通报程序；信息上报：明确事故发生后向上级主管部门和地方人民政府报告事故信息的流程、内容和时限；信息传递：明确事故发生后向有关部门或单位通报事故信息的方法和程序。

5）应急响应

①响应分级：针对事故危害程度、影响范围和单位控制事态的能力，将事故分为不同的等级。按照分级负责的原则，明确应急响应级别。

②响应程序：根据事故的大小和发展态势，明确应急指挥、应急行动、资源调配、应急避险、扩大应急等响应程序。

③应急结束：明确应急终止的条件。事故现场得以控制，环境符合有关标准，导致次生、衍生事故隐患消除后，经事故现场应急指挥机构批准后，现场应急结束。应急结束后，应明确：事故情况上报事项；需向事故调查处理小组移交的相关事项；事故应急救援工作总结报告。

6）信息发布

明确事故信息发布的部门，发布原则。事故信息应由事故现场指挥部及时准确向新闻媒体通报事故信息。

7)后期处置

主要包括污染物处理、事故后果影响消除、生产秩序恢复、善后赔偿、抢险过程和应急救援能力评估及应急预案的修订等内容。

8)保障措施

①通信与信息保障:明确与应急工作相关联的单位或人员通信联系方式和方法,并提供备用方案。建立信息通信系统及维护方案,确保应急期间信息通畅。

②应急队伍保障:明确各类应急响应的人力资源,包括专业应急队伍、兼职应急队伍的组织与保障方案。

③应急物资装备保障:明确应急救援需要使用的应急物资和装备的类型、数量、性能、存放位置、管理责任人及其联系方式等内容。

④经费保障:明确应急专项经费来源、使用范围、数量和监督管理措施,保障应急状态时生产经营单位应急经费的及时到位。

⑤其他保障:根据本单位应急工作需求而确定的其他相关保障措施(如:交通运输保障、治安保障、技术保障、医疗保障、后勤保障等)。

9)培训与演练

①培训:明确对本单位人员开展的应急培训计划、方式和要求。如果预案涉及社区和居民,要做好宣传教育和告知等工作。

②演练:明确应急演练的规模、方式、频次、范围、内容、组织、评估、总结等内容。

10)奖惩

明确事故应急救援工作中奖励和处罚的条件和内容。

11)附则

①术语和定义:对应急预案涉及的一些术语进行定义。

②应急预案备案:明确本应急预案的报备部门。

③维护和更新:明确应急预案维护和更新的基本要求,定期进行评审,实现可持续改进。

④制定与解释:明确应急预案负责制定与解释的部门。

⑤应急预案实施:明确应急预案实施的具体时间。

(2)专项应急预案

专项应急预案是针对具体的事故类别(如煤矿瓦斯爆炸等事故)、危险源和应急保障而制定的计划或方案,是综合应急预案的组成部分,应按照综合应急预案的程序和要求组织制定,并作为综合应急预案的附件。专项应急预案的主要内容有以下七个方面:

1)事故类型和危害程度分析

在危险源评估的基础上,对其可能发生的事故类型和可能发生的季节及其严重程度进行确定。

2)应急处置基本原则

明确处置安全生产事故应当遵循的基本原则。

3)组织机构及职责

①应急组织体系:明确应急组织形式,构成单位或人员,并尽可能以结构图的形式表示出来。

②指挥机构及职责:根据事故类型,明确应急救援指挥机构总指挥、副总指挥以及各成员

单位或人员的具体职责;应急救援指挥机构可以设置相应的应急救援工作小组,明确各小组的工作任务及主要负责人职责。

4)预防与预警

①危险源监控:明确本单位对危险源监测监控的方式、方法,以及采取的预防措施。

②预警行动:明确具体事故预警的条件、方式、方法和信息的发布程序。

5)信息报告程序

主要包括:确定报警系统及程序;确定现场报警方式,如电话、警报器等;确定24 h与相关部门的通信、联络方式;明确相互认可的通告、报警形式和内容;明确应急反应人员向外求援的方式。

6)应急处置

①响应分级:针对事故危害程度、影响范围和单位控制事态的能力,将事故分为不同的等级,按照分级负责的原则,明确应急响应级别。

②响应程序:根据事故的大小和发展态势,明确应急指挥、应急行动、资源调配、应急避险、扩大应急等响应程序。

③处置措施:针对本单位事故类别和可能发生的事故特点、危险性,制订的应急处置措施(如:煤矿瓦斯爆炸、冒顶片帮、火灾、透水等事故应急处置措施)。

7)应急物资与装备保障

明确应急处置所需的物质与装备数量、管理和维护、正确使用等。

(3)现场处置方案

现场处置方案是针对具体的装置、场所或设施、岗位所制定的应急处置措施。现场处置方案应具体、简单、针对性强。现场处置方案应根据风险评估及危险性控制措施逐一编制,做到事故相关人员应知应会,熟练掌握,并通过应急演练,做到迅速反应、正确处置。现场处置方案的主要内容有以下四个方面:

1)事故特征

主要包括:危险性分析,可能发生的事故类型;事故发生的区域、地点或装置的名称;事故可能发生的季节和造成的危害程度;事故前可能出现的征兆。

2)应急组织与职责

主要包括:基层单位应急自救组织形式及人员构成情况;应急自救组织机构、人员的具体职责,应同单位或车间、班组人员工作职责紧密结合,明确相关岗位和人员的应急工作职责。

3)应急处置

①事故应急处置程序:根据可能发生的事故类别及现场情况,明确事故报警、各项应急措施启动、应急救护人员的引导、事故扩大及同企业应急预案衔接等程序。

②现场应急处置措施:针对可能发生的火灾、爆炸、危险化学品泄漏、坍塌、水患、机动车辆伤害等,从操作措施、工艺流程、现场处置、事故控制,人员救护、消防、现场恢复等方面制订明确的应急处置措施,还包括明确报警电话及上级管理部门、相关应急救援单位联络方式和联系人员,事故报告的基本要求和内容。

4)注意事项

主要包括:佩戴个人防护器具方面、使用抢险救援器材方面、采取救援对策或措施方面、现场自救和互救、现场应急处置能力确认和人员安全防护等注意事项,以及应急救援结束后的注意事项和其他需要特别警示的事项。

1.2.3 应急救援预案的编制

(1)编制准备与程序

1)编制准备

编制准备包括:全面分析本单位危险因素、可能发生的事故类型及事故的危害程度;排查事故隐患的种类、数量和分布情况,并在隐患治理的基础上,预测可能发生的事故类型及其危害程度;确定事故危险源,进行风险评估;针对事故危险源和存在的问题,确定相应的防范措施;客观评价本单位应急能力;充分借鉴国内外同行业事故教训及应急工作经验。

2)编制程序

①成立应急预案编制工作:结合本单位部门职能分工,成立以单位主要负责人为领导的应急预案编制工作组,明确编制任务、职责分工,制订工作计划。

②资料收集:收集应急预案编制所需的各种资料(相关法律法规、应急预案、技术标准、国内外同行业事故案例分析、本单位技术资料等)。

③危险源与风险分析:在危险因素分析及事故隐患排查、治理的基础上,确定本单位的危险源、可能发生事故的类型和后果,进行事故风险分析,并指出事故可能产生的次生、衍生事故,形成分析报告,分析结果作为应急预案的编制依据。

④应急能力评估:对本单位应急装备、应急队伍等应急能力进行评估,并结合本单位实际,加强应急能力建设。

⑤应急预案编制:针对可能发生的事故,按照有关规定和要求编制应急预案。应急预案编制过程中,应注重全体人员的参与和培训,使所有与事故有关人员均掌握危险源的危险性、应急处置方案和技能。应急预案应充分利用社会应急资源,与地方政府预案、上级主管单位以及相关部门的预案相衔接。

⑥应急预案评审与发布:应急预案编制完成后,应进行评审。评审由本单位主要负责人组织有关部门和人员进行。外部评审由上级主管部门或地方政府负责安全管理的部门组织审查。评审后,按规定报有关部门备案,并经生产经营单位主要负责人签署发布。

(2)应急预案的编制要求

①基本要求:符合有关法律、法规、规章和标准的规定;结合本地区、本部门、本单位的安全生产实际情况;结合本地区、本部门、本单位的危险性分析情况;应急组织和人员的职责分工明确,并有具体的落实措施;有明确、具体的事故预防措施和应急程序,并与其应急能力相适应;有明确的应急保障措施,并能满足本地区、本部门、本单位的应急工作要求;预案基本要素齐全、完整,预案附件提供的信息准确;预案内容与相关应急预案相互衔接。

②地方各级安全生产监督管理部门应当根据法律、法规、规章和同级人民政府以及上一级安全生产监督管理部门的应急预案,结合工作实际,组织制定相应的部门应急预案。

③生产经营单位应当根据有关法律、法规和《生产经营单位安全生产事故应急预案编制导则》(AQ/T 9002—2006),结合本单位的危险源状况、危险性分析情况和可能发生的事故特点,制定相应的应急预案。生产经营单位的应急预案按照针对情况的不同,分为综合应急预案、专项应急预案和现场处置方案。生产经营单位风险种类多、可能发生多种事故类型的,应当组织编制本单位的综合应急预案。对于某一种类的风险,生产经营单位应当根据存在的重

大危险源和可能发生的事故类型，制定相应的专项应急预案。对于危险性较大的重点岗位，生产经营单位应当制定重点工作岗位的现场处置方案。

④生产经营单位编制的综合应急预案、专项应急预案和现场处置方案之间应当相互衔接，并与所涉及的其他单位的应急预案相互衔接。

⑤应急预案应当包括应急组织机构和人员的联系方式、应急物资储备清单等附件信息。附件信息应当经常更新，确保信息准确有效。

(3)煤矿应急预案编制

1)危险性分析

危险性分析是煤矿事故应急救援预案编制的基础，是应急准备、响应的前提条件，同时它又是一个完整预案文件体系的一项重要内容。在煤矿事故应急救援预案中，应明确煤矿的基本情况，以及危险分析与风险评价、资源分析、法律法规要求等结果。

①基本情况。主要包括煤矿的地址、经济性质、从业人数、隶属关系、主要产品、产量等内容，周边区域的单位、社区、重要基础设施、道路等情况。

②危险分析、危险目标及其危险特性和对周围的影响。危险分析结果应提供地理、人文、地质、气象等信息，以及煤矿功能布局及交通情况，重大危险源分布情况，重大事故类别，特定时段、季节影响，可能影响应急救援的不利因素等。对于危险目标，可选择对重大危险装置、设施现状的安全评价报告，健康、安全、环境管理体系文件，职业安全健康管理体系文件，重大危险源辨识、评价结果等材料来确定事故类别、综合分析的危害程度。

③资源分析。根据确定的危险目标，明确其危险特性及对周边的影响以及应急救援所需资源；危险目标周围可利用的安全、消防、个体防护的设备、器材及其分布；上级救援机构或相邻可利用的资源。

④法律法规要求。法律法规是开展应急救援工作的重要前提保障。列出国家、省、市级应急各部门职责要求以及应急预案、应急准备、应急救援有关的法律法规文件，作为编制预案的依据。

2)组织机构、职责及救援准备

在矿山事故应急救援预案中应明确下列内容：

①应急救援组织机构设置、组成人员和职责划分。依据煤矿重大事故危害程度的级别设置分级应急救援组织机构。组成人员应包括主要负责人及有关管理人员。对于现场指挥人，应明确职责，主要职责为：组织制订煤矿重大事故应急救援预案；负责人员、资源配置、应急队伍的调动；确定现场指挥人员；协调事故现场有关工作；批准本预案的启动与终止；事故状态下各级人员的职责；煤矿事故信息的上报工作；接受集团公司的指令和调动；组织应急预案的演练；负责保护事故现场及相关数据。

②在煤矿事故应急救援预案中应明确预案的资源配备情况，包括应急救援保障、救援需要的技术资料、应急设备和物资等，并确保其有效使用。

应急救援保障分为内部保障和外部保障。依据现有资源的评估结果，确定内部保障的内容包括：确定应急队伍，包括抢修、现场救护、医疗、治安、消防、交通管理、通信、供应、运输、后勤等人员；消防设施配置图、工艺流程图、现场平面布置图和周围地区图、气象资料、煤矿安全技术说明书、互救信息等存放地点、保管人；应急通信系统；应急电源、照明；应急救援装备、物资、药品等；煤矿运输车辆的安全、消防设备、器材及人员防护装备以及保障制度目录、责任制、值班制度和其他有关制度。依据对外部应急救援能力的分析结果,确定外部救援的内容包括:互助的方式,请求政府、集团公司协调应急救援力量,应急救援信息咨询,专家信息等。

矿井事故应急救援应提供的必要资料,通常包括:矿井平面图,矿井立体图,巷道布置图,采掘工程平面图,井下运输系统图,矿井通风系统图,矿井系统图,以及排水、防尘、防火注浆、压风、充填、抽放瓦斯等管路系统图,井下避灾路线图,安全监测装备布置图,瓦斯、煤尘、顶板、水、通风等数据,程序、作业说明书和联络电话号码和井下通信系统图等。

预案应确定所需的应急设备应保证充足提供。要定期对这些应急设备进行测试,以保证其能够有效使用。应急设备一般包括:报警通信系统,井下应急照明和动力,自救器、呼吸器,安全避难场所,紧急隔离栅、开关和切断阀,消防设施,急救设施和通信设备。

③教育、训练与演练。煤矿事故应急救援预案中应确定应急培训计划,演练计划,教育、训练、演练的实施与效果评估等内容。应急培训计划的内容包括:应急救援人员的培训、员工应急响应的培训、社区或周边人员应急响应知识的宣传。演练计划的内容包括:演练准备、演练范围与频次和演练组织。实施与效果评估的内容为:实施的方式、效果评估方式、效果评估人员、预案改进和完善。

3)应急响应

①报警、接警、通知、通信联络方式:依据现有资源的评估结果,确定 24 h 有效的报警装置;24 h 有效的内部、外部通讯联络手段;事故通报程序。

②预案分级响应条件:依据煤矿事故的类别、危害程度的级别和从业人员的评估结果,可能发生的事故现场情况分析结果,设定预案分级响应的启动条件。

③指挥与控制:建立分级响应、统一指挥、协调和决策的程序。

④事故发生后应采取的应急救援措施:根据煤矿安全技术要求,确定采取的紧急处理措施、应急方案;确认危险物料的使用或存放地点,以及应急处理措施、方案;重要记录资料和重要设备的保护;根据其他有关信息确定采取的现场应急处理措施。

⑤警戒与治安:预案中应规定警戒区域划分、交通管制、维护现场治安秩序的程序。

⑥人员紧急疏散、安置:依据对可能发生煤矿事故场所、设施及周围情况的分析结果,确定事故现场人员清点、撤离的方式、方法;非事故现场人员紧急疏散的方式、方法;抢救人员在撤离前、撤离后的报告;周边区域的单位、社区人员疏散的方式、方法。

⑦危险区的隔离:依据可能发生的煤矿事故危害类别、危害程度级别,确定危险区的设定;事故现场隔离区的划定方式、方法;事故现场隔离方法; 事故现场周边区域的道路隔离或交通疏导办法。

⑧检测、抢险、救援、消防、泄漏物控制及事故控制措施:依据有关国家标准和现有资源的评估结果,确定检测的方式、方法及检测人员防护、监护措施;抢险、救援方式、方法及人员的防护、监护措施;现场实时监测及异常情况下抢险人员的撤离条件、方法;应急救援队伍的调度;控制事故扩大的措施;事故可能扩大后果的应急措施。

⑨受伤人员现场救护、救治与医院救治:依据事故分类、分级和附近疾病控制与医疗救治机构的设置和处理能力,制订具有可操作性的处置方案,内容包括:接触人群检伤分类方案及执行人员;依据检伤结果对患者进行分类现场紧急抢救方案;接触者医学观察方案;患者转运及转运中的救治方案;患者治疗方案;入院前和医院救治机构确定及处置方案;信息、药物、器材储备信息。

⑩公共关系:依据事故信息、影响、救援情况等信息发布要求,明确事故信息发布批准程序;媒体、公众信息发布程序;公众咨询、接待、安抚受害人员家属的规定。

⑪应急人员安全:预案中应明确应急人员安全防护措施、个体防护等级、现场安全监测的规定;应急人员进出现场的程序;应急人员紧急撤离的条件和程序。

1.2.4　应急预案的评审、备案

(1)应急预案的评审

1)预案修改或编制前的评审

一些矿山可能根本没有应急预案,或只有很简单的预案。在修改或制订一个新的预案之前,对已有的预案进行评审是很有必要的,这包括对辖区及其周边地区和社会相关的预案和程序的评审。

①评审已有的应急预案。评审与紧急情况相关的预案,可以加深对过去紧急情况管理方法的理解。相关的预案与程序包括设备手册、评价报告、防火计划、危险品泄漏应急计划、自然灾害应急计划,以及可能涉及的应急停车及类似活动的操作规程。评审和检查上述内容可以确保预案的连续性。在检查这些计划时,计划者应注意时效性。

②评审周边应急预案。预案编制者应该了解临近辖区是如何为紧急情况做准备的。评审临近辖区矿山的预案可以及时发现自身矿山某些被忽视的信息。预案编制者应该与临近矿山的相关人员对可能发生的事故以及资源和能力信息进行讨论,以发现对矿山应急预案水平和应急操作的新的改进措施,这也是一种“相互帮助”的方式。

③评审社会应急预案。预案编制者应该清楚包括不同政府和社团组织的社会应急网络的运转,政府或社团组织通常包括消防部门、决策部门、应急医疗服务部门、应急服务组织、当地的应急计划委员会、医院、志愿者部门等。

根据紧急情况的特性和程度,应急组织可能是非常复杂的,组织的实际组成会因为地区不同而有很大的区别,现场应急计划者应该非常熟悉可获得的资源。

预案编制者还应该评审当地消防与决策部门的应急程序,以及他们是如何开展应急行动的。这将帮助计划者决定自己的行动如何与当地的应急行动协调。预案编制者还应该会见当地应急组织的官员,以便向他们解释自己的应急预案编制目标和构想。

评审邻区应急预案和社区预案,使预案编者理解这些组织如何准备、应急和从紧急情况中恢复,对于公司和社区在紧急情况中互相支援非常重要。

2)预案修改或编制定稿后的评审

①地方各级安全生产监督管理部门应当组织有关专家对本部门编制的应急预案进行审定。必要时,可以召开听证会,听取社会有关方面的意见。涉及相关部门职能或者需要有关部门配合的,应当征得有关部门同意。

②矿山企业应当组织专家对本单位编制的应急预案进行评审。评审应当形成书面纪要并附有专家名单。参加应急预案评审的人员应当包括应急预案涉及的政府部门工作人员和有关安全生产及应急管理方面的专家。评审人员与所评审预案的生产经营单位有利害关系的,应当回避。

③应急预案的评审或者论证应当注重应急预案的实用性、基本要素的完整性、预防措施的针对性、组织体系的科学性、响应程序的操作性、应急保障措施的可行性、应急预案的衔接

性等内容。生产经营单位的应急预案经评审或者论证后,由生产经营单位主要负责人签署公布。

3)评审方法

应急预案评审采取形式评审和要素评审两种方法。形式评审主要用于应急预案备案时的评审,要素评审用于生产经营单位组织的应急预案评审工作。

要素评审即是指:依据国家有关法律法规、《导则》和有关行业规范,从合法性、完整性、针对性、实用性、科学性、操作性和衔接性等方面对应急预案进行评审。

4)评审程序

应急预案编制完成后,生产经营单位应在广泛征求意见的基础上,对应急预案进行评审。

①评审准备:成立应急预案评审工作组,落实参加评审的单位或人员,将应急预案及有关资料在评审前送达参加评审的单位或人员。

②组织评审:评审工作应由生产经营单位主要负责人或主管安全生产工作的负责人主持,参加应急预案评审人员应符合《生产安全事故应急预案管理办法》要求。生产经营规模小、人员少的单位,可以采取演练的方式对应急预案进行论证,必要时应邀请相关主管部门或安全管理人员参加应急预案评审工作组讨论并提出会议评审意见。

③修订完善:生产经营单位应认真分析研究评审意见,按照评审意见对应急预案进行修订和完善。评审意见要求重新组织评审的,生产经营单位应组织有关部门对应急预案重新进行评审。

④批准印发:生产经营单位的应急预案经评审或论证,符合要求的,由生产经营单位主要负责人签发。

5)评审要点

应急预案评审应坚持实事求是的工作原则,结合生产经营单位工作实际,按照《导则》和有关行业规范,从以下七个方面进行评审。

①合法性:符合有关法律、法规、规章和标准,以及有关部门和上级单位规范性文件要求。

②完整性:具备《导则》所规定的各项要素。

③针对性:紧密结合本单位危险源辨识与风险分析。

④实用性:切合本单位工作实际,与生产安全事故应急处置能力相适应。

⑤科学性:组织体系、信息报送和处置方案等内容科学合理。

⑥操作性:应急响应程序和保障措施等内容切实可行。

⑦衔接性:综合、专项应急预案和现场处置方案形成体系,并与相关部门或单位应急预案相互衔接。

(2)应急预案的备案

地方各级安全生产监督管理部门的应急预案,应当报同级人民政府和上一级安全生产监督管理部门备案。其他负有安全生产监督管理职责的部门的应急预案,应当抄送同级安全生产监督管理部门。

中央管理的总公司(总厂、集团公司、上市公司)的综合应急预案和专项应急预案,应报国务院国有资产监督管理部门、国务院安全生产监督管理部门和国务院有关主管部门备案;其所属单位的应急预案分别抄送所在地的省、自治区、直辖市或者设区的市人民政府安全生产监督管理部门和有关主管部门备案。其他生产经营单位中涉及实行安全生产许可的,其综合应急预案和专项应急预案，按照隶属关系报所在地县级以上地方人民政府安全生产监督管理部门和有关主管部门备案；未实行安全生产许可的，其综合应急预案和专项应急预案的备案，由省、自治区、直辖市人民政府安全生产监督管理部门确定。煤矿企业的综合应急预案和专项应急预案还应当抄报所在地的煤矿安全监察机构。

生产经营单位申请应急预案备案，应当提交以下材料：

①应急预案备案申请表。

②应急预案评审或者论证意见。

③应急预案文本及电子文档。

受理备案登记的安全生产监督管理部门应当对应急预案进行形式审查，经审查符合要求的，予以备案并出具应急预案备案登记表；不符合要求的，不予备案并说明理由。对于实行安全生产许可的生产经营单位，已经进行应急预案备案登记的，在申请安全生产许可证时，可以不提供相应的应急预案，仅提供应急预案备案登记表。各级安全生产监督管理部门应当指导、督促检查生产经营单位做好应急预案的备案登记工作，建立应急预案备案登记建档制度。

1.2.5　应急预案的实施

(1) 培训

1) 应急培训

培训程序应该遵循所有相关人员都能接受有效培训的原则，有效的培训计划必须标出“做什么”“怎么做”“谁来做”。没有受过训练的应急队员，即使具有完成分配任务所必需的知识和技能，也可能导致应急行动失败。提供满足每个角色所要求的训练是应急预案成功的关键，应急训练应该指出预案和相关法规所列出的危险和责任。此外，对非应急人员的重要训练也要写入培训计划中。

培训应该包括个人防护设备的使用，危险环境的识别，泄漏警惕信号（气味、烟、声音等）的识别，应急上报程序的运行、疏散和集中程序的使用，灭火器的正确使用等内容。为确保完成培训任务，培训计划者应该对培训计划进行充分准备，并指派专人负责管理培训计划、发展新课程、评论培训的充分性，以保证各个应急职位所必需的培训水平。

2) 预案培训

各级安全生产监督管理部门、生产经营单位应当采取多种形式开展应急预案的宣传教育，普及生产安全事故预防、避险、自救和互救知识，提高从业人员安全意识和应急处置技能。各级安全生产监督管理部门应当将应急预案的培训纳入安全生产培训工作计划，并组织实施本行政区域内重点生产经营单位的应急预案培训工作。生产经营单位应当组织开展本单位的应急预案培训活动，使有关人员了解应急预案内容，熟悉应急职责、应急程序和岗位应急处置方案。应急预案的要点和程序应当张贴在应急地点和应急指挥场所，并设有明显的标志。

(2) 预案演练

各级安全生产监督管理部门应当定期组织应急预案演练，提高本部门、本地区生产安全事故应急处置能力。经营单位应当制定本单位的应急预案演练计划，根据本单位的事故预防重点，每年至少组织一次综合应急预案演练或者专项应急预案演练，每半年至少组织一次现场处置方案演练。应急预案演练结束后，应急预案演练组织单位应当对应急预案演练效果进行评估，撰写应急预案演练评估报告，分析存在的问题，并对应急预案提出修订意见。

第2章 矿山救护队

2.1 矿山救护队

2.1.1 矿山救护队的性质、工作原则、任务和特点

(1)矿山救护队的工作性质

在煤矿生产过程中，经常受到瓦斯的燃烧、爆炸、突出、围岩冒落、冲击地压、水、火等灾害的威胁。矿山救护队的工作性质就是协助矿井预防这些灾害事故的发生，或这些灾害事故一旦发生后通过在特殊环境下(高温浓烟、缺氧，充满有毒有害气体等)进行作业来及时抢救遇险遇难人员，减小事故危害直至消灭事故。矿山救护队工作环境的特殊性决定了必须实行军事化管理；必须要求指战人员具有高度的政治觉悟、强烈的责任感和事业心；具有丰富的救护知识和抢险救灾实践经验；具有健壮的体质；具有熟练的救护仪器、装备使用和维护本领。

(2)矿山救护队的工作原则

矿山救护队必须坚持“安全第一、预防为主、综合治理”的方针和“加强战备、严格训练、主动预防、积极抢救”的原则，切实做好矿井灾变事故预防和抢险救灾工作。具体的工作原则是在救护工作中，认真执行《安全生产法》《矿山安全法》《煤炭法》《煤矿安全监察条例》《规程》和《矿山救护规程》的相关规定。矿山救护队在服务矿井发生事故时，要做到“闻警即到，速战能胜”；矿山救护指战员在进行矿井安全预防检查和熟悉巷道工作时，要履行安全检查员的职责，检查出的问题要责令矿方“三定”处理，对于危及矿井安全生产的事故隐患要当场停止生产，撤出人员，协助整改。

(3)矿山救护队的任务

矿山救护队的任务是处理矿井水、火、瓦斯、煤尘、顶板等灾害的专业队伍。

1)矿山救护队的具体任务

①抢救矿山遇险遇难人员。

②处理矿山灾害事故。

③参加危及井下人员安全的地面灭火工作。

④参加排放瓦斯、震动爆破、启封火区、反风演练和其他需要佩戴氧气呼吸器的安全技术工作。

⑤参加审查矿山应急预案或应急救援预案，协助矿井搞好安全和消除事故隐患的工作。

⑥负责兼职救护队的培训和业务指导工作。

⑦协助矿井搞好职工的自救、互救和现场急救知识的教育。

2）兼职矿山救护队的具体任务

①引导和救助遇险人员脱离灾区，协助专职矿山救护队积极抢救遇险遇难人员。

②做好矿井事故的预防工作，控制和处理矿井初期事故。

③参加需要佩戴氧气呼吸器的安全技术工作。

④协助矿山救护队完成矿山事故救援工作。

⑤搞好矿井职工自救与互救知识的宣传教育工作。

（4）矿山救护队的特点

矿山救护队是处理矿矿山灾害的专业队伍，矿山救护队员是矿山一线特种作业人员。矿山救护队的工作与矿山其他工作相比，有其特殊性。其突出的特点如下：

①矿山救护队在矿井发生事故时，要做到“闻警即到，速战能胜”。大多数矿井事故是突发的，但要求事故抢救要及时有效，这就要求救护队要加强战备，严格训练，苦练基本功。

②矿山救护队实属战备单位，是为矿井安全生产服务的，除紧急出动处理事故和有计划的工作外，没有生产指标的要求，所以对它的管理只能用训练时的严格程度、业务技术的熟练程度、日常管理的细致程度以及在实战中的表现来衡量。

③救护队的工作性质特殊，对指战员的年龄、身体素质、技术素质、业务素质有很高的要求。同时，矿山救护队的日常工作比较枯燥，而处理事故过程又非常紧张、危险。稳定救护指战员思想，提高战备意识、风险意识，保证救护工作的连续性，是救护管理工作的一个重要环节。

④救护队工作具有明显的紧迫性和危险性。救护队接到事故电话后，不管何时、何地、何种恶劣气候，都必须立即出动。到达事故矿井后，必须立即积极地投入到抢险救灾第一线。这一工作特点，要求救护队昼夜值班，做到“闻警即到，速战能胜”。所谓的危险性，就是在处理事故时，会受到各种各样的安全威胁。返回驻地，不管多么疲劳，都必须整理装备，使其达到良好的救援准备状态。若不具备有高度的思想觉悟和自我牺牲的精神，是不能胜任这一工作的。

⑤救护队青年人多，约占2/3。青年人爱动、思想活跃，要不断地进行思想教育工作，把这些突出的特点正确地引导到救护工作上，充分发挥他们的工作积极性。

2.1.2　矿山救护队的组织

（1）矿山救护大队的组织

各矿区生产施工单位应以100 km为服务半径，合理划分为若干区域。在每个区域选择一个交通位置适中、战斗力较强的矿山救护队，作为重点建设的矿山救护中心，即区域矿山救护大队。区域矿山救护大队由2个以上中队组成，是完备的联合作战单位。

矿山救护大队是本区域的救灾专家、救护装备和演习训练中心，负责区域内矿井重大灾变事故的处理，对直属中队实行领导，并对区域内其他矿山救护队、兼职矿山救护队进行业务指导。

矿山救护大队设大队长1人,副大队长2人,总工程师1人,副总工程师1人,工程技术人员数人。矿山救护大队应设相应的管理及办事机构(如战训、后勤等),并配备必要的管理人员和医务人员。矿山救护大队指挥员的任命,应报省级矿山救援机构备案。

(2)矿山救护中队的组织

矿山救护中队距服务矿井一般不超过10 km或行车时间一般不超过15 min。矿山救护中队是独立作战的基层单位,由3个以上的小队组成,直属中队由4个以上的小队组成。

矿山救护中队设中队长1人、副中队长2人、工程技术人员1人。直属中队设中队长1人、副中队长2~3人,工程技术人员1人。配备必要的管理人员及汽车司机、机电维修、氧气充填、电台话务等人员。

小队是执行作战任务的最小战斗集体,由9人以上组成。小队设正、副队长各1人。

(3)兼职矿山救护队的组织

兼职矿山救护队应根据矿井的生产规模、自然条件、灾害情况确定编制,原则上应由2个以上的小队组成,每个小队由9人以上组成。兼职矿山救护队应设专职队长及专职仪器装备维修工,负责日常工作。兼职救护队直属矿长领导,业务上受矿总工程师(或技术负责人)和矿山救护队领导。

兼职矿山救护队员应由符合矿山救护队员条件,能够佩用氧气呼吸器的矿山生产、通风、机电、运输、安全等部门的骨干工人、工程技术人员和干部兼职组成。

(4)矿山救护指战员

①矿山救护队大、中队长应由熟悉矿山业务,具有相应矿山专业知识,从事矿山生产、安全、技术管理工作5年以上的人员担任。

②矿山救护大队指战员年龄不应超过55岁,矿山救护中队指战员不应超过45岁,救护队员不应超过40岁。其中,35岁以下队员保持在2/3以上。指战员每年进行一次体检,对身体不合格或超龄人员应及时调整。

③新招收的矿山救护队员应具备初中以上文化程度,年龄在25周岁以下,从事井下工作1年以上。新矿山救护队员必须经过3个月的基础培训,再经3个月的编队实习,并综合考核合格后,才能成为正式矿山救护队员。新招收的兼职救护队员必须经过45天救护知识培训,经考试合格,才能成为正式兼职救护队员。

④矿山救护队员、兼职救护队员每年必须有2周的再培训和知识更新教育。

2.1.3 矿山救护队的管理

(1)矿山救护队的管理体制

实行正确的领导制度是现代化的工业企业管理的客观要求。建立科学的管理机构,是实现工作的组织保证。矿山救护队在发展、壮大过程中,在管理机构上形成了一套固定的模式。此模式在救护实践中证明是科学的,对提高队伍的战斗力实现有效救援也是非常有效的。

矿山救护队实行基层党组织领导下的队长负责制。

1)基层党组织的领导责任

基层党组织行政业务工作的领导责任主要表现在以下三个方面:

①贯彻执行党的路线、方针、政策,保证全面完成救护工作计划和上级布置的工作任务。

②讨论和决定行政业务中的重大问题。所谓重大问题,是指党的路线、方针、政策的贯彻执行问题;指国家、单位、职工三者之间的利益结合问题和矿山救护队的实际问题,具体包括:长远规划、年度计划及实施计划措施;技术革新及技术装备的更新改造;本队发展、基本建设计划和方案;劳动工资、奖励、生活福利等方面的重大问题;主要规章制度的建立、修改和废除;管理机构的设置和调整;本队经费计划及经费使用等。

③检查和监督各级行政领导人员,以及本队基层党组织的决议和上级政策的执行情况。

2)队长对救护队的行政业务工作全面负责

队长对救护队的行政业务工作要全面负责,它包括以下两个方面:

①基层党组织对救护队的行政业务重大问题的决议,由队长全权负责贯彻执行;日常的行政业务工作,由队长分工负责处理;对行政业务中的问题,队长有决定权。

②在救护队系统指挥中,副队长、总工程师是队长的助手,在队长的领导下负责一个方面的工作。

3)执行基层党组织领导下的队长负责制应注意的问题:

①基层党组织在上级党委的领导下,做好队内的党务工作、思想政治教育工作,对队内的行政业务工作起到监督保证作用,不要以党代政。

②队长要自觉地接受和维护党组织的领导,定期报告工作,取得党组织的支持,并敢于负责,注意发挥副职、工程技术人员和各级行政领导的作用。

③领导干部必须努力学习,钻研业务技术,坚决贯彻执行党的方针、路线、政策,遵守党纪国法,大公无私,艰苦奋斗,结合本队实际情况学习科学技术和管理知识,以适应救护技术、装备现代化的要求。

4)矿山救护队的管理层次

目前,我国矿山救护队根据自己的工作特点,一般分为三个层次进行管理,即矿山救护大队、矿山救护中队及小队三级管理。

矿山救护队要根据队伍自身的规模、装备水平、基础设施建设、服务对象以及功能,来确定管理模式和管理内容,正确处理各个管理层次的分工关系,明确、具体、详尽地规定每一管理层次的职责和权限。确定管理层次的职责权限时,要注意以下几个问题:

①职责和权限必须协调一致。既要明确规定每一管理层次应负的管理职责,又要赋予完成这一职责所不可缺少的管理权限。职责与权限必须统一。

②有令即行、统一指挥。矿山救护队是一支专业化的队伍,处理矿井事故时是在非正常环境中工作,工作中往往带有一定的危险性。为了战胜事故,救护指战员要养成服从命令、听从指挥的军人素质,在行动中必须做到有令即行,有禁必止。为了保证命令和指挥的统一,一般下级机构只能接受一个上级的命令和指挥,不能多头指挥。例如,小队长只能接受本队中队长的指挥,中队长听从大队长或副大队长的指挥,大队长或副大队长一般不直接指挥小队长进行工作,副职在正职领导下进行工作,对正职负责。一般情况下不应当越级指挥。

③上下级之间实行合理分工,对于常规的业务管理工作,应当交给副职去处理。只有遇到特殊情况下,才由主管领导来处理。这种上、下级之间的合理分工,既有利于主管领导摆脱日常事务,专心致志地研究全局性的管理问题,又有利于副职积极地工作。

④集权和分权相结合,实行“统一领导,分级管理”的原则。把集权和分权正确地结合起来,是一种积极的管理办法。凡关系到救护队全局性的工作,应当在队务会议上决定。如救

护工作方针的制定,财务经费计划,规章制度的制定和修改,机构的变更,人员调动和分配等;同时又要有管理权力的适当分散,使各级都有一定的管理权限和相应的管理责任。

(2)矿山救护队制度建设

矿山救护队的管理就是对整个救护工作活动进行预测、计划、组织、指挥、监督、控制、教育、激励、创新和改造。管理的目标就是把救护队建成一支思想革命化、行动军事化、管理科学化、装备系列化、技术现代化的特别的战斗队伍。矿山救护队要按组织机构进行分级管理,工作中要求做到统一指挥、统一行动、令行禁止。

1)加强管理、健全管理制度是搞好救护工作的关键和基础

搞好管理的前提条件就是在一个科学管理机构的基础上,根据机构和人员配备,按照管理层次进行科学分工,明确划分职责范围,进行系统管理,并建立健全以岗位责任制为基础的各项管理制度,实行责、权、利相统一的目标管理。矿山救护队主要建立以下十七项管理制度:

①昼夜值班制度。对值班工作标准、值班人数、活动范围、作息时间、工作内容以及闻警出动程序等内容作出规定。

②交接班制度。对交接班时间、内容、形式、装备检查、负责人等相关内容作出规定。

③值班工作制度。在昼夜值班制度的基础上对值班小队和值班指挥员在值班期间的工作要求,发生事故后的出动要求,以及作为第一出动小队到达事故现场后的工作要求作出具体规定。

④待机工作制度。对指战员在队内待机岗位的工作要求,发生事故后转入值班的程序,随同值班队出动的事故类别、出动要求,以及在事故现场担负待机任务的职责作出规定。

⑤技术装备的检查、维护、保养制度。根据装备的种类和使用要求对装备检查、维护、保养期限,负责人(或单位),装备的战备标准,保养原则,以及确认方法作出规定。

⑥学习和训练制度。对矿山救护理论、技能、仪器装备,以及体能训练的日常学习(训练)时间、周期、内容、队员的掌握标准和考核办法作出规定。

⑦考勤制度。对指战员的上岗时间、上岗要求及在岗情况确认方式,请假、外出的特殊要求等作出规定,确保战备人数。

⑧安全管理制度。对指战员在上下班、上岗、出动过程中,以及抢险救灾期间应注意的安全问题和安全工作要求作出规定。

⑨战后总结讲评制度。对事故抢救全过程、一个阶段工作或某一项工作进行总结讲评的具体情况、内容、时间、要求,以及表扬、批评的范围作出规定。

⑩下井预防检查制度。对每一个矿山救护中队预防检查的地域、检查次数、检查周期、检查内容,针对不同矿井所携带的装备工具、小队分工、检查问题的汇报要求,以及图纸绘制要求作出规定。

⑪内务卫生管理制度。对内务卫生分工,清理标准、次数、周期,检查方法,负责人等作出规定。

⑫材料装备库房管理制度。对装备、材料的储备数量,放置标准,灯光、卫生标准,防火、防盗,检查周期、次数和负责人,出入库程序等作出规定。

⑬车辆管理使用制度。对车辆的完好状况,油量、水量、灯光,以及维护保养周期、负责人、车辆出动要求作出规定。

⑭计划财务管理制度。根据单位实际需要，对救护队资金、财务、工资等计划的周期、内容、使用以及日常管理作出规定。

⑮会议制度。对矿山救护队应召开的各类会议的召集人、召集单位、时间、周期、会议内容、达到的目的作出规定。

⑯评比检查制度。对矿山救护队日常业务、装备维护保养、内务管理、标准化等检查周期、负责人、检查形式、评比办法作出规定。

⑰奖惩制度。对在抢险救灾中以及日常管理中做出贡献的集体或个人的奖励范围、形式，以及对违反规定的行为的处罚额度、形式作出规定。

2）强化岗位责任

《矿山救护规程》对矿山救护队主要岗位和主要工种的职责作出了明确规定。

①救护队指战员的一般职责：

a. 热爱矿山救护工作，全心全意为矿山安全生产服务；

b. 发扬英勇顽强、吃苦耐劳、舍己为公、不怕牺牲的精神；

c. 积极参加科学文化、业务技术学习，加强体质锻炼，苦练基本功；

d. 自觉遵守《安全生产法》《矿山安全法》《规程》和《矿山救护规程》等法规和各项规章制度，制止违章作业，拒绝违章指挥；

e. 爱护公共财产，厉行节约，爱护救护仪器装备，认真做好仪器装备的维修保养工作，使其保持完好的救援准备状态；

f. 按规定参加战备值班工作，坚守岗位，随时做好出动准备；

g. 服从命令，听从指挥，积极主动完成各项工作任务。

②大队长的职责：

a. 对大队的救援准备与行动，技术培训与训练，日常管理等工作全面负责；

b. 组织制定大队长远、年度、季度和月度计划，并定期进行布置、检查、总结、评比等各项工作；

c. 负责组织全大队的矿山救护业务活动；

d. 处理事故时的具体职责是：及时带队出发到事故矿井；在事故矿井，负责矿山救护队具体工作的组织，必要时亲自带领救护队下井进行矿山救护工作；参加抢救指挥部的工作，参与制定事故处理方案，并组织制定矿山救护队的行动计划和安全技术措施；掌握矿山救护工作进度，合理组织和调动战斗力量，保证救护任务的完成；根据灾情变化与指挥部总指挥研究变更事故处理方案。

③副大队长的职责：

a. 协助大队长工作，主管救援准备及行动、技术训练和后勤工作，当大队长不在时，履行大队长职责；

b. 处理事故时具体职责是：根据需要带领救护队进入灾区抢险救灾，确定和建立井下救灾基地，准备救护器材，建立通信联系；经常了解井下处理事故的进展，及时向抢救指挥部报告井下救护工作进展情况；当大队长不在或工作需要时，代替大队长领导矿山救护工作。

④大队总工程师的职责：

a. 在大队长领导下，对大队的技术工作全面负责；

b. 组织编制大队训练计划，负责指战员的技术教育；

c. 参与审查各服务矿井的应急救援预案或应急预案;

d. 组织科研、技术革新、技术咨询及新技术、新装备的推广应用等工作;

e. 负责处理事故和技术工作总结的审定工作;

f. 处理事故时的具体职责是:参与抢救指挥部处理事故方案的制定;和大队长一起制定矿山救护队的行动计划和安全技术措施,协助大队长指挥矿山救护工作;采取科学手段和可行的技术措施,加快处理事故的进程;需要时根据抢救指挥部的命令,担任矿山救护工作的领导;大队副总工程师协助总工程师工作,当总工程师不在时,履行总工程师职责。

⑤中队长的职责:

a. 负责本中队的全面领导工作;

b. 根据大队的工作计划,结合本中队情况制定实施计划,开展各项工作,并负责总结评比;

c. 处理事故时的具体职责是:接到出动命令后,立即带领本中队指战员赶赴事故矿井,担负中队作战工作的领导;到达事故矿井后,命令各小队做好下井准备,同时了解事故情况,向抢救指挥部领取救护任务,制定中队行动计划并向各小队下达战斗任务;在救援指挥部尚未成立、无人负责的特殊条件下,可根据矿井应急救援预案或应急预案及事故实际情况,立即开展救护工作;向小队布置任务时,要讲明事故的情况,完成任务的方法、时间,应补充的装备、工具和所采取的措施以及救护时应注意的事项等;在整个救护工作过程中,与工作小队保持经常联系,掌握工作进程,向工作小队及时供应装备和物资;必要时,下井领导小队去完成任务;需要时,及时召请其他救护队协同完成救护任务。

⑥副中队长的职责:

a. 协助中队长工作,主管救援准备、技术训练和后勤管理。当中队长不在时,履行中队长的职责;

b. 处理事故时的具体职责是:在事故救援时,直接在井下领导一个或几个小队从事救护工作;及时向抢救指挥部报告所掌握的事故处理情况;当中队长不在时,代理中队长的工作。

⑦中队技术人员的职责:

a. 在中队长领导下,全面负责中队的技术工作;

b. 处理事故时的具体职责是:协助中队长做好处理事故的技术工作,协助中队长制定中队救护工作的行动计划和安全措施,记录事故处理经过及为完成任务而采取的一切措施,了解事故的处理情况并提出修改补充建议,当正、副中队长不在时,担负起中队作战的指挥工作。

⑧小队长的职责:

a. 负责小队的全面工作,带领小队完成上级交给的任务;

b. 领导并组织小队的学习和训练,搞好日常管理和救援准备工作;

c. 处理事故时的具体职责是:小队长是小队的直接领导,负责指挥本小队的一切战斗行动,带领全小队完成作战任务;了解并向队员讲解本中队和本小队的救护任务;告知队员井上、下基地及抢救指挥部的位置;利用各种方式与布置任务的指挥员或抢救指挥部保持经常联系;领导队员做好战前检查和下井准备工作;进入灾区前,确定在灾区作业的时间和根据队员氧气呼吸器最低氧气压力确定撤离灾区的时间;在井下工作时,必须注意队员的疲劳程度,指导正确使用救护装备,检查队员氧气呼吸器的氧气消耗;如果小队队员中有人自我感觉不良、氧气呼吸器发生故障或受到伤害，应组织全小队人员立即撤出灾区；带领小队退出灾区后，确定摘掉氧气呼吸器面罩（或口具）的地点；从灾区撤出后，应立即向指挥员报告小队任务完成情况和灾区情况。

⑨副小队长的职责：

a. 协助小队长工作，当小队长不在时，履行小队长职责并指定临时副小队长；

b. 处理事故时，是小队长的助手；当小队长不在时，行使小队长指挥本小队一切战斗行动的职责。

⑩队员的职责：

a. 遵守纪律、听从指挥，积极主动地完成领导分配的各项任务；

b. 保养好技术装备，使之达到救援准备标准要求；

c. 积极参加学习和技术、体质训练，不断提高思想、技术、业务、身体素质；

d. 处理事故时的具体职责是：在处理事故时，应迅速而正确地完成指挥员的命令，并与之保持经常的联系；了解本队的战斗任务，并熟练运用自己的技术装备去努力完成；积极救助遇险人员和消灭事故；在行进或作业时，要时刻注意周围的情况，发现异常现象立即报告小队长；注意自己仪器的工作情况和氧气呼吸器的氧气压力，发生故障及时报告小队长；在工作中帮助同志，在执行任务时不准单独离开小队；撤出矿井后，要迅速整理好氧气呼吸器及个人分管的装备；根据指挥员的命令，在事故处理时担任电话值班员、通信员、安全岗哨等，履行队员的特别职责。

⑪电话值班员的职责：

电话值班是救护工作的重要岗位之一，电话值班员由救护队员轮流担任。电话值班员的职责是：

a. 集中精力，时刻守在电话机旁，不做无关事务；

b. 听清、记清事故召请电话，做好填写记录，及时传达各种命令；

c. 发出事故警报并向领队指挥员报告；

d. 在井下值班时，保持同工作小队和抢救指挥部的联系，并向抢救指挥部报告救护工作小队的停留地点和工作情况。

⑫通信员的职责：

为保证指挥部同井下基地和井下工作小队的联系，应派熟悉井下巷道情况的队员担任通信员。通信员的职责是：

a. 知道指挥员的位置和指挥部地面基地、井下基地的所在地；

b. 在接受指挥员的命令时，应复述一遍，无误后再进行传达；

c. 完成通信任务后，应向派遣他的指挥员报告任务完成情况。

⑬站岗队员的职责：

处理事故时，安全岗哨由救护队员担任。站岗队员的派遣和撤离由井下基地的指挥员决定。站岗队员除有最低限度的个人装备外，还应配有各种气体检测仪器。站岗队员的职责是：

a. 阻止未佩戴氧气呼吸器的人员进入有害气体积聚的巷道和危险地区，阻止佩戴氧气呼吸器的人员单独行动；

b. 将从有害气体积聚的巷道中出来的人员引入新鲜风流地区，必要时施行急救；

c. 观测、守卫巷道的情况,并将变化情况(包括有害气体及烟雾的变化)迅速报告抢救指挥部。

⑭作战汽车司机的职责:

a. 保证汽车经常处于良好状态;

b. 坚守岗位,保证按规定的时间出车;

c. 严格遵守交通规则,保证安全、迅速地将指战员送到事故矿井;

d. 汽车停在事故矿井时,经常处于出发状态,并负责保管汽车上的装备;

e. 返回驻地后,及时检修车辆,使其保持战备状态。

(3)规范日常工作管理

矿山救护队的管理要做到牌板化,使指战员每天能够直观地学习各种岗位职责和工作标准,动态地反映每个小队、每个人的综合工作业绩,营造军事化管理的氛围。同时要注重资料的管理、完善各种记录,随着电子计算机的推广应用,要逐步实现无纸化办公,计算机信息管理。日常管理中必备的资料有:

①各项工作、各种会议记录。

②服务矿区交通图和矿山救护队到达各矿的距离和行车时间表。

③服务矿井的灾害预防及处理计划或应急预案。

④服务矿井的通风系统图。

⑤事故总结、技术资料、图纸等。

为了加强救护业务技术的管理,应建立以下几种记录簿,反映日常管理行为,记录每天的工作动态,为总结、评比和不断推陈出新作准备,并由值班队长或分管队长认真及时填写:

①矿山救护工作日志。

②技术装备检查维护登记簿。

③交接班登记簿。

④学习训练情况和考核登记簿。

⑤事故处理记录簿。

⑥预防检查登记簿。

⑦会议记录。

⑧材料消耗登记簿。

⑨好人好事登记簿。

⑩安全技术工作登记簿。

为实现矿井事故的快速抢救,协调调度矿山救护力量,反馈抢险救灾和日常工作信息,矿山救护大队应建立调度室,中队应建立电话值班室。在调度室和值班室应装备可以直通煤矿和抢险救灾指挥中心的普通电话机、专用录音电话机、事故调度盘、矿井位置、交通显示图、计时钟表、事故紧急出动报警装置等设备和图板,以及调度记录台账和救灾任务通知单。

2.1.4 矿山救护队的资质认定

矿山救护队从事救援技术服务活动,国家对矿山救护队有资质认定,并发给资质证书。

根据矿山救护队的编制、人员构成与素质、技术装备、训练与培训设施和救援业绩等条件,矿山救护队资质分为一级、二级、三级、四级,具体见表11.2.1。

表 11.2.1 矿山救护队资质条件

条件＼等级	一级资质	二级资质	三级资质	四级资质
一、组织机构	1. 建队5年以上，具有10次以上成功救灾的经验。 2. 大队不少于3个救护中队，各中队不少于3个救护小队，小队不少于9名救护队员。 3. 坚持24小时值班制度，每天保证有值班小队和待机小队。 4. 具有负责战备训练、调度指挥、装备管理、人员培训工作等职能机构。	1. 建队3年以上，具有6次以上成功救灾的经验。 2. 大队编制不少于2个救护中队，每个中队不少于3个救护小队；独立中队编制的不少于4个救护小队；每个救护小队不少于9名救护队员。 3. 坚持24小时值班制度，每天保证有值班小队和待机小队。 4. 具有负责战备训练、调度指挥、装备管理、人员培训工作等职能机构。	1. 矿山救护队组建1年以上。 2. 救护中队编制，不少于3个救护小队，每个救护小队不少于9名救护队员。 3. 坚持24小时值班制度，每天保证有值班小队和待机小队。	1. 救护队员不少于18人。 2. 坚持24小时值班制度。
二、队伍素质	1. 队长、副队长应熟悉矿山救护业务，从事矿山生产、安全、技术管理工作5年以上或矿山救护工作3年以上，能够佩戴氧气呼吸器。 2. 技术负责人具有大专学历或中级职称。 3. 救护大队队长、副队长的年龄不应超过55岁，中队队长、副队长不应超过45岁，队员年龄不应超过40周岁。 4. 经过专业培训，队长、副队长取得资格证，救护队员取得合格证。	1. 队长、副队长应熟悉矿山救护业务，从事矿山生产、安全、技术管理工作5年以上或矿山救护工作3年以上，能够佩戴氧气呼吸器。 2. 技术负责人应具有中专以上学历或初级专业技术职称。 3. 救护大队队长、副队长的年龄不应超过55岁，中队队长、副队长不应超过45岁，队员年龄不应超过40周岁。 4. 经过专业培训，队长、副队长取得资格证，救护队员取得合格证。	1. 队长、副队长应熟悉矿山救护业务，从事矿山生产、安全、技术管理工作5年以上或矿山救护工作3年以上，能够佩戴氧气呼吸器。 2. 矿山救护队配备有技术负责人。 3. 救护中队队长、副队长的年龄不应超过45岁，救护队员年龄不应超过40周岁。 4. 经过专业培训，队长、副队长取得资格证，救护队员取得合格证。	1. 队长、副队长应当熟悉矿山救护业务，具有相应的矿山专业知识，能够佩戴氧气呼吸器。 2. 经过专业培训，救护队长、副队长取得资格证，救护队员取得合格证。

续表

等级 条件	一级资质	二级资质	三级资质	四级资质
三、救护装备	1. 所有队员配备使用了正压氧气呼吸器。 2. 大队配置有越野性能好,具有卫星定位与自动导航功能的矿山救护指挥车;中队配备有矿山救护指挥车和矿山救护装备车;每个救护小队具有1辆矿山救护车。 3. 建有气体分析化验室并配有分析化验车。 4. 配置值班录音电话,移动电话和多功能灾区电话。 5. 配有高压脉冲灭火装置、生命探测仪、便携式自动复苏机、多参数气体测定仪、救灾支护与破拆装置、惰气灭火装置或 CO_2 灭火装置。 6. 配有计算机、传真机、复印机、防爆摄像机、防爆照相机等信息设备,设专用电子信箱。	1. 有50%以上队员配备使用正压氧气呼吸器。 2. 大队所属救护中队不少于2辆矿山救护车;独立救护中队不少于4辆救护车。 3. 配置救灾录音电话,移动电话和多功能灾区电话。 4. 配有高压脉冲灭火装置、多参数气体测定仪、惰气灭火装置或 CO_2 灭火装置。 5. 配有计算机、传真机、复印机、防爆摄像机、防爆照相机等信息设备,设专用电子信箱。	1. 所有队员全部配备有氧气呼吸器。 2. 每个救护中队不少于2辆矿山救护车。 3. 配置救灾录音电话,移动电话和声能灾区电话。 4. 配有多参数气体测定仪、高倍数泡沫灭火机。 5. 配有计算机、传真机、复印机等信息设备,设专用电子信箱。	1. 所有队员全部配备有氧气呼吸器。 2. 至少有1辆矿山救护车。 3. 配置救灾录音电话和声能灾区电话。 4. 配有自动苏生器、灭火器具和气体检测仪器等。
四、基础设施	1. 具有调度室、会议室、值班休息室并配备相应设施及设备。 2. 具有可容纳40人以上的教室,配备电脑多媒体和投影仪等教学设备及设施。 3. 具有室内外训练场所、训练设施和综合训练器材。 4. 具有进行高温浓烟综合演练训练的地下演练巷道。 5. 具有面积不少于500 m^2 的室内救援训练与竞赛场馆。 6. 具有车库、器材库等设施。	1. 具有调度室、会议室、值班休息室并配备相应设施及设备。 2. 具有可容纳40人以上的教室,配备相应的培训设备及设施。 3. 具有室内外训练场所、训练设施和综合训练器材。 4. 具有进行高温浓烟综合演练训练的地下演练巷道。 5. 具有车库、器材库等设施。	1. 具有值班室、值班、待机休息室并配备相应设施及设备。 2. 具有会议室、学习室、装备室。 3. 具有训练场所、训练设施和综合训练器材。 4. 具有车库、器材库等设施。	1. 具有值班室、值班休息室。 2. 具有装备室、战备器材库。 3. 具有训练场所、训练设施。

五、综合管理	1. 实行准军事化管理，统一着装，佩戴矿山救援标志。 2. 坚持开展标准化达标活动，救护队质量标准化不低于一级。 3. 坚持组织开展矿山救援业务训练和技术竞赛。 4. 坚持开展预防性安全检查，备有服务矿井的有关图纸资料。 5. 救护经费有保障，为救护队从业人员办理有工伤社会保险和人身伤害意外保险。 6. 实现安全救护，连续5年内未发生因违章指挥、违章作业而导致的救护队员伤亡事故。	1. 实行准军事化管理，统一着装，佩戴矿山救援标志。 2. 坚持开展标准化达标活动，救护队质量标准化不低于二级。 3. 坚持组织开展矿山救援业务训练和技术竞赛。 4. 坚持开展预防性安全检查，备有服务矿井的有关图纸资料。 5. 救护经费有保障，为救护队从业人员办理有工伤社会保险和人身伤害意外保险。 6. 实现安全救护，连续3年内未发生因违章指挥、违章作业而导致的救护队员伤亡事故。	1. 实行准军事化管理，统一着装，佩戴矿山救援标志。 2. 坚持开展标准化达标活动，救护队质量标准化不低于省级。 3. 坚持参加矿山救援业务训练和技术竞赛。 4. 救护经费有保障，为救护队从业人员办理有工伤社会保险和人身伤害意外保险。 5. 坚持开展预防性安全检查，备有服务矿井的有关图纸资料。	1. 实行准军事化管理，重大活动，统一着装，佩戴矿山救援标志。 2. 坚持参加矿山救援业务训练。 3. 救护经费有保障，为救护队从业人员办理工伤社会保险。 4. 坚持开展预防性安全检查，备有服务矿井的有关图纸资料。
说明	1. 根据矿山救护队的编制、人员构成与素质、技术装备、训练与培训设施和救援业绩等条件，矿山救护队资质分为一级、二级、三级、四级。 2. 矿山救护队资质认定的基本单位为独立救护队，救护大队可以申请一级、二级资质，独立中队可以申请二级、三级资质，达不到救护中队编制的可申请四级资质。 3. 任何部门、单位、社会组织设立的为某一区域提供公共服务的矿山救护队应当申请三级以上资质。			

2.2 矿山救护队行动原则

2.2.1 矿山救护队行动的一般原则

(1)闻警出动

①矿山救护队接到事故召请电话后,必须在1 min内出动,不需乘车出动时,不得超过2 min。

②矿山救护队电话值班员接听事故电话时,应在问清和记录事故地点、类别、遇险遇难人员数量、通知人姓名及单位后,立即发出警报,并向领队指挥员报告。

③矿山救护队的全体指战员听到警报后,应跑步集合,值班小队面向汽车列队,在领队指挥员清点人数并简要说明事故情况后,宣布上车出发。

④待机小队列队清点人数后立即转入值班。矿井发生火灾、瓦斯或煤尘爆炸及煤与瓦斯突出事故时,待机小队应随同值班小队出发。

⑤遇有特殊情况不能及时到达事故矿井时,领队指挥员必须采取措施,以最快的速度将救护小队带到事故矿井。在途中得知矿井事故已经消灭,出动小队仍应到达事故矿井了解实际情况。

⑥矿山救护队到达事故矿井后,领队指挥员向小队下达下井准备的命令,并到抢救指挥部领取任务。小队人员应立即做好战前检查,按事故类别整理好携带装备,做好下井准备。

⑦指挥员接受任务后即向各小队下达任务,并说明事故的情况、完成任务的要点、措施及安全注意事项。小队长接受任务后,立即带领小队下井。

⑧如果矿井领导不在场(或抢救指挥部未成立),率领小队到达矿井的指挥员,应根据矿井应急救援预案着手处理事故。

(2)返回驻地

①在处理事故过程中,矿山救护队的领队指挥员只有取得抢救指挥部的同意,才能整理装备带队返回驻地。

②返回驻地后,不论昼夜和疲劳程度如何,各小队都必须立即对所有仪器、装备进行认真检查,使其达到救援准备标准。检查后,指挥员才能酌情安排小队休息。

(3)处理事故工作的指挥原则

①矿井发生重大事故后,必须立即成立抢救指挥部,矿长任总指挥,矿山救护队长为指挥部成员。

②在处理事故时,矿山救护队长对救护队的行动具体负责、全面指挥。矿山救护队长与总指挥意见不一致时,可报告上级领导,根据有关安全法规进行处理。

③矿井发生事故后,如果有外区域矿山救护队联合作战,应成立矿山救护联合作战部,由事故矿所在区域的救护队长担任指挥,协调各救护队战斗行动。如所在区域的救护队长不能胜任指挥工作,则由指挥部总指挥另行委任。

④为制定符合实际、切实可行的行动计划,矿山救护队指挥员必须详细了解下列基本要素:

a. 事故发生的时间，事故类别、范围，尚在灾区的人员数量及位置，矿山救护队到达前采取的措施。

b. 事故区域的通风、瓦斯、煤尘、温度、巷道支护及断面、机械设备及消火器材等情况。

c. 出动小队数量，佩戴氧气呼吸器人数，其他地区矿山救护队可能到达的时间及技术装备情况。

⑤救护队指挥员领取任务后，应迅速制定救护队的行动计划、处理事故的安全措施，调动必要的人力、设备和材料。

⑥矿山救护队指挥员下达任务时，必须讲明事故情况、行动路线、行动计划和安全措施。在指挥中应尽量避免使用混合小队。

⑦遇有高温、垮塌、爆炸、水淹危险的灾区，指挥员只能在救人的情况下，才有权决定小队进入，但必须采取有效措施，保证小队在灾区的安全。

⑧在地面指挥部工作的救护指挥员应轮流值班和下井了解情况，并不断地与井下工作小队、井上、下基地及特别服务部门联系，以便在事故处理工作中能合理安排，统一指挥。

⑨矿山救护队指挥员应指派专人做好事故处理记录，其内容为：事故地点的原始情况和变化情况；事故处理的方案、计划、措施、图纸（示意图）；出动小队人数，到达事故矿井时间，领队指挥员及领取任务情况；小队进入窒息区时间，返回时间及执行任务情况；事故处理工作的进度、参战队次、设备材料消耗及气体分析化验结果；指挥员交接班情况。

⑩在事故抢救结束后，必须形成全面、准确、翔实的事故救援报告，报救援指挥部及上级应急管理部门。

(4)矿山救护队在灾区行动应遵守的一般原则

①进入灾区侦察或作业的小队人员不得少于6人，进入前，必须检查氧气呼吸器是否完好，并应按规定佩戴和使用。小队必须携带全面罩氧气呼吸器1台和不低于18 MPa压力的备用氧气瓶2个，以及氧气呼吸器工具和装有配件的备件袋。

②如果不能确认井筒和井底车场有无有害气体，应在地面将氧气呼吸器佩戴好。在任何情况下，禁止不佩带氧气呼吸器的小队下井。

③小队在井下基地的新鲜空气地点时，只有经小队长同意才能将氧气呼吸器从肩上脱下。脱下的氧气呼吸器应放在附近的安全地点，离小队工作或休息的地点不应超过5 m，而且要有队员看守。

④小队出发到窒息区时，佩戴氧气呼吸器的地点由指挥员确定，并应在该地点设明显标志。如果小队乘电机车出发到窒息区去时，其返回所需时间应按步行所需时间计算。小队在窒息区内工作时，小队长应使队员保持在彼此能看到或听到音响信号的范围以内。如果窒息区工作地点离新鲜风流处很近，并且在这一地点不能以全小队进行工作时，小队长可派不少于2名队员进入窒息区工作，并与他们利用显示信号或音响信号保持直接联系。在窒息区工作时，任何情况下都严禁指战员单独行动，严禁通过口具讲话或摘掉口具讲话。在窒息区工作时，小队长要经常观察队员的氧气压力，并根据氧气压力最低的1名队员来确定整个小队的返回时间。

⑤佩戴氧气呼吸器工作的小队经过1个呼吸器班后，应至少休息6 h。但在抢救人员和后续小队未到达的紧急情况下需要连续作战时，指挥员应清点人数、了解队员体质情况，在补充氧气、更换药品后，可派小队重新进入灾区。

⑥抢救遇险人员是矿山救护队的首要任务,要创造条件以最快的速度、最短的路线,先将受伤、窒息的人员运送到新鲜空气地点进行急救。抢救人员时的要求是:在引导及搬运遇险人员通过窒息区时,要给遇险人员佩戴全面罩氧气呼吸器或隔绝式自救器;对有外伤、骨折的遇险人员要作包扎、止血、固定等简单处置;搬运伤员时要尽量避免震动;防止伤员精神失常时打掉队员的口具和鼻夹,而造成中毒;在抢救长时间被困在井下的遇险人员时,应有医生配合;对长期困在井下的人员,应避免灯光照射其眼睛,搬运出井时应用毛巾盖住其眼睛;遇险人员不能一次全部抬运时,应给遇险者佩戴全面罩氧气呼吸器或隔绝式自救器,多名遇险人员待救时,矿山救护队应根据“先活后死、先重后轻、先易后难”的原则进行抢救。

⑦救护对有义务协助事故调查,在满足救援的情况下应保护好现场,在搬运遇难人员和受伤矿工时,将矿灯等随身所带物品一并运出。

⑧进入灾区侦察和从事救护工作时,在任何情况下只允许消耗 13 MPa 气压氧气,必须保留 5 MPa 气压氧气供返回途中万一发生故障时使用。在倾角小于 15°的巷道中行进时,只许将 1/2 允许消耗的氧气量消耗于前进途中,其余的 1/2 氧气用于返回途中;在倾角大于 15°的巷道中行进时,将 2/3 允许消耗的氧气量用于上行,1/3 用于下行。

⑨矿山救护队撤出灾区时,不论工作疲劳程度如何,都必须将应携带的技术装备带出灾区,严禁任何指战员无故把装备丢在井下。

(5)侦察工作

①为了制定出符合实际情况的处理事故方案,必须进行侦察,准确探明事故类别、原因、范围、遇险遇难人员数量和所在地,以及通风、瓦斯、有毒有害气体等情况。中队或以上指挥员应亲自组织和参加侦察工作。

②在侦察前,要做好人力和物力的准备。侦察小队不得少于 6 人。

③矿山救护队指挥员在布置侦察任务时,必须讲明已了解的各种情况,并应该做到保证侦察小队所需要的器材;说明执行侦察任务时的具体计划和注意事项;给侦察小队以足够的准备工作时间;检查队员对侦察任务的理解程度。

④负责侦察工作的领队指挥应该做到:问清主要侦察任务,如果任务不清及感到人力、物力、时间不足时,应提出自己的意见;仔细研究行进路线及特征,在图纸上标明小队行进的方向标志、时间,并向小队讲清楚;组织战前检查,了解指战员的氧气呼吸器压力,做到仪器 100% 的完好;贯彻事故救援计划和安全措施,带领小队完成侦察工作。

⑤侦察时必须做到:井下要设待机小队,并用灾区电话与侦察小队保持不断联系。只有在抢救人员的情况下,才可不设待机小队;进入灾区侦察,必须携带探险绳等必要的装备。在行进时要注意暗井、溜煤眼、淤泥和巷道支护等情况,视线不清时可用探险棍探测前进,队员之间要用联络绳连结;侦察小队进入灾区时,要规定返回的时间,并用灾区电话与基地保持联络。如没有按时返回或通信中断,待机小队应立即进入援救;在进入灾区前,要考虑到如果退路被堵时应采取的措施。小队返回时应按原路返回,如果不按原路返回,应经布置侦察任务的指挥员同意;侦察行进中,在巷道交叉口要设明显的路标(如矿灯、灾区指路器或堆放煤块、矸石等),防止返回时走错路线;在进入时,小队长在队列之前,副小队长在队列之后。返回时与此相反。在搜索遇险、遇难人员时,小队队形应与巷道中线斜交式前进;侦察小队人员要有明确分工,分别检查通风、气体含量、温度、顶板等情况,并做好记录,把侦察结果标记在图纸上;在远距离或复杂巷道中侦察时,可组织几个小队分区段进行侦察。在侦察中发现遇险人

员要积极进行抢救。在发现遇险人员的地点要检查气体,并做好标记;侦察工作要仔细认真,做到有巷必查,在走过的巷道要签字留名,并绘出侦察路线示意图;侦察结束后,小队长应立即向布置侦察任务的指挥员汇报侦察结果。

⑥在紧急救人的情况下,应把侦察小队派往遇险人员最多的地点。

⑦在灾区内侦察时,发现遇险人员应立即救助,并将他们护送到进风巷道或井下基地,然后继续完成侦察任务。

⑧在侦察过程中,如有1名队员身体不适或氧气呼吸器发生故障难以排除时,全小队应立即撤出,由待机队进入。

⑨前进中因冒顶受阻,应视扒开通道的时间,决定是否另选通路。如果是唯一通道,应立即进行处理,不得延误时间。

⑩侦查结束后,小队长应立即向布置侦查工作的指挥员回报侦查情况。

2.2.2　处理矿井火灾时矿山救护队的行动原则

(1)一般战术

①扑灭井下火灾采取的方法包括以下几方面。

a. 积极方法灭火:用水灭火;用惰气灭火;用高、中倍数泡沫灭火;用灭火器灭火;用砂子、岩粉、泥土及其他不燃性岩石和材料等直接压灭火焰;破开和取出燃烧物,然后用水浇灭;用水灌注火区。

b. 隔绝方法灭火:封闭所有与地面连通的巷道和裂缝;用密闭墙隔绝火源和发火区,然后采用均压技术或灌注泥浆、河沙、粉煤灰,加速火区熄灭。

c. 综合方法灭火:先用隔绝方法灭火,待火已部分熄灭和温度降低后,采取措施控制火区,再打开密闭墙用积极方法灭火。

②在选择灭火方法时,指挥员应该考虑火灾的特点、发生地点、范围及灭火的人力、物力。一般情况下,应该尽可能采用积极方法灭火。

③在下列情况下,采用隔绝方法和综合方法灭火:

a. 缺乏灭火器材或人员时;

b. 难以接近火源时;

c. 用积极方法无效或直接灭火对人员有危险时;

d. 采用积极方法不经济时。

④扑灭井下火灾时,抢救指挥部应根据火源位置、火灾波及范围、工作人员分布及瓦斯涌出情况,迅速而慎重地决定通风方式。通风方式应能:

a. 控制着火产生的火烟沿井巷蔓延;

b. 防止火灾扩大;

c. 防止引起瓦斯或煤尘爆炸,防止因火风压引起风流逆转造成危害;

d. 保证救灾人员安全,并有利于抢救遇险人员;

e. 创造有利的灭火条件。

⑤进风井口、井筒、井底车场、主要进风道和硐室发生火灾时,为了抢救井下人员,应反风或风流短路。如果不能反风或停风后风流能逆转时,也可停止主要通风机运转,但要防止引起瓦斯积聚。反风前,必须将原进风侧的人员撤出,并采取阻止火灾蔓延的措施,防止反风后

火灾向进风侧蔓延。

⑥在瓦斯矿井应尽量采用正常通风方式。如必须反风或风流短路时,应加强瓦斯检查,防止引起瓦斯爆炸。

⑦灭火中只有在不致使瓦斯很快积聚到爆炸危险浓度,且能使人员迅速退出危险区时,才能采用停止通风的方法。

⑧用水或注浆的方法灭火时,应将回风侧人员撤出。

⑨灭火应从进风侧进行。为控制火势可采取措施设置水幕、拆除木支架(岩石坚固时)、拆掉一定区段巷道中的木背板及建造临时防火密闭等措施,阻止火势蔓延。

⑩用水灭火时,为了防止引起水煤气爆炸,水流不要对准火焰中心,而应从火焰的外围喷洒,随着燃烧物温度的降低,逐步逼向火源中心。灭火时要有足够的风量,使水蒸气直接排入回风道。

⑪向火源大量灌水或从上部灌浆时,不准靠近火源地点作业;用水快速淹没火区时,密闭附近不得有人。

⑫用水灭火时,必须具备下列条件:

a. 火源明确。

b. 水源、人力、物力充足。

c. 有畅通的回风道。

d. 瓦斯浓度不超过2%。

⑬扑灭电器火灾,必须首先切断电源。电源无法切断时,严禁使用非绝缘灭火器材灭火。

⑭进风的下山巷道着火时,必须采取防止火风压造成风流紊乱和风流逆转的措施。改变通风系统和通风方式时,必须有利于控制火风压。

⑮扑灭瓦斯燃烧引起的火灾时,不得使用震动性的灭火手段,防止扩大事故。

⑯采用隔绝法封闭火区时,必须遵守下列规定:

a. 在保证安全的情况下,尽量缩小火区范围。

b. 首先建造临时密闭墙,然后建造永久密闭墙。在有瓦斯、煤尘爆炸危险时,应设置防爆墙,在防爆墙的掩护下,建立永久密闭墙。防爆墙的厚度见表11.2.2。

表11.2.2　各类防爆墙的最小厚度表

井巷断面/m^2	石膏墙		沙袋墙		水沙充填厚度/m
	厚度/m	石膏粉/t	厚度/m	沙袋数量/袋	
5.0	2.2	11	5	1 500	5
7.5	2.5	19	6	2 600	5~8
10.5	3	30	7	4 200	8~10
14	3.5以上	42	8	6 400	10~15

⑰在建造和封闭密闭墙时,必须遵守下列规定:

a. 进风巷道和回风巷道中的密闭墙应同时建造。多条巷道需要进行封闭时,应先封闭支巷,后封闭主巷。

b. 火区主要进风巷道和回风巷道中的密闭墙应开有门孔，其他一些密闭墙可以不开门孔。

c. 为了防止火区产生的可燃气体造成危害，可采用：首先封闭进风道中的密闭墙；进风道和回风道中的密闭墙同时封闭；首先封闭回风侧密闭墙这三种封闭密闭墙的方法。进风巷道和回风巷道的密闭墙同时封闭时，必须在建造这两个密闭墙时预留门孔。封堵门孔时必须统一指挥，密切配合，以最快的速度同时封堵。在建造防爆墙时，也应遵守这一规定。

⑱在隔绝火区时，构造密闭墙是最常用的方法。

隔绝井下火区所砌密闭墙的作用是，把火区的空气和矿井其他部分的空气分隔开，以阻止外部空气流入火区，并隔挡火区燃烧所产生的气体，使其不流出火区。因此，密闭墙必须坚固，能抵抗得住顶压，且密封性能好。

在有瓦斯的矿井中隔绝火区采用的密闭墙，其坚固程度要能抗得住火区里的爆炸力。选择修筑密闭墙的材料，应注意其隔绝性和坚固性，同时应考虑运输条件和材料的价格。

修筑密闭墙主要采用下列各种材料：木料（木板、板皮、木柱）、泥、石灰、水泥、砂、岩粉、砖、石头、炉渣砖及碎石。

⑲在隔绝火区时必须做到：

a. 密闭墙的位置应选择在围岩稳定、无断层、无破碎带、巷道断面小的地点，距巷道交叉口不小于 10 m。

b. 拆掉压缩空气管路、电缆，使之不通过密闭墙。

c. 在密闭墙中装设注惰性气体、采气样测量温度用的管子，并装上有阀门的放水管子。

d. 保证密闭墙的建筑质量。

e. 经常检查瓦斯。在火区瓦斯迅速增加时，为保证施工人员安全，可进行远距离、大面积的封闭。当火区稳定后，再缩小火区。

⑳火区封闭后，必须遵守下列原则：

a. 人员应立即撤出危险区。进入检查或加固密闭墙，要在 24 h 之后进行。

b. 密闭后，应采取均压通风措施，减少火区漏风。

c. 如果火区内氧含量、一氧化碳含量及温度没有下降趋势，应查找原因，采取补救措施。

㉑在密闭的火区中，如果发生爆炸，破坏了密闭墙，禁止派救护队恢复密闭墙或探险。如果必须恢复破坏的密闭墙或在附近构筑新密闭墙，之前必须做到：

a. 恢复密闭前的通风，最大限度地增加入风量以吹散瓦斯。

b. 采取措施加强火区瓦斯排放（利用现有的排瓦斯系统，向火区增打排瓦斯钻孔）。

c. 加强瓦斯检查，只有在火区内可燃气体浓度已无爆炸危险时，方可进行火区封闭作业。否则，要在距火区较远的安全地点建造密闭墙。

㉒在有瓦斯积聚危险的情况下建造密闭墙时，必须使一定量的空气进入火区，以免爆炸性气体积聚到爆炸危险程度。

㉓灭火时，如积聚的瓦斯可能涌入区，应加强巷道通风。如果瓦斯浓度达到 2%，并且仍在继续增加，矿山救护队指挥员必须立即将全体人员撤到安全地点，采取措施排除瓦斯。如果不能将瓦斯排除，应会同抢救指挥部，研究保证安全的新的灭火方法。

（2）高温下的矿山救护工作

①井下空气的温度超过 30 ℃（测点高 1.6 ~ 1.8 m）时，即为高温。当井下巷道内气温超

过27 ℃时,就应限制佩戴氧气呼吸器的连续作业时间。在温度逐渐增高时,佩戴氧气呼吸器允许停留(作业、值班)和行走时间见表11.2.3。

表11.2.3　高温时佩戴氧气呼吸器停留和行走允许时间表

巷道中温度/℃	允许时间		
	在巷道中停留时间/min	水平巷道中前进,倾斜、急倾斜巷道中下行/min	倾斜、急倾斜巷道中上行/min
27	210	85	50
28	180	75	45
29	150	65	40
30	125	55	36
31	110	50	33
32	95	45	30
33	80	40	27
34	70	35	23
35	60	30	20
36	50	25	17
37	40	21	14
38	35	17	11
39	30	13	8
40	25	9	5
41	24	—	—
42	23	—	—
43	22	—	—
44	21	—	—
45	20	—	—
46	19	—	—
47	18	—	—
48	17	—	—
49	16	—	—
50	15	—	—
51	14	—	—

续表

巷道中温度/℃	允许时间		
	在巷道中停留时间/min	水平巷道中前进，倾斜、急倾斜巷道中下行/min	倾斜、急倾斜巷道中上行/min
52	13	—	—
53	12	—	—
54	11	—	—
55	10	—	—
56	9	—	—
57	8	—	—
58	7	—	—
59	6	—	—
60	5	—	—

②巷道内温度超过40 ℃时，禁止佩戴氧气呼吸器从事救护工作。但在抢救遇险人员或作业地点靠近新鲜风流时例外，否则必须采取降温措施。

③为保证在高温区工作的安全，应该采取降温措施，改善工作环境。其方法有：调整风流(反风、停止通风机、风流短路、减少或增加进入的风量)等，利用局部通风机、风管、通风装置、水幕或水冷却巷道，临时封闭高温区，穿防热服等。

④小队如果在高温巷道作业时，巷道内空气温度迅速增高(每2～3 min增高1～2 ℃)，不论在最后一个测温地点所测温度多高，小队应返回基地。小队退出的行动，应及时报告井下基地指挥员。

⑤在高温区进行矿山救护工作时，矿山救护指挥员必须做到：

a.除进行为救人所做的侦察工作外，严禁在没有待机小队和没有灾区电话联系的情况下进行救护工作。进行救人时，在保证救人所需力量的条件下，应设待机队。

b.亲自向派往高温地区工作的指挥员说明：任务的特点、工作制度、完成任务中可能遇到的问题以及保证工作安全的措施。

c.应与到高温区工作的小队保持不断的联系。

⑥在高温区工作的指挥员必须做到：

a.向出发的小队布置任务，并提出安全措施。

b.在进入高温巷道时，要随时进行温度测定，测定结果和时间应做好记录，有可能时写在巷道帮上。如果巷道内温度超过40 ℃，小队应退出高温区，并将情况报告矿山救护工作领导人。小队救人时，应按表11.2.3计算在高温空气内可以停留的时间。

c.与井下基地保持不断的联系，报告温度变化、工作完成情况及队员的身体状况。

d.发现指战员身体有异常现象时(哪怕只有1人)，应率领小队返回基地，并把情况用信号通知待机小队。

返回时,不得快速行走,并采取一些改善其感觉的安全措施,如手动补给供氧,用水冷却头、面部等。

⑦在高温条件下,佩戴氧气呼吸器工作后,休息的时间应比正常温度条件下工作后的休息时间增加1倍。

⑧在高温条件下佩戴氧气呼吸器进行工作后,不应喝冷水。井下基地应备有含0.75%食盐的温开水和其他饮料,供救护队员饮用。在高温地区工作前后应喝一杯盐水。休息2 h后,小队才能重返高温区作业,但一昼夜内仅能再作业一次。

(3)扑灭不同地点火灾的方法

①进风井口建筑物发生火灾时,应采取防止火灾气体及火焰侵入井下的措施:

a. 立即反转风流或关闭井口防火门,必要时停止主要通风机。

b. 按矿井应急救援预案规定引导人员出井。

c. 迅速扑灭火源。

②正在开凿井筒的井口建筑物发生火灾时,如果通往遇险人员的道路被火切断,可利用原有的铁风筒及各类适合供风的管路设施改为强制性送风。同时,矿山救护队应全力以赴投入灭火,以便尽快靠近遇险人员进行抢救。扑灭井口建筑物火灾时,事故矿井应召请消防队参加。

③进风井筒中发生火灾时,为防止火灾气体侵入井下巷道,必须采取反风或停止主要通风机运转的措施。

④回风井筒发生火灾时,风流方向不应改变。为了防止火势增大,应减少风量。其方法是控制入风防火门,打开通风机风道的闸门,停止通风机或执行抢救指挥部决定的其他方法(以不能引起可燃气体浓度达到爆炸危险为原则)。必要时,撤出井下受危及的人员。

当停止主要通风机时,应注意火风压造成危害。多风井通风时,发生火灾区域回风井的主要通风机不得停止。

⑤竖井井筒发生火灾时,不管风流方向如何,应用喷水器自上而下的喷洒。只有在能确保救护队员生命安全时,才允许派遣救护队进入井筒从上部灭火。

⑥扑灭井底车场的火灾时:

a. 当进风井井底车场和毗连硐室发生火灾时,必须进行反风或风流短路,不使火灾气体侵入工作区。

b. 回风井井底发生火灾时,应保持正常风向,在可燃性气体不会聚集到爆炸限度的前提下,可减少进入火区的风量。

c. 矿山救护队要用最大的人力、物力直接灭火和阻止火灾蔓延。

d. 为防止混凝土支架和砌碹巷道上面木垛燃烧,可在碹上打眼或破碹,施设水幕。

e. 如果火灾的扩展危及关键地点(如井筒、火药库、变电所、水泵房等),则主要的人力、物力应用于保护这些地点。

⑦扑灭井下硐室中的火灾时:

a. 着火硐室位于矿井总进风道时,应反风或风流短路。

b. 着火硐室位于矿井一翼或采区总进风流所经两巷道的连接处时,则在可能的情况下采取短路通风,条件具备时也可采用局部反风。

c. 火药库着火时,应首先将雷管运出,然后将其他爆炸材料运出,如因高温运不出时,则关闭防火门,退往安全地点。

d.绞车房着火时,应将火源下方的矿车固定,防止烧断钢丝绳,造成跑车伤人。

e.蓄电池机车库着火时,为防止氢气爆炸,应切断电源,停止充电,加强通风并及时把蓄电池运出硐室。

⑧硐室发生火灾,且硐室无防火门时,应采取挂风障控制入风,积极灭火。

⑨倾斜进风巷道发生火灾时,必须采取措施防止火灾气体侵入有人作业的场所,特别是采煤工作面。为此可采取风流短路或局部反风、区域反风等措施。

⑩火灾发生在倾斜上行回风风流巷道,则保持正常风流方向。在不引起瓦斯积聚的前提下应减少供风。

⑪扑灭倾斜巷道下行风流火灾,必须采取措施,增加进入的风量,减少回风风阻,防止风流逆转,但决不允许停止通风机运转。如有发生风流逆转的危险时,应从下山下端向上消灭火灾。在不可能从下山下端接近火源时,应采用综合灭火法扑灭火灾。

⑫在倾斜巷道中,需要从下方向上灭火时,应采取措施防止冒落岩石和燃烧物掉落伤人,如设置保护吊盘、保护隔板等。

⑬在倾斜巷道中灭火时,应利用中间巷道、小顺槽、联络巷和行人巷接近火源。不能接近火源时,则可利用矿车、箕斗,将喷水器下到巷道中灭火,或发射高倍数泡沫、惰气进行远距离灭火。

⑭位于矿井或一翼总进风道中的平巷、石门和其他水平巷道发生火灾时,要选择最有效的通风方式(反风、风流短路、多风井双区域反风、正常通风等),以便救人和灭火。在防止火灾扩大采取短路通风时,要确保火灾有害气体不致逆转。

⑮在采区水平巷道中灭火时,一般保持正常通风,视瓦斯情况增大或减少火区供风量。如火灾发生在采煤工作面运输巷道时,为了迅速救出人员和阻止火势蔓延,使遇险人员自救退出,可进行工作面局部反风或减少风量。若采取减少风量措施,要防止造成灾区贫氧和瓦斯积聚。

⑯采煤工作面发生火灾时,一般要在正常通风的情况下进行灭火。必须做到:

a.从进风侧进行灭火,要有效地利用灭火器和防尘水管。

b.急倾斜煤层采煤工作面着火时,不准在火源上方灭火,防止水蒸气伤人;也不准在火源下方灭火,防止火区塌落物伤人;而要从侧面(即工作面或采空区方向)利用保护台板和保护盖接近火源灭火。

c.采煤工作面瓦斯燃烧时,要增大工作面风量,并利用干粉灭火器、砂子、岩粉等灭火,全小队人员分布开,对整个燃烧线进行喷射灭火。

d.在进风侧灭火难以取得效果时,可采取局部反风,从回风侧灭火,但进风侧要设置水幕,并将人员撤出。

e.采煤工作面回风巷着火时,必须采取有效方法,防止采空区瓦斯涌出和积聚。

f.用上述方法无效时,应采取隔绝方法和综合方法灭火。

⑰独头巷道发生火灾时,要在维持局部通风机正常通风的情况下,积极灭火。矿山救护队到达现场后,要保持独头巷道的通风原状,即风机停止运转的不要随便开启,风机开启的不要盲目停止,进行侦察后再采取措施。

⑱矿山救护队到达井下,已经知道发火巷道有爆炸危险,在不需要救人的情况下,指挥员

不得派小队进入着火地点冒险灭火或探险;已经通风的独头巷道如果瓦斯含量仍然迅速增长,也不得入内灭火,而要在远离火区的安全地点建筑密闭墙,具体位置由救护指挥部确定。

⑲在扑灭独头巷道火灾时,矿山救护队必须遵守下列规定:

a. 平巷独头巷道迎头发生火灾,瓦斯浓度不超过2%时,要在通风的情况下采用干粉灭火器、水等直接灭火。灭火后,必须仔细清查阴燃火点,防止复燃引起爆炸。

b. 火灾发生在乎巷独头煤巷的中段时,灭火中必须注意火源以里的瓦斯,严禁用局部通风机风筒把已积聚的瓦斯经过火点排出。如果情况不清,应远距离封闭。

c. 火灾发生在上山独头煤巷迎头,在瓦斯浓度不超过2%时,灭火中要加强通风,排除瓦斯;如瓦斯浓度超过2%仍在继续上升,要立即把人员撤到安全地点,远距离进行封闭。若火灾发生在上山独头巷的中段时,不得直接灭火,要在安全地点进行封闭。

d. 上山独头煤巷火灾不管发生在什么地点,如果局部通风机已经停止运转,在无需救人时,严禁进入灭火或侦察,而要立即撤出附近人员,远距离进行封闭。

e. 火灾发生在下山独头煤巷迎头时,在通风的情况下,瓦斯浓度不超过2%,可直接进行灭火。若发生在巷道中段时不得直接灭火,要远距离封闭。

(4)首先到达事故地点的矿山救护队行动的一般原则

矿山救护队到达矿井后,根据火灾的位置,小队执行紧急任务的顺序如下:

①进风井口建筑物发生火灾时,应派1个小队去处理火灾、封盖井口;另1个小队去井下救人和扑灭井底车场可能发生的火源。

②井筒和井底车场发生火灾时,应派1个小队去灭火,派另1个小队到危险地点救人。

③当火灾发生在矿井进风侧的硐室、石门、平巷、下山和上山,而燃烧的火灾气体可能扩散到一个采区时,应派1个小队去灭火,派另1个小队到最危险的采区救人。

④当火灾发生在采区平巷、石门、硐室、工作面、通风平巷、人行眼和联络眼中,应派1个小队以最短的路线进入回风道去救人,另1小队从进风侧进去灭火,并在必要时抢救灾区人员。

⑤当火灾发生在回风井井口建筑物、回风井筒、回风井底车场以及其毗连的巷道中时,应派1个小队去灭火,派另1个小队到这些巷道救人。

2.2.3 处理瓦斯、煤尘爆炸事故时矿山救护队的行动原则

①处理爆炸事故时,矿山救护队的主要任务是:

a. 抢救遇险人员;

b. 对充满爆炸烟气的巷道恢复通风;

c. 抢救人员时清理堵塞物;

d. 扑灭因爆炸产生的火灾。

②首先到达事故矿井的小队应对灾区进行全面侦察,查清遇险遇难人员数量及分布地点,发现幸存者立即佩戴自救器救出灾区,发现火源要立即扑灭。

③井筒、井底车场或石门发生爆炸时,应派1个小队救人,1个小队恢复通风。如果通风设施损坏不能恢复,应全部去救人。爆炸事故发生在采掘工作面时,派1个小队沿回风侧、另1个小队沿进风侧进入救人。

④为了排除爆炸产生的有毒有害气体,抢救人员,要在查清确无火源的基础上,尽快恢复

通风。如果有害气体严重威胁回风流方向的人员，为了紧急救人，在进风方向的人员已安全撤退的情况下，可采取区域反风或局部反风。这时，矿山救护队应进入原回风侧引导人员撤离灾区。

⑤矿山救护队在侦察中遇到冒顶无法通过时，侦察小队要迅速退出，寻找其他通道进入灾区。在独头巷道较长、有害气体浓度大、支架损坏严重的情况下，确知无火源、人员已经牺牲时，严禁冒险进入，要在恢复通风、维护支架后方可进入。

⑥小队进入灾区必须遵守下列规定：

a. 进入前切断灾区电源。

b. 注意检查灾区内各种有害气体的浓度，检查温度及通风设施的破坏情况。

c. 穿过支架被破坏的巷道时，要架好临时支架，以保证退路安全。

d. 通过支护不好的地点时，队员要保持一定距离按顺序通过，不要推拉支架。

e. 进入灾区行动要谨慎，防止碰撞产生火花，引起爆炸。

2.2.4　处理煤与瓦斯突出事故时矿山救护队的行动原则

①发生煤与瓦斯突出事故时，矿山救护队的主要任务是抢救人员和对充满瓦斯的巷道进行通风。

②救护队进入灾区侦察时，应查清遇险遇难人员数量及分布情况，通风系统和通风设施破坏情况，突出的位置，突出物堆积状态，巷道堵塞情况，瓦斯浓度和波及范围，发现火源立即扑灭。

③采掘工作面发生煤与瓦斯突出事故后，1 个小队从回风侧、另 1 个小队从进风侧进入事故地点救人。仅有 1 个小队时，如突出事故发生在采煤工作面，应从回风侧进入救人。

④侦察中发现遇险人员应及时抢救，为其佩戴隔绝式自救器或全面罩氧气呼吸器，引导出灾区。对于被突出煤炭阻在里面的人员，应利用压风管路、打钻等输送新鲜空气救人，并组织力量清除阻塞物。如不易清除，可开掘绕道，救出人员。

⑤发生突出事故，不得停风和反风，防止风流紊乱扩大灾情。如果通风系统和通风设施被破坏，应设置临时风障、风门及安装局部通风机恢复通风。

⑥因突出造成风流逆转时，要在进风侧设置风障，并及时清理回风侧的堵塞物，使风流尽快恢复正常。

⑦发生突出事故，要慎重考虑灾区是否停电。如果灾区不会因停电造成被水淹的危险时，应远距离切断灾区电源。如果灾区因停电有被水淹危险时，应加强通风，特别要加强电器设备处的通风，做到送电的设备不停电，停电的设备不送电，防止产生火花，引起爆炸。

⑧瓦斯突出引起火灾时，要采用综合灭火或惰气灭火。如果瓦斯突出引起回风井口瓦斯燃烧，应采取隔绝风量的措施。

⑨小队在处理突出事故时，小队长必须做到：

a. 进入灾区前，检查矿灯，并提醒队员在灾区不要扭动矿灯开关或灯盖。

b. 在突出区要设专人定时定点用 100% 瓦斯检定器检查瓦斯含量，并及时向指挥部报告。

c. 设立安全岗哨，禁止不佩戴氧气呼吸器的人员进入灾区，非救护队人员只能在新鲜风流中工作。

d. 当发现突出点有异常情况，可能发生二次突出时，要立即撤出人员。

⑩恢复突出地区通风时,要设法经最短路线将瓦斯引入回风道。排风井口 50 m 范围内不得有火源,并设专人监视。

⑪处理岩石与二氧化碳突出事故时,除严格执行煤与瓦斯突出的各项规定外,还必须对灾区加大风量,迅速抢救遇险人员。佩戴氧气呼吸器进入灾区时,应带好防烟眼镜。

2.2.5 处理冒顶事故时矿山救护队的行动原则

①发生冒顶事故后,矿山救护队应配合现场人员一起救助遇险人员。如果通风系统遭到破坏,应迅速恢复通风。当瓦斯和其他有害气体威胁到抢救人员的安全时,救护队应担负起抢救人员和恢复通风的工作。

②在处理冒顶事故以前,矿山救护队应向在事故附近地区工作的干部和工人了解事故发生原因、冒顶地区顶板特性、事故前人员分布位置、瓦斯浓度等,并实地查看周围支架和顶板情况,必要时加固附近支架,保证退路安全畅通。

③抢救人员时,用呼喊、敲击或采用寻人仪探测等方法判断遇险人员位置,与遇险人员保持联系,鼓励他们配合抢救工作。对于被埋、被堵的人员,应在支护好顶板的情况下,用掘小巷、绕道通过冒落区或使用矿山救护轻便支架穿越冒落区接近他们。一时无法接近时,应设法利用压风管路等提供新鲜空气、饮料和食物。

④处理冒顶事故中,始终要有专人检查瓦斯和观察顶板情况,发现异常,立即撤出人员。

⑤清理堵塞物时,使用工具要小心,防止伤害遇险人员;遇有大块矸石、木柱、金属网、铁梁、铁柱等物压人时,可使用千斤顶、液压起重器、液压剪刀等工具进行处理。

⑥对抢救出的遇险人员,要用毯子保温,并迅速运至安全地点,进行输氧或由医生进行急救包扎,尽快送医院治疗。对长期困在井下的人员,不要用灯光照射眼睛,饮食要由医生决定。

2.2.6 处理井巷遭受水淹时矿山救护队的行动原则

①井巷发生透水事故时,矿山救护队的任务是抢救受淹和被困人员,防止井巷进一步被淹和恢复井巷通风。

②矿山救护队到达事故矿井后,要了解灾区情况、水源、事故前人员分布、矿井有生存条件的地点及进入该地点的通道等,并计算被堵人员所在地点容积、氧气、瓦斯浓度,计算出被困人员应救出的时间。

③救护队在侦察中,应判定遇险人员位置,涌水通道、水量、水的流动线路,巷道及水泵设施受水淹程度,巷道冲坏和堵塞情况,有害气体(CH_4、CO_2、H_2S 等)浓度及在巷道散布情况和通风情况等。

④采掘工作面发生透水时,第 1 小队一般应进入下部水平救人,第 2 小队应进入上部水平救人。

⑤对于被困在井下的人员,其所在地点高于透水后水位,可利用打钻等方法供给新鲜空气、饮料及食物;如果其所在地点低于透水后水位时,则禁止打钻,防止泄压扩大灾情。

⑥矿井透水量超过排水能力,有全矿和水平被淹危险时,在下部水平人员救出后,可向下部水平或采空区放水。如果下部水平人员尚未撤出,主要排水设备受到被淹威胁时,可用装有黏土、砂子的麻袋构筑临时防水墙,堵住泵房口和通往下部水平的巷道。

⑦矿山救护队在处理水淹事故时,小队长必须注意下列问题:

a. 透水如果威胁水泵安全,在人员撤往安全地点后,小队的主要任务是保护泵房不致被淹。

b. 小队逆水流方向前往上部没有出口的巷道时,要与在基地监视水情的待机队保持联系,当巷道有很快被淹危险时,要立即返回基地。

c. 排水过程中,要保持通风,加强对有毒有害气体的检测。

d. 排水后进行侦察、抢救人员时,要注意观察巷道情况,防止冒顶和掉底。

e. 救护队员通过局部积水巷道,在积水水位不高、距离不长时,也要十分慎重,应选择熟悉水性,了解巷道情况的队员通过。

⑧处理上山巷道透水时应注意下列事项:

a. 防止二次透水、积水和淤泥的冲击。

b. 透水点下方要有能存水及存沉积物的有效空间,否则人员要撤到安全地点。

c. 保证人员在作业中的通讯联系和安全退路。

2.2.7　处理淤泥、黏土和流砂溃决事故时矿山救护队的行动原则

①处理淤泥、黏土和流砂溃决事故时,矿山救护队的主要任务是救助遇险人员,清除透入井巷中的淤泥、黏土和流砂,加强有毒有害气体检查,恢复通风。如果通风正常,则清除工作应由本矿人员进行。

②溃出的淤泥、黏土和流砂如果困堵了人员,要用呼喊、敲击等方法与他们取得联系,采取措施输送空气、饮料和食物。在进行清除工作的同时,寻找最近距离掘小巷接近他们。

③当泥砂有流入下部水平的危险时,应将下部水平人员撤到安全处。

④如开采的为急倾斜煤层,黏土和淤泥或流砂流入下部水平巷道时,救护工作只能从上部水平巷道进行,严禁从下部接近充满泥砂的巷道。

⑤当救护小队在没有通往上部水平安全出口的巷道中逆泥浆流动方向行进时,基地应设待机小队,并与进入小队保持不断联系,以便随时通知进入小队返回或进入帮助。

⑥在淤泥已停止流动,寻找和救助人员时,应在铺于淤泥上的木板上行进。

⑦因受条件限制,须从斜巷下部清理淤泥、黏土、流砂或煤渣时,必须制定专门措施,由矿长亲自组织抢救,设有专人观察,防止泥砂积水突然冲下;并应设置有安全退路的躲避硐室。出现险情时,人员立即进入躲避硐室暂避。在淤泥下方没有阻挡的安全设施时,不得进行清除工作。

2.2.8　处理事故时的特别服务部门

(1)地面基地

①在处理重大事故时,为及时供应救灾装备和器材,必须设立地面基地。

a. 地面基地的救护装备、器材的数量,由矿山救护队指挥员根据事故的范围、类别及参战救护队的数量确定。

b. 地面基地至少存放能用3昼夜的氧气、氢氧化钙和其他消耗物资。

c. 地面基地应有通信员、气体化验员、仪器修理员、汽车司机等人员值班。

②为保证地面基地正常有效地工作,矿山救护队指挥员要指定地面基地负责人。地面基

地负责人应做到：

a. 按规定及时把所需要的救护器材储存于基地内。

b. 登记器材的收发与储备情况。

c. 及时向矿山救护队指挥员报告器材消耗、补充和储备情况。

d. 保证基地内各种器材、仪器的完好。

(2)井下基地

①为保证处理事故工作的顺利进行，必须设立井下基地。井下基地应设置在尽量靠近灾区、通风良好、运输方便、不易受爆炸波直接冲击的安全地点。井下基地应设有：

a. 待机小队。

b. 通信设备。

c. 必要的救护装备、配件、工具和材料。

d. 值班医生。

e. 有害气体监测仪器。

f. 临时充饥的食物和饮料。

②在井下基地负责的指挥员应经常同抢救指挥部和正在工作的救护小队保持联系，检查基地有害气体的浓度并注意其他情况的变化。

③改变井下基地位置，必须取得矿山救护队指挥员的同意，并通知抢救指挥部和正在灾区内工作的小队。

(3)通信工作

①在处理事故时，为保证指挥灵活，行动协调，必须设立通信联络系统：

a. 派遣通信员。

b. 显示信号与音响信号。

c. 有线、无线电话。

②在处理事故时，应保证如下通信联络：

a. 抢救指挥部与地面、井下基地。

b. 井下基地与灾区工作小队。

抢救指挥部、基地的电话机应设专人看守，撤销和移动基地电话机只有得到矿山救护队指挥员同意后，方可进行。

③简单的显示信号：

a. 粉笔或铅笔写字、手势、灯光、冷光管、电话机、喇叭、哨子及其他打击声响等。

b. 在灾区内严禁通过口具讲话，使用的音响信号规定如下：

一声——停止工作或停止前进；二声——离开危险区；三声——前进或工作；四声——返回；连续不断的声音——请求援助或集合。

c. 在竖井和倾斜巷道用绞车上下时使用的信号：

一声——停止；二声——上升；三声——下降；四声——慢上；五声——慢下。

d. 在灾区中报告氧气压力的手势为：

伸出拳头表示 10 MPa；伸出五指表示 5 MPa；伸出一指表示 1 MPa；报告时手势要放在灯头前表示。

(4)应急气体分析室

①在处理火灾及爆炸事故时,必须设有应急气体分析室,并不断地监测灾区内的气体成分。

②抢救指挥部应委派气体分析负责人,其职责为:

a. 对灾区气体定时、定点取样,昼夜连续化验,及时分析气样,并提供分析结果。

b. 绘制有关测点气体和温度变化曲线图。

c. 负责整理总结整个处理事故中的气体分析资料。

d. 必要时,可携带仪器到井下基地直接进行化验分析。

(5)医疗站

当矿井发生重大事故时,事故矿井负责组织医疗站,医疗站的任务是:

①医疗人员在医疗站和井下基地值班。

②对从灾区撤出的遇险人员进行急救。

③检查和治疗救护队员的疾病。

④检查遇难人员受伤部位的具体情况并做好记录。

2.2.9　矿山救护队进行安全技术工作时的行动原则

矿山救护队佩戴氧气呼吸器在井下从事的各项非事故性工作,均属安全技术工作。安全技术工作必须由矿井有关部门制定专门措施,经矿总工程师批准后,送矿山救护队执行。

①矿山救护队参加排放瓦斯工作,应按下列规定进行:

a. 按照排放瓦斯措施,矿山救护队要逐项检查,符合规定后方可排放。

b. 矿山救护队要组织人员学习措施,并制定自己的行动计划。

c. 排放前,要撤出回风侧的人员,切断回风流的电源。如果回风侧有火区时,要进行认真检查,并予以严密的封闭。

d. 排放时,要有专人检查瓦斯,回风流中的瓦斯浓度应符合《规程》的规定。

e. 排放结束后,矿山救护队应与现场通风、安监部门一起进行检查,待通风正常后,方可撤出工作地点。

②封闭的火区符合启封条件后,方可启封。启封工作矿山救护队必须按下列规定进行:

a. 对火区启封计划要组织学习和讨论,并逐项进行检查落实,符合规定后,应制定出自己的行动计划。

b. 启封前,要在锁风的情况下进行详细侦察,检查火区的温度、各种气体浓度及巷道支护等情况,发现有复燃征兆时,要立即重新封闭。

c. 启封前,必须把回风侧的人员撤到安全地点,切断回风流的电源。在通往回风道交叉口处设栅栏、警标,并做好重新封闭的准备工作。

d. 启封时,要逐段恢复通风,认真检查各种气体浓度和温度变化情况。有复燃危险时,必须立即重新封闭火区。

e. 启封工作结束后,矿山救护队要按《规程》的规定进行值班,3 天内无复燃象征时,撤出工作地点。

③矿山救护队参加有煤与瓦斯突出煤层的震动性放炮工作,按下列规定进行:

a. 根据批准的措施,检查准备工作的落实情况。

b. 携带灭火器和其他必要的装备在指定地点值班,并在放炮之前佩戴好氧气呼吸器。

c. 在放炮 30 min 后,矿山救护队佩戴呼吸器进入工作面进行检查,如放炮引起火灾要立即扑灭。

d. 在瓦斯全部排放完毕后,矿山救护队要与通风、安监等部门共同检查,通风正常后,方可离开工作地点。

④矿山救护队参加反风演练,必须按下列规定进行:

a. 根据批准的反风演练计划措施,逐项检查准备工作的落实情况。

b. 及时组织队员对反风计划措施进行学习和讨论,并制定出自己的行动计划和安全措施。

c. 反风前,救护队应佩戴氧气呼吸器和携带必要的技术装备在井下指定地点值班,同时测定矿井风量和检查瓦斯浓度。

d. 反风 10 min 后,经测定风量达到正常风量的 40%,瓦斯含量不超过《规程》规定时,应及时报告指挥部。

e. 恢复正常通风后,救护队应将测定的风量、检测的瓦斯浓度报告指挥部,待通风正常后方可离开工作地点升井。

第3章 矿井六大避险系统

3.1 安全监控系统

3.1.1 规定要求

煤矿企业必须建设完善安全监控系统，实现对煤矿井下瓦斯、一氧化碳浓度、温度、风速等的动态监控，为煤矿安全管理提供决策依据。要加强系统设备维护，定期进行调试、校正，及时升级、拓展系统功能和监控范围，确保设备性能完好，系统灵敏可靠。要健全完善规章制度和事故应急预案，明确值班、带班人员责任，矿井监测监控系统中心站实行24小时值班制度，当系统发出报警、断电、馈电异常信息时，能够迅速采取断电、撤人、停工等应急处置措施，充分发挥其安全避险的预警作用。

3.1.2 技术标准

详见《煤矿安全监控系统及检测仪器使用管理规范》(AQ 1029—2007)及第十篇相关内容。

3.2 人员定位系统

3.2.1 规定要求

煤矿企业必须建设完善井下人员定位系统，并做好系统维护和升级改造工作，保障系统安全可靠运行。所有入井人员必须携带识别卡(或具备定位功能的无线通信设备)，确保能够实时掌握井下各个作业区域人员的动态分布及变化情况。要进一步建立健全制度，发挥人员定位系统在定员管理和应急救援中的作用。

3.2.2 技术标准

详见《煤矿井下作业人员管理系统使用规范》(AQ 1048—2007)。

3.3 紧急避险系统

3.3.1 规定要求

煤矿企业必须按照《煤矿安全规程》的要求,为入井人员配备额定防护时间不低于 30 min 的自救器。煤与瓦斯突出矿井应建设采区避难硐室,突出煤层的掘进巷道长度及采煤工作面走向长度超过 500 m 时,必须在距离工作面 500 m 范围内建设避难硐室或设置救生舱。煤与瓦斯突出矿井以外的其他矿井,从采掘工作面步行,凡在自救器所能提供的额定防护时间内不能安全撤到地面的,必须在距离采掘工作面 1 000 m 范围内建设避难硐室或救生舱。

3.3.2 技术标准

(1)固定避难硐室

1)基本要求

①矿井应根据井下作业人员和巷道断面等情况,结合矿井避灾路线,合理选择和布置避难硐室或移动式救生舱。

②所有矿井在各水平井底车场设置固定式避难硐室。

③有突出煤层的采区应设置采区避难硐室,设置位置应当根据实际情况确定,但必须设置在防逆流风门外的进风流中。煤与瓦斯突出矿井以外的其他矿井,从采掘工作面步行,凡在自救器所能提供的额定防护时间内不能安全撤到地面的,必须在距离采掘工作面 1 000 m 范围内建设避难硐室或救生舱。

突出煤层的掘进巷道长度及采煤工作面走向长度超过 500 m 时,必须在距离工作面 500 m范围内建设避难硐室或设置救生舱。

④避难硐室的额定人数,应满足所服务区域内同时工作的最多人员的避难需要,并考虑不低于 5% 的富裕系数。其中,采区避难硐室至少满足 15 人的避难需求。

⑤避难硐室的设置应避开地质构造带、应力异常区以及透水威胁区,并要求尽量布置于岩层中,且顶板完整、支护完好,前后 20 m 范围内应采用不燃性材料支护,符合安全出口的相关要求。若必须设置在煤层中时,应有防瓦斯涌出、煤层自燃发火的安全措施。

⑥井下避难硐室应具备安全防护、氧气供给、有害气体处理、温湿度控制、避难硐室内外环境参数监测、通讯、照明及指示、基本生存保障等功能,保证在无任何外部支持的情况下维持避难硐室内额定避险人员生存 96 h 以上。

⑦矿井避灾路线图应包含井下所有避难硐室设置情况。避难硐室应有清晰、醒目的标志牌,并悬挂于避难硐室外。标志牌中应明确标注避难硐室位置和规格、种类,井巷中应有避难硐室方位的明显标示,以便灾变时遇险人员能够迅速到达避难硐室。

⑧避难硐室内应有简明、易懂的使用和操作步骤说明,以指导遇险人员正确使用避难设

施，安全避险。

2）设计要求

①避难硐室净高不低于2 m，长度、深度根据同时避难最多人数以及避难硐室内配置的各种装备来确定，每人应有不低于0.5 m^2 的面积。

②避难硐室的形状宜采用半圆拱形，内部顶板和墙壁的颜色为浅色，以减轻受困人员的心理压力。

③避难硐室应设置与外界相通的单向排气管，室内一侧的管口靠近避难硐室底板。

④避难硐室顶板应安装防水设施，不得有滴水现象。硐室地面应高于巷道底板0.2 m，硐室内应设置单向排水管。

⑤避难硐室内应设计承重挂钩，以方便设备安装。

⑥避难硐室外20 m范围内不应堆放易燃物品。

⑦避难硐室应采用向外开启的2道隔离门结构，以形成风障。隔离门不低于反向风门的标准，高不小于1.5 m，宽不小于0.8 m。密封可靠，开闭灵活。隔离门上应设置观察窗。

⑧隔离门墙体周边掏槽，深度不小于0.2 m，或见硬顶、硬帮，墙体用强度不低于C25的混凝土浇筑，并与岩体接实。

⑨压风、供水及信号传输管线在进入避难硐室前应埋设于巷底或巷壁，或采取其他措施保护，确保在灾变发生时不被破坏。埋设或保护距离在避难硐室设计中明确，但至少不得低于200 m（压风、供水主管道距避难硐室不足200 m的，分支管道必须全部埋设或保护）。

⑩避难硐室应根据不同岩性采用锚喷、砌碹等方式支护，支护材料应阻燃、抗静电、耐高温、耐腐蚀。

⑪在井下通往避难硐室的入口处应有“避难硐室”的反光显示标志，标志应符合AQ 1017—2005标准要求。

3）功能及配置

①避难硐室内部与外部巷道相比在灾变时处于不低于100 Pa的正压状态，防止有毒有害气体渗入。

②避难硐室应配备矿井灾变期间的空气供给装置或设施，在额定防护时间内提供避险人员人均供风量不低于0.1 m^3/min，氧气浓度为18.5%～22.0%。避难硐室氧气供给应以压风为主，接入矿井压风管路，设有减压装置和带有阀门控制的呼吸嘴，也可以大直径钻孔直通地面。

③避难硐室采用压缩空气供氧方式时，可不考虑空气净化和调节；采用压缩氧供气时，应具备对有毒有害气体的处理能力和空气调节控制能力，对 CO_2 的吸收（排除）能力不低于每人0.5 L/min，对CO的吸收（排除）能力不低于400 ppm/h，在额定防护时间内，避难硐室环境参数应符合表11.3.1规定。

表11.3.1　避难硐室环境参数

项　目	O_2	CO	CO_2	CH_4	温度	湿度
指标	18.5%～23.0%	≤24×10^{-6}	<1.0%	≤1.0%	≤35 ℃	≤85%

④避难硐室内应配备隔绝式自救器，自救器使用时间不低于45 min，配备数量不低于额

定人数的1.2倍。

⑤避难硐室内应配备正压氧气呼吸器,呼吸器使用时间不低于2 h,数量2~4台。

⑥避难硐室应设置内外环境参数检测仪器,至少应对避难硐室内的CO、CO_2、O_2、CH_4,避难硐室外的CO、O_2、CH_4、CO_2、温度等进行检测或监测。在避难硐室设置井下作业人员管理终端,各种探头与矿井监控系统联网运行。

⑦避难硐室应设有与矿井调度室直通的电话,保证灾变期间通讯可靠。

⑧避难硐室应配备在额定防护时间内额定人员生存所需要的食品和饮用水,食品不少于2 000 kJ/人·天,饮用水不少于0.5 L/人·天。避难硐室具备直通地面的大直径钻孔时,可不配备。

⑨避难硐室应采用一体式矿灯照明,并储备逃生用一体式矿灯,数量不少于额定人数的25%。

⑩避难硐室配备急救箱、工具箱、人体排泄物收集处理装置等设施设备。

⑪避难硐室用电气设备、高压容器、仪器仪表、化学药剂等,应符合相关产品标准的规定和国家有关管理要求,纳入安全标志管理的设备应取得矿用产品安全标志。

⑫在两道隔离门之间设置喷淋装置。

⑬避难硐室基本装备配置见表11.3.2。

表11.3.2 避难硐室基本装备配置

序号	产品名称	型　号	主要技术参数	备　注
1	矿用隔爆型备用电池箱	KDDxxxx	定制	
2	矿用隔爆兼本安直流稳压电源	KDWxxxx	定制	
3	矿用隔爆型空气循环净化装置	FBFN0xxx	定制	压缩氧供气时选用
4	矿用防爆空调装置	ZSK-xx/380	定制	压缩氧供气时选用
5	压缩氧供气系统		定制	压缩氧供气时选用
6	红外甲烷传感器	GJG100H(A)	测量范围:0~100%	
7	氧气传感器	GHY25	测量范围:0~25%	
8	一氧化碳传感器	GTH500(B)	测量范围:$0\sim500\times10^{-6}$	
9	温度传感器	GW50(A)	测量范围:0~50 ℃	
10	红外二氧化碳传感器	GRG5H	测量范围:0~5%	
11	作业人员管理系统终端	KJ251		
12	矿用红外摄像仪	SBT127/220G		
13	矿用电话		符合MT/T289的有关规定	
14	自动苏生器	MZS-30	自动肺换气量调整范围:12~25 L/min;呼吸阀供气量:>15 L/min;吸痰器吸引压力(-60~-3) kPa	

续表

序号	产品名称	型　号	主要技术参数	备　注
15	隔绝式压缩氧自救器	ZY45	额定保护时间为45 min	
16	压风自救器	ZY-J	输出压力调整范围：0.09 MPa；单个装置耗气量：150～200 L/min	
17	隔绝式正压氧气呼吸器	HYC120 或 HY4	有效防护时间2～4 h	
18	集便器		自带集便箱，脚踏式打包，材质为不锈钢	
19	矿用防爆日光灯		符合 GB 3836—2000，IEC—60079S 标准要求	
20	矿灯	KL2M(A)		
21	食品及饮用水		符合食品卫生有关规定	
22	急救箱、担架、工具箱			

⑭避难硐室布置见图11.3.1。

4)管理与维护

①避难硐室应专门设计并编制施工措施，报矿井总工程师审批后施工；竣工后由安全副矿长组织通风、安全及生产部门相关人员进行验收，合格后才能投入使用。

②矿井建立避难硐室管理制度，设专人管理，每周检查一次。按相关规定对其配套设施、设备进行维护、保养或调校，发现问题及时处理，确保设施完好可靠。

③避难硐室配备的食品和急救药品，过期或失效的必须及时更换。

④避难硐室保持常开状态，确保灾变时人员可以及时进入。

⑤矿井应对入井人员进行避难硐室使用的培训，每年组织一次避难硐室使用演练，确保每位入井员工都能正确使用避难硐室及其配套设施。

(2)移动式救生舱

1)基本要求

①矿井救生舱设置地点和数量。

矿井应根据井下作业人员和巷道断面等情况，结合矿井避灾路线，合理选择和布置移动式救生舱。

有突出煤层的采区应设置采区避难硐室或救生舱，设置位置应当根据实际情况确定，但必须设置在防逆流风门外的进风流中。煤与瓦斯突出矿井以外的其他矿井，从采掘工作面步行，凡在自救器所能提供的额定防护时间内不能安全撤到地面的，必须在距离采掘工作面1 000 m范围内设置。

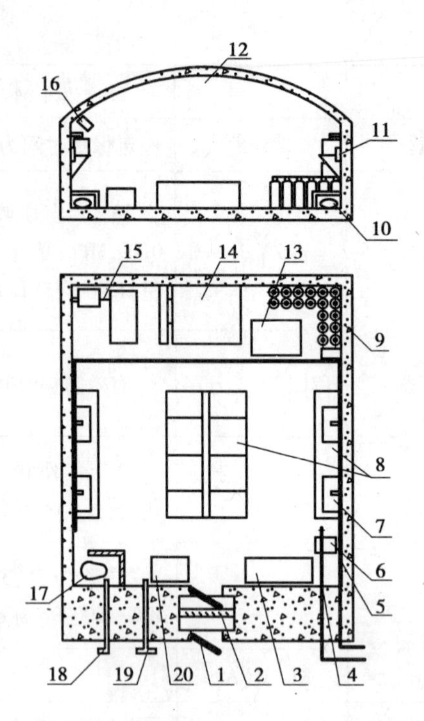

图 11.3.1　避难硐室布置示意图

1—隔离门;2—喷淋系统;3—药品食品柜;4—供水管;5—压风管;
6—人员管理系统终端;7—压风自救器箱;8—座椅;9—压缩氧供气系统;
10—担架;11—环境参数监测仪器;12—矿用荧光灯;13—空气过滤系统;
14—防爆空调;15—电源箱;16—矿用红外摄像仪;17—集便器;
18—排水管;19—排气管;20—自救器及工具柜

突出煤层的掘进巷道长度及采煤工作面走向长度超过500 m时,必须在距离工作面500 m范围内设置避难硐室或救生舱。

救生舱规格和数量应满足所服务区域内同时工作的最多人员的避难需要。

②救生舱安放硐室的要求。

a. 救生舱安放硐室的设置应避开地质构造带、应力异常区以及透水威胁区,并要求尽量布置于岩层中,且顶板完整、支护完好(采用混凝土,厚度为200~300 mm),前后20 m范围内应采用不燃性材料支护,符合安全出口的相关要求。应保证道路畅通,安全间距、风速等符合《煤矿安全规程》及相关标准的规定。

b. 救生舱安放硐室的形状宜采用半圆拱形,高度大于2.6 m,救生舱安放硐室的尺寸,应根据选用的救生舱的规格和通风要求确定。

c. 救生舱安放硐室内地面应高于巷道底板0.2 m,水泥铺底厚150~200 mm,倾斜度不大于3°,以保证救生舱水平放置时保持平稳。

d. 救生舱安放硐室顶板应安装防水设施,不得有滴水现象。

e. 救生舱安放硐室外20 m范围内不应堆放易燃物品。

f. 压风、供水及信号传输管线在进入避难硐室前应埋设于巷底或巷壁,或采取其他措施保护,确保在灾变发生时不被破坏。埋设或保护距离至少不得低于200 m。

g. 救生舱安放硐室应根据不同岩性采用锚喷、砌碹等方式支护,支护材料应阻燃、抗静电、耐高温、耐腐蚀。

③救生舱安放硐室标志。

矿井避灾路线图应包含井下所有避难硐室设置情况。救生舱安放硐室应有清晰、醒目的标志牌，并悬挂于救生舱安放硐室外。标志牌中应明确标注救生舱位置和规格、种类，井巷中应有救生舱方位的明显标示，以便灾变时遇险人员能够迅速到达救生舱。

在井下通往救生舱安放硐室的入口处应有“救生舱”的反光显示标志，标志应符合AQ1017—2005 标准要求。

④通风设施。

救生舱安放硐室应设立在进风风流中，通风应满足 AQ 1028—2006 标准要求。突出煤层的掘进巷道长度超过 500 m 时，不能设立在进风风流中。

压风供气应符合 MT 390—1995 标准要求，压风供气系统应专门配置，发生灾害时自动投入运行、供给压气。必须保证风源稳定可靠，灾害应急时随时可用。按救生舱额定人数计算，每人每分钟供给风量不得少于 0.1 m^3。

⑤供水设施：与矿供水管道相联接，管路保持畅通。

⑥供电设施。

供电安全、可靠。用于煤矿井下的救生舱用电部分应当充分考虑煤矿的供电条件，并符合煤矿用电安全需要的相关标准要求。需要使用井下交流 1 140 V/660 V 和 380 V 的电压。

电源安装要求：

a. 供电系统供电设备应具有短路、过载和漏电（含漏电闭锁）保护。低压控制设备应具有短路、过载、断相、漏电闭锁等保护及远程控制装置。

b. 电源供电电缆应为煤矿用阻燃电缆，一般采用重型橡套铜芯多股电缆，并应带有一芯接地芯线，内接地芯线应与接线盒内的接地端子可靠连接。电缆应设有防护装置，应防止电缆被意外砸伤、拉伤或刮伤，并应将电缆躲开淋水、积水地点。

⑦通信设施。

煤矿救生舱与其相关点的通信设施连接，使用有线程控电话，通信电话应防爆，符合“煤矿安全规程”和 GB 3836. 2—2000 要求；通讯电缆应为煤矿用阻燃电缆，电缆应设有防护装置，应防止电缆被意外砸伤、拉伤或刮伤，并应将电缆躲开淋水、积水地点；救生舱的通讯应与矿井主通信联网。

⑧安装运输。

救生舱是分体式，运输时可拆开分段运输，主要使用矿用平板车和绞车运输，到达安装点后逐段组装，并安装好配套设施。

2）功能及配置

①救生舱基本参数见表 11. 3. 3。

②救生舱正常使用时能保持正压状态（舱内气压大于舱外气压），生存舱内压力在100 ~ 1 000 Pa内；过渡舱内压力不小于 200 Pa，防止有毒有害气体渗入。

③额定防护时间不小于 96 h，并且有不小于 1. 2 倍的安全系数。

④救生舱外部颜色在煤矿井下照明条件下应醒目，宜采用黄色或红色。同时，应设置明显的安全荧光条码、安全标志、安全使用须知、扳手启动符号等标志。

表 11.3.3　救生舱基本参数

项　目	参　数
额定人数/人	6～38
额定防护时间/h	≥96
抗冲击力/MPa	≥1.5
抗爆炸冲击力/MPa	≥2
瞬间耐高温能力/℃	1 200
持续耐高温能力/℃	≥55
最大耐水压能力/MPa	0.1
规格尺寸(L×W×H)/m×m×m(不同型号外形尺寸有所不同)	(6.8～10)×1.7×1.9
空载质量/t	≤12.8

⑤救生舱及内部设备具有防腐蚀、防虫鼠啃咬等性能。

⑥救生舱的有效容积(包括过渡舱和生存舱),保证人均占有容积不小于 1.0 m^3,其中过渡舱净容积应不小于 1.6 m^3。观察窗宜设置在生存舱的适当位置,材质应具有与整舱相匹配的耐高温、抗冲击等性能。在救生舱舱门无法正常开启的紧急情况下,遇险人员能够借紧急逃生口逃生。

⑦瞬间耐高温能力:舱体在瞬间(≤0.2 s)环境温度 1 200 ℃条件下,无开裂、变形等影响使用的缺陷。

⑧持续耐高温能力:额定防护时间内持续环境温度 55 ℃条件下,舱内温度不大于 33 ℃±2 ℃。

⑨抗冲击力不小于 1.5 MPa。

⑩抗爆炸冲击力不小于 2 MPa。

⑪救生舱具备快速起动能力,起动时间应不大于 20 s。

⑫救生舱具备可移动性,明确安全、可靠移动的方式、方法及所需设备。

⑬氧气供给保障系统、救生舱应具备压风供氧、压缩氧供氧二级供氧保障体系以及自救器逃生保障系统。救生舱具有与矿井压风系统的接口和压风系统供氧装置,可以在矿井压风系统未被破坏的情况下对舱内供氧。保证压风供氧速率应不小于每人 2.5 L/min(标准状态下),连续噪声应不大于 70 dB(A),出口压力应不大于 0.2 MPa。压缩氧供氧以人均耗氧量 0.5 L/min 计算,能够单独保证救生舱的额定保护时间。自救器救生舱应配备隔绝式氧气自救器,使用时间应不小于 45 min,应符合 MT 711 的有关规定。配备量应不小于额定人数的1.5倍。

⑭空气净化:救生舱应具有有效的空气净化与温湿度调节系统,在额定防护时间内保证舱内空气及有毒有害气体浓度满足表 11.3.4 的规定。

⑮温湿度调节:在外界电力供应中断或空调机组意外停转情况下能够满足舱内制冷除湿的需要。

表11.3.4 救生舱内空气及有毒、有害气体浓度

项目	O_2	CO	CO_2	CH_4	温度	湿度
指标	18.5%~23.0%	$\leqslant 24 \times 10^{-6}$	<1.0%	≤1.0%	33 ℃ ±2 ℃	≤85%

⑯环境监测：舱内环境参数包括 CO、CO_2、O_2、CH_4、温度和湿度，应进行实时监测、显示和超限报警，若超出表11.3.4 的规定值时应自动声光报警，声级强度不宜大于85 dB(A)；舱外环境监测的参数包括 CO、CO_2、O_2、CH_4，应进行实时监测、显示。

⑰通信：救生舱具备与井下通信网连接的接口及通讯方式失效情况下的信息交流方法，保证灾变期间通信可靠，电话机应符合 MT/T 289 的有关规定。

⑱舱内照明及指示：救生舱采用一体式矿灯照明，舱内储备逃生用一体式矿灯，数量不少于额定人数的25%。救生舱外部应有反光标志，便于黑暗环境中辨识。

⑲动力保障：救生舱内具有动力供应系统，在失去外部供电的情况下，内部电源能维持额定工况下的电力消耗需要。具备外部电源接入接口，在救生舱处于备用状态下能利用外部电源对救生舱内部电源充电。外部电源及电源接口应有完善的安全保护，保证在意外情况下的供电安全及灾变条件下外部电源中断时救生舱内部的供电安全。救生舱内部采用集中供电方式，矿用隔爆兼本质安全型防爆型式，具备自动充电、充电状态显示、均衡充电、均衡放电等电源管理和过充、过放等安全保护功能。动力保障系统的备用电池采用大容量的镍氢蓄电池。救生舱内、外部供电应能自动转换，转换时间不大于0.1 s。

⑳生存保障：救生舱应配备在额定防护时间内额定人员生存所需要的食品和饮用水，并有足够的安全余量。其中，食品配备不少于2 000 kJ/人·天，饮用水不少于0.5 L/人·天。救生舱配备急救箱、苏生器、工具箱、人体排泄物收集处理装置等设施设备。

㉑救生舱用电气设备、高压容器、仪器仪表、化学药剂等，应符合相关产品标准的规定和国家有关管理要求，纳入安全标志管理的设备应取得矿用产品安全标志。

㉒救生舱主要配置表见表11.3.5。

表11.3.5 救生舱主要配置表

序 号	型 号	产品名称	备 注
1		舱体	
2	KDD1200	矿用隔爆型备用电池箱	
3	KDW1140/12	矿用隔爆兼本安直流稳压电源	
4	FBFN01.4/12	矿用隔爆型直流电动风扇	
5	ZSK-4.0/380	煤矿救生舱用防爆空调装置	
6	GTG100H(B)	红外甲烷传感器	
7	GH3	多气体传感器	
8	GRG5H	红外二氧化碳传感器	

3)管理与维护

①救生舱及安装硐室应专门设计并编制施工措施,报矿井总工程师审批后施工;竣工后由安全副矿长组织通风、安全及生产部门相关人员进行验收,合格后才能投入使用。

②矿井建立救生舱管理制度,设专人管理,每周检查一次。按相关规定对其配套设施、设备进行维护、保养或调校,发现问题及时处理,确保设施完好可靠。

③救生舱配备的食品、水和急救药品,过期或失效的必须及时更换,且在有效期内。

④每天检查救生舱门是否开启灵活和密封可靠,检查橡胶是否老化。

⑤每天必须检查救生舱内压缩氧和压风供气性能。

a.压缩氧供气:

减压器应定期检验完好性,流量在0.4~15 L/min范围内应可调;定期检查氧气瓶压力,如压力小于13.5 MPa,应及时充气;医用氧气瓶钢瓶符合GB 5099标准和《气瓶安全监察规程》。氧气瓶有效期为15年,3年检验一次,检验合格后方可使用。充装后的气瓶应有专人负责,逐只进行检查。检查内容包括:瓶阀开启灵活性,阀门关闭应可靠;瓶内压力是否在规定范围内;气瓶充装后,如出现鼓包变形或泄漏等严重缺陷,应立即停止使用。

b.压风供气:检测压风供气装置完好性,压风压力和压风供气量符合压风自救供气系统要求。

⑥便携式自救器应按MT711—1997标准定期校验,并作好记录。隔绝式压缩氧自救器每隔半年要检查氧气瓶压力,每隔3年要对氧气瓶做水压试验,每隔半年更换CO_2吸收剂(未使用状态下)。

⑦每周需检查救生舱安放硐室内的联接牢固、可靠性,如螺丝联接是否松动等。

⑧每周需检查救生舱安放硐室的支护,保证支护牢固、可靠。

⑨每周需检查检查甲烷传感器的完好性,并定时监测通风瓦斯浓度。

⑩每周需检查电气设备(直变器、矿用真空馈电开关,照明电源装置)完好性,检查供电系统是否供电。应定期检查电气设备和仪器仪表完好性以及是否能正常运行。

⑪定期检验进入舱体内的空气流量,流量应满足要求,否则应查明原因并及时排除。

⑫油水分离器过滤芯每月更换一次,如发现过滤后气体有异味,应提前更换。

⑬净化系统,一般每隔8小时就要对救生舱舱内的空气进行过滤清理,除去异味,同时检测室内气体浓度,以保证使用安全。净化系统中所使用的化学药剂,应封装保存。如未使用,CO_2、CO吸收剂、活性炭、吸湿剂等化学药剂2年应更换,如果发生变色失效,应及时更换。

⑭降温系统应完好。

⑮矿井应对入井人员进行救生舱使用的培训,每年组织一次救生舱使用演练,确保每位入井员工都能正确使用救生舱及其配套设施。

3.4　压风自救系统

3.4.1　规定要求

煤矿企业必须在按照《煤矿安全规程》要求建立压风系统的基础上，按照所有采掘作业地点在灾变期间能够提供压风供气的要求，进一步建设完善压风自救系统。空气压缩机应设置在地面；深部多水平开采的矿井，空气压缩机安装在地面难以保证对井下作业点有效供风时，可在其供风水平以上两个水平的进风井井底车场安全可靠的位置安装，但不得使用滑片式空气压缩机。井下压风管路要采取保护措施，防止灾变破坏。突出矿井的采掘工作面要按照《防治煤与瓦斯突出规定》(国家安全监管总局令第19号)要求设置压风自救装置。其他矿井掘进工作面要安设压风管路，并设置供气阀门。

3.4.2　技术标准

1)基本要求

①压风自救系统组成：空气压缩机、送气管路、阀门、汽水分离器、压风自救装置(包括减压、节流、消噪声、过滤、开关等部件及防护袋或面罩)。

②压风自救系统的防护袋、送气管的材料应符合MT113的规定。

③压风自救装置配有面罩时，面罩用材料应符合GB2626的规定。

④压风自救装置应具有减压、节流、消噪声、过滤和开关等功能。

⑤压风自救装置的外表面应光滑、无毛刺，表面涂、镀层应均匀、牢固。

⑥压风自救系统零、部件的连接应牢固、可靠，不得存在无风、漏风或自救袋破损长度超过5 mm的现象。

⑦压风自救装置的操作应简单、快捷、可靠。

⑧避灾人员在使用压风自救装置时，应感到舒适、无刺痛和压迫感。

⑨压风自救系统适用的压风管道供气压力为0.3～0.7 MPa，在0.3 MPa压力时，每台压风自救装置的排气量应在100～150 L/min范围内。

⑩压风自救装置工作时的噪声应小于85 dB(A)。

⑪压风自救系统的管路规格为：压风自救主管路(矿井一翼主压风管路)为ϕ150 mm；压风自救分管路(采区主压风管路)及岩巷掘进工作面为ϕ100 mm；煤巷掘进工作面、回采工作面为ϕ50 mm。

2)安装要求

①压风自救系统安装在掘进工作面巷道和回采工作面巷道内压缩空气管道上，安装地点应在宽敞、支护良好、没有杂物堆的人行道侧，人行道宽度应保持在0.8 m以上，管路安装高度应距底板0.5 m，便于现场人员自救应用。压风自救系统下面不得有水沟无盖板或盖板不齐全的现象。

②煤巷掘进工作面自掘进面回风口开始，距迎头25～40 m的距离设置一组压风自救装置，其数量应比该区域工作人员数量多2台，然后每50 m设置一组压风自救装置，每组数量

为 5 ~8 台(见图 11.3.2);岩巷掘进工作面距迎头 100 ~130 m 安装一组压风自救装置,其数量应比该区域工作人员数量多 2 台,迎头向外每隔 100 m 和放炮撤人地点各安装一组压风自救装置,每组数量为 5 ~8 台。

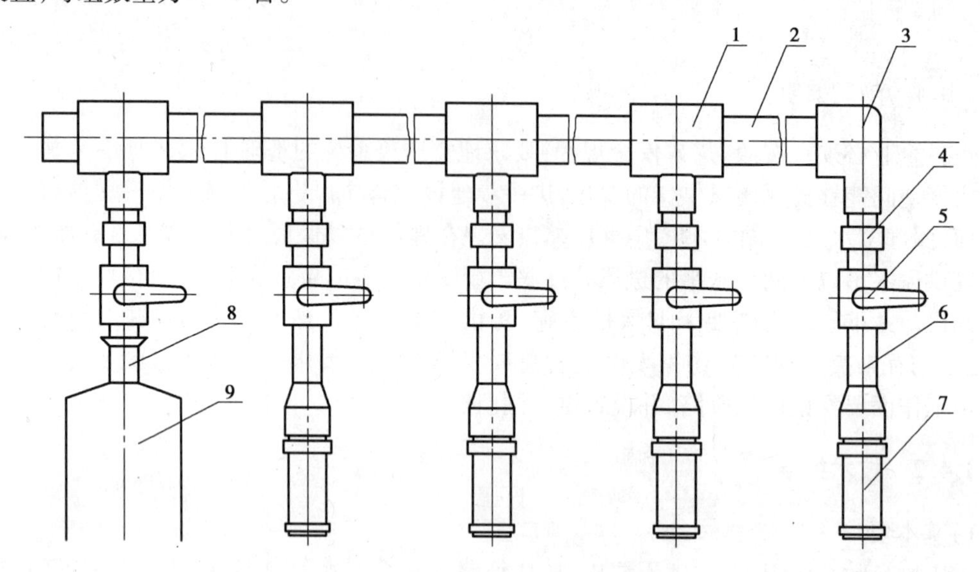

图 11.3.2　压风自救系统安装图

1—三通;2—气管;3—弯头;4—接头;5—球阀;
6—气管;7—自救器;8—卡子;9—防护袋

③回采工作面回风巷在距采面回风巷上安全出口以外 25 ~40 m 范围内设置一压风自救装置,其数量应比该区域工作人员数量多 2 台,向外有人固定作业地点安装一组压风自救装置,其数量为 5 ~8 台;进风巷在距采面下安全出口以外 50 ~100 m 范围内设置一组压风自救装置,其数量应比该区域工作人员数量多 2 台;工作面回风巷反向风门外放炮警戒位置设置一组压风自救装置,其数量为 5 ~8 台。

④管路敷设要牢固平直,压风管路每隔 3 m 吊挂固定一次,岩巷段采用金属托管配合卡子固定,煤巷段采用钢丝绳吊挂。压风自救系统的支管不少于一处固定,压风自救系统阀门扳手要在同一方向且平行于巷道。

⑤在主送气管路中要装集水放水器。在供气管路进入与自救系统连接处,要加装开关,后边紧接着安装汽水分离器。

⑥空气压缩机应设置在地面,其供气量应能保证井下人员使用,并能在 10 min 内启动;深部多水平开采的矿井,空气压缩机安装在地面难以保证对井下作业点有效供风时,可在其供风水平以上两个水平的进风井井底车场安全可靠的位置安装,但不得使用滑片式空气压缩机。

⑦压风自救系统阀门应安装齐全,能保证系统正常使用。进入采掘工作面巷口的进风侧要设有总阀门。

3)管理与维护

①压风自救装置下井安装前须检查是否具有矿用产品安全标志,安装完毕后,需先进行安装质量检查,首先检查是否按规定要求安装,连接件是否牢固可靠,连接处密封是否严密,然后送气,检查系统有无漏气现象。再逐个检查送气器是否畅通,流量是否符合要求。送气不畅通,流量小于规定值的自救装置需取下进行检查,符合要求后再安装使用。经检查、测试

完毕，装置才可投入正常使用。

②掘进工作面的压风自救系统由在该区域施工的区队管理维护。

③掘进工作面贯通后，巷道移交时，两巷压风自救系统交与巷道接收单位进行管理；工作面安装完毕后进、回风巷压风自救系统随工作面一起移交采煤队管理，机电队按规定负责工作面回采期间进、回风巷压风管路移动、撤除、装置的维护等。

④采区上、下山 ϕ100 mm 以上的压风自救管路由安装队负责管理和维修；已交付使用的巷道和车场内的压风自救系统随巷道移交，由机电队负责管理和维护。

⑤各掘进工作面安装后但不再使用的压风自救系统要及时拆除，拆除回收的管路要摆放整齐，压风自救装置进行清洁卫生后妥善保存，不得吊挂于任何巷帮之上，不得拿压风自救袋铺垫进行坐卧，造成压风自救袋损坏。

⑥机电队要确保地面压风机的正常运转，如出现无计划停风，安装队要保证井下抽放主管路上安装的汽水（油）分离器的良好性，避免压风自救系统内存水，影响系统的正常使用。

⑦回采工作面回采期间进、回风巷巷道如需扩修时，施工队要采取措施保护压风自救系统，因扩修导致管路落地，扩修结束后要按原安装标准及时恢复。

⑧回采工作面在生产过程中，由通风队负责对上、下两巷压风管路进行维护管理，按标准吊挂。

⑨各采掘工作面现场瓦斯检查员是现场压风自救系统的管理监督员，每班的瓦斯检查员必须对所负责区域的压风自救系统进行一次全面细致的检查，发现问题及时与施工单位联系，责令整改。

⑩运输队往各采掘工作面运送物料时，不得将所运物料卸放在压风自救系统下面，运送物料时不得损坏压风自救系统。

⑪各采掘工作面的压风自救系统需要停风时，由施工单位提出申请经调度室、安通科批准，采取安全措施后，方可进行作业。

⑫本系统必须每天进班时作好检查、维护工作以确保一旦发生灾变时能可靠使用。每班进班时打开汽水分离器排出孔，排除积存在内的积水与杂质。每班要逐个打开自救装置，作通气检查，如发现气不足或无气流出，要当班更换，如有连接不牢和漏气现象，要及时处理，保证装置处于良好的工作状态。压风自救袋上的煤尘要及时清理，经常保持清洁。

⑬矿井应对入井人员进行压风自救系统使用的培训，每年组织一次压风自救系统使用演练，确保每位入井员工都能正确使用压风自救系统。

3.5　供水施救系统

3.5.1　规定要求

煤矿企业必须按照《煤矿安全规程》的要求，建设完善的防尘供水系统；除按照《煤矿安全规程》要求设置三通及阀门外，还要在所有采掘工作面和其他人员较集中的地点设置供水阀门，保证各采掘作业地点在灾变期间能够实现提供应急供水的要求。要加强供水管路维护，不得出现跑、冒、滴、漏现象，保证阀门开关灵活。

3.5.2 技术标准

(1)一般要求

①系统应符合本标准的规定,符合《煤矿安全规程》、AQ1020—2006 等标准的有关规定,系统中的设备应符合有关标准及各自企业产品标准的规定。

②自制件经检验合格、外协件、外购件具有合格证或经检验合格方可用于装配。

③装置的水管、三通及阀门及仪表等设备的材料应符合 GB.3836 等相关规定。

④装置的水管、三通及阀门及仪表等设备的耐压材料不小于工作压力 1.5 倍。

⑤装置零、部件的连接应牢固、可靠。

⑥装置的操作应简单、快捷、可靠。

⑦装置的外表面涂、镀层应均匀、牢固。

⑧装置应具有减压、过滤、三通阀门等功能。

⑨饮用水质用应符合 CJ94—2005 的规定。

⑩供水水源应需要至少 2 处以确保在灾变情况下正常供水。

⑪供水施救。供水应保持 24 h 有水。

⑫避灾人员在使用装置时,应保障阀门开关灵活、流水畅通。

(2)环境条件

除有关标准另有规定外,系统中用于煤矿井下的设备应在下列条件下正常工作:

①环境温度:0° ~40 ℃;

②平均相对湿度:不大于 95%(+25 ℃);

③大气压力:80 ~106 kPa;

④有爆炸性气体混合物,但无显著振动和冲击、无破坏绝缘的腐蚀性气体。

(3)系统组成

系统一般由清洁水源、供水管网、三通、阀门、过滤装置及监测供水管网系统的等其他必要设备组成。

(4)主要功能

①系统应具有基本的防尘供水功能。

②系统应具有供水水源优化调度功能。

③系统应具有在各采掘作业地点、主要硐室等人员集中地点在灾变期间能够实现应急供水功能。

④系统应具有过滤水源功能。应在防尘供水管道与扩展饮用水管道衔接处或在供水终端处增加过滤装置,以达到正常饮用水要求。

⑤系统宜具有管网异常(水压异常、流量异常)报警功能。

⑥系统宜具有水源、主干、分支水管管网压力及流量监测等功能。

⑦系统宜具有保护水管管网功能,以防止灾变破坏。

(5)安装及日常维护要求

1)安装要求

①在防尘供水系统基础上,结合本矿井实际情况及井下作用人员相对集中人员的情况,合理扩展水网,以满足供水施救的基本要求。

②采掘工作面每隔200~500 m安装一组供水阀门。

③主要机电等硐室各安装一组供水阀门。

④各避难硐室各安装一组供水阀门。

⑤特殊情况或特殊需要时,按要求的地点及数量进行安装。宜考虑在压风自救就地供水。

⑥应在饮用水管处或在各个供水阀门处安装净水装置,以满足饮用水的要求。

⑦单独供水施救系统,一般主管选用DN50,支管选用DN25。

⑧饮水阀门高度:距巷道底板一般1.2 m以上。

⑨饮用水管路,埋设深度50 cm以上。

⑩饮用水管路尽量水平、牢固,安装。

⑪供水阀门手柄方向一致。

⑫供水点前后2 m范围无材料、杂物、积水现象。宜设置排水沟。

2)日常维护要求

①供水施救实行挂牌管理,明确维护人员进行周检。

②周检供水管网是否跑、冒、滴、漏等现象。

③周检阀门开关是否灵活等。

④饮用水管需排放水每周1次,保持饮水质量。

⑤可以利用技术等手段定时检查。

⑥做到发现问题及时上报并做相应的处理。

3.6　通信联络系统

3.6.1　规定要求

煤矿企业必须按照《煤矿安全规程》的要求,建设井下通信系统,并按照在灾变期间能够及时通知人员撤离和实现与避险人员通话的要求,进一步建设完善通信联络系统。在主副井绞车房、井底车场、运输调度室、采区变电所、水泵房等主要机电设备硐室和采掘工作面以及采区、水平最高点,应安设电话。井下避难硐室(救生舱)、井下主要水泵房、井下中央变电所和突出煤层采掘工作面、爆破时撤离人员集中地点等,必须设有直通矿调度室的电话。要积极推广使用井下无线通讯系统、井下广播系统。发生险情时,要及时通知井下人员撤离。

3.6.2　技术标准

(1)一般要求

系统应符合本标准的规定,系统的设备应符合相关的规定,并按照经规定程序批准的图样及文件制造和成套。

(2)环境条件

1)系统中位于机房、调度室的设备应能在下列条件下正常工作

①环境温度:15°~30 ℃;

②相对湿度:40% ~70%;

③温度变化率:小于 10 ℃/h,且不得结露;

④大气压力:80 ~106 kPa;

⑤GB/T 2887 规定的尘埃、噪声、照明、电磁场干扰和接地条件。

2)除有关标准另有规定外,系统中用于煤矿井下的设备应在下列条件下正常工作:

①环境温度:0 ~40 ℃;

②平均相对湿度:不大于 95%(+25 ℃);

③大气压力:80 ~106 kPa;

④有爆炸性气体混合物,但无显著振动和冲击、无破坏绝缘的腐蚀性气体。

(3)供电电源

1)地面设备交流电源

①额定电压:380 V/220 V,允许偏差 -10% ~ +10%;

②谐波:不大于 5%;

③频率:50 Hz,允许偏差 ±5%。

2)井下设备交流电源

①额定电压:127 V/380 V/660 V/1 140 V,允许偏差:

a. 专用于井底车场、主运输巷:-20% ~ +10%;

b. 其他井下产品:-25% ~ +10%。

②谐波:不大于 10%;

③频率:50 Hz,允许偏差 ±5%。

(4)系统组成

系统一般由控制中心、调度台(可与控制中心一体化)、中继器(可缺省)、信号装置(电话交换机或无线基站、编解码器)、终端设备(固定电话或移动电话、播音器)、电源、电缆(或光缆)、接线盒、避雷器和其他必要设备组成。

(5)主要功能

1)系统主要功能

①系统应具有终端设备与控制中心或调度台之间的双向语音通信功能;

②系统应具有由控制中心或调度台发起的组呼功能;

③系统应具有由控制中心或调度台发起的全呼功能;

④系统应能够显示发起通信的终端设备的位置和编号;

⑤系统应能够查询终端设备目前所处的位置;

⑥系统应具有通信历史记录并可进行查询;

⑦系统应具有自动或手动启动的录音功能;

⑧系统应具有对系统设备工作状态的连续监测功能;

⑨系统应具有防止修改实时数据和历史记录等存储内容(参数设置及页面编辑除外)的功能;

⑩系统应能对终端设备的当前通信状态进行提示;

⑪系统宜具有无线移动通信和语音广播功能;

⑫系统宜具有由控制中心或调度台发起的插播功能;

⑬系统宜能够对不同终端设置不同优先权的功能，保证重要信息及时传递；

⑭若存在多种类型的通信系统共存时，各系统应能实现互通。

2）人机对话功能

①系统应具有人机对话功能，以便于系统设置、参数修改、功能调用、图形编辑。

②系统应具有操作权限管理功能，对参数设置等必须使用密码操作，并具有操作记录。

③除报警状态外，在任何显示模式下均应能直接进入所选的显示内容、参数设置、页面编辑、查询等方式。

3）报警和避险通信联络功能

①系统应具有发布紧急通知和危险警报功能。

②系统应具有由终端设备发起的呼救功能，终端设备可直接向控制中心或调度台发送呼救信号，控制中心或调度台应有声光提示并能够显示报警位置。

③系统应具有与避险硐室或救生舱内避险人员实现语音通话的功能，宜具有视频通信功能。

④系统宜具有监测监控异常状态文字短信息报警功能。

（6）主要技术指标

1）通信距离

系统的有效通信距离应不小于10 km；无线通信距离应不小于100 m。

2）容量

系统中信号装置数量、终端设备数量、信号装置或系统内终端设备并发数量由相关标准规定。

3）终端设备输出功率

系统终端设备的输出功率由相关标准规定。

4）信号设备输出功率

系统信号设备的输出功率由相关标准规定。

5）无线设备工作频率

系统中无线设备的工作频率由相关标准规定。

6）备用电源工作时间

电网停电后，系统中设备的备用电源连续工作时间应不小于2 h。

7）传输性能

系统的信息传输性能应符合MT/T 899的有关要求。

8）电源波动适应能力

供电电压在产品标准规定的允许电压波动范围内，系统主要功能和主要技术指标应不低于本标准及相关标准的要求。

9）工作稳定性

系统应进行工作稳定性试验，通电试验时间不小于7 d，系统主要功能和主要技术指标应不低于本标准及相关标准的要求。

10）抗干扰性能

①系统应能通过GB/T 17626.3—1998规定的射频电磁场辐射抗扰度试验，其主要功能和主要技术指标应不低于本标准及相关标准的要求，严酷等级由相关标准规定。

②系统应能通过 GB/T 17626.4—1998 规定的电快速瞬变脉冲群抗扰度试验，其主要功能和主要技术指标应不低于本标准及相关标准的要求，严酷等级由相关标准规定。

③系统应能通过 GB/T 17626.5—1999 规定的浪涌(冲击)抗扰度试验，其主要功能和主要技术指标应不低于本标准及相关标准的要求，严酷等级由相关标准规定。

11)可靠性

系统平均无故障时间(MTBF)宜不小于 800 h。

12)防爆性能

用于煤矿井下的设备应为防爆型电气设备，宜为本安型。防爆型设备应符合 GB 3836 的规定。

(7)安装、使用与维护

1)安装与使用

①设备使用前，应按产品说明书的要求调试设备，并在地面通电运行不小于 24 h，合格后方可安装使用；

②在主副井绞车房、井底车场、运输调度室、采区变电所、上下山绞车房、水泵房、带式输送机集中控制硐室等主要机电设备硐室和采掘工作面以及采区、同水平海拔最高点，应安装信号装置和终端设备。井下避难硐室(救生舱)、井下主要水泵房、井下中央变电所和突出煤层采掘工作面、爆破时撤离人员集中地点、矿井地面变电所和地面通风机房以及煤矿认为重要需经常联络的场所等，应安装直通矿调度室的信号装置和终端设备；

③井下运输大巷、石门及其他人员通行的主要巷道、采掘工作面等人员密集的施工区域应安装信号装置和终端设备；

④井下避难硐室(救生舱)内的通信设备应铺设在专用的具有防损毁措施的信号传输管线内；

⑤行政通信系统应与井下调度通信系统分开，行政通信系统宜与公共通信网络联网；

⑥防爆设备应经检验合格并贴合格证后方可下井使用；

⑦井下防爆型的通信、信号和控制等装置，应优先采用本质安全型；

⑧井下通信线路严禁利用大地作回路；

⑨信号设备和固定式终端设备应设置在便于观察、调试、检验、围岩稳定、支护良好、无淋水、无杂物的位置；

⑩设备发生故障应及时处理，并填写故障登记表；

⑪定期对备用电源进行测试，不能保证设备连续工作 2 h，应及时更换；

⑫应定期检查设备及电缆，发现问题及时处理，并将处理结果报控制中心；

⑬系统应具备良好的防雷和接地措施。

2)维护与管理

①系统应定期进行巡视和检查，发现故障及时处理并填写故障登记表。

②维护人员发现系统有异常情况应向有关单位汇报并核实。

③系统应建立系统技术资料管理与使用制度，技术资料应妥善保存。

④系统控制中心应 24 h 有人值班，值班人员应认真填写设备运行和使用记录，由有关负责人审批签字。遇到异常情况或报警信息后，值班员应立即通知值班领导，值班领导应立即采取应急措施并记录备案。

⑤系统应进行定期检查，保证设备状态良好，工作正常。

3）技术资料

①应建立以下账卡及报表

a. 设备、仪器台账；

b. 设备故障登记表；

c. 设备检修记录；

d. 巡检记录；

e. 系统运行报告；

f. 值班日（班）报表；

g. 设备使用情况月报表；

h. 报警、求救信息报表；

i. 系统及设备异常情况及处理报表。

②应绘制系统设备布置图，图上注明设备分布情况，设备名称、类型、安装位置、供电方式、通信方式、传输线连接方式等，并根据实际情况的变化进行修改，报负责人审批签字。

③系统历史数据应每月进行备份，备份数据保存1年以上。

④图纸、技术资料应保存1年以上。

⑤系统操作人员和维护人员应培训合格，持证上岗。

参考文献

[1] 张国良. 矿山测量学[M]. 徐州:中国矿业大学出版社,2000.
[2] 高井祥. 测量学[M]. 徐州:中国矿业大学出版社,2002.
[3] 李天和. 矿山测量[M]. 北京:煤炭工业出版社,2005.
[4] 中华人民共和国国土资源部. 煤、泥炭地质勘查规范[M]. 北京:中国建筑工业出版社,2003.
[5] 陶昆. 煤矿地质学[M]. 徐州:中国矿业大学出版社,2006.
[6] 李北平,徐智彬. 煤矿地质分析与应用[M]. 重庆:重庆大学出版社,2009.
[7] 国家安全生产监督管理总局. 煤矿防治水规定[M]. 北京:中国矿业大学出版社,2009.
[8] 国家安全生产监督管理总局,国家煤矿安全监察局. 煤矿安全规程[M]. 北京:煤炭工业出版社,2010.
[9] 吴再生,刘绿生. 井巷工程[M]. 北京:煤炭工业出版社,2005.
[10] 李开学,冯明伟,吴再生. 巷道施工[M]. 重庆:重庆大学出版社,2009.
[11] 国家标准. 煤炭工业矿井设计规范[M]. 北京:煤炭工业出版社,2006.
[12] 曹允伟,等. 煤矿开采方法[M]. 北京:煤炭工业出版社,2005.
[13] 陈雄. 矿井开拓与开采[M]. 重庆:重庆大学出版社,2010.
[14] 刘其志,孙玉峰. 矿井通风[M]. 北京:煤炭工业出版社,2007.
[15] 喻晓峰,刘其志. 矿井通风[M]. 重庆:重庆大学出版社,2010.
[16] 重庆市煤炭学会. 重庆地区煤与瓦斯突出防治技术[M]. 北京:煤炭工业出版社,2005.
[17] 刘其志,肖丹. 矿井灾害防治[M]. 重庆:重庆大学出版社,2010.
[18] 陈雄,何荣军. 矿井瓦斯防治[M]. 重庆:重庆大学出版社,2010.
[19] 李德俊,范奇恒. 煤矿机电设备管理[M]. 北京:煤炭工业出版社,2008.
[20] 陈建国,范奇恒. 煤矿供电系统运行与维护[M]. 重庆:重庆大学出版社,2010.
[21] 韩治华. 矿井运输与提升设备[M]. 重庆:重庆大学出版社,2009.
[22] 林柏泉,崔恒信. 矿井瓦斯防治理论与技术[M]. 徐州:中国矿业大学出版社,1998.
[23] 国家安全生产监督管理总局. 煤矿安全监控系统及监测仪器使用管理规范(AQ1029—2007).
[24] 国家安全生产监督管理总局. 矿山救护规程[M]. 北京:煤炭工业出版社,2007.
[25] 田卫东,周华龙. 矿山救护[M]. 重庆:重庆大学出版社,2010.